CURSO BÁSICO DE MECÂNICA DOS SOLOS

3ª EDIÇÃO
COM EXERCÍCIOS RESOLVIDOS

Carlos de Sousa Pinto

CURSO BÁSICO DE MECÂNICA DOS SOLOS

3ª EDIÇÃO
COM EXERCÍCIOS RESOLVIDOS

EM 16 AULAS

©Copyright 2006 Oficina de Textos
1ª reimpressão 2009 | 2ª reimpressão 2011
3ª reimpressão 2012 | 4ª reimpressão 2015

Grafia atualizada conforme o Acordo Ortográfico da
Língua Portuguesa de 1990, em vigor no Brasil desde 2009.

Capa: Mauro Gregolin
Diagramação: Anselmo Trindade Ávila
Ilustrações: Mauro Gregolin e Anselmo T. Ávila

Dados Internacionais de Catalogação na Publicação (CIP)
(Câmara Brasileira do Livro, SP, Brasil)

Pinto, Carlos de Sousa
 Curso Básico de Mecânica dos Solos em 16 Aulas/3ª Edição
Carlos de Sousa Pinto. — São Paulo: Oficina de Textos, 2006.

Bibliografia.
ISBN 978-85-86238-51-2

1. Mecânica dos Solos   2. Mecânica dos Solos – Estudo e Ensino   I. Título

00-0430 – CDD-624.151307

Índice para catálogo sistemático:

1. Mecânica dos solos: Estudo e Ensino: Engenharia   624.151307

Todos os direitos reservados à **Oficina de Textos**
Rua Cubatão, 959
04013-043   São Paulo   SP   Brasil
Fone: (11) 3085-7933   Fax: (11) 3083-0849
site: www.ofitexto.com.br   e-mail: atend@ofitexto.com.br

APRESENTAÇÃO

É com grata emoção e orgulho que edito este livro do Prof. Carlos de Sousa Pinto, sem dúvida, um dos mais queridos e respeitados professores de Mecânica dos Solos da Poli, onde há quase 40 anos vem formando as gerações que aí se sucedem. Ninguém como ele para apresentar os primeiros conceitos e fundamentos com clareza e precisão, as primeiras impressões do que vem a ser Mecânica dos Solos. Por serem claras e cristalinas as ideias com que o Prof. Carlos Pinto apresenta os fundamentos, permanecem nas jovens mentes pelo resto da vida e permitem o desenvolvimento sólido do profissional, porque fundado em conceitos firmes.

Há 30 anos fui aluna de graduação do Prof. Carlos Pinto e, estimulada por seu entusiasmo e instigada por esta nova área de conhecimento que nos apresentava, escolhi a Engenharia Geotécnica como minha profissão, e assim é até hoje. Ao final daquele ano pedi-lhe um estágio no IPT e posteriormente ainda viria a ser sua aluna na pós-graduação. Como não sentir enorme satisfação em editar seu livro? Isto sem falar no excelente profissional e prestimoso e solidário colega!

Assistir às aulas do Prof. Carlos Pinto é um prazer que esperamos transmitir aos leitores deste livro. Façam bom proveito!

Sobre o Autor:

O Prof. Carlos de Sousa Pinto nasceu em Curitiba, Paraná, onde realizou seus estudos até o curso de Engenharia Civil, pela Escola de Engenharia da Universidade do Paraná, em 1956. Iniciou suas atividades profissionais na ABCP - Associação Brasileira de Cimento Portland, em São Paulo, atuando na implantação da técnica de pavimentos de solo-cimento no Brasil.

No IPT, Instituto de Pesquisas Tecnológicas de São Paulo, foi pesquisador de 1959 a 1985, sempre no campo da Engenharia de Solos, e participou de atividades de pesquisa e de acompanhamento tecnológico, sucessivamente, em diversos setores: prospecção dos solos e engenharia de fundações; estabilização de solos e comportamento de pavimentos; aterros sobre solos moles e geotecnia de barragens de terra; e escavações e acompanhamento de obras do Metrô. Nos últimos dez anos como funcionário do IPT, ocupou a Diretoria da Divisão de Engenharia Civil e participou da Diretoria Executiva do Instituto. Ainda colabora com o IPT na qualidade de consultor.

Professsor da Escola Politécnica da USP, Universidade de São Paulo, desde 1964, é responsável pela disciplina Mecânica dos Solos, do curso de graduação, e professor de Resistência e Deformabilidade dos Solos, do curso de pós-graduação, além de colaborar em outras disciplinas. Passou a professor em tempo integral na Escola Politécnica em 1985 e intensificou sua participação no Programa de Pós-Graduação, como orientador de mestrado e doutorado, e no desenvolvimento do Laboratório de Mecânica dos Solos da Escola.

Autor de cerca de uma centena de trabalhos técnicos publicados em revistas de geotecnia ou em anais de congressos e simpósios da especialidade, teve a qualidade de seus trabalhos reconhecida pela coletividade ao ser contemplado com diversos prêmios, como o Prêmio Karl Terzaghi, biênio 1974-76, e foi escolhido para proferir a primeira Conferência Pacheco Silva da ABMS, Associação Brasileira de Mecânica dos Solos.

Shoshana Signer

PREFÁCIO

Os estudantes do curso de Engenharia Civil, quando começam a frequentar as aulas de Mecânica dos Solos, percebem rapidamente que essa matéria tem características muito distintas das demais ciências da Engenharia. Acostumados a tratar mais dos esforços sobre materiais cujas propriedades são razoavelmente bem definidas, deparam-se agora com uma disciplina que se inicia mostrando a grande diversidade dos solos, para os quais existem modelos específicos de comportamento.

O objetivo desta publicação é colocar ao alcance dos estudantes de Engenharia Civil e de especialidades correlatas uma coletânea de textos iniciais sobre a Mecânica dos Solos, de tal forma que facilite o estudo do tema e se constitua em fundação adequada para estudos mais desenvolvidos que sejam requeridos no exercício de suas atividades profissionais.

Em muitos setores do conhecimento, o desenvolvimento do aprendizado ocorre por etapas sucessivas; não é possível penetrar em profundidade em um aspecto qualquer sem que se tenha adquirido um compatível conhecimento dos demais que o influenciam. Isso é uma especificidade da Mecânica dos Solos. Seus modelos de comportamento partem de hipóteses simplificadoras necessárias para o seu desenvolvimento. Conhecer bem essas hipóteses é tão importante quanto conhecer os próprios modelos, pois fica-se sabendo como ajustá-los às condições que fogem das hipóteses inicialmente adotadas.

Os textos desta coletânea são originários de notas de aula que possibilitavam aos alunos o acompanhamento das exposições sobre o assunto, sem a preocupação de anotar o que era exposto, pois julgamos que a melhor maneira de aprender é acompanhar o sentido do que é apresentado na própria ocasião. O estudo posterior da matéria com consulta bibliográfica deve servir para questionar, aprofundar e consolidar os conhecimentos. Por esse motivo, a matéria é apresentada de maneira simples, como ensinada em sala de aula.

Na Escola Politécnica da USP, a disciplina de Mecânica dos Solos é ministrada durante um semestre. O tema é exposto em aulas de duas horas. Os temas dessas aulas constituem os capítulos desta coletânea de textos. A complementação é feita por aulas práticas semanais, com três horas de trabalho em exercícios sobre o tema da aula expositiva da semana, e por sessões mensais de laboratório de quatro horas, nas quais os alunos podem praticar os ensaios mais simples e receber uma demonstração dos mais elaborados. A formação dos engenheiros civis em geotecnia, na Escola Politécnica, é completada por duas outras disciplinas, Obras de Terra e Fundações, para cada uma das quais são dedicadas duas horas semanais de aula expositiva e duas horas semanais de aula prática e de projeto.

O conhecimento do assunto e a organização da matéria por parte do autor é fruto de estudos que se desenvolveram e amadureceram naturalmente durante muitos anos. Para isso, foi imprescindível o trabalho em conjunto com muitos colegas, especialmente no IPT, Instituto de Pesquisas Tecnológicas de São Paulo, e na Escola Politécnica da USP. Com cada um desses colegas, tão numerosos que a citação individual não deixaria de ser incompleta, o autor deseja repartir o mérito do trabalho realizado. O trabalho em conjunto com candidatos ao mestrado e ao doutorado, por outro lado, sempre foi um motivo de aprendizado e sintetização dos conhecimentos, cujos débitos do professor não são menores do que os dos alunos. Desnecessário realçar que em todos esses trabalhos foi intensa a pesquisa bibliográfica.

A organização do texto foi fruto do trabalho interativo com os alunos que, ao questionarem os temas apresentados, obrigavam o professor a escolher novos caminhos para transmitir os conhecimentos básicos, sem deixar de incentivar o permanente espírito de curiosidade necessário para a formação do engenheiro criador de soluções. Ao agradecer os alunos, desejo dirigir-me especialmente à ex-aluna e atual engenheira Flavia Cammarota, que teve a iniciativa de digitar o texto antigo, incentivando-me a concluir a tarefa, pelo menos em respeito ao que ela já havia feito.

Ainda assim, foi necessário que a colega Shoshana Signer trouxesse todo o seu entusiasmo para que o trabalho fosse concluído. Mais do que isso, assumiu ela a tarefa de, além de editora, participar diretamente da organização do livro, tornando-o agradável para o estudante.

Desejo agradecer à Fátima Aparecida F. S. Maurici a elaboração primeira de vários desenhos incluídos neste livro.

Especial agradecimento é feito ao Prof. Dr. José Jorge Nader, pela leitura cuidadosa do texto, alertando-me para os trechos menos claros ou imprecisos; suas observações sobre o conteúdo e a maneira de apresentação foram muito importantes para se atingir o objetivo de apresentar um livro didático que despertasse o interesse dos alunos.

Carlos de Sousa Pinto

ÍNDICE

1 **ORIGEM E NATUREZA DOS SOLOS** 13
    1.1   A Mecânica dos Solos na Engenharia Civil 13
    1.2   As partículas constituintes dos solos 14
    1.3   Sistema solo-água 18
    1.4   Sistema solo-água-ar 20
    1.5   Identificação dos solos por meio de ensaios 21
    Exercícios resolvidos 27

2 **O ESTADO DO SOLO** 35
    2.1   Índices físicos entre as três fases 35
    2.2   Cálculo dos índices de estado 38
    2.3   Estado das areias – Compacidade 39
    2.4   Estado das argilas – Consistência 40
    2.5   Identificação tátil-visual dos solos 43
    2.6   Prospecção do subsolo 45
    Exercícios resolvidos 51

3 **CLASSIFICAÇÃO DOS SOLOS** 63
    3.1   A importância da classificação dos solos 63
    3.2   Classificação Unificada 64
    3.3   Sistema Rodoviário de Classificação 69
    3.4   Classificações regionais 71
    3.5   Classificação dos solos pela origem 72
    3.6   Solos orgânicos 73
    3.7   Solos lateríticos 74
    Exercícios resolvidos 74

4	**COMPACTAÇÃO DOS SOLOS**	77
4.1	Razões e histórico da compactação	77
4.2	O Ensaio Normal de Compactação	78
4.3	Métodos alternativos de compactação	81
4.4	Influência da energia de compactação	82
4.5	Aterros experimentais	85
4.6	Estrutura dos solos compactados	86
4.7	A compactação no campo	86
4.8	Compactação de solos granulares	88
	Exercícios resolvidos	88

5	**TENSÕES NOS SOLOS – CAPILARIDADE**	95
5.1	Conceito de tensões num meio particulado	95
5.2	Tensões devidas ao peso próprio do solo	96
5.3	Pressão neutra e conceito de tensões efetivas	97
5.4	Ação da água capilar no solo	102
	Exercícios resolvidos	107

6	**A ÁGUA NO SOLO – PERMEABILIDADE, FLUXO UNIDIMENSIONAL E TENSÕES DE PERCOLAÇÃO**	113
6.1	A água no solo	113
6.2	A permeabilidade dos solos	114
6.3	A velocidade de descarga e a velocidade real da água	120
6.4	Cargas hidráulicas	120
6.5	Força de percolação	122
6.6	Tensões no solo submetido a percolação	122
6.7	Gradiente crítico	124
6.8	Redução do gradiente de saída	126
6.9	Levantamento de fundo	128
6.10	Filtros de proteção	128
6.11	Permeâmetros horizontais	130
	Exercícios resolvidos	131

7	**FLUXO BIDIMENSIONAL**	143
7.1	Fluxos bi e tridimensionais	143
7.2	Estudo da percolação com redes de fluxo	143
7.3	Rede de fluxo bidimensional	146
7.4	Traçado de redes de fluxo	149
7.5	Outros métodos de traçado de redes de fluxo	150
7.6	Interpretação de redes de fluxo	150
7.7	Equação diferencial de fluxos tridimensionais	152
7.8	Condição anisotrópica de permeabilidade	154
Exercícios resolvidos		157

8 TENSÕES VERTICAIS DEVIDAS A CARGAS APLICADAS NA SUPERFÍCIE DO TERRENO 163
- 8.1 Distribuição de Tensões 163
- 8.2 Aplicação da Teoria da Elasticidade 165
- 8.3 Considerações sobre o emprego da Teoria da Elasticidade 173
- Exercícios resolvidos 174

9 DEFORMAÇÕES DEVIDAS A CARREGAMENTOS VERTICAIS 183
- 9.1 Recalques devidos a carregamentos na superfície 183
- 9.2 Ensaios para determinação da deformabilidade dos solos 183
- 9.3 Cálculo dos recalques 187
- 9.4 O adensamento das argilas saturadas 190
- 9.5 Exemplo de cálculo de recalque por adensamento 194
- Exercícios resolvidos 195

10 TEORIA DO ADENSAMENTO – EVOLUÇÃO DOS RECALQUES COM O TEMPO 205
- 10.1 O processo do adensamento 205
- 10.2 A Teoria de Adensamento Unidimensional de Terzaghi 206
- 10.3 Dedução da teoria 209
- 10.4 Exemplo de aplicação da Teoria do Adensamento 216
- Exercícios resolvidos 219

11 TEORIA DO ADENSAMENTO – TÓPICOS COMPLEMENTARES 223
- 11.1 Fórmulas aproximadas relacionando recalques com fator tempo 223
- 11.2 Obtenção do coeficiente de adensamento a partir do ensaio 225
- 11.3 Condições de campo que influenciam o adensamento 228
- 11.4 Análise da influência de hipóteses referentes ao comportamento dos solos na teoria do adensamento 231
- 11.5 Adensamento secundário 233
- 11.6 Emprego de pré-carregamento para reduzir recalques futuros 237
- 11.7 Recalques durante o período construtivo 239
- 11.8 Interpretação de dados de um aterro instrumentado 240
- Exercícios resolvidos 242

12 ESTADO DE TENSÕES E CRITÉRIOS DE RUPTURA 253
- 12.1 Coeficiente de empuxo em repouso 253
- 12.2 Tensões num plano genérico 255
- 12.3 A Resistência dos Solos 260
- 12.4 Critérios de ruptura 263
- 12.5 Ensaios para determinar a resistência de solos 265
- Exercícios resolvidos 269

13 RESISTÊNCIA DAS AREIAS 275
- 13.1 Comportamento típico das areias 275
- 13.2 Índice de vazios crítico das areias 278
- 13.3 Variação do ângulo de atrito com a pressão confinante 281
- 13.4 Ângulos de atrito típicos de areias 282
- 13.5 Estudo da resistência das areias por meio de ensaios de cisalhamento direto 285
- Exercícios resolvidos 286

14 RESISTÊNCIA DOS SOLOS ARGILOSOS 295
- 14.1 Influência da tensão de pré-adensamento na resistência das argilas 295
- 14.2 Resistência das argilas em termos de tensões efetivas 296
- 14.3 Comparação entre o comportamento das areias e das argilas 300
- 14.4 Análises em termos de tensões totais 301
- 14.5 Resistência das argilas em ensaio adensado rápido 302
- 14.6 Trajetória de tensões 306
- 14.7 Comparação entre os resultados de ensaios CD e CU 309
- Exercícios resolvidos 310

15 RESISTÊNCIA NÃO DRENADA DAS ARGILAS 319
- 15.1 A resistência não drenada das argilas 319
- 15.2 Resistência não drenada a partir de ensaios de laboratório .. 320
- 15.3 Fatores que afetam a resistência não drenada das argilas 324
- 15.4 Resistência não drenada a partir de ensaios de campo 329
- 15.5 Resistência não drenada a partir de correlações 331
- 15.6 Comparação entre os valores obtidos por diferentes fontes . 332
- 15.7 Influência da estrutura na resistência não drenada 333
- 15.8 Análise da resistência não drenada de uma argila natural 333
- Exercícios resolvidos 335

16 COMPORTAMENTO DE ALGUNS SOLOS TÍPICOS 343
- 16.1 A diversidade dos solos e os modelos clássicos da Mecânica dos Solos 343
- 16.2 Solos estruturados e cimentados 343
- 16.3 Solos residuais 345
- 16.4 Solos não saturados 346
- 16.5 Solos colapsíveis 352
- 16.6 Solos expansivos 353
- 16.7 Solos compactados 354
- Exercícios resolvidos 360

Bibliografia Comentada 363

AULA 1

ORIGEM E NATUREZA DOS SOLOS

1.1 *A Mecânica dos Solos na Engenharia Civil*

Todas as obras de Engenharia Civil assentam-se sobre o terreno e inevitavelmente requerem que o comportamento do solo seja devidamente considerado. A Mecânica dos Solos, que estuda o comportamento dos solos quando tensões são aplicadas, como nas fundações, ou aliviadas, no caso de escavações, ou perante o escoamento de água nos seus vazios, constitui uma Ciência de Engenharia, na qual o engenheiro civil se baseia para desenvolver seus projetos. Este ramo da engenharia, chamado de Engenharia Geotécnica ou Engenharia de Solos, costuma empolgar os seus praticantes pela diversidade de suas atividades, pelas peculiaridades que o material apresenta em cada local e pela engenhosidade frequentemente requerida para a solução de problemas reais.

Trabalhos marcantes sobre o comportamento dos solos foram desenvolvidos em séculos passados, como os clássicos de Coulomb, 1773; Rankine, 1856; e Darcy, 1856. Entretanto, um acúmulo de insucessos em obras de Engenharia Civil no início do século XX, dos quais se destacam as rupturas do Canal do Panamá e rompimentos de grandes taludes em estradas e canais em construção na Europa e nos Estados Unidos, mostrou a necessidade de revisão dos procedimentos de cálculo. Como apontou Terzaghi em 1936, ficou evidente que não se podiam aplicar aos solos leis teóricas de uso corrente em projetos que envolviam materiais mais bem definidos, como o concreto e o aço. Não era suficiente determinar em laboratório parâmetros de resistência e deformabilidade em amostras de solo e aplicá-los a modelos teóricos adequados àqueles materiais.

O conhecimento do comportamento deste material, disposto pela natureza em depósitos heterogêneos e de comportamento demasiadamente complicado para tratamentos teóricos rigorosos, deveu-se em grande parte aos trabalhos de Karl Terzaghi, engenheiro civil de larga experiência, sólido preparo científico e acurado espírito de investigação, internacionalmente reconhecido como o fundador da Mecânica dos Solos. Seus trabalhos, por identificarem o papel das pressões na água no estudo das tensões nos solos e a apresentação da solução matemática para a evolução dos recalques das argilas com o tempo após o carregamento, são reconhecidos como o marco inicial dessa nova ciência de engenharia.

Apesar de seu nome, hoje empregado internacionalmente, a Mecânica dos Solos não se restringe ao conhecimento das propriedades dos solos que a Mecânica pode esclarecer. A Química e a Física Coloidal, importantes para justificar aspectos do comportamento dos solos, são parte integrante da Mecânica dos Solos, enquanto que o conhecimento da Geologia é fundamental para o tratamento correto dos problemas de fundações.

A Engenharia Geotécnica é uma arte que se aprimora pela experiência, pela observação e análise do comportamento das obras, para o que é imprescindível atentar para as peculiaridades dos solos com base no entendimento dos mecanismos de comportamento, que constituem a essência da Mecânica dos Solos.

Os solos são constituídos por um conjunto de partículas com água (ou outro líquido) e ar nos espaços intermediários. As partículas, de maneira geral, encontram-se livres para deslocar-se entre si. Em alguns casos, uma pequena cimentação pode ocorrer entre elas, mas num grau extremamente mais baixo do que nos cristais de uma rocha ou de um metal, ou nos agregados de um concreto. O comportamento dos solos depende do movimento das partículas sólidas entre si e isto faz com que ele se afaste do mecanismo dos sólidos idealizados na Mecânica dos Sólidos Deformáveis, na qual se fundamenta a Mecânica das Estruturas, de uso corrente na Engenharia Civil. Mais que qualquer dos materiais tradicionalmente considerados nas estruturas, o solo diverge, no seu comportamento, do modelo de um sólido deformável. A Mecânica dos Solos poderia ser adequadamente incluída na Mecânica dos Sistemas Particulados (Lambe e Whitman, 1969).

As soluções da Mecânica dos Sólidos Deformáveis são frequentemente empregadas para a representação do comportamento de maciços de solo, graças a sua simplicidade e por obterem comprovação aproximada de seus resultados com o comportamento real dos solos, quando verificada experimentalmente em obras de engenharia. Em diversas situações, entretanto, o comportamento do solo só pode ser entendido pela consideração das forças transmitidas diretamente nos contatos entre as partículas, embora essas forças não sejam utilizadas em cálculos e modelos. Não é raro, por exemplo, que partículas do solo se quebrem quando este é solicitado, alterando-o, com consequente influência no seu desempenho.

1.2 *As partículas constituintes dos solos*

A origem dos solos

Todos os solos originam-se da decomposição das rochas que constituíam inicialmente a crosta terrestre. A decomposição é decorrente de agentes físicos e químicos. Variações de temperatura provocam trincas, nas quais penetra a água, atacando quimicamente os minerais. O congelamento da água nas trincas, entre outros fatores, exerce elevadas tensões, do que decorre maior fragmentação dos blocos. A presença da fauna e flora promove o ataque químico, através de hidratação, hidrólise, oxidação, lixiviação, troca de cátions, carbonatação, etc. O conjunto desses processos, que são muito mais atuantes em climas quentes do que em climas frios, leva à formação dos solos que, em consequência, são misturas de partículas pequenas que se diferenciam pelo tamanho e pela composição química. A maior ou menor concentração de cada tipo de partícula num solo depende da composição química da rocha que lhe deu origem.

Tamanho das partículas

A primeira característica que diferencia os solos é o tamanho das partículas que os compõem. Numa primeira aproximação, pode-se identificar que alguns solos possuem grãos perceptíveis a olho nu, como os grãos de pedregulho ou a areia do mar, e que outros têm os grãos tão finos que, quando molhados, se transformam numa pasta (barro), e não se pode visualizar as partículas individualmente.

A diversidade do tamanho dos grãos é enorme. Não se percebe isto num primeiro contato com o material, simplesmente porque todos parecem muito pequenos perante os materiais com os quais se está acostumado a lidar. Mas alguns são consideravelmente menores do que outros. Existem grãos de areia com dimensões de 1 a 2 mm, e existem partículas de argila com espessura da ordem de 10 Angstrons (0,000001 mm). Isto significa que, se uma partícula de argila fosse ampliada de forma a ficar com o tamanho de uma folha de papel, o grão de areia acima citado ficaria com diâmetros da ordem de 100 a 200 m.

Num solo, geralmente convivem partículas de tamanhos diversos. Não é fácil identificar o tamanho das partículas pelo simples manuseio do solo, porque grãos de areia, por exemplo, podem estar envoltos por uma grande quantidade de partículas argilosas, finíssimas, ficando com o mesmo aspecto de uma aglomeração formada exclusivamente por uma grande quantidade dessas partículas. Quando secas, as duas formações são muito semelhantes. Quando úmidas a aglomeração de partículas argilosas se transforma em uma pasta fina, enquanto a partícula arenosa revestida é facilmente reconhecida pelo tato.

Denominações específicas são empregadas para as diversas faixas de tamanho de grãos; seus limites variam conforme os sistemas de classificação. Os valores adotados pela ABNT – Associação Brasileira de Normas Técnicas – são os indicados na Tab. 1.1.

Diferentemente da terminologia adotada pela ABNT, a separação entre as frações silte e areia é frequentemente tomada como 0,075 mm, correspondente à abertura da peneira nº 200, que é a mais fina peneira correntemente usada nos laboratórios. O conjunto de silte e argila é denominado como a fração de finos do solo, enquanto o conjunto areia e pedregulho é denominado fração grossa ou grosseira do solo. Por outro lado, a fração argila é considerada, com frequência, como a fração abaixo do diâmetro de 0,002 mm, que corresponde ao tamanho mais próximo das partículas de constituição mineralógica dos minerais-argila.

Tab. 1.1
Limites das frações de solo pelo tamanho dos grãos

Fração	Limites definidos pela ABNT
Matacão	de 25 cm a 1 m
Pedra	de 7,6 cm a 25 cm
Pedregulho	de 4,8 mm a 7,6 cm
Areia grossa	de 2 mm a 4,8 mm
Areia média	de 0,42 mm a 2 mm
Areia fina	de 0,05 mm a 0,42 mm
Silte	de 0,005 mm a 0,05 mm
Argila	inferior a 0,005 mm

Constituição mineralógica

As partículas resultantes da desagregação de rochas dependem da composição da rocha matriz.

Algumas partículas maiores, dentre os pedregulhos, são constituídas frequentemente de agregações de minerais distintos. É mais comum, entretanto, que as partículas sejam constituídas de um único mineral. O quartzo, presente na maioria das rochas, é bastante resistente à desagregação e forma grãos de siltes e areias. Sua composição química é simples, SiO_2, as partículas são equidimensionais, como cubos ou esferas, e apresentam baixa atividade superficial. Outros minerais, como feldspato, gibsita, calcita e mica, também podem ser encontrados nesse tamanho.

Os feldspatos são os minerais mais atacados pela natureza e dão origem aos argilominerais, que constituem a fração mais fina dos solos, geralmente com dimensão inferior a 2 mm. Não só o reduzido tamanho mas, principalmente, a constituição mineralógica faz com que essas partículas tenham um comportamento extremamente diferenciado em relação ao dos grãos de silte e areia.

Os argilominerais apresentam uma estrutura complexa. Uma abordagem detalhada desse tema foge ao escopo deste livro e pode ser encontrada em livros clássicos, como o pioneiro do Prof. Ralph Grim, da Universidade de Illinois, de 1962, ou o do Prof. James Mitchell, da Universidade da Califórnia, de 1976. Uma síntese do assunto, que permite compreender o comportamento dos solos argilosos perante a água, é apresentada a seguir, com o exemplo de três dos minerais mais comuns na natureza (a caulinita, a ilita e a esmectita), que apresentam comportamentos bem distintos, principalmente na presença de água.

Na composição química das argilas, existem dois tipos de estrutura: uma estrutura de tetraedros justapostos num plano, com átomos de silício ligados a quatro átomos de oxigênio (SiO_2) e outra de octaedros, em que átomos de alumínio são circundados por oxigênio ou hidroxilas $[Al(OH)_3]$. Essas estruturas ligam-se por meio de átomos de oxigênio que pertencem simultaneamente a ambas.

Alguns minerais-argila são formados por uma camada tetraédrica e uma octaédrica (estrutura de camada 1:1), que determinam uma espessura de aproximadamente 7 Å (1 Angstron = 10^{-10} m), como a caulinita, cuja estrutura está representada na Fig. 1.1. As camadas assim constituídas encontram-se firmemente empacotadas, com ligações de hidrogênio que impedem sua separação e a introdução de moléculas de água entre elas. A partícula resultante fica com uma espessura da ordem de 1.000 Å, e sua dimensão longitudinal é de cerca de 10.000 Å.

Noutros minerais, o arranjo octaédrico é encontrado entre duas estruturas do arranjo tetraédrico (estrutura de camada 2:1), com uma espessura de cerca de 10 Å. Com essa constituição estão as esmectitas e as ilitas, cujas estruturas simbólicas são apresentadas na Fig. 1.2. Nesses minerais, as ligações entre as camadas ocorrem por íons O^{2-} e O^{2+} dos arranjos tetraédricos, que são mais fracos do que as ligações entre camadas de caulinita, em que íons O^{2+} da estrutura tetraédrica se ligam ao OH^- da estrutura octaédrica. As camadas ficam livres, e as partículas, no caso das esmectitas, ficam com a espessura da própria camada estrutural, que é de 10 Å. Sua dimensão longitudinal também é reduzida, ficando com cerca de 1.000 Å, pois as placas se quebram por flexão.

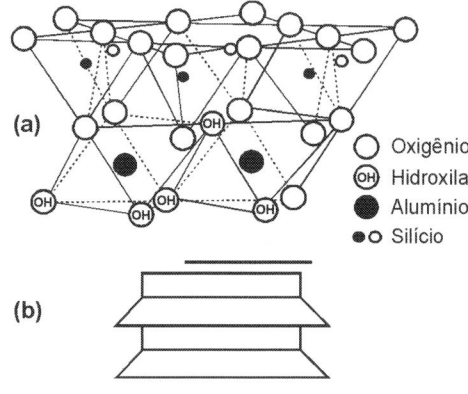

Fig. 1.1

Estrutura de uma camada de caulinita; (a) atômica, (b) simbólica

As partículas de esmectitas apresentam um volume 10^{-4} vezes menor do que as de caulinita e uma área 10^{-2} vezes menor. Isto significa que, para igual volume ou massa, a superfície das partículas de esmectitas é 100 vezes maior do que das partículas de caulinita. A *superfície específica* (superfície total de um conjunto de partículas dividida pelo seu peso) das caulinitas é da ordem de 10 m²/g, enquanto que a das esmectitas é de cerca de 1.000 m²/g. As forças de superfície são muito importantes no comportamento de partículas coloidais, e a diferença de superfície específica é uma indicação da diferença de comportamento entre solos com distintos minerais-argila.

O comportamento das argilas seria menos complexo se não ocorressem imperfeições na sua composição mineralógica. É comum um átomo de alumínio (Al^{3+}) substituir um de silício (Si^{4+}) na estrutura tetraédrica e, na estrutura octaédrica, átomos de alumínio serem substituídos por outros átomos de menor valência, como o magnésio (Mg^{++}). Essas alterações são definidas como *substituições isomórficas*, pois não alteram o arranjo dos átomos, mas as partículas ficam com uma carga negativa.

Para neutralizar as cargas negativas, existem cátions livres nos solos, por exemplo cálcio, Ca^{++}, ou sódio, Na^+, aderidos às partículas. Esses cátions atraem camadas contíguas, mas com força relativamente pequena, o que não impede a entrada de água entre as camadas. A liberdade de movimento das placas explica a elevada capacidade de absorção de água de certas argilas, sua expansão quando em contato com a água e sua contração considerável ao secar.

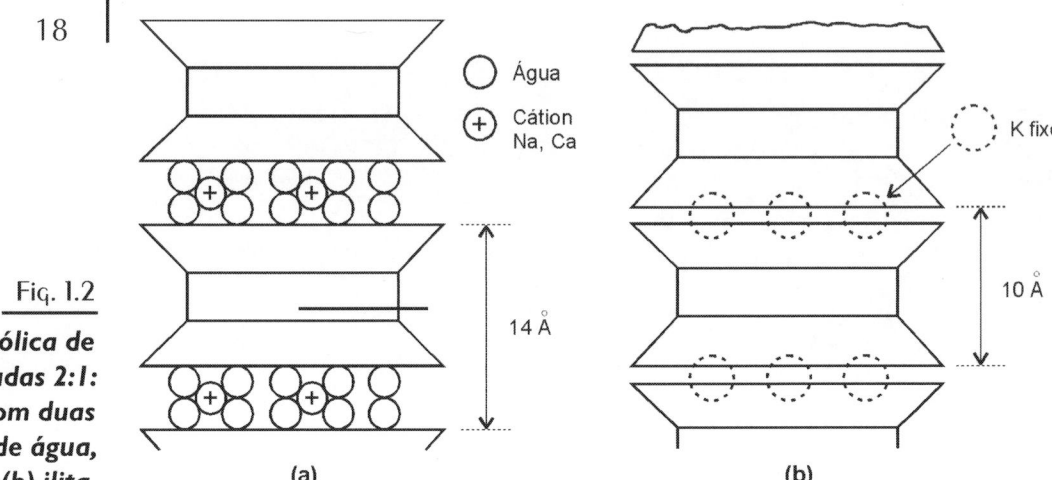

Fig. 1.2
Estrutura simbólica de minerais com camadas 2:1: (a) esmectita com duas camadas de moléculas de água, (b) ilita.

As bordas das partículas argilosas apresentam cargas positivas, resultantes das descontinuidades da estrutura molecular, mas íons negativos neutralizam essas cargas.

Os cátions e íons são facilmente trocáveis por percolação de soluções químicas. O tipo de cátion presente numa argila condiciona o seu comportamento. Uma argila esmectita com sódio adsorvido, por exemplo, é muito mais sensível à água do que com cálcio adsorvido. Daí a diversidade de comportamentos apresentados pelas argilas e a dificuldade de correlacioná-los por meio de índices empíricos.

1.3 *Sistema solo-água*

A água é um mineral de comportamento bem mais complexo do que sua simples composição química (H_2O) sugere. Os dois átomos de hidrogênio, em órbita em torno do átomo de oxigênio, não se encontram em posições diametralmente opostas, o que resultaria num equilíbrio de cargas. Do movimento constante dos átomos resulta um comportamento para a água que poderia ser interpretado como se os dois átomos de hidrogênio estivessem em posições que definiriam um ângulo de 105° com o centro no oxigênio. Em consequência, a água atua como um bipolo, orientando-se em relação às cargas externas.

Quando a água se encontra em contato com as partículas argilosas, as moléculas orientam-se em relação a elas e aos íons que circundam as partículas. Os íons afastam-se das partículas e ficam circundados por moléculas de água. No caso das esmectitas, por exemplo, a água penetra entre as partículas e forma estruturas como a indicada na Fig. 1.2 (a), em que duas camadas de moléculas de água se apresentam entre as camadas estruturais, elevando a distância basal a 14 Å. Uma maior umidade provoca o aumento dessa distância basal até a completa liberdade das camadas.

As ilitas, que apresentam estruturas semelhantes às das esmectitas, não absorvem água entre as camadas, pela presença de íons de potássio, provocando uma ligação mais firme entre elas, como mostrado na Fig. 1.2 (b). Em consequência, seu comportamento perante a água é intermediário entre o da caulinita e o da esmectita.

Com a elevação do teor de água, forma-se no entorno das partículas a conhecida *camada dupla*. É a camada em torno das partículas na qual as moléculas de água são atraídas a íons do solo, e ambos à superfície das partículas. As características da camada dupla dependem da valência dos íons presentes na água, da concentração eletrolítica, da temperatura e da constante dielétrica do meio.

Devido às forças eletroquímicas, as primeiras camadas de moléculas de água em torno das partículas do solo estão firmemente aderidas. A água, nessas condições, apresenta comportamento bem distinto da água livre, e esse estado é chamado de água sólida, pois não existe entre as moléculas a mobilidade das moléculas dos fluidos. Os contatos entre partículas podem ser feitos pelas moléculas de água a elas aderidas. As deformações e a resistência dos solos quando solicitados por forças externas dependem, portanto, desses contatos.

Nota-se que os átomos de hidrogênio das moléculas de água não estão numa situação estática. Ao contrário, encontram-se em permanente agitação, de forma que a sua orientação é uma situação transitória. Em qualquer momento, uma molécula de água pode ser substituída por outra, no contato com as partículas argilosas. Esse fenômeno interfere na transmissão de forças entre as partículas e justifica a dependência do comportamento reológico dos solos ao tempo de solicitação, como será estudado nas Aulas 11 e 15.

Quando duas partículas de argila, na água, estão muito próximas, ocorrem forças de atração e de repulsão entre elas. As forças de repulsão são devidas às cargas líquidas negativas que elas possuem e que ocorrem desde que as camadas duplas estejam em contato. As forças de atração decorrem de forças de Van der Waals e de ligações secundárias que atraem materiais adjacentes.

Da combinação das forças de atração e de repulsão entre as partículas resulta a estrutura dos solos, que se refere à disposição das partículas na massa de solo e às forças entre elas. Considera-se a existência de dois tipos básicos de estrutura: *floculada*, quando os contatos se fazem entre faces e arestas, ainda que através da água adsorvida; e *dispersa*, quando as partículas se posicionam paralelamente, face a face.

As argilas sedimentares apresentam estruturas que dependem da salinidade da água em que se formaram. Em águas salgadas, a estrutura é bastante aberta, embora haja um relativo paralelismo entre partículas, em virtude de ligações de valência secundária. Estruturas floculadas em água não salgada resultam da atração das cargas positivas das bordas com as cargas negativas das faces das partículas. A Fig. 1.3 ilustra esquematicamente os três tipos de estrutura. O conhecimento das estruturas permite o entendimento

Aula 1

Origem e Natureza dos Solos

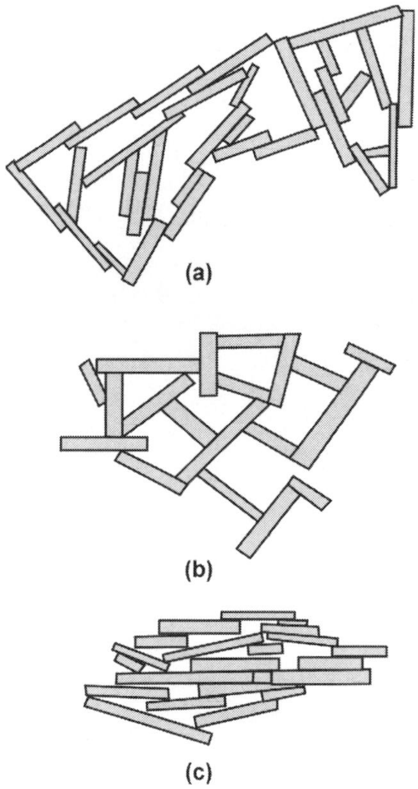

Mecânica dos Solos

Fig. 1.3
Exemplo de estruturas de solos sedimentares: (a) floculada em água salgada, (b) floculada em água não salgada, (c) dispersa (Mitchel, 1976).

de diversos fenômenos notados no comportamento dos solos, como, por exemplo, a sensitividade das argilas.

O modelo de estrutura mostrado é simplificado. No caso de solos residuais e de solos compactados, a posição relativa das partículas é mais elaborada. Existem aglomerações de partículas argilosas que se dispõem de forma a determinar vazios de maiores dimensões, como se mostra na Fig. 1.4. Existem microporos nos vazios entre as partículas argilosas que constituem as aglomerações, e macroporos entre as aglomerações. Esta diferenciação é importante para o entendimento de alguns comportamentos dos solos como, por exemplo, a elevada permeabilidade de certos solos residuais no estado natural, ainda que apresentem considerável parcela de partículas argilosas, como se estudará na Aula 6.

Observa-se que, em solos evoluídos pedologicamente, principalmente em climas quentes e úmidos, aglomerações de partículas minerais se apresentam envoltas por deposições de sais de ferro e de alumínio, um aspecto determinante para seu comportamento.

1.4 *Sistema solo-água-ar*

Quando o solo não se encontra saturado, o ar pode se apresentar em forma de bolhas oclusas (se estiver em pequena quantidade) ou em forma de canalículos intercomunicados, inclusive com o meio externo. O aspecto mais importante com relação à presença do ar é que a água, na superfície, se comporta como se fosse uma membrana. As moléculas de água, no contato com o ar, orientam-se em virtude da diferença da atração química das moléculas adjacentes. Esse comportamento é medido pela *tensão superficial*, uma característica de qualquer líquido em contato com outro líquido ou com um gás.

Em virtude desta tensão, a superfície de contato entre a água e o solo nos vazios pequenos das partículas

Fig. 1.4
Exemplo de estrutura de solo residual, com micro e macroporos.

apresenta uma curvatura, indicando que a pressão nos dois fluidos não é a mesma. Essa diferença de pressão, denominada *tensão de sucção*, é responsável por diversos fenômenos referentes ao comportamento mecânico dos solos, entre eles a ascensão capilar, que será objeto da Aula 5, e o comportamento peculiar dos solos não saturados quando solicitados por carregamento ou submetidos a infiltração de água, objeto da Aula 16.

1.5 *Identificação dos solos por meio de ensaios*

Para a identificação dos solos a partir das partículas que os constituem, são empregados dois tipos de ensaio: a análise granulométrica e os índices de consistência.

Análise granulométrica

Num solo, geralmente convivem partículas de tamanhos diversos. Nem sempre é fácil identificar as partículas, porque grãos de areia, por exemplo, podem estar envoltos por uma grande quantidade de partículas argilosas, finíssimas, com o mesmo aspecto de uma aglomeração formada exclusivamente por essas partículas argilosas. Quando secas, as duas formações são dificilmente diferenciáveis. Quando úmidas, entretanto, a aglomeração de partículas argilosas se transforma em uma pasta fina, enquanto que a partícula arenosa revestida é facilmente reconhecida pelo tato. Portanto, numa tentativa de identificação tátil-visual dos grãos de um solo, é fundamental que ele se encontre bastante úmido.

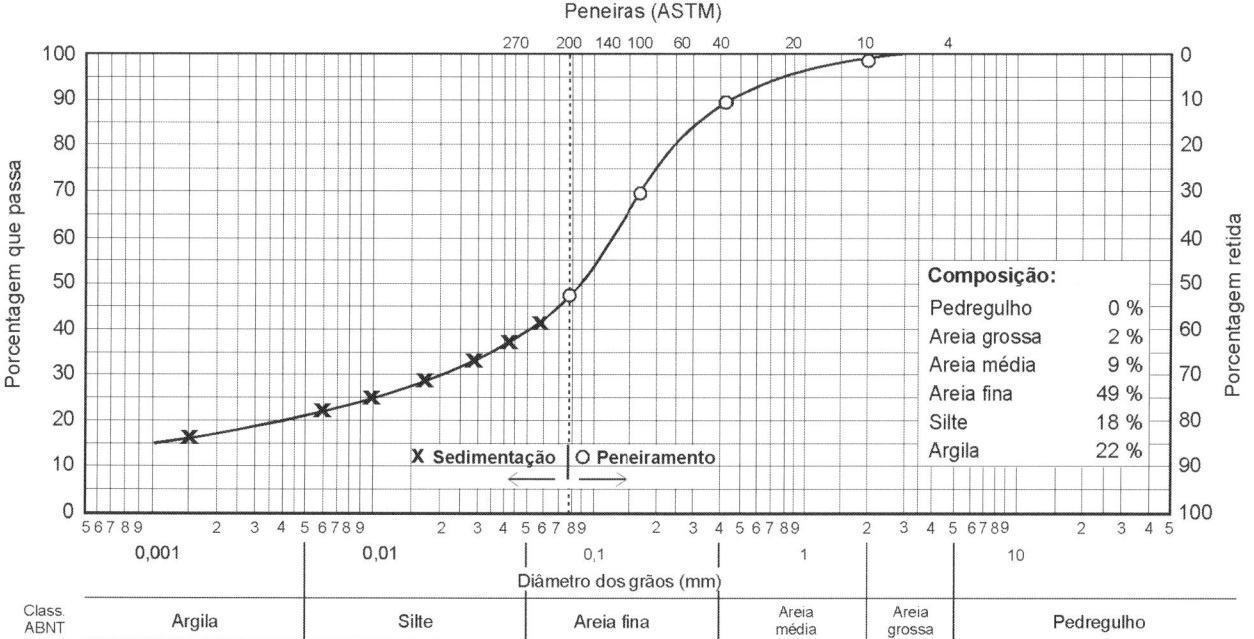

Fig. 1.5 **Exemplo de curva de distribuição granulométrica do solo**

Mecânica dos Solos

Para o reconhecimento do tamanho dos grãos de um solo, realiza-se a análise granulométrica, que consiste de duas fases: peneiramento e sedimentação. O peso do material que passa em cada peneira, referido ao peso seco da amostra, é considerado como a "porcentagem que passa", e representado graficamente em função da abertura da peneira, em escala logarítmica, como se mostra na Fig. 1.5. A abertura nominal da peneira é considerada como o "diâmetro" das partículas. Trata-se de um *diâmetro equivalente*, pois as partículas não são esféricas.

A análise por peneiramento tem como limitação a abertura da malha das peneiras, que não pode ser tão pequena quanto o diâmetro de interesse. A menor peneira costumeiramente empregada é a de nº 200, cuja abertura é de 0,075 mm. Existem peneiras mais finas para estudos especiais, mas são pouco resistentes e por isto não são usadas rotineiramente. Esta, aliás têm aberturas muito maiores do que as dimensões das partículas mais finas do solo.

Quando há interesse no conhecimento da distribuição granulométrica da porção mais fina dos solos, emprega-se a técnica da sedimentação, que se baseia na Lei de Stokes: a velocidade de queda de partículas esféricas num fluido atinge um valor limite que depende do peso específico do material da esfera (γ_s), do peso específico do fluido (γ_w), da viscosidade do fluido (μ), e do diâmetro da esfera (D), conforme a expressão:

$$\upsilon = \frac{\gamma_s - \gamma_w}{18 \cdot \mu} \cdot D^2$$

Ao colocar-se uma certa quantidade de solo (uns 60g) em suspensão em água (cerca de um litro), as partículas cairão com velocidades proporcionais ao quadrado de seus diâmetros. Considere-se a Fig. 1.6, na qual, à esquerda do frasco, estão indicados grãos com quatro diâmetros diferentes igualmente representados ao longo da altura, o que corresponde ao início do ensaio. À direita do frasco, está representada a situação após decorrido um certo tempo. Se a densidade da suspensão era uniforme ao longo da altura no início do ensaio, não o será após certo tempo, pois numa seção, a uma certa profundidade, menos partículas estão presentes.

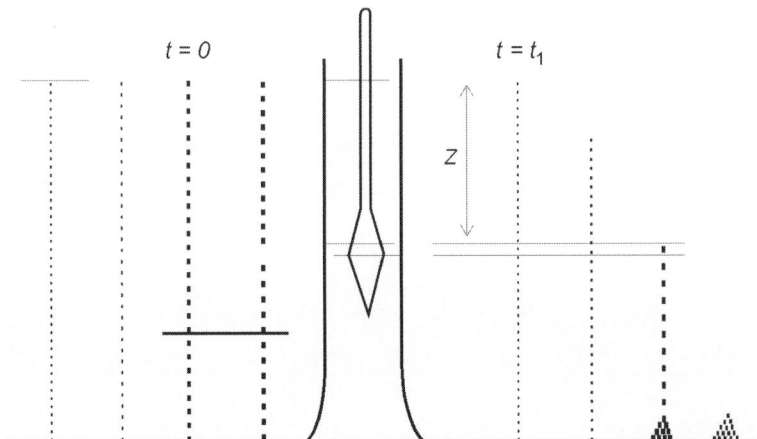

Fig. 1.6

Esquema representativo da sedimentação

Aula 1

Origem e Natureza dos Solos

Consideremos uma seção genérica, a uma profundidade z, decorrido um determinado tempo t. Nessa seção, a maior partícula existente é aquela que se encontrava originalmente na superfície e que caiu com a velocidade $v = z/t$. Partículas maiores não podem existir, porque sedimentam com maior velocidade. Por outro lado, nessa seção estão partículas de menor tamanho, na mesma proporção inicial, pois, à medida que uma sai da seção, a que se encontrava acima ocupa a posição. O diâmetro da maior partícula presente na seção pode ser obtido pela Lei de Stokes.

No instante em que a suspensão é colocada em repouso, a sua densidade é igual ao longo de toda a profundidade. Quando as partículas maiores caem, a densidade na parte superior do frasco diminui. Numa profundidade qualquer, em um certo momento, a relação entre a densidade existente e a densidade inicial indica a porcentagem de grãos com diâmetro inferior ao determinado pela Lei de Stokes, como se demonstrou no parágrafo anterior.

As densidades de suspensão são determinadas com um densímetro, que também indica a profundidade correspondente. Diversas leituras do densímetro, em diversos intervalos de tempo, determinarão igual número de pontos na curva granulométrica, como se mostra na Fig. 1.5, comple-mentando a parte da curva obtida por peneiramento.

Nesse caso, o que se determina é um diâmetro equivalente, pois as partículas não são as esferas às quais se refere a Lei de Stokes. Diâmetro equivalente da partícula é o diâmetro da esfera que sedimenta com velocidade igual à da partícula.

O ensaio envolve vários detalhes que deverão ser desenvolvidos em aula de laboratório. Deve-se frisar que uma das operações mais importantes é a separação de todas as partículas, de forma que elas possam sedimentar isoladamente. Na situação natural, é frequente que as partículas estejam agregadas ou floculadas. Se essas aglomerações não forem destruídas, determinar-se-ão os diâmetros dos flocos e não os das partículas isoladas. Para essa desagregação, adiciona-se um produto químico, com ação defloculante, deixa-se a amostra imersa em água por 24 horas e provoca-se uma agitação mecânica padronizada. Mesmo quando se realiza apenas o ensaio de peneiramento, a preparação da amostra é necessária, pois, se não for feita, ficarão retidas agregações de partículas muito mais finas nas peneiras.

Para diversas faixas de tamanho de grãos, existem denominações específicas, como definidas na Tab. 1.1. Conhecida a distribuição granulométrica do solo, como na Fig. 1.5, pode-se determinar a porcentagem correspondente a cada uma das frações anteriormente especificadas. A Fig. 1.7 apresenta exemplos de curvas granulométricas de alguns solos brasileiros.

Embora solos de mesma origem guardem características comuns, é frequente que apresentem uma razoável dispersão de constituição. As curvas granulométricas apresentadas na Fig. 1.7 devem ser consideradas somente como exemplos, pois espera-se que, numa mesma formação, ocorram variações sensíveis de resultados, embora algumas características básicas se mantenham.

Deve-se notar que as mesmas designações usadas para expressar as frações granulométricas de um solo são empregadas para designar os próprios solos. Diz-se, por exemplo, que um solo é uma *argila* quando o seu comportamento é o de um solo argiloso, ainda que contenha partículas com diâmetros correspondentes às frações silte e areia. Da mesma forma, uma *areia* é um solo cujo comportamento é ditado pelos grãos arenosos que ele possui, embora partículas de outras frações possam estar presentes.

No caso de argilas, um terceiro sentido pode ser empregado: os "minerais--argila", uma família de minerais cujo arranjo de átomos foi descrito na seção 1.3. Em geral, esses minerais apresentam-se em formato de placas e em tamanhos reduzidos, correspondentes – predominantemente, mas não exclusivamente – à fração argila. São esses minerais que conferem a plasticidade característica aos solos argilosos.

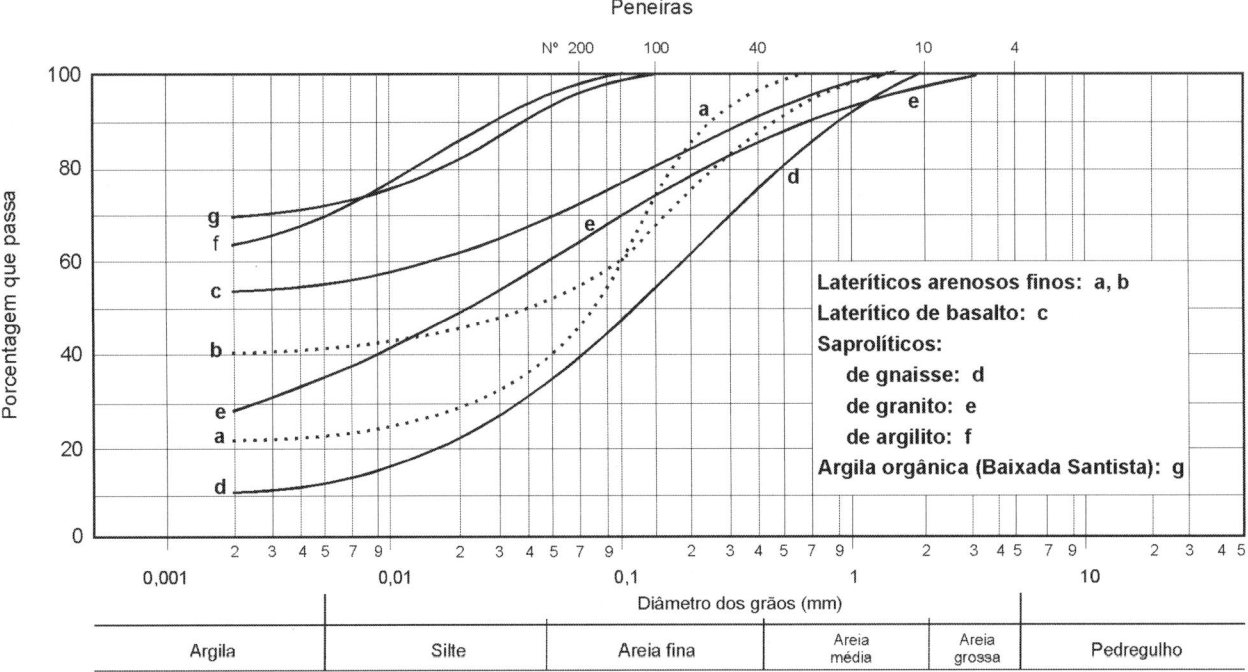

Fig. 1.7 *Curvas granulométricas de alguns solos brasileiros*

Índices de consistência (Limites de Atterberg)

Só a distribuição granulométrica não caracteriza bem o comportamento dos solos sob o ponto de vista da Engenharia. A fração fina dos solos tem uma importância muito grande nesse comportamento. Quanto menores as partículas, maior a superfície específica (superfície das partículas dividida por seu peso ou por seu volume). Um cubo com 1 cm de aresta tem 6 cm^2 de área e volume de 1 cm^3. Um conjunto de cubos com 0,05 mm (siltes) apresentam 125 cm^2 por cm^3 de volume. Certos tipos de argilas chegam a apresentar 300 m^2 de área por cm^3 (1 cm^3 é suficiente para cobrir uma sala de aula).

O comportamento de partículas com superfícies específicas tão distintas perante a água é muito diferenciado. As partículas de minerais argila diferem acentuadamente pela estrutura mineralógica, bem como pelos cátions adsorvidos, como visto nas seções 1.3 e 1.4. Desta forma, para a mesma porcentagem de fração argila, o solo pode ter comportamento muito diferente, dependendo das características dos minerais presentes.

Todos esses fatores interferem no comportamento do solo, mas o estudo dos minerais-argilas é muito complexo. À procura de uma forma mais prática de identificar a influência das partículas argilosas, a Engenharia substituiu-a por uma análise indireta, baseada no comportamento do solo na presença de água. Generalizou-se, para isto, o emprego de ensaios e índices propostos pelo engenheiro químico Atterberg, pesquisador do comportamento dos solos sob o aspecto agronômico, adaptados e padronizados pelo professor de Mecânica dos Solos, Arthur Casagrande.

Os limites baseiam-se na constatação de que um solo argiloso ocorre com aspectos bem distintos conforme o seu teor de umidade. Quando muito úmido, ele se comporta como um líquido; quando perde parte de sua água, fica plástico; e quando mais seco, torna-se quebradiço. Esse fato é bem ilustrado pelo comportamento do material transportado e depositado por rio ou córrego que transborda e invade as ruas da cidade. Logo que o rio retorna ao seu leito, o barro resultante se comporta como um líquido: quando um automóvel passa, o barro é espirrado lateralmente. No dia seguinte, tendo evaporado parte da água, os veículos deixam moldado o desenho de seus pneus no material plástico em que se transformou o barro. Secando um pouco mais, os veículos não penetram no solo depositado, mas sua passagem provoca o desprendimento de pó.

Os teores de umidade correspondentes às mudanças de estado, como se mostra na Fig. 1.8, são definidos como: Limite de Liquidez (LL) e Limite de Plasticidade (LP) dos solos. A diferença entre esses dois limites, que indica a faixa de valores em que o solo se apresenta plástico, é definida como o Índice de Plasticidade (IP) do solo. Em condições normais, só são apresentados os valores do LL e do IP como índices de consistência dos solos. O LP só é empregado para a determinação do IP.

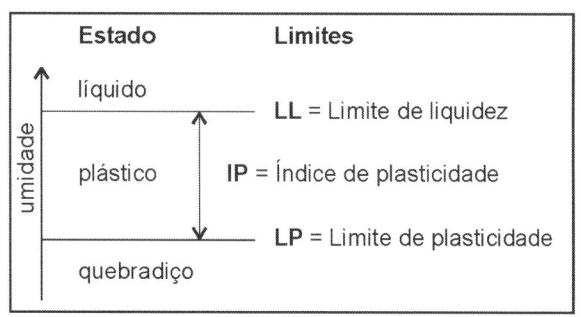

Fig. 1.8
Limites de Atterberg dos solos

O Limite de Liquidez é definido como o teor de umidade do solo com o qual uma ranhura nele feita requer 25 golpes para se fechar numa concha, como ilustrado na Fig. 1.9. Diversas tentativas são realizadas, com o solo em diferentes umidades: anota-se o número de golpes para fechar a ranhura e obtém-se o limite

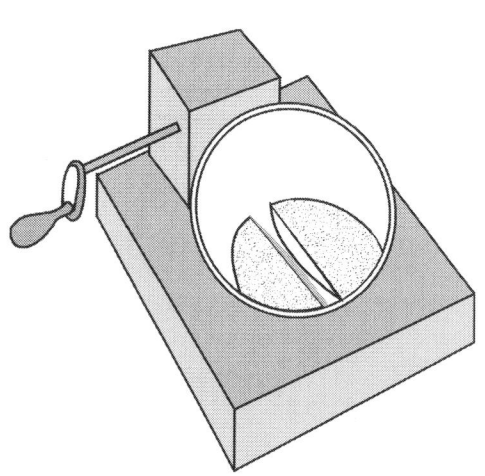

Fig. 1.9
Esquema do aparelho de Casagrande para a determinação do LL

pela interpolação dos resultados. O procedimento de ensaio é padronizado no Brasil pela ABNT (Método NBR 6459).

O Limite de Plasticidade é definido como o menor teor de umidade com o qual se consegue moldar um cilindro com 3 mm de diâmetro, rolando-se o solo com a palma da mão. O procedimento é padronizado no Brasil pelo Método NBR 7180.

Deve-se notar que a passagem de um estado para outro ocorre de forma gradual, com a variação da umidade. A definição dos limites anteriormente descrita é arbitrária. Isso não diminui seu valor, pois os resultados são índices comparativos. O importante é a padronização dos ensaios, que é praticamente universal. Na Tab. 1.2, são apresentados resultados típicos de alguns solos brasileiros.

Solos	LL %	IP %
Residuais de arenito (arenosos finos)	29-44	11-20
Residual de gnaisse	45-55	20-25
Residual de basalto	45-70	20-30
Residual de granito	45-55	14-18
Argilas orgânicas de várzeas quaternárias	70	30
Argilas orgânicas de baixadas litorâneas	120	80
Argila porosa vermelha de São Paulo	65 a 85	25 a 40
Argilas variegadas de São Paulo	40 a 80	15 a 45
Areias argilosas variegadas de São Paulo	20 a 40	5 a 15
Argilas duras, cinzas, de São Paulo	64	42

Tab. 1.2
Índices de Atterberg, de alguns solos brasileiros

Atividade das argilas

Os Índices de Atterberg indicam a influência dos finos argilosos no comportamento do solo. Certos solos com teores elevados de argila podem apresentar índices mais baixos do que aqueles com pequenos teores de argila. Isto pode ocorrer porque a composição mineralógica dos argilominerais é bastante variável. Pequenos teores de argila e altos índices de consistência indicam que a argila é muito ativa.

Mas os índices determinados são também função da areia presente. Solos de mesma procedência, com o mesmo mineral-argila, mas com diferentes teores de areia, apresentarão índices diferentes, tanto maiores quanto maior o teor de argila, numa razão aproximadamente constante. Quando se quer ter uma ideia sobre a atividade da fração argila, os índices devem ser comparados com a fração argila presente. É isso que mostra o índice de atividade de uma argila, definido na relação:

$$\text{Índice de atividade} = \frac{\text{índice de plasticidade (IP)}}{\text{fração argila (menor que 0,002 mm)}}$$

A argila presente num solo é considerada normal quando seu índice de atividade situa-se entre 0,75 e 1,25. Quando o índice é menor que 0,75, considera-se a argila como inativa e, quando o índice é maior que 1,25, ela é considerada ativa.

Emprego dos índices de consistência

Os índices de consistência mostram-se muito úteis para a identificação dos solos e sua classificação. Dessa forma, com o seu conhecimento, pode-se prever muito do comportamento do solo, sob o ponto de vista da Engenharia, com base em experiência anterior. Uma primeira correlação foi apresentada por Terzaghi, resultante da observação de que os solos são tanto mais compressíveis (sujeitos a recalques) quanto maior for o seu LL. Com a compressibilidade expressa pelo índice de compressão (Cc), estabeleceu-se a seguinte correlação:

$$Cc = 0{,}009 \cdot (LL-10)$$

De maneira análoga, diversas correlações empíricas são apresentadas, muitas vezes com uso restrito para solos de uma determinada região ou de uma certa formação geológica.

Os Índices de Atterberg são uma indicação do tipo de partículas existentes no solo. Dessa forma, eles representam bem os solos em que as partículas ocorrem isoladamente, como é o caso dos solos transportados.

Solos saprolíticos apresentam significativa influência da estrutura da rocha-mãe. Solos lateríticos, por sua vez, apresentam aglomerações de partículas envoltas por deposições de sais de ferro ou alumínio. Os ensaios de limites são feitos com a amostra previamente seca ao ar e destorroada e amassada energicamente com uma espátula durante a incorporação de água. Tais procedimentos alteram a estrutura original do solo. Dessa maneira, é de se esperar que as correlações estabelecidas com base em comportamento de solos transportados não se apliquem adequadamente a solos saprolíticos e lateríticos, que ocorrem em regiões tropicais. Correlações específicas a esses solos devem ser estabelecidas.

Exercícios resolvidos

Exercício 1.1 Calcule a superfície específica dos seguintes sistemas de partículas, expressando-as em m^2/g. Admita que a massa específica das partículas seja de 2,65 g/cm^3:

(a) areia fina: cubos com 0,1 mm de aresta;
(b) silte: esferas com 0,01 mm de diâmetro;
(c) argila caulinita: placas em forma de prismas quadrados com 1μ de aresta e $0{,}1\mu$ de altura;
(d) argila esmectita: placas em forma de prismas quadrados com $0{,}1\mu$ de aresta e $0{,}001\mu$ de altura.

Solução: Os cálculos estão na tabela abaixo:

Partículas	Volume de uma partícula	Massa de uma partícula	Superfície de uma partícula	Número de partículas em 1 g	Superfície específica	
	(mm³)	(g)	(mm²)	(cm²/g)	(m²/g)	
Areia fina	10^{-3}	$2,65 \times 10^{-6}$	6×10^{-2}	$3,8 \times 10^5$	230	0,023
Silte	$5,24 \times 10^{-7}$	$1,38 \times 10^{-9}$	$3,14 \times 10^{-4}$	$7,2 \times 10^8$	2.260	0,22
Caulinita	10^{-10}	$2,65 \times 10^{-13}$	2×10^{-6}	$3,8 \times 10^{12}$	76.000	7,6
Esmectita	10^{-14}	$2,65 \times 10^{-17}$	2×10^{-8}	$3,8 \times 10^{16}$	7.600.000	760

Exercício 1.2 Considerando que uma molécula de água tem cerca de 2,5 Å (= $2,5 \times 10^{-8}$ cm) e que, envolvendo as partículas, a camada de água tem pelo menos a espessura de 2 moléculas, portanto 5 Å, estime a umidade de solos constituídos de grãos como os referidos no Exercício 1.1, quando eles estiverem envoltos por uma película de água de 5 Å.

Solução: Multiplicando-se a superfície específica pela espessura da película de água, tem-se o volume de água. Para o caso da areia fina, 1 g de solo será envolvido por $230 \times 5 \times 10^{-8} = 1,15 \times 10^{-5}$ cm³ de água. A massa dessa água é de $1,15 \times 10^{-5}$ g. Sendo de 1 g a massa do solo, a umidade é de 0,00115%.

Análise semelhante para os outros solos dão os seguintes resultados:

- silte: $w = 0,0113\%$;
- argila caulinita: $w = 0,38\%$; e
- argila esmectida: $w = 38\%$.

Observa-se como a finura das partículas é importante no relacionamento com a água.

Exercício 1.3 Na determinação do Limite de Liquidez de um solo, de acordo com o Método Brasileiro NBR-6459, foram feitas cinco determinações do número de golpes para que a ranhura se feche, com teores de umidade crescentes, e obtidos os resultados apresentados a seguir. Qual o Limite de Liquidez desse solo?

Tentativa	Umidade	Nº de golpes
1	51,3	36
2	52,8	29
3	54,5	22
4	55,5	19
5	56,7	16

Com a mesma amostra, foram feitas quatro determinações do limite de plasticidade, de acordo com o Método Brasileiro NBR-7180, e obtiveram-se as seguintes umidades quando o cilindro com diâmetro de 3 mm se fragmentava ao ser moldado: 22,3%, 24,2%, 21,9% e 22,5%. Qual o Limite de Plasticidade desse solo? Qual o Índice de Plasticidade?

Solução: Os teores de umidade são representados em função do número de golpes para o fechamento das ranhuras, este em escala logarítmica (Fig. 1.10). Os resultados, assim representados, ajustam-se bem a uma reta. Traçada essa reta, o Limite de Liquidez é obtido e definido como a umidade correspondente a 25 golpes. No exemplo apresentado, isso ocorre para uma umidade de 53,7%. Não se justifica muita precisão, razão pela qual o valor registrado como resultado do ensaio é arredondado: LL = 54%.

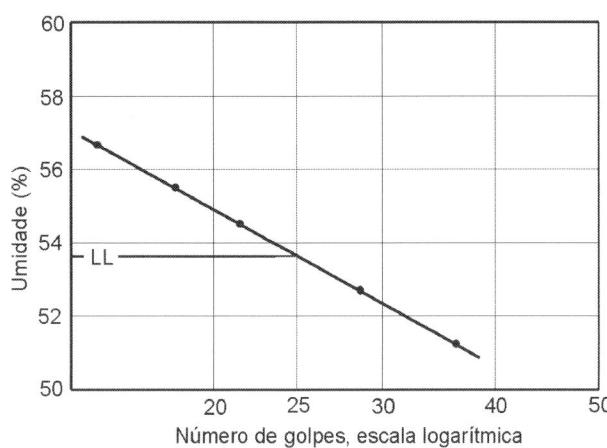

Fig. 1.10

A média das quatro determinações do limite de plasticidade é (22,3+24,2+21,8+22,5)/4 = 22,7. Como o resultado 24,2 se afasta da média mais do que 5% de seu valor [(24,2-22,7)/22,7 = 6,6% > 5%], esse valor é desconsiderado. A média dos três restantes (22,3+21,8+22,5)/3 = 22,2 é adotada como o resultado do ensaio, pois todos os três não diferem da nova média mais do que 5% dela (0,05 x 22,2 = 1,1). Segundo recomendação da norma, o valor é arredondado: LP = 22%. O índice de plasticidade é: IP = 54 - 22 = 32%.

Exercício 1.4 Com os índices de Atterberg médios da Tab. 1.2, estime qual das argilas – a argila orgânica das baixadas litorâneas ou a argila orgânica das várzeas quaternárias dos rios – deve ser mais compressiva, ou seja, apresenta maior recalque para o mesmo carregamento.

Solução: Ensaios têm mostrado que quanto maior o Limite de Liquidez mais compressível é o solo. Pode-se prever, portanto, que as argilas das baixadas litorâneas, com LL da ordem de 120, são bem mais compressíveis que as das várzeas ribeirinhas, com LL em torno de 70. De acordo com a expressão empírica proposta por Terzaghi, pode-se estimar que o índice de compressão (cujo significado numérico será exposto na Aula 9) é de C_c = 0,009 (120-10) = 1,0 para as argilas marinhas, e de C_c = 0,009 x (70-10) = 0,54 para as argilas orgânicas das várzeas quaternárias.

Exercício 1.5 Para fazer a análise granulométrica de um solo, tomou-se uma amostra de 53,25 g, cuja umidade era de 12,6%. A massa específica dos grãos do solo era de 2,67 g/cm³. A amostra foi colocada numa proveta com capacidade de um litro (V = 1.000 cm³), preenchida com água. Admita-se,

Mecânica dos Solos

neste exercício, que a água é pura, não tendo sido adicionado defloculante, e que a densidade da água é de 1,0 g/cm³. Ao uniformizar a suspensão (instante inicial da sedimentação), qual deve ser a massa específica da suspensão? E qual seria a leitura do densímetro nele colocado?

Solução: A massa de partículas sólidas empregadas no ensaio é:

$$M_s = \frac{53,25}{1+0,126} = 47,29 g$$

O volume ocupado por esta massa é de:

$$V_s = \frac{47,29}{2,67} = 17,71 cm^3$$

O volume ocupado pela água é:

$$V_w = 1.000 - 17,71 = 982,29 \, cm^3$$

A massa de água é:

$$M_w = 1,0 \times 982,29 \, g$$

A massa específica da suspensão é:

$$\rho_{susp} = \frac{M_s + M_w}{V_s + V_w} = \frac{47,29 + 982,29}{1.000} = 1,02958 g/cm^3$$

A leitura do densímetro indica quantos milésimos de g/cm³, com precisão não maior de um décimo de milésimo, a densidade é superior à da água. Portanto, a leitura seria: L = 29,6

Outro procedimento para esse cálculo seria o estabelecimento de uma equação genérica para a densidade da suspensão. A concentração de partículas é uniforme ao longo de toda a proveta. Num volume unitário, a massa de partículas sólidas é: $m_s = M_s / V$

e o volume de sólido é: $v_s = M_s / (\rho_s V)$

O volume de água é: $v_w = 1 - \dfrac{M_s}{\rho_s V}$

e a massa de água é: $m_w = \rho_w \left(1 - \dfrac{M_s}{\rho_s V}\right)$

Com volume unitário, a massa específica da suspensão é a soma das massas das partículas sólidas e da água. No presente caso:

$$\rho_{susp} = 1,0 + \frac{47,29}{1.000} \cdot \frac{2,67 - 1}{2,67} = 1,02958 \, g/cm^3$$

Exercício 1.6 No caso do ensaio descrito no exercício anterior, 15 minutos depois da suspensão ser colocada em repouso, o densímetro indicou uma leitura $L = 13,2$. Em relação à situação inicial, quando a suspensão era homogênea, qual porcentagem (em massa) de partículas ainda se encontrava presente na profundidade correspondente à leitura do densímetro?

Solução: À leitura L = 13,2 corresponde uma massa específica de 1,0132 g/cm³. Chamando de Q a porcentagem referida, tem-se que a massa presente na unidade de volume é $Q \cdot M_s/V$, expressão que pode ser levada à equação determinada para a densidade da suspensão no Exercício 1.5, a qual fica com o seguinte aspecto:

$$\rho_{susp} = \rho_w + \frac{QM_s}{V}\left(\frac{\rho_s - \rho_w}{\rho_s}\right)$$

De onde se deduz a seguinte expressão:

$$Q = \frac{\rho_s}{\rho_s - \rho_w} \frac{(\rho_{susp} - \rho_w)V}{M_s}$$

Aplicando-se ao presente caso, tem-se:

$$Q = \frac{2,67}{2,67 - 1,0} \frac{(1,0132 - 1,0) \times 1.000}{47,29} = 0,446 = 44,6\%$$

Nos ensaios, emprega-se um defloculante; portanto, a densidade do meio em que a sedimentação ocorre não é mais a da água. No numerador, a diferença a ser considerada é a diferença entre a densidade da suspensão e a da água com defloculante. A leitura do densímetro da água com defloculante, menos a leitura do densímetro com água pura, L_{defl}, deve ser corrigida da leitura feita no ensaio. Aplicada essa correção, a leitura corrigida, $L_c = L - L_{defl}$, é mil vezes a diferença entre a densidade da suspensão e a do meio em que a sedimentação ocorre. Como a diferença é multiplicada pelo volume da suspensão, que é igual a 1.000 cm³, tem-se:

$$(\rho_{susp} - \rho_w)V = \{(1 + L/1000) - (1 + L_{defl}/1000)\} \times 1000 = L - L_{defl} = L_c$$

A equação anterior pode ser substituída pela seguinte, que é a normalmente empregada nos laboratórios:

$$Q = \frac{\rho_s}{\rho_s - \rho_w} \frac{L_c}{M_s}$$

A porcentagem de material presente num volume unitário é diretamente proporcional à densidade da suspensão. Se a sedimentação ocorrer em água, a densidade tenderá a 1 g/cm³, quando todas as partículas já tiverem caído. Dessa forma, a porcentagem poderia ser estimada diretamente da seguinte relação:

$$Q = \frac{1,0132 - 1,000}{1,0296 - 1,000} = \frac{13,2}{29,6} = 0,446 = 44,6\%$$

onde 1,0132 é a leitura para a qual se faz o cálculo e 1,0296 corresponde à leitura inicial, como visto no Exercício 1.5.

Como no ensaio é empregado o defloculante, a massa específica final não é 1 g/cm³, e os cálculos requerem a equação anterior.

Exercício 1.7 No ensaio descrito anteriormente, a leitura de densímetro acusava a densidade a uma profundidade de 18,5 cm. Qual o maior tamanho de partícula que ainda ocorria nessa profundidade? Considerar que o ensaio foi feito a uma temperatura de 20°C, na qual a viscosidade da água é de $10,29 \times 10^{-6}$ g·s/cm².

Solução: O tamanho da partícula que se encontrava na superfície e que, após 15 minutos, se encontrava na profundidade de 18,5 cm pode ser determinada pela Lei de Stokes. Partículas com maior diâmetro teriam caído com maior velocidade e não estariam nessa profundidade. Partículas menores, certamente, ainda se encontram na posição analisada. Aplicando-se a Lei de Stokes:

$$v = \frac{\rho_s - \rho_w}{18\mu} D^2$$

de onde se tem: $D = \sqrt{\dfrac{18,5}{15 \times 60} \dfrac{18 \times 10,29 \times 10^{-6}}{2,67 - 1,00}} = 0,0015 \text{cm} = 0,015 \text{mm}$

Com esse valor e a porcentagem determinada no Exercício 1.8, determina-se um ponto da curva granulométrica.

Exercício 1.8 Quando se deseja conhecer a distribuição granulométrica só da parte grosseira do solo (as frações areia e pedregulho), não havendo portanto a fase de sedimentação, pode-se peneirar diretamente o solo no conjunto de peneiras?

Solução: Não, porque se assim fosse feito, agregações de partículas de silte e argila ficariam retidas nas peneiras, dando a falsa impressão de serem partículas de areia. Ainda que não se queira determinar as frações argila e areia, o solo deve ser preparado com o defloculante, agitado no dispersor e, a seguir, pode ser diretamente lavado na peneira n° 200 (0,075 mm), dispensando-se a fase de sedimentação. Naturalmente, os pesos retidos em cada peneira devem se referir ao peso seco total da amostra. Somente quando o material é uma areia evidentemente pura, o ensaio é feito diretamente pelo peneiramento.

Exercício 1.9 Na Fig. 1.11, são apresentados os resultados de dois ensaios de granulometria por peneiramento e sedimentação de uma amostra do solo: um realizado de acordo com a norma NBR-7181 e o outro sem a adição de defloculante na preparação da amostra. Como interpretar a diferença de resultado? Esse tipo de comportamento é comum a todos os solos?

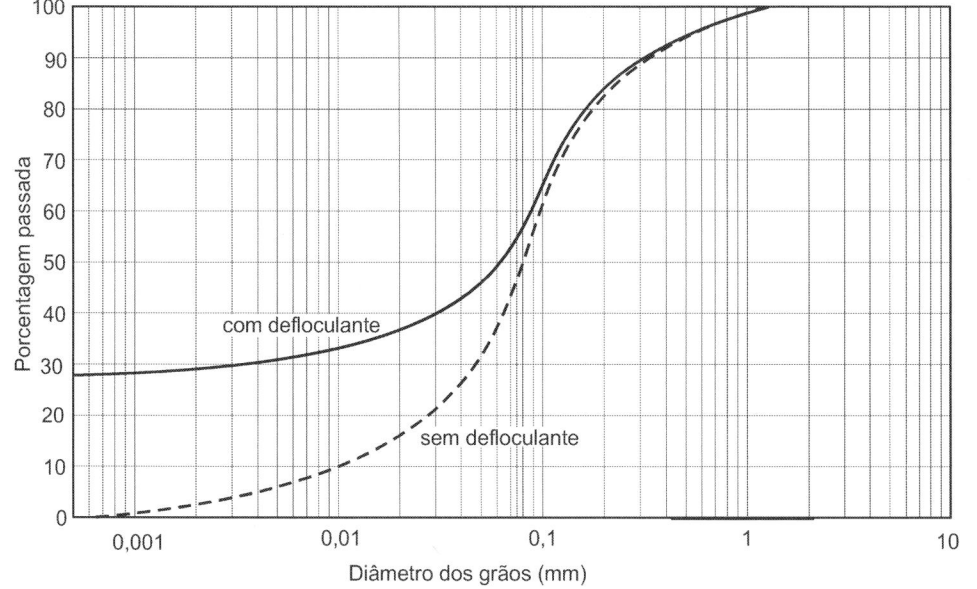

Fig. 1.11

Solução: A diferença de resultados mostra a importância do defloculante para a dispersão das partículas. No ensaio feito de acordo com a norma NBR-7181, as partículas sedimentaram-se isoladamente, e pode-se detectar seus diâmetros equivalentes. No ensaio sem defloculante, as partículas agrupadas, como se encontravam na natureza, sedimentaram-se mais rapidamente, indicando diâmetros maiores, que não são das partículas, mas das agregações.

Nem todos os solos mostram o mesmo tipo de comportamento. No caso apresentado, a diferença entre os dois resultados é muito grande e mostra que esse solo apresenta uma estrutura floculada. Outros solos, entretanto, apresentam naturalmente estrutura dispersa, sem muita diferença entre os resultados de ensaios com ou sem defloculante. Para estes, seria até desnecessário o emprego do defloculante; entretanto, ele é sempre usado por questão de padronização. Existe uma Norma Brasileira, NBR-13602, que prevê a avaliação da dispersibilidade de solos por meio dos dois ensaios de sedimentação descritos. Para os resultados apresentados, a referida norma indicaria uma *porcentagem de dispersão*, definida como a relação entre as porcentagens de partículas com diâmetro menor do que 0,005 mm pelos dois procedimentos, igual a 6/31 = 19%.

AULA 2

O ESTADO DO SOLO

2.1 Índices físicos entre as três fases

Num solo, só parte do volume total é ocupado pelas partículas sólidas, que se acomodam formando uma estrutura. O volume restante costuma ser chamado de vazios, embora esteja ocupado por água ou ar. Deve-se reconhecer, portanto, que o solo é constituído de três fases: partículas sólidas, água e ar.

O comportamento de um solo depende da quantidade relativa de cada uma das três fases (sólidos, água e ar). Diversas relações são empregadas para expressar as proporções entre elas. Na Fig. 2.1 (a), estão representadas, simplificadamente, as três fases que normalmente ocorrem nos solos, ainda que, em alguns casos, todos os vazios possam estar ocupados pela água. Na Fig. 2.1 (b), as três fases estão separadas proporcionalmente aos volumes que ocupam, facilitando a definição e a determinação das relações entre elas. Os volumes de cada fase são apresentados à esquerda e os pesos, à direita.

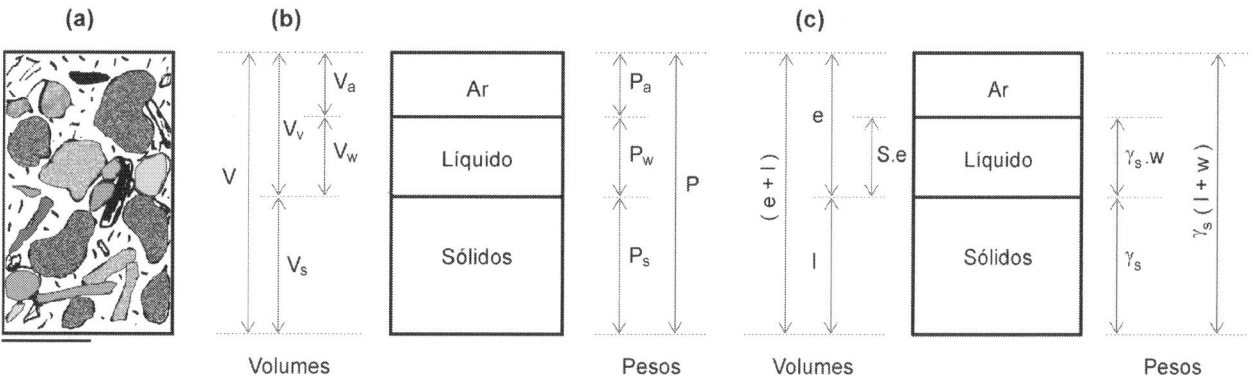

Fig. 2.1
As fases no solo: (a) no estado natural, (b) separada em volume, (c) em função do volume de sólidos

Em princípio, as quantidades de água e ar podem variar. A evaporação pode diminuir a quantidade de água, substituindo-a por ar, e a compressão do solo pode provocar a saída de água e ar, reduzindo o volume de vazios. O solo, no que se refere às partículas que o constituem, permanece o mesmo, mas seu estado se altera. As diversas propriedades do solo dependem do estado em que se encontra. Quando diminui o volume de vazios, por exemplo, a resistência aumenta.

Para identificar o estado do solo, empregam-se índices que correlacionam os pesos e os volumes das três fases. Esses índices são os seguintes (vide esquema da Fig. 2.1):

Umidade – Relação entre o peso da água e o peso dos sólidos. É expressa pela letra w. Para sua determinação, pesa-se o solo no seu estado natural, seca-se em estufa a 105°C, até constância de peso, e pesa-se novamente. Com o peso das duas fases, calcula-se a umidade. É a operação mais frequente em um laboratório de solos. Os teores de umidade dependem do tipo de solo e situam-se geralmente entre 10 e 40%, podendo ocorrer valores muito baixos (solos secos) ou muito altos (150% ou mais).

Índice de vazios – Relação entre o volume de vazios e o volume das partículas sólidas. É expresso pela letra e. Não pode ser determinado diretamente, mas é calculado a partir dos outros índices. Costuma se situar entre 0,5 e 1,5, mas argilas orgânicas podem ocorrer com índices de vazios superiores a 3 (volume de vazios, no caso com água, superior a 3 vezes o volume de partículas sólidas).

Porosidade – Relação entre o volume de vazios e o volume total. Indica a mesma coisa que o índice de vazios. É expresso pela letra n. Valores geralmente entre 30 e 70%.

Grau de Saturação – Relação entre o volume de água e o volume de vazios. Expresso pela letra S. Não é determinado diretamente, mas calculado. Varia de zero (solo seco) a 100% (solo saturado).

Peso específico dos sólidos (ou dos grãos) – É uma característica dos sólidos. Relação entre o peso das partículas sólidas e o seu volume. É expresso pelo símbolo γ_s e determinado em laboratório para cada solo.

Coloca-se um peso seco conhecido do solo num picnômetro e, completando-se com água, determina-se o peso total. O peso do picnômetro completado só com água, mais o peso do solo, menos o peso do picnômetro com solo e água, é o peso da água que foi substituída pelo solo, como se mostra na Fig. 2.2. Desse peso, calcula-se o volume de água que foi substituído pelo solo e que é o volume do solo. Com o peso e o volume, tem-se o peso específico.

O peso específico dos grãos dos solos varia pouco de solo para solo e, por si, não permite identificar o solo em questão, mas é necessário para cálculos de outros índices. Os valores situam-se em torno de 27 kN/m^3, valor adotado quando não se dispõe do valor específico para o solo em estudo. Grãos de quartzo (areia) costumam apresentar pesos específicos de 26,5 kN/m^3 e argilas lateríticas, em virtude da deposição de sais de ferro, valores até 30 kN/m^3.

Peso específico da água – Embora varie um pouco com a temperatura, adota-se sempre como igual a 10 kN/m^3, a não ser em certos procedimentos de laboratório. É expresso pelo símbolo γ_w.

Peso específico natural – Relação entre o peso total do solo e seu volume total. É expresso pelo símbolo γ_n. A expressão "peso específico natural" é, algumas vezes, substituída por "peso específico" do solo. No caso de compactação do solo, o peso específico natural é denominado peso específico úmido.

Para sua determinação, molda-se um cilindro do solo cujas dimensões conhecidas permitem calcular o volume. O peso total dividido pelo volume é o peso específico natural. O peso específico também pode ser determinado a partir de corpos irregulares, obtendo-se o volume por meio do peso imerso n'água. Para tal, o corpo deve ser previamente envolto em parafina.

O peso específico natural não varia muito entre os diferentes solos. Situa-se em torno de 19 a 20 kN/m^3 e, por isto, quando não conhecido, é estimado como igual a 20 kN/m^3. Pode ser um pouco maior (21 kN/m^3) ou um pouco menor (17 kN/m^3). Casos especiais, como as argilas orgânicas moles, podem apresentar pesos específicos de 14 kN/m^3.

Peso específico aparente seco – Relação entre o peso dos sólidos e o volume total. Corresponde ao peso específico que o solo teria se ficasse seco, se isso pudesse ocorrer sem variação de volume. Expresso pelo símbolo γ_d. Não é determinado diretamente em laboratório, mas calculado a partir do peso específico natural e da umidade. Situa-se entre 13 e 19 kN/m^3 (5 a 7 kN/m^3 no caso de argilas orgânicas moles).

Peso específico aparente saturado – Peso específico do solo se ficasse saturado e se isso ocorresse sem variação de volume. De pouca aplicação prática, serve para a programação de ensaios ou a análise de depósitos de areia que possam se saturar. Expresso pelo símbolo γ_{sat}, é da ordem de 20 kN/m^3.

Peso específico submerso – É o peso específico efetivo do solo quando submerso. Serve para cálculos de tensões efetivas. É igual ao peso específico natural menos o peso específico da água; portanto, com valores da ordem de 10 kN/m^3. É expresso pelo símbolo γ_{sub}.

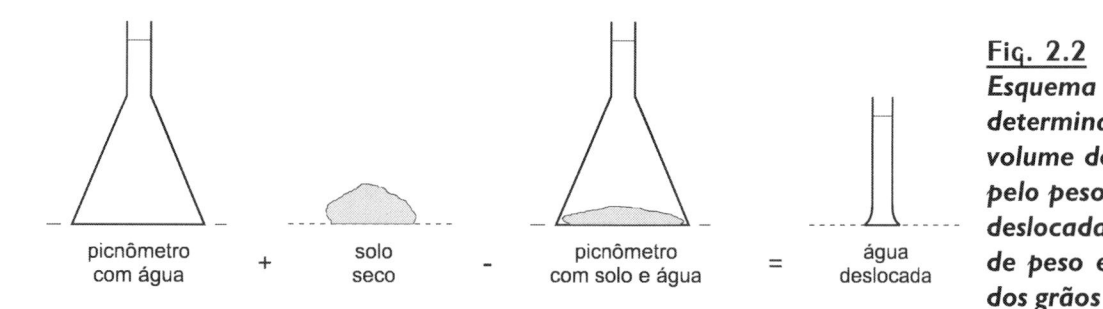

Aula 2

O Estado do Solo

picnômetro com água + solo seco − picnômetro com solo e água = água deslocada

Fig. 2.2
Esquema da determinação do volume dos sólidos pelo peso de água deslocada, no ensaio de peso específico dos grãos

2.2 Cálculo dos índices de estado

Dos índices vistos, só três são determinados diretamente em laboratório: a umidade, o peso específico dos grãos e o peso específico natural. O peso específico da água é adotado; os outros são calculados a partir dos determinados.

Na Fig. 2.1 (c), apresenta-se, à direita, um esquema que representa as três fases com base na definição de índices e que facilita os cálculos. Nele, adota-se o volume de sólidos igual a 1. Assim, o volume de vazios é igual a e, sendo $S \cdot e$ o volume de água. Por outro lado, o peso dos sólidos é γ_s, e o peso de água é $\gamma_s \cdot w$. Com esse esquema, correlações são facilmente obtidas. Algumas resultam diretamente da definição dos índices:

$$n = \frac{e}{1+e} \quad \gamma = \frac{\gamma_s(1+w)}{1+e} \quad \gamma_d = \frac{\gamma_s}{1+e} \quad \gamma_{sat} = \frac{\gamma_s + e\gamma_w}{1+e}$$

Outras resultam de deduções. A sequência natural dos cálculos, a partir de valores determinados em laboratório, ou estimados, é a seguinte:

$$\gamma_d = \frac{\gamma_n}{1+w} \quad e = \frac{\gamma_s}{\gamma_d} - 1 \quad S = \frac{\gamma_s \cdot w}{e \cdot \gamma_w}$$

Massas específicas

Relações entre pesos e volumes são denominadas *pesos específicos*, como definidos, e expressos geralmente em kN/m^3.

Relações entre quantidade de matéria (massa) e volume são denominadas *massas específicas*, e expressas geralmente em ton/m^3, kg/dm^3 ou g/cm^3.

A relação entre os valores numéricos que expressam as duas grandezas é constante. Se um solo tem uma massa específica de 1,8 t/m^3, seu peso específico é o produto deste valor pela aceleração da gravidade, que varia conforme a posição no globo terrestre e que vale em torno de 9,81 m/s^2 (em problemas de engenharia prática, adota-se, simplificadamente, 10 m/s^2). O peso específico é, portanto, de 18 kN/m^3.

No laboratório, determinam-se massas, e as normas existentes indicam como obter massas específicas. Entretanto, na prática da Engenharia, é mais conveniente trabalhar com pesos específicos, razão pela qual se optou por apresentar os índices físicos nesses termos.

No Sistema Técnico de unidades, paulatinamente substituído pelo Sistema Internacional, as unidades de peso têm designações semelhantes às das unidades de massa no Sistema Internacional. Por exemplo, um decímetro cúbico de água tem uma massa de um quilograma (1 kg) e um peso de dez Newtons (10 N) no Sistema Internacional e um peso de um quilograma-força no Sistema Técnico (1 kgf).

Assim, é comum que se diga no meio técnico, por exemplo, que a "tensão" admissível aplicada numa sapata é de 5 t/m² (não é correto, mas se omite o complemento força). Na realidade, a pressão aplicada é de 50 kN/m², resultante da ação da massa de 5 toneladas por metro quadrado.

A expressão densidade refere-se à massa específica e densidade relativa é a relação entre a densidade do material e a densidade da água a 4°C. Como esta é igual a 1 kg/dm³, resulta que a densidade relativa tem o mesmo valor que a massa específica (expressa em g/cm³, kg/dm³ ou ton/m³), mas é adimensional. Como a relação entre o peso específico de um material e o peso específico da água a 4°C é igual à relação das massas específicas, é comum se estender o conceito de densidade relativa à relação dos pesos e adotar como peso específico a densidade relativa do material multiplicada pelo peso específico da água.

2.3 Estado das areias – Compacidade

O estado em que se encontra uma areia pode ser expresso pelo seu índice de vazios. Este dado isolado, entretanto, fornece pouca informação sobre o comportamento da areia, pois, com o mesmo índice de vazios, uma areia pode estar compacta e outra fofa. É necessário analisar o índice de vazios natural de uma areia em confronto com os índices de vazios máximo e mínimo em que ela pode se encontrar.

Se uma areia pura, no estado seco, for colocada cuidadosamente em um recipiente, vertida através de um funil com pequena altura de queda, por exemplo, ela ficará no seu estado mais fofo possível. Pode-se, então, determinar seu peso específico e a partir dele calcular o *índice de vazios máximo*.

Ao vibrar-se uma areia dentro de um molde, ela ficará no seu estado mais compacto possível. A ele corresponde o *índice de vazios mínimo*.

Os índices de vazios máximo e mínimo dependem das características da areia. Valores típicos estão indicados na Tab. 2.1. Os valores são tão maiores

Descrição da areia	$e_{mín}$	$e_{máx}$
Areia uniforme de grãos angulares	0,70	1,10
Areia bem graduada de grãos angulares	0,45	0,75
Areia uniforme de grãos arredondados	0,45	0,75
Areia bem graduada de grãos arredondados	0,35	0,65

Tab. 2.1
Valores típicos de índices de vazios de areias

quanto mais angulares os grãos e quanto mais mal graduadas as areias.

Consideremos uma areia A com "e mínimo" igual a 0,6 e "e máximo" igual a 0,9 e uma areia B com "e mínimo" igual a 0,4 e "e máximo" igual a 0,7 (Fig. 2.3).

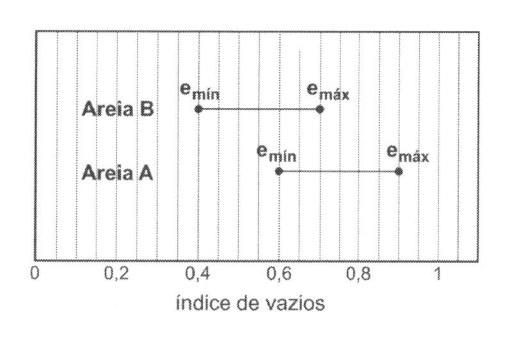

Fig. 2.3
Comparação de compacidades de duas areias com e = 0,65

Se as duas estiverem com e = 0,65, a areia A estará compacta e a areia B estará fofa.

O estado de uma areia, ou sua compacidade, pode ser expresso pelo índice de vazios em que ela se encontra, em relação a esses valores extremos, pelo índice de compacidade relativa:

$$CR = \frac{e_{máx} - e_{nat}}{e_{máx} - e_{mín}}$$

Quanto maior a CR, mais compacta é a areia. Terzaghi sugeriu a terminologia apresentada na Tab. 2.2.

Tab. 2.2 *Classificação das areias segundo a compacidade*

Classificação	CR
Areia fofa	abaixo de 0,33
Areia de compacidade média	entre 0,33 e 0,66
Areia compacta	acima de 0,66

Em geral, areias compactas apresentam maior resistência e menor deformabilidade. Essas características, entre as diversas areias, dependem também de outros fatores, como a distribuição granulométrica e o formato dos grãos. Entretanto, a compacidade é um fator importante.

2.4 Estado das argilas – Consistência

Quando se manuseia uma argila, percebe-se uma certa consistência, ao contrário das areias que se desmancham facilmente. Por esta razão, o estado em que se encontra uma argila costuma ser indicado pela resistência que ela apresenta.

A consistência das argilas pode ser quantificada por meio de um ensaio de compressão simples, que consiste na ruptura por compressão de um corpo de prova de argila, geralmente cilíndrico. A carga que leva o corpo de prova à ruptura, dividida pela área desse corpo é denominada *resistência à compressão simples* da argila (a expressão *simples* expressa que o corpo de prova não é confinado, procedimento muito empregado em Mecânica dos Solos, como se estudará adiante).

Em função da resistência à compressão simples, a consistência das argilas é expressa pelos termos apresentados na Tab. 2.3.

Tab. 2.3 *Consistência em função da resistência à compressão*

Consistência	Resistência, em kPa
muito mole	< 25
mole	25 a 50
média	50 a 100
rija	100 a 200
muito rija	200 a 400
dura	> 400

Sensitividade das argilas

A resistência das argilas depende do arranjo entre os grãos e do índice de vazios em que se encontra. Foi observado que, quando se submetem certas argilas ao manuseio, a sua resistência diminui, ainda que o índice de vazios seja mantido constante. Sua consistência após o manuseio (amolgada) pode ser menor do que no estado natural (indeformado). Esse fenômeno, que ocorre de maneira diferente conforme a formação argilosa, foi chamado de *sensitividade da argila*.

A sensitividade pode ser bem visualizada por meio de dois ensaios de compressão simples: o primeiro, com a amostra no seu estado natural; o segundo, com um corpo de prova feito com o mesmo solo após completo remoldamento, e com o mesmo índice de vazios. Um exemplo de resultados desses dois ensaios é mostrado na Fig. 2.4.

A relação entre a resistência no estado natural e a resistência no estado amolgado foi definida como *sensitividade da argila*:

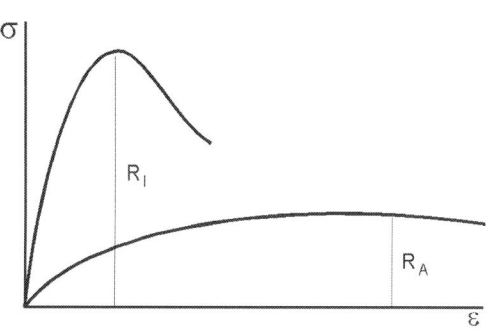

Fig. 2.4 *Resistência de argila sensitiva, indeformada e amolgada*

$$S = \frac{\text{Resistência no estado indeformado}}{\text{Resistência no estado amolgado}}$$

As argilas são classificadas conforme a Tab. 2.4.

Sensitividade	Classificação
1	insensitiva
1 a 2	baixa sensitividade
2 a 4	média sensitividade
4 a 8	sensitiva
> 8	ultrassensitiva (*quick clay*)

Tab. 2.4 *Classificação das argilas quanto à sensitividade*

A sensitividade pode ser atribuída ao arranjo estrutural das partículas, estabelecido durante o processo de sedimentação, arranjo este que pode evoluir ao longo do tempo pela inter-relação química das partículas ou pela remoção de sais existentes na água em que o solo se formou pela percolação de águas límpidas. As forças eletroquímicas entre as partículas podem provocar um verdadeiro "castelo de cartas". Rompida essa estrutura, a resistência será muito menor, ainda que o índice de vazios seja o mesmo. Por esta razão, a sensitividade é também referida como *índice de estrutura*.

A sensitividade das argilas é uma característica de grande importância, pois indica que, se a argila vier a sofrer uma ruptura, sua resistência após essa ocorrência é bem menor. Exemplo disso se tem nos solos argilosos orgânicos das baixadas litorâneas brasileiras, como na região de mangue da Baixada Santista. A argila orgânica presente é de tão baixa resistência que só pode suportar aterros com altura máxima de cerca de 1,5 m. Ao se tentar colocar aterros com maiores alturas, ocorrerá ruptura. A argila, ao longo da superfície de ruptura, ficará amolgada. Como essa argila tem uma sensitividade da ordem de 3 a 4, sua resistência cai a um terço ou um quarto da inicial. O terreno, após rompido, não suporta mais do que 0,5 m de aterro.

Uma argila amolgada, quando deixada em repouso, volta a ganhar resistência, devido à interrelação química das partículas, sem que atinja, entretanto, a resistência original.

O fenômeno da sensitividade se refere a solos sedimentares. No entanto, em argilas residuais, ocorre fenômeno semelhante. A resistência depende, algumas vezes, da própria estrutura do solo residual, seja por ele guardar características da rocha que lhe deu origem, seja por efeito cimentante de certos sais depositados entre as partículas (caso de solos que sofreram evolução laterítica).

Índice de consistência

Quando uma argila se encontra remoldada, o seu estado pode ser expresso por seu índice de vazios. Como é muito comum que as argilas se encontrem saturadas, caso em que o índice de vazios depende diretamente da umidade, o estado em que a argila se encontra costuma ser expresso pelo teor de umidade. A umidade da argila é determinada diretamente e o seu índice de vazios é calculado a partir desta, variando linearmente com ela.

Da mesma maneira como o índice de vazios, por si só, não indica a compacidade das areias, o teor de umidade, por si só, não indica o estado das argilas. É necessário analisá-lo em relação aos teores de umidade correspondentes a comportamentos semelhantes. Esses teores são os limites de consistência.

Considere-se uma argila A que tenha LL = 80% e LP = 30%, e uma argila B que tenha LL = 50% e LP = 25%. Quando a argila A estiver com w = 80% e a argila B estiver com w = 50%, as duas estarão com aspectos semelhantes, com a consistência que corresponde ao limite de liquidez (ver Fig. 2.5).

Fig. 2.5
Comparação de consistências de duas argilas

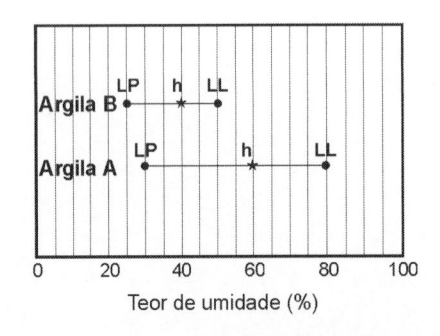

Da mesma forma, quando argilas diferentes se apresentam com umidades correspondentes aos seus limites de plasticidade, elas apresentam comportamentos semelhantes, ainda que suas umidades sejam diferentes.

Quando se manuseia uma argila e se avalia sua umidade, o que se percebe não é propriamente o teor de umidade, mas a umidade relativa. No caso do exemplo da Fig. 2.5, quando "sentimos" que a argila A está tão úmida quanto a argila B, é possível que a argila A esteja com 60% de umidade, e a argila B com 40%.

Para indicar a posição relativa da umidade aos limites de mudança de estado, Terzaghi propôs o **índice de consistência**, com a seguinte expressão:

$$IC = \frac{LL - w}{LL - LP}$$

Quando o teor de umidade é igual ao LL, IC = 0. À medida que o teor de umidade diminui, o IC aumenta, ficando maior do que 1 quando a umidade fica menor do que o LP.

Deve ser lembrado que os limites de consistência, de acordo com as normas de ensaio, são determinados com a fração do solo que passa na peneira nº 40 (0,42 mm) e que as umidades geralmente se referem a todo o solo. Portanto, a equação acima só pode ser aplicada diretamente quando o solo passa totalmente pela peneira nº 40. Havendo material retido na peneira, deve-se levar em consideração, ainda que qualitativamente, que os grãos da fração mais grossa requerem menos água para o seu recobrimento (vide os Exercícios 1.2 e 4.8 como orientação para a avaliação da consistência neste caso).

O índice de consistência é especialmente representativo do comportamento de solos sedimentares. Quando esses solos se formam, o teor de umidade é muito elevado e a resistência é muito reduzida. À medida que novas camadas se depositam sobre as primeiras, o peso desse material provoca a expulsão da água dos vazios do solo, com a consequente redução do índice de vazios e o ganho de resistência. Da mesma forma, quando uma amostra de argila é seca lentamente, nota-se que ela ganha resistência progressivamente.

Propôs-se que a consistência das argilas seja estimada por meio do índice de consistência, conforme a Tab. 2.5, que apresenta valores aproximados e é aplicável a solos remoldados e saturados. Seu valor é didático, no sentido de realçar a dependência da resistência ao teor de umidade e, consequentemente, ao adensamento que a argila sofre pela sobrecarga que ela suporta.

Consistência	Índice de consistência
mole	< 0,5
média	0,5 a 0,75
rija	0,75 a 1
dura	> 1

Tab. 2.5
Estimativa da consistência pelo índice de consistência

O índice de consistência não tem significado quando aplicado a solos não saturados, pois eles podem estar com elevado índice de vazios, baixa resistência e baixa umidade, o que indicaria um índice de consistência alto.

2.5 *Identificação tátil-visual dos solos*

Na Aula 1, viu-se como os solos são classificados em função das partículas que os constituem. Em geral, importa conhecer o estado em que o solo se encontra. À classificação inicial acrescenta-se a informação correspondente à compacidade (das areias) ou à consistência (das argilas).

Com muita frequência, seja porque o projeto não justifica economicamente a realização de ensaios de laboratório, seja porque se está em fase preliminar de estudo, em que ensaios de laboratório não estão disponíveis, é necessário descrever um solo sem dispor de resultados de ensaios. O tipo de solo e o seu estado têm de ser estimados, e isso é feito por meio de uma identificação tátil-visual, manuseando-se o solo e sentindo sua reação ao manuseio.

Cada profissional deve desenvolver sua própria habilidade para identificar os solos. Só a experiência pessoal e o confronto com resultados de laboratório permitirá o desenvolvimento dessa habilidade. Algumas indicações, como as que seguem, podem ajudar.

Como nos sistemas de classificação, o primeiro aspecto a considerar é a provável quantidade de grossos (areia e pedregulho) existente no solo. Grãos de pedregulho são bem distintos, mas grãos de areia, ainda que visíveis individualmente a olho nu, pois têm diâmetros superiores a cerca de um décimo de milímetro, podem se encontrar envoltos por partículas mais finas. Neste caso, podem ser confundidos com agregações de partículas argilossiltosas.

Para que se possa sentir nos dedos os grãos de areia, é necessário que o solo seja umedecido, de forma que os torrões de argila se desmanchem. Os grãos de areia, mesmo os menores, podem ser sentidos pelo tato no manuseio.

Se a amostra de solo estiver seca, a proporção de finos e grossos pode ser estimada esfregando-se uma pequena porção do solo sobre uma folha de papel. As partículas finas (siltes e argilas) impregnam-se no papel, ficando isoladas as partículas arenosas.

Definido se o solo é uma areia ou um solo fino, resta estimar se os finos apresentam características de siltes ou de argilas. Alguns procedimentos para essa estimativa são descritos a seguir.

a) *Resistência a seco* – Ao se umedecer uma argila, moldar uma pequena pelota irregular (dimensões da ordem de 2 cm) e deixá-la secar ao ar, a pelota fica muito dura e, quando quebrada, divide-se em pedaços bem distintos. Ao contrário, pelotas semelhantes de siltes são menos resistentes e se pulverizam quando quebradas.

b) *Shaking Test* – Ao se formar uma pasta úmida (saturada) de silte na palma da mão, quando se bate esta mão contra a outra, nota-se o surgimento de água na superfície. Ao se apertar torrão com os dedos polegar e indicador da outra mão, a água reflui para o interior da pasta (é semelhante à aparente secagem da areia da praia, ao redor do pé, quando se pisa no trecho saturado, bem junto ao mar). No caso de argilas, o impacto das mãos não provoca o aparecimento de água.

c) *Ductilidade* – Ao se moldar um solo com umidade em torno do limite de plasticidade com as mãos, nota-se que as argilas apresentam-se mais resistentes nessa umidade do que os siltes.

d) *Velocidade de secagem* – A umidade que se sente de um solo é uma indicação relativa ao LL e LP do solo. Secar um solo na mão do LL até o LP, por exemplo, é tanto mais rápido quanto menor o intervalo entre os dois limites, ou seja, o IP do solo.

À informação relativa ao tipo de solo deve-se acrescentar a estimativa de seu estado. A consistência de argilas é mais fácil de ser avaliada pela resistência que uma porção do solo apresenta ao manuseio. A compacidade das areias é de mais difícil avaliação, pois as amostras mudam de compacidade com o manuseio. É necessário desenvolver uma maneira indireta de estimar a resistência da areia no seu estado natural. Esses parâmetros geralmente são determinados pela resistência que o solo apresenta ao ser amostrado pelo procedimento padronizado nas sondagens.

2.6 *Prospecção do subsolo*

Para os projetos de engenharia, deve ser feito um reconhecimento dos solos envolvidos, para a sua identificação, a avaliação de seu estado e, eventualmente, para amostragem, visando à realização de ensaios especiais. Amostragem em taludes, abertura de poços e perfurações no subsolo são os procedimentos empregados com esse propósito.

Sondagens de Simples Reconhecimento

O método mais comum de reconhecimento do subsolo é a Sondagem de Simples Reconhecimento, objeto da Norma Brasileira, NBR-6484.

A sondagem consiste essencialmente em dois tipos de operação: perfuração e amostragem.

Perfuração acima do nível d'água

A perfuração do terreno é iniciada com trado tipo cavadeira, com 10 cm de diâmetro. Repetidas operações aprofundam o furo, e o material recolhido é classificado quanto à sua composição. O esforço requerido para a penetração do trado dá uma primeira indicação da consistência ou compacidade do solo, mas uma melhor informação sobre este aspecto será obtida com a amostragem (relatada adiante) que costuma ser feita de metro em metro de perfuração, ou sempre que ocorre mudança de material.

Atingida uma certa profundidade, introduz-se um **tubo de revestimento**, com duas polegadas e meia de diâmetro, que é cravado com o martelo que também será usado para a amostragem. Por dentro desse tubo, a penetração progride com trado espiral.

Determinação do nível d'água

A perfuração com trado é mantida até ser atingido o nível d'água, ou seja, até que se perceba o surgimento de água no interior da perfuração ou no tubo de revestimento. Quando isso ocorre, registra-se a cota do nível d'água, interrompe-se a operação e aguarda-se para determinar se o nível se mantém na cota atingida ou se ele se eleva no tubo de revestimento. Se isto ocorrer, é indicação de que a água estava sob pressão. Aguarda-se o nível d'água ficar em equilíbrio e registra-se a nova cota. A diferença entre esta e a cota em que foi encontrada a água indica a pressão a que está submetido o lençol.

Níveis d'água sob pressão são bastante comuns, principalmente em camadas de areias recobertas por argilas que são muito menos permeáveis. A informação referente à pressão do lençol freático é muito importante, pois essas pressões interferem, por exemplo, na estabilidade de escavações que se fazem nesse solo.

Algumas vezes, ocorre mais do que um lençol d'água. São lençóis suspensos em camadas argilosas. Cada um desses lençóis deve ser detectado e registrado. A data em que foi determinado o lençol também deve ser anotada, pois o nível d'água geralmente varia durante o ano.

Perfuração abaixo do nível d'água

Após atingido o nível d'água, a perfuração pode prosseguir com a técnica de circulação de água, também conhecida como *percussão e lavagem*. Uma bomba d'água motorizada injeta água na extremidade inferior do furo, através de uma haste de menor diâmetro, por dentro do tubo de revestimento. Na extremidade deste, existe um trépano com ponta afiada e com dois orifícios pelos quais a água sai com pressão.

A haste interna é repetidamente levantada e deixada cair de cerca de 30 cm. A sua queda é acompanhada de um movimento de rotação imprimido manualmente pelo operador. Essas ações provocam o destorroamento do solo no fundo da perfuração. Simultaneamente, a água injetada pelos orifícios do trépano ajuda a desagregação e, ao retornar à superfície, pelo espaço entre a haste interna e o tubo de revestimento, transporta as partículas do solo que foram desagregadas.

De metro em metro, ou sempre que se detectar alteração do solo pelos detritos carreados pela água de circulação, a operação é suspensa e realiza-se uma amostragem. O material em suspensão trazido pela lavagem não permite boa classificação do solo, mas mudanças acentuadas do tipo de solo são detectáveis.

A perfuração por lavagem é mais rápida do que pelo trado. Ela só pode ser empregada abaixo do nível d'água porque acima dele alteraria a umidade do solo e, consequentemente, as condições de amostragem.

Amostragem

Para a amostragem, utiliza-se um amostrador padrão, constituído de um tubo com 50,8 mm (duas polegadas) de diâmetro externo e 34,9 mm de

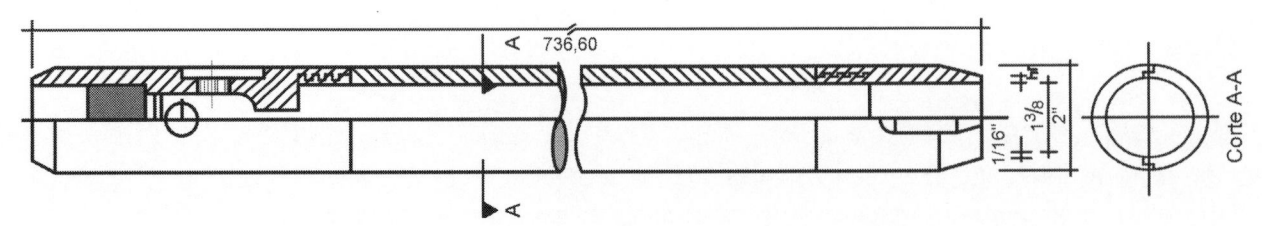

Fig. 2.6 *Características do amostrador padrão*

diâmetro interno, com a extremidade cortante biselada. A outra extremidade, fixada à haste que a leva até o fundo da perfuração, deve ter dois orifícios laterais para saída de água e ar, e uma válvula constituída por uma esfera de aço. A Fig. 2.6 ilustra o amostrador.

O amostrador é conectado à haste e apoiado no fundo da perfuração. A seguir, é cravado pela ação de uma massa de ferro fundido (chamada martelo) de 65 kg. Para a cravação, o martelo é elevado a uma altura de 75 cm e deixado cair livremente. O alteamento do martelo é feito manualmente ou por equipamento mecânico, através de uma corda flexível que passa por uma roldana existente na parte superior do tripé. A cravação do amostrador no solo é obtida por quedas sucessivas do martelo, até a penetração de 45 cm. Ver Fig. 2.7.

A amostra colhida é submetida a exame tátil-visual e suas características principais são anotadas. Essas amostras são guardadas em recipientes impermeáveis para análises posteriores.

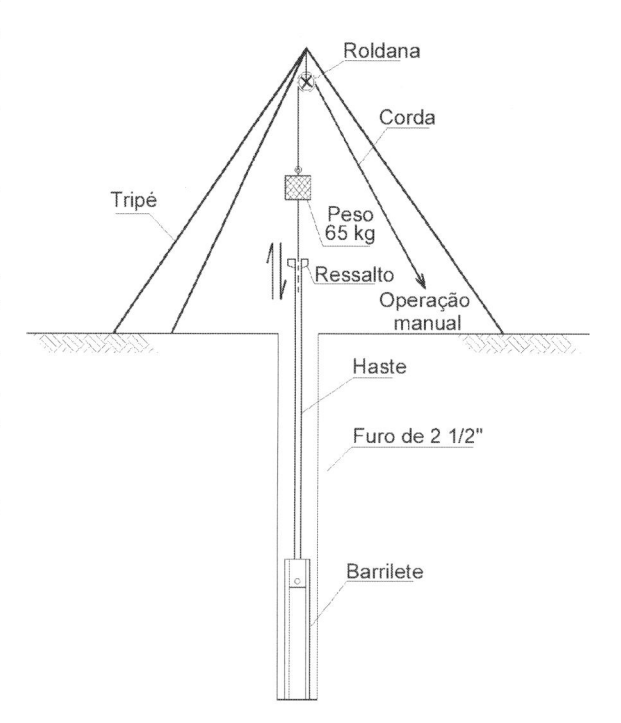

Fig. 2.7
Esquema da perfuração por precussão e amostragem

Resistência à penetração – SPT

Ainda que o exame da amostra possa fornecer uma indicação da consistência ou compacidade do solo, geralmente a informação referente ao estado do solo é considerada com base na resistência que ele oferece à penetração do amostrador.

Durante a amostragem, são anotados os números de golpes do martelo necessários para cravar cada trecho de 15 cm do amostrador. Desprezam-se os dados referentes ao primeiro trecho de 15 cm e define-se a resistência à penetração como o número de golpes necessários para cravar 30 cm do amostrador, após aqueles primeiros 15 cm.

A resistência à penetração é também referida como o número N do SPT ou, simplesmente, como SPT do solo, sendo SPT as iniciais de *Standard Penetration Test*.

Quando o solo é tão fraco que a aplicação do primeiro golpe do martelo leva a uma penetração superior a 45 cm, o resultado da cravação deve ser expresso pela relação desse golpe com a respectiva penetração. Por exemplo, 1/58.

Em função da resistência à penetração, o estado do solo é classificado pela compacidade, quando areia ou silte arenoso, ou pela consistência, quando argila ou silte argiloso. As classificações, fruto da experiência acumulada, dependem da energia efetivamente aplicada ao barrilete amostrador, consequente da maneira como o martele é acionado. Esse procedimento é um pouco diferente conforme o país. No Brasil, adotam-se as classificações apresentadas nas Tabs. 2.6 e 2.7 (Norma NBR 7250 da ABNT).

TAB. 2.6
Compacidade das areias em função do SPT

Resistência à penetração (número N do SPT)	Compacidade da areia
0 a 4	muito fofa
5 a 8	fofa
9 a 18	compacidade média
18 a 40	compacta
acima de 40	muito compacta

TAB. 2.7
Consistências das argilas em função do SPT

Resistência à penetração (número N do SPT)	Consistência da argila
< 2	muito mole
3 a 5	mole
6 a 10	consistência média
11 a 19	rija
> 19	dura

Apresentação dos resultados

Os resultados são apresentados em perfis do subsolo, como se mostra na Fig. 2.8, que traz as descrições de cada solo encontrado, as cotas correspondentes a cada camada, a posição do nível d'água (ou níveis d'água) e sua eventual pressão, a data em que foi determinado o nível d'água e os valores da resistência à penetração do amostrador. Quando não ocorre penetração de todo o amostrador, registra-se o SPT em forma de fração (por exemplo, 30/14, indicando que para 30 golpes houve penetração de 14 cm).

Sondagens feitas com proximidade (por exemplo, a cada 20 m) permitem o traçado de seções do subsolo, em que se ligam as cotas de materiais semelhantes na hipótese de que as camadas sejam contínuas, como se mostra na Fig. 2.9.

Cota (m)	Profund. (m)	N. A.	S P T	Descrição	Convenção
781	0		8	Areia fina, média e grossa, argilosa e siltosa, amarela	
	-2		11		
			7	Argila siltosa, pouco arenosa, consistência média, variegada	
	-5		9		
			8		
775		(7/7/94) -8	21	Argila siltosa, pouco arenosa, consistência rija, amarela e cinza	
	-8		17		
			15		
			20	Areia fina e média, pouco argilosa, compacta, cinza-amarelada	
	-10		31		
770			41		
			48		
			61		
			57		
			58	Argila siltosa, pouco arenosa, dura, cor variegada	
765			30/15		
			30/14		
			30/12		
			30/14		
			30/10		
760	-21	(10/7/94) -22,30	30/11		
	-22		Lavagem	Limonita (concreções)	
			30/16	Areia fina e média, com algumas lentes de limonita, siltosa, compacta, amarela e vermelha	
			30/12		
			30/8		
755	-26		Lavagem		

Fig. 2.8
Perfil típico de uma sondagem de simples reconhecimento Av. Rebouças, próximo à Av. Dr. Arnaldo, São Paulo

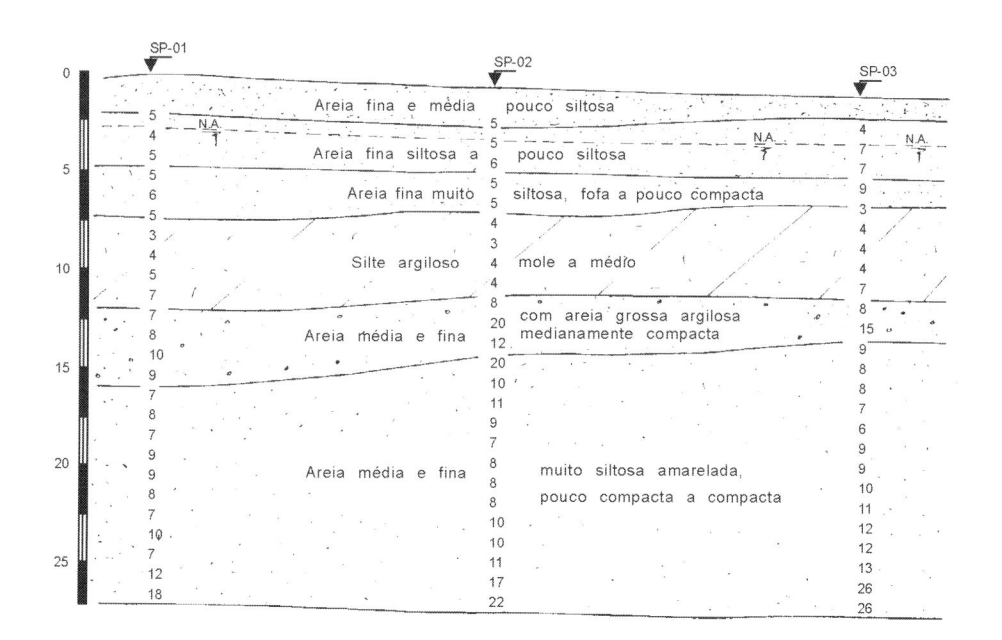

Fig. 2.9
Perfil do subsolo em depósito estuarino, Benfica, Recife (Gusmão Filho, 1998)

Programação de sondagens

A programação das sondagens, número, disposição e profundidade dos furos depende do conhecimento prévio que se tenha da geologia local, do solo e da obra específica para a qual se faz a prospecção. As recomendações sobre a programação de sondagens estão na norma NBR 8036.

O emprego da resistência à penetração

A resistência à penetração é um índice intensamente empregado em projetos de fundação. A escolha do tipo de fundação para prédios comuns, de 3 a 30 pavimentos, e as definições de projeto, como tipo e comprimento de estacas etc., são costumeiramente baseadas apenas nos resultados de sondagens (identificação visual e SPT), analisadas de acordo com a experiência regional e o conhecimento geológico do local.

Por ser feito no campo sem supervisão permanente de engenheiro e por depender de diversos detalhes de operação como, por exemplo, a livre queda do martelo, a folga do tubo de revestimento no fundo ou a limpeza prévia do furo, os resultados podem apresentar discrepâncias muito acentuadas. O projetista deve prestar uma especial atenção à qualidade das sondagens.

No que se refere à associação entre o SPT e o estado do solo, deve-se considerar, inicialmente, que a energia de cravação que atinge o amostrador depende do sistema de cravação e do comprimento das hastes. Métodos são sugeridos para padronizar os resultados obtidos em diferentes condições.

Na apreciação do estado das argilas (consistência), o SPT mede a resistência das argilas e, portanto, sua correlação com a consistência é natural. Todavia, a cravação do amostrador é dinâmica, e a resistência é mais associada à resistência residual do que à resistência no estado indeformado. No caso de argilas sensitivas, o SPT pode subestimar a consistência no estado natural.

Com relação ao estado das areias (compacidade), o SPT mede a resistência das areias e, portanto, sua correlação com a compacidade não é natural, primeiramente porque a resistência não depende só da compacidade, mas também da distribuição granulométrica e do formato dos grãos; em segundo lugar, porque a resistência das areias depende do nível de tensões a que ela está submetida (assunto a ser estudado na Aula 13). Assim, a mesma areia, quando em maior profundidade, apresenta SPT maior do que a que está em pequena profundidade.

É curioso notar que a prática da engenharia de fundações associe capacidade de carga de fundações ou estacas à compacidade, o que não é correto, pois ela depende também do tipo de areia. Mas são duas correções de sentido contrário que tendem a se anular. O SPT é um bom indicador do comportamento de fundações. O que está incorreto é a utilização da "compacidade" para passagem de um ponto para o outro. A menos que "compacidade" queira significar resistência, levada em conta a profundidade, e não o índice de vazios relativo aos índices nos estados mais fofo e mais compacto possíveis para a areia, conforme definido em 2.3. Parece que essa conceituação está implicitamente assimilada no meio profissional de fundações.

Outros métodos de prospecção

Em casos especiais, como para o projeto de estradas e pavimentos, ou mesmo para a fundação de pequenas residências, onde a geologia do local já é conhecida, perfurações expeditas podem ser feitas só com a identificação do solo, sem o emprego de tripés e sem a determinação da resistência à penetração.

Por outro lado, alguns projetos justificam a execução de ensaios ao longo da profundidade, como a cravação contínua de um cone, medindo-se a resistência à cravação, CPT (*Cone Penetration Test*), ou a resistência à torção de uma palheta em argilas moles (*Vane Test*). Os índices obtidos nesses procedimentos são de qualidade superior ao SPT, mas eles não possibilitam a amostragem do solo e sua utilização é, portanto, complementar.

Amostragem indeformada

A amostragem feita na sondagem de simples reconhecimento provoca deformações sensíveis no solo. A amostra obtida é útil para identificação visual e para ensaios de caracterização; entretanto, não se presta, a ensaios mecânicos em que a estrutura natural do solo deva ser preservada.

Amostras indeformadas do solo podem ser obtidas de duas maneiras:

a) Na parede de poços ou taludes, cortando-se cuidadosamente um bloco prismático do solo (25 x 25 x 25 cm, por exemplo) e revestindo-o com parafina para que não perca a umidade. Esse bloco deverá ser posteriormente guardado em câmara úmida.

b) Pela cravação de amostrador de paredes finas, por meio de um sistema que não produza impacto (cravação estática). Esses amostradores são conhecidos pelo nome de "Shelby": amostrador "Shelby" e amostras "Shelby". Amostradores com diâmetros de 7,5 a 10 cm são comuns, os maiores são nitidamente melhores, pois é menor o efeito do atrito na parte central da amostra.

A parede fina desses amostradores costuma ser definida pela relação entre as áreas correspondentes aos diâmetros externo e interno de uma seção transversal. A diferença entre essas áreas não deve ser superior a 10% da área determinada pelo diâmetro interno.

Por outro lado, a extremidade de corte deve ter um diâmetro ligeiramente inferior ao diâmetro interno, de maneira a aliviar o atrito entre a amostra e a superfície interna do amostrador.

Outros amostradores, por exemplo, com pistão fixo, também estão disponíveis para projetos de maior responsabilidade.

Exercícios resolvidos

Exercício 2.1 Um ensaio para determinar a massa específica dos grãos do solo, feito de acordo com a Norma Brasileira NBR-6508/88, indicou o valor de 2,65 g/cm³, ou 2,65 kg/dm³. Qual é o peso específico dos grãos desse solo?

Solução: As normas de ensaio descrevem a obtenção de massas específicas, porque nos laboratórios determinam-se massas que são a quantidade de matéria. Na prática da engenharia de solos, é mais conveniente trabalhar com pesos específicos. Massas específicas são representadas pela letra grega ρ (*rô*), e pesos específicos pela letra γ (*gama*).

Massa é quantidade de matéria e, portanto, imutável. Peso é uma força, e seu valor é o produto da massa pela aceleração da gravidade, que vale cerca de 9,81 m/s². Na prática, adotam-se 10 m/s². Portanto, à massa específica de 2,65 g/cm³ corresponde um peso específico de 26,0 kN/m³, se adotado $g = 9{,}81$ m/s², ou 26,5 kN/m³, se adotado $g = 10$ m/s². A diferença é de cerca de 2%, geralmente desconsiderada em trabalhos práticos.

Correntemente, usa-se o termo "pesar" como equivalente a "determinar a massa"; portanto, ao se pesar uma amostra de solo, determina-se sua massa.

Outro aspecto a considerar é que o antigo Sistema Técnico de unidades ainda é usado em escritórios de engenharia. Nesse caso, a unidade de força ou de peso (quilograma, por exemplo) tem a mesma designação da unidade de massa no Sistema Internacional. Nesse caso, a massa específica de 2,65 g/cm³ corresponde ao peso específico de 2,65 gf/cm³. Pode-se memorizar que um litro de água (1 dm³) tem uma massa de 1 kg, um peso de 10 N no Sistema Internacional (com $g = 10$ m/s²) e um peso de 1 kgf no Sistema Técnico, ou que 1 m³ de água tem um peso de 10 kN no Sistema Internacional ou de 1 tonelada força no Sistema Técnico. O Sistema Técnico é muito usado na engenharia de fundações; diz-se, por exemplo, que a pressão admissível de uma fundação é de 5 tf/m² (fala-se, frequentemente, 5 toneladas por metro quadrado, omitindo-se a expressão força).

Exercício 2.2 Quais são os índices físicos diretamente determinados por meio de ensaios de laboratório?

Solução: Os índices diretamente determinados em laboratório são: a umidade, a massa específica dos grãos e a massa específica natural do solo. Os demais índices são calculados a partir desses, por meio de expressões que os correlacionam com os três citados.

Exercício 2.3 Uma amostra indeformada de solo foi recebida no laboratório. Com ela realizaram-se os seguintes ensaios:

a) Determinação do teor de umidade (w). Tomou-se uma amostra que, junto com a cápsula em que foi colocada, pesava 119,92 g. Essa amostra permaneceu numa estufa a 105°C até constância de peso (por cerca de 18 horas), após o que o conjunto solo seco mais cápsula pesava 109,05 g. A massa da cápsula, chamada "tara", era de 34,43 g. Qual é o valor da umidade?

Solução:
Massa de água: $M_w = 119{,}92 - 109{,}05 = 10{,}87$ g
Massa da amostra seca: $M_s = 109{,}05 - 34{,}43 = 74{,}62$ g

A partir da definição de umidade, tem-se: w = 10,87 / 74,62 = 0,1456 ou 14,56 %.

Note-se que a divisão de 10,87 por 74,62 resulta 0,14563 ou 14,563%. Entretanto, não se pode pretender essa precisão. Quando se indica um peso de 119,92 g, tem-se uma precisão de 0,01 g. O peso real pode estar entre 119,915 e 119,925 g. Ao trabalhar-se com os valores extremos dos intervalos possíveis para as três medidas efetuadas, conclui-se que a umidade pode estar entre os seguintes limites:

w = (119,915 - 109,055) / (109,055 - 34,425) = 0,1455 e
w = (119,925 – 109,045)/(109,045 – 34,435) = 0,1458

Portanto, quando se pesa com uma precisão de 0,01 g, com valores da ordem de grandeza do exercício proposto, a umidade calculada pode estar entre + ou – 0,02%. O último dígito do valor obtido, 14,56%, não é totalmente confiável.

b) Determinação da massa específica dos grãos (ρ_s). Para o ensaio, tomou-se uma amostra com 72,54 g no seu estado natural. Depois de imersa n'água de um dia para o outro e agitada num dispersor mecânico por 20 min, foi colocada num picnômetro e submetida a vácuo por 20 min, para eliminar as bolhas de ar. A seguir, o picnômetro foi enchido com água deaerada até a linha demarcatória. Esse conjunto apresentou uma massa de 749,43 g. A temperatura da água foi medida, acusando 21°C, e para esta temperatura uma calibração prévia indicava que o picnômetro cheio de água até a linha demarcatória pesava 708,07 g. Determinar a massa específica dos grãos.

Solução: A primeira consideração a fazer é determinar a massa do solo seco contida na amostra. A determinação da massa de solo seco a partir da massa do solo úmido e da umidade aparece com muita frequência. A partir da definição de umidade, tem-se:

$$w = \frac{M_w}{M_s} = \frac{M_u - M_s}{M_s}$$

Ao se colocar M_s, a massa de solo seco, em função de M_u, a massa do solo úmido, e da umidade, tem-se a expressão abaixo que, aplicada aos dados do ensaio, indica a massa das partículas com as quais se determina a massa específica dos grãos:

$$M_s = \frac{M_u}{1 + w} = \frac{72,54}{1 + 0,1456} = 63,32 \text{ g}$$

Se essa massa de partículas fosse colocada no picnômetro previamente cheio d'água até a linha demarcatória, sem que nada de água se perdesse, ter-se-ia:

$$M_s + M_{p+a} = 708,07 + 63,32 = 771,39 \text{ g}$$

Note-se que, neste caso, haveria um excesso em relação à linha demarcatória. No entanto, quando se pesou o picnômetro com amostra e água, a massa foi de 749,43 g. Então, a massa de água que não pôde ser incorporada ao picnômetro porque o espaço estava ocupado pelas partículas é:

$$M_s + M_{p+a} - M_{p+s+a} = 771,39 - 749,43 = 21,96 \text{ g}$$

Essa massa de água ocuparia um volume que é dado pela divisão de seu valor pela massa específica da água. Em quase todos os problemas de Mecânica dos Solos, a massa específica da água é igual a 1 g/cm³, sendo o peso específico adotado 10 kN/m³. Nesse ensaio, as normas mandam tomar a massa específica da água na temperatura em que o ensaio foi feito. No caso, como a água no picnômetro estava a 21°C, deve-se considerar a massa específica da água nessa temperatura, que é de 0,998 g/cm³. O volume ocupado pela água é, portanto, (21,96/0,998 = 22,00 cm³), sendo este o volume das partículas do solo. Desta forma, a massa específica dos sólidos é:

$$\rho_s = 63,32 / 22,00 = 2,88 \text{ g/cm}^3$$

Neste ensaio, como o denominador do cálculo do índice é um número relativamente pequeno (22,00 no exemplo), resultante da subtração de números elevados (da ordem de 700 no exemplo), a precisão das medidas é crítica.

c) Determinação da massa específica natural do solo (ρ_n). Moldou-se um corpo de prova cilíndrico do solo, com 3,57 cm de diâmetro e 9 cm de altura, que apresentou uma massa de 173,74 g. Determine a massa específica natural do solo.

Solução: O volume do corpo de prova, com as dimensões descritas, é de 90 cm³. Portanto, a massa específica é:

$$\rho_n = 173,74 / 90 = 1,930 \text{ g/cm}^3$$

Exercício 2.4 Determinação dos índices físicos correntes

Admitindo g = 10 m/s², calcule, para o solo objeto dos ensaios descritos no Exercício 2.3, o peso específico dos grãos (γ_s) e o peso específico natural do solo (γ_n), e a partir deles e da umidade, os outros índices físicos correntemente empregados em Mecânica dos Solos.

Solução: Os pesos específicos são: $\gamma_s = 28,8 \text{ kN/m}^3$ e $\gamma_n = 19,3 \text{ kN/m}^3$.

Para o cálculo dos outros índices, é interessante consultar a Fig. 2.1(c), na qual as fases do solo estão apresentadas em função do volume de sólidos.

O cálculo dos outros índices, geralmente, se faz na sequência a seguir.

Cálculo do peso específico aparente seco (γ_d). O subscrito *d* empregado para esse símbolo, usado mundialmente, é derivado de *dry*. Esse índice somente é empregado, na prática, em questões relacionadas à compactação dos solos. Seu cálculo é útil para o encaminhamento da determinação dos demais índices. A relação entre o peso específico natural e o peso específico seco, é a relação entre o peso úmido (partículas mais água) e o peso seco. Ao descontar-se a umidade, como se fez no Exercício 2.3b, tem-se:

$$\gamma_d = \frac{\gamma_n}{1 + w} = \frac{19,3}{1 + 0,1456} = 16,85 \text{ kN/m}^3$$

Cálculo do índice de vazios (e). O peso específico seco, a partir da Fig. 2.1 (c) pode ser expresso da seguinte maneira:

$$\gamma_d = \frac{\gamma_s V_s}{V_s + eV_s} = \frac{\gamma_s}{1 + e}$$

Desta expressão, tem-se: $e = \dfrac{\gamma_s}{\gamma_d} - 1$

No caso, $e = (28,8/16,85) - 1 = 0,71$

Cálculo do grau de saturação (S). Da Fig. 2.1 (c), verifica-se que o volume de água é igual a $S \cdot e \cdot V_s$ e o peso da água é igual a $w \cdot \gamma_s \cdot V_s$. Ao representar o peso específico da água pelo símbolo γ_w, tem-se:

$$S \cdot e \cdot V_s \cdot \gamma_w = w \cdot \gamma_s \cdot V_s \quad \text{donde:}$$

$$S = \frac{\gamma_s \cdot w}{e \cdot \gamma_w} = \frac{28,8 \times 0,1456}{0,71 \times 10} = 0,59 = 59\%$$

Peso específico aparente saturado (γ_{sat}). É o peso específico que o solo teria se ficasse saturado sem que isso provocasse a variação de seu volume. Este índice é empregado em alguns cálculos referentes à determinação das tensões no solo. Considerando que o peso total será o peso das partículas sólidas mais o peso correspondente ao volume de vazios preenchido com água, tem-se:

$$\gamma_{sat} = \frac{\gamma_s + e\gamma_w}{1 + e} = \frac{28,8 + 0,71 \times 10}{1 + 0,71} = 21,0 \text{ kN/m}^3$$

Porosidade (n). Este índice indica a parcela do volume total não ocupada pelas partículas do solo. Ele se correlaciona diretamente com o índice de vazios. Pela sua própria definição, tem-se:

$$n = \frac{e \cdot V_s}{V_s + e \cdot V_s} = \frac{e}{1 + e} = \frac{0,71}{1 + 0,71} = 0,42 = 42\%$$

Mecânica dos Solos

Exercício 2.5 Uma amostra de argila foi retirada de 2 m de profundidade num terreno de várzea nas margens do rio Tietê, abaixo do nível d'água. Sua umidade é de 95%. Estime, só com este dado, seu índice de vazios e seu peso específico natural. Esse problema aparece com frequência na prática da Engenharia.

Solução: Se o solo estiver abaixo do nível d'água, pode-se admitir que esteja saturado. O peso específico dos grãos do solo varia muito pouco. Pode-se estimar que seja de 26,5 kN/m³.

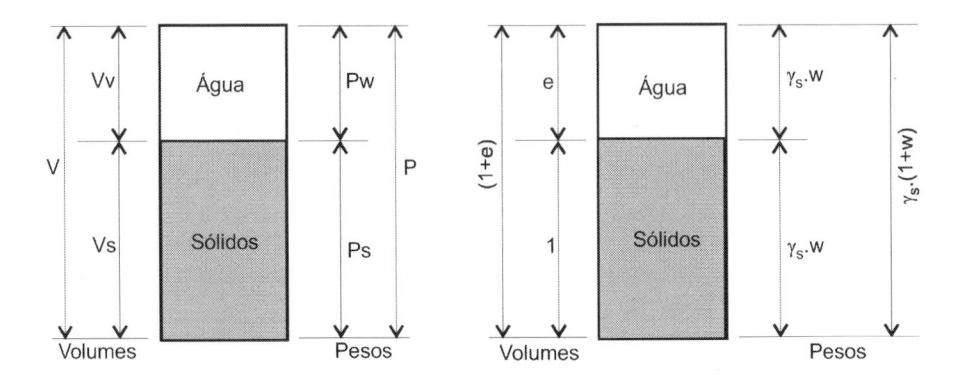

Fig. 2.10

Para solos saturados, o esquema da Fig. 2.1 (c) pode ser simplificado como se mostra na Fig. 2.10. Dela se deduz que o peso da água é:

$$e \cdot \gamma_w = \gamma_s \cdot w$$

de onde se tem: $e = \dfrac{\gamma_s w}{\gamma_w} = \dfrac{26,5 \times 0,95}{10} = 2,52$

A equação acima mostra que, com o solo saturado, o índice de vazios varia linearmente com a umidade, pois γ_s e γ_w são constantes para um solo. Essa propriedade é frequentemente empregada.

O peso específico é obtido diretamente da Fig. 2.10:

$$\gamma = \dfrac{\gamma_s (1 + w)}{1 + e} = \dfrac{26,5 (1 + 0,95)}{1 + 2,52} = 14,68 \text{ kN/m}^3$$

Ao admitir-se outro peso específico dos grãos, 27,5 kN/m³ por exemplo, o índice de vazios variaria proporcionalmente (seria 2,61), mas o peso específico natural apresentaria pequena variação (seria igual a 14,85 kN/m³).

Exercício 2.6 Para se construir um aterro, dispõe-se de uma quantidade de terra, chamada pelos engenheiros de "área de empréstimo", cujo volume foi estimado em 3.000 m³. Ensaios mostraram que o peso específico natural é da ordem de 17,8 kN/m³ e que a umidade é de cerca de 15,8%. O projeto prevê que no aterro o solo seja compactado com uma umidade de 18%, ficando com um peso específico seco de 16,8 kN/m³. Que volume de aterro é possível construir com o material disponível e que volume de água deve ser acrescentado?

Solução: Diversos caminhos podem ser seguidos. Por exemplo:

– o peso total do material de empréstimo é de: 17,8 x 3.000 = 53.400 kN;
– o peso de partículas sólidas neste material é de:
  53.400/(1+0,158) = 46.114 kN;
– o volume que esse material ocupará quando compactado é de:
  46.114/16,8 = 2.745 m³;
– o peso de água existente no material de empréstimo é de:
  0,158 x 46.114 = 7.286 kN;
– o peso de água em que o material deverá estar ao ser compactado é de:
  0,18 x 46.114 = 8.300 kN;
– a quantidade de água a acrescentar é, portanto, de
  8.300 - 7.286 = 1.014 kN ou 101,4 m³.

Exercício 2.7 Deseja-se comparar duas areias utilizadas em duas fases distintas de uma obra. A areia A apresentava um índice de vazios igual a 0,72 e a areia B tinha e = 0,64. É possível, com base nessas informações, dizer qual das duas está mais compacta?

Solução: Não é possível. O fato de a areia B ter um índice de vazios menor do que a areia A significa que ela tem maior densidade que a areia A. Isso não indica, porém, que ela seja mais compacta. O menor índice de vazios da areia B pode ser devido, por exemplo, ao fato de essa areia ser mais bem graduada do que a areia A, e, portanto, as partículas menores se encaixam nos vazios deixados pelas maiores, ou que a areia B tenha partículas mais arredondadas, que se acomodam melhor. A identificação da compacidade de uma areia não pode ser feita só com o conhecimento de seu índice de vazios; é necessário conhecer os índices de vazios máximo e mínimo em que ela pode se encontrar.

Exercício 2.8 Para determinar o índice de compacidade relativa de uma areia que apresentava, no estado natural, uma massa específica seca de 1,71 kg/dm³, foram realizados ensaios para determinar seus estados de máxima e mínima compacidade.

Para determinar a máxima compacidade, adotou-se um dos procedimentos da Norma Brasileira NBR-12051/1991 da ABNT. A areia foi colocada num cilindro do ensaio de compactação, que tem 10 cm de diâmetro e altura de 12,76 cm (volume de 1 dm³), e o conjunto foi fixado no vibrador do ensaio de peneiramento, com uma sobrecarga de 10 kg. Após a vibração, determinou-se que a areia ficou com uma massa específica seca de 1,78 kg/dm³.

Mecânica dos Solos

Para a determinação da mínima compacidade, a areia, previamente seca em estufa, foi colocada dentro de um molde, por meio de um funil, de modo que a altura de queda nunca ultrapassasse 1 cm. Este é um dos procedimentos recomendados pela Norma Brasileira NBR-12004/1990. O ensaio indicou uma massa específica seca de 1,49 kg/dm³. Determine o índice de compacidade relativa.

Solução: Embora a medida direta da compacidade seja sempre a massa específica, o índice de compacidade relativa é definido em função dos índices de vazios. Antes de fazer qualquer conta, vale a pena observar a ordem de grandeza dos valores obtidos, e perceber que a areia está com elevado grau de compacidade, pois sua massa específica está muito mais próxima da massa específica máxima do que da massa específica mínima. Para o cálculo do índice de compacidade relativa, dois procedimentos podem ser seguidos:

(1) Calcular o índice de vazios para cada massa específica e aplicar a expressão correspondente à definição do índice. Para isto, é preciso conhecer a massa específica dos grãos. Adotemos $\rho_s = 2{,}65$ kg/dm³:

No estado natural:

$$e = \frac{\rho_s}{\rho_d} - 1 = \frac{26{,}5}{1{,}71} - 1 = 0{,}55$$

De maneira análoga:

$$e_{mín} = 0{,}49 \quad \text{e} \quad e_{máx} = 0{,}78$$

Desses valores obtém-se:

$$CR = \frac{e_{máx} - e_{nat}}{e_{máx} - e_{mín}} = \frac{0{,}78 - 0{,}55}{0{,}78 - 0{,}49} = 0{,}79 = 79\%$$

(2) Deduzir uma equação que indique a compacidade relativa diretamente das massas específicas secas.

Na equação que define *CR*, ao se expressar os valores de índice de vazios em função dos pesos específicos, obtém-se:

$$CR = \frac{\left(\dfrac{\rho_s}{\rho_{d\,mín}} - 1\right) - \left(\dfrac{\rho_s}{\rho_{d\,nat}} - 1\right)}{\left(\dfrac{\rho_s}{\rho_{d\,mín}} - 1\right) - \left(\dfrac{\rho_s}{\rho_{d\,máx}} - 1\right)}$$

Ao se desenvolver essa equação, tem-se:

$$CR = \frac{\left(\dfrac{1}{\rho_{d\,mín}}\right) - \left(\dfrac{1}{\rho_{d\,nat}}\right)}{\left(\dfrac{1}{\rho_{d\,mín}}\right) - \left(\dfrac{1}{\rho_{d\,máx}}\right)} = \frac{\dfrac{\rho_{d\,nat} - \rho_{d\,mín}}{\rho_{d\,mín}\,\rho_{d\,nat}}}{\dfrac{\rho_{d\,máx} - \rho_{d\,mín}}{\rho_{d\,mín}\,\rho_{d\,máx}}} = \frac{(\rho_{d\,nat} - \rho_{d\,mín})}{(\rho_{d\,máx} - \rho_{d\,mín})} \cdot \frac{\rho_{d\,máx}}{\rho_{d\,nat}}$$

Como se observa, nesta equação não aparece mais o ρ_s. Ou seja, pelo procedimento de cálculo anterior, o resultado independe do ρ_s estimado. Ao se aplicar a equação anterior, tem-se:

$$CR = \frac{(1{,}71 - 1{,}49)\, 1{,}78}{(1{,}78 - 1{,}49)\, 1{,}71} = 0{,}79 = 79\%$$

Exercício 2.9 Uma areia apresenta índice de vazios máximo de 0,90 e índice de vazios mínimo igual a 0,57. O peso específico dos grãos é de 26,5 kN/m³. De uma amostra dessa areia com teor de umidade de 3%, que peso deve ser tomado para a moldagem de um corpo de prova de volume igual a 1 dm³, para que fique com compacidade de 67%? Que quantidade de água deve ser adicionada posteriormente para que a areia fique saturada?

Solução: O índice de vazios correspondente à compacidade de 67% pode ser calculado a partir da equação:

$$CR = \frac{e_{máx} - e_{nat}}{e_{máx} - e_{mín}} = \frac{0{,}90 - e_{nat}}{0{,}90 - 0{,}57} = 0{,}68$$

de onde se tem: $e_{nat} = 0{,}68$

A esse índice de vazios corresponde o peso específico aparente seco de:

$$\gamma_d = \frac{\gamma_s}{1 + e} = \frac{26{,}5}{1 + 0{,}68} = 15{,}77 \text{ kN/m}^3$$

Para preencher o cilindro de 1 dm³, o peso seco necessário é de 15,77 N.

O peso da areia com 3% de umidade é 1,03 x 15,77 = 16,24 N, e 16,24 - 15,77 = 0,47 N é o peso da água presente.

O peso específico dessa areia saturada pode ser calculado pela expressão a seguir, facilmente deduzida a partir da Fig. 2.10, observando que $e \cdot \gamma_w = \gamma_s \cdot w$:

$$\gamma_{sat} = \frac{\gamma_s + \gamma_s \cdot w}{1 + e} = \frac{\gamma_s + (e \cdot \gamma_w)}{1 + e} = \frac{26{,}5 + (0{,}68 \times 10)}{1 + 0{,}68} = \frac{33{,}3}{1{,}68} = 19{,}82 \text{ kN/m}^3$$

Quando saturado, 1 dm³ da areia terá um peso total de 19,82 N, sendo 15,77 N o peso dos grãos e 19,82 - 15,77 = 4,05 N o peso da água. Como a areia úmida colocada incorporou 0,47 N de água, deve-se acrescentar 4,05 - 0,47 = 3,58 N de água (35,8 cm³) para que a areia fique saturada no cilindro.

Exercício 2.10 Duas areias apresentam curvas granulométricas muito semelhantes, mas a areia A apresenta um índice de vazios mínimo de 0,60 e a areia B tem um índice de vazios mínimo de 0,42. Qual é o motivo dessa diferença? Justifique.

Solução: Provavelmente, a areia B tem grãos muito mais arredondados do que a areia A. Grãos arredondados permitem uma acomodação maior dos grãos, ficando pequeno o índice de vazios.

Exercício 2.11 Duas areias são provenientes de uma mesma fonte. A areia A tem um índice de vazios mínimo de 0,88, enquanto o índice de vazios mínimo da areia B é de 0,74. Qual deve ser o motivo dessa diferença? Justifique.

Solução: Por serem de mesma procedência, é razoável admitir que os grãos tenham o mesmo formato. A diferença de densidades deve ser porque, provavelmente, a areia B é mais bem graduada do que a areia A. Nas areias mais bem graduadas, os grãos menores preenchem os vazios deixados pelos maiores, aumentando a densidade.

Exercício 2.12 Para determinar o índice de consistência e a sensitividade de uma argila, utilizou-se uma amostra indeformada. Os ensaios realizados e seus respectivos resultados estão listados abaixo:

- Teor de umidade natural: 50%
- Limite de liquidez: $LL = 60\%$
- Limite de plasticidade: $LP = 35\%$
- Resistência à compressão simples no estado natural: 82 kPa
- Resistência à compressão simples com o solo amolgado: 28 kPa

Como descrever a consistência e a sensitividade desse solo?

Solução: A consistência de um solo caracteriza-se por sua resistência à compressão simples no estado natural. Nesse caso, o valor obtido indica que se trata de uma argila de consistência média, categoria que apresenta resistências entre 50 e 100 kPa.

O solo amolgado apresenta uma resistência menor e indica que o remoldamento provocou uma destruição da estrutura existente no estado natural. Essa queda de resistência caracteriza-se como a sensitividade do solo e, numericamente, é expressa pela relação:

$$S = \frac{\text{Resistência no estado natural}}{\text{Resistência no estado amolgado}} = \frac{82}{28} = 2,9$$

Este valor de sensitividade caracteriza o solo como solo de sensitividade média.

Note-se que o índice de consistência desse solo pode ser calculado a partir dos valores de LL, IP e w. O índice de consistência, não indica a consistência do solo no estado natural, pois não leva em conta a estrutura que o solo possui, em função da qual ele se apresenta com maior resistência do que a indicada pela sua umidade em função dos limites de consistência.

A partir da sua definição, pode-se calcular o índice de consistência:

$$IC = \frac{LL - w}{LL - LP} = \frac{60 - 50}{60 - 35} = 0,4$$

Por esse índice, o solo se classificaria como argila mole. De fato, esta é a sua consistência após amolgamento, quando sua resistência é de 28 kPa. No estado natural, entretanto, a consistência é maior, e o solo se classifica como argila de consistência média.

Exercício 2.13 Ensaios de caracterização de dois solos indicaram que o solo A tinha LL = 70 e IP = 30, enquanto o solo B tinha LL = 55 e IP = 25. Amostras desses dois solos foram amolgadas e água foi adicionada de forma que os dois ficassem com teor de umidade de 45%. É possível prever qual dos dois solos ficará mais consistente nesse teor de umidade?

Solução: Pode-se determinar o Índice de Consistência dos dois solos com teor de umidade de 45% (LL–LP = IP):

$$IC_A = \frac{70 - 45}{30} = 0,83 \qquad IC_B = \frac{55 - 45}{25} = 0,4$$

Na mesma umidade, o solo A é bem mais consistente (deve ter maior resistência) do que o solo B.

AULA 3

CLASSIFICAÇÃO DOS SOLOS

3.1 *A importância da classificação dos solos*

A diversidade e a diferença de comportamento dos diversos solos perante as solicitações de interesse da Engenharia levou ao seu natural agrupamento em conjuntos distintos, aos quais podem ser atribuídas algumas propriedades. Dessa tendência racional de organização da experiência acumulada, surgiram os sistemas de classificação dos solos.

O objetivo da classificação dos solos, sob o ponto de vista de engenharia, é poder estimar o provável comportamento do solo ou, pelo menos, orientar o programa de investigação necessário para permitir a adequada análise de um problema.

É muito discutida a validade dos sistemas de classificação. De um lado, qualquer sistema cria grupos definidos por limites numéricos descontínuos, enquanto solos naturais apresentam características progressivamente variáveis. Pode ocorrer que solos com índices próximos aos limites se classifiquem em grupos distintos, embora possam ter comportamentos mais semelhantes do que solos de um mesmo grupo de classificação. A esta objeção, pode-se acrescentar que a classificação de um solo, baseada em parâmetros físicos dele, jamais poderá ser uma informação mais completa do que os próprios parâmetros que o levaram a ser classificado. Entretanto, a classificação é necessária para a transmissão de conhecimento. Mesmo aqueles que criticam os sistemas de classificação não têm outra maneira sucinta de relatar sua experiência, senão afirmar que, ao aplicar um tipo de solução, obtiveram certo resultado, num determinado *tipo de solo*. Quando um tipo de solo é citado, é necessário que a designação seja entendida por todos, ou seja, é necessário que exista um sistema de classificação. Conforme apontado por Terzaghi, "um sistema de classificação sem índices numéricos para identificar os grupos é totalmente inútil". Se, por exemplo, a expressão *areia bem-graduada compacta* for empregada para descrever um solo, é importante que o significado de cada termo dessa expressão possa ser entendido da mesma maneira por todos e, se possível, ter limites bem definidos.

Outra crítica aos sistemas de classificação advém do perigo de que técnicos menos experientes supervalorizem a informação e adotem parâmetros inadequados para os solos. Esse perigo realmente existe e é preciso enfatizar sempre que os sistemas de classificação constituem um primeiro passo para a previsão do comportamento dos solos. São tantas as peculiaridades dos diversos solos que um sistema de classificação que permitisse um nível de conhecimento adequado para qualquer projeto teria de levar em conta uma grande quantidade de índices, deixando totalmente de ser de aplicação prática. Entretanto, eles ajudam a organizar as ideias e a orientar os estudos e o planejamento das investigações para a obtenção dos parâmetros mais importantes para cada projeto.

Existem diversas formas de classificar os solos, como pela sua origem, pela sua evolução, pela presença ou não de matéria orgânica, pela estrutura, pelo preenchimento dos vazios. Os sistemas baseados no tipo e no comportamento das partículas que constituem os solos são os mais conhecidos na engenharia de solos. Deve-se levar em conta que outras classificações, que levam em consideração a origem do solo e sua evolução natural, são muito úteis, com informações complementares que, em certos casos, são bastante relevantes, razão pela qual serão brevemente apresentadas mais adiante.

Os sistemas de classificação que se baseiam nas características dos grãos que constituem os solos têm como objetivo a definição de grupos que apresentam comportamentos semelhantes sob os aspectos de interesse da Engenharia Civil. Nestes sistemas, os índices empregados são geralmente a composição granulométrica e os índices de Atterberg. Estudaremos os dois sistemas mais empregados mundialmente, para depois discutir suas vantagens e suas limitações.

3.2 *Classificação Unificada*

Este sistema de classificação foi elaborado originalmente pelo Prof. Casagrande para obras de aeroportos, e seu emprego foi generalizado. Atualmente, é utilizado principalmente pelos geotécnicos que trabalham em barragens de terra.

Nesse sistema, todos os solos são identificados pelo conjunto de duas letras, como apresentado na Tab. 3.1. As cinco letras superiores indicam o tipo principal do solo e as quatro seguintes correspondem a dados complementares dos solos. Assim, **SW** corresponde a *areia bem-graduada* e **CH**, a *argila de alta compressibilidade*.

Tab. 3.1 *Terminologia do Sistema Unificado*

G	pedregulho
S	areia
M	silte
C	argila
O	solo orgânico
W	bem graduado
P	mal graduado
H	alta compressibilidade
L	baixa compressibilidade
Pt	turfas

Para a classificação por esse sistema, o primeiro aspecto a considerar é a porcentagem de finos presente no solo, considerando-se finos o material que passa na peneira nº 200 (0,075 mm). Se a porcentagem for inferior a 50, o solo será considerado como solo de granulação grosseira, **G** ou **S**. Se for superior a 50, o solo será considerado de granulação fina, **M**, **C** ou **O**.

Solos granulares

Com granulação grosseira, o solo será classificado como pedregulho ou areia, dependendo de qual dessas duas frações granulométricas predominar. Por exemplo, se o solo tiver 30% de pedregulho, 40% de areia e 30% de finos, ele será classificado como areia – **S**.

Identificado um solo como areia ou pedregulho, importa conhecer sua característica secundária. Se o material tiver poucos finos, menos do que 5% passando na peneira nº 200, deve-se verificar como é a sua composição granulométrica. Os solos granulares podem ser "bem-graduados" ou "malgraduados". Nestes, há predominância de partículas com um certo diâmetro, enquanto que naqueles existem grãos ao longo de uma faixa de diâmetros bem mais extensa, como ilustrado na Fig. 3.1.

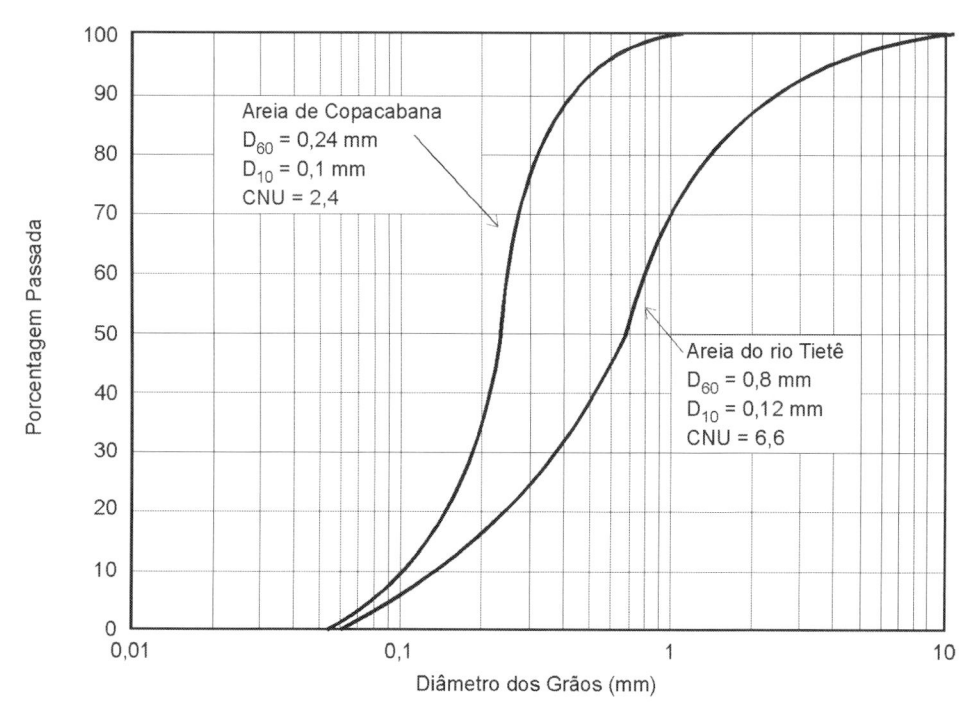

Fig. 3.1

Granulometrias de areia bem graduada e mal graduada

A expressão "bem-graduado" expressa o fato de que a existência de grãos com diversos diâmetros confere ao solo, em geral, melhor comportamento sob o ponto de vista de engenharia. As partículas menores ocupam os vazios correspondentes às maiores, criando um entrosamento, do qual resulta menor compressibilidade e maior resistência.

Mecânica dos Solos

Essa característica dos solos granulares é expressa pelo "coeficiente de não uniformidade", definido pela relação:

$$CNU = \frac{D_{60}}{D_{10}}$$

onde "D sessenta" é o diâmetro abaixo do qual se situam 60% em peso das partículas e, analogamente, "D dez" é o diâmetro que, na curva granulométrica, corresponde à porcentagem que passa igual a 10%. Quanto maior o coeficiente de não uniformidade, mais bem graduada é a areia. Areias com CNU menores do que 2 são chamadas de areias uniformes.

O "D dez" é também referido como "diâmetro efetivo do solo", denominação que se origina da boa correlação entre ele e a permeabilidade dos solos, verificada experimentalmente, como se estudará na Aula 6.

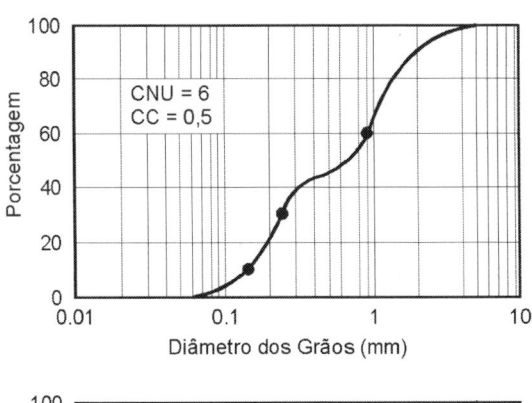

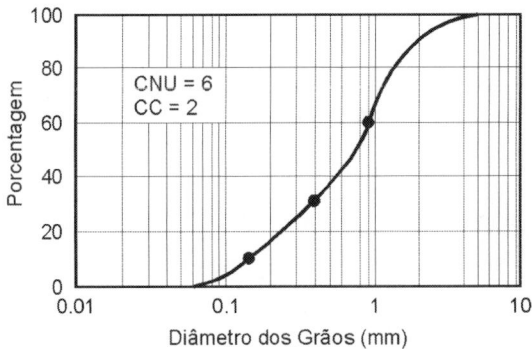

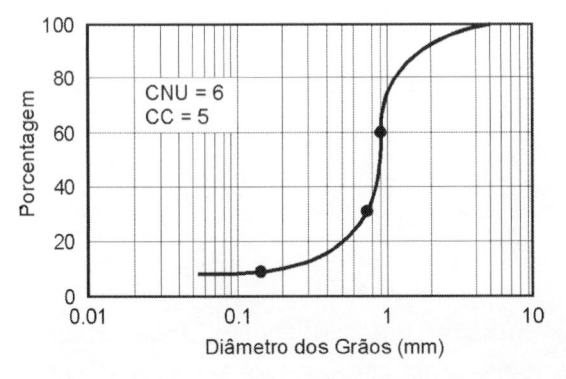

Outro coeficiente, não tão empregado quanto o CNU, é o coeficiente de curvatura, definido como:

$$CC = \frac{(D_{30})^2}{D_{10} \cdot D_{60}}$$

O coeficiente de não uniformidade indica a amplitude dos tamanhos de grãos, e o coeficiente de curvatura detecta melhor o formato da curva granulométrica e permite identificar eventuais descontinuidades ou concentração muito elevada de grãos mais grossos no conjunto. Considera-se que o material é bem-graduado quando o CC está entre 1 e 3. Na Fig. 3.2 estão representadas curvas de três areias com CNU = 6 e com diferentes CC. Quando CC é menor que 1, a curva tende a ser descontínua; há falta de grãos com um certo diâmetro. Quando CC é maior que 3, a curva tende a ser muito

Fig. 3.2
Curvas granulométricas de areias com diferentes coeficientes de curvatura

uniforme na sua parte central. Ao contrário das duas outras, quando o CC está entre 1 e 3, a curva granulométrica desenvolve-se suavemente. É rara a ocorrência de areias com CC fora do intervalo entre 1 e 3, razão pela qual esse coeficiente é muitas vezes ignorado, mas é justamente para destacar os comportamentos peculiares apontados que ele é útil.

O Sistema Unificado considera que um pedregulho é bem-graduado quando seu coeficiente de não uniformidade é superior a 4, e que uma areia é bem-graduada quando seu CNU é superior a 6. Além disto, é necessário que o coeficiente de curvatura, CC, esteja entre 1 e 3.

Quando o solo de granulação grosseira tem mais do que 12% de finos, a uniformidade da granulometria já não aparece como característica secundária, pois importa mais saber das propriedades desses finos. Então, os pedregulhos ou areias serão identificados secundariamente como argilosos (GC ou SC) ou como siltosos (GM ou SM). O que determinará a classificação será o posicionamento do ponto representativo dos índices de consistência na Carta de Plasticidade, conforme se verá adiante.

Quando o solo de granulação grosseira tem de 5 a 12% de finos, o Sistema recomenda que se apresentem as duas características secundárias, uniformidade da granulometria e propriedades dos finos. Assim, ter-se-ão classificações intermediárias, como, por exemplo, **SP-SC**, areia malgraduada, argilosa.

As areias distinguem-se também pelo formato dos grãos. Embora as dimensões dos grãos não sejam muito diferentes segundo três eixos perpendiculares, como ocorre com as argilas, a rugosidade superficial é bem distinta. Formatos distintos são ilustrados na Fig. 3.3, que mostra projeções de grãos naturais de areias de diferentes procedências. Os grãos da areia de Ottawa são bem esféricos (dimensões segundo os três eixos semelhantes) e arredondados (cantos bem suaves), enquanto os grãos de areia do rio Tietê são menos esféricos e muito angulares.

O formato dos grãos de areia tem muita importância no seu comportamento mecânico, pois determina como eles se encaixam e se entrosam, e como eles deslizam entre si, quando solicitados por forças externas. Por outro lado, como as forças se transmitem pelo contato entre as partículas, as de formato mais angular são mais suscetíveis a se quebrarem. A influência do formato dos grãos na resistência das areias será analisada na Aula 13.

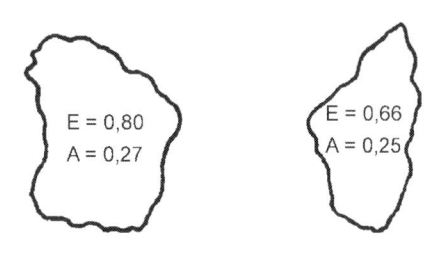

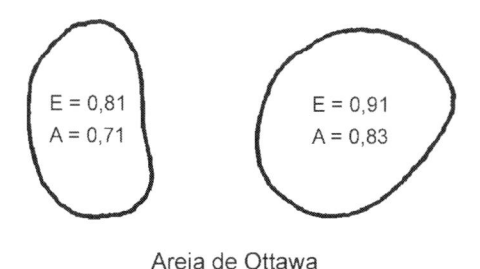

Fig. 3.3
Exemplos de formato de grãos de areia

Em que pese a importância do formato dos grãos, pouca atenção é dada a esse aspecto na identificação e na classificação das areias. Tal fato associa-se à aparente dificuldade de se observar o aspecto superficial dos grãos, embora uma simples lupa permita que isso seja feito, e também, principalmente porque

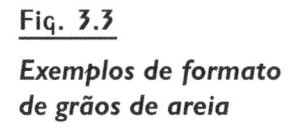

Solos de granulação fina (siltes e argilas)

não se dispõe de índices numéricos simples para expressar o formato. Os índices empregados por sedimentologistas, como os apresentados na Fig. 3.3, são trabalhosos e pouco conhecidos pelos engenheiros.

Quando a fração fina do solo é predominante, ele será classificado como silte (M), argila (C) ou solo orgânico (O), não em função da porcentagem das frações granulométricas silte ou argila, pois, como foi visto anteriormente, o que determina o comportamento argiloso do solo não é só o teor de argila, mas também a sua atividade. São os índices de consistência que melhor indicam o comportamento argiloso.

Ao analisar os índices e o comportamento de solos, Casagrande notou que, ao colocar o IP do solo em função do LL num gráfico, como apresentado na Fig. 3.4, os solos de comportamento argiloso se faziam representar por um ponto acima de uma reta inclinada, denominada Linha A. Solos orgânicos, ainda que argilosos, e solos siltosos são representados por pontos localizados abaixo da Linha A. A Linha A tem como equação a reta:

$$IP = 0{,}73 \cdot (LL-20)$$

que, no seu trecho inicial, é substituída por uma faixa horizontal correspondente a IP de 4 a 7.

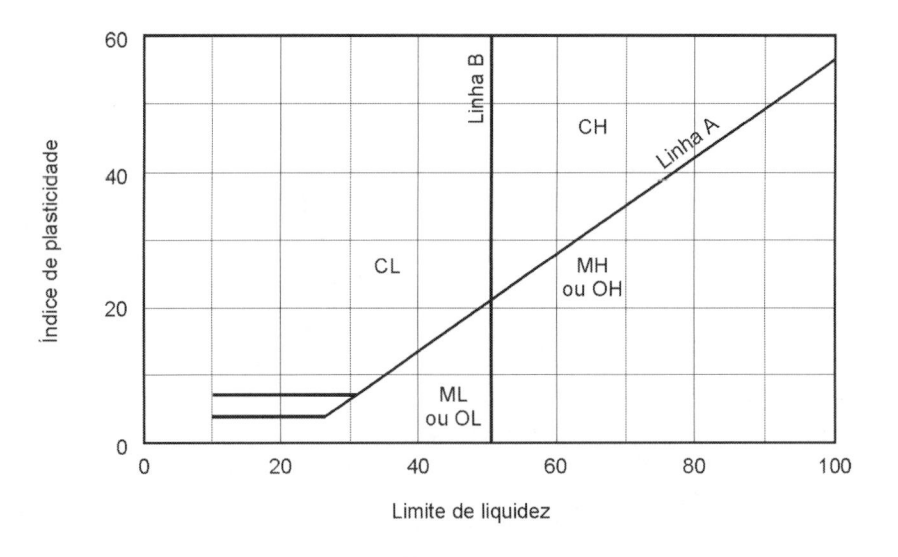

Fig. 3.4
Carta de Plasticidade

Para a classificação desses solos, basta a localização do ponto correspondente ao par de valores IP e LL na Carta de Plasticidade. Os solos orgânicos distinguem-se dos siltes pelo seu aspecto visual, pois se apresentam com uma coloração escura típica (marrom-escuro, cinza-escuro ou preto).

Uma característica complementar dos solos finos é sua compressibilidade. Como já visto, constatou-se que os solos costumam ser tanto mais compressíveis quanto maior seu Limite de Liquidez. Assim, o Sistema classifica-se secundariamente como de alta compressibilidade (H) ou de baixa compressibilidade (L) os solos M, C ou O, em função do LL ser superior ou inferior a 50, respectivamente, como se mostra na Carta (Linha B). Quando se trata de obter a característica secundária de areias e pedregulhos, esse aspecto é desconsiderado.

Quando os índices indicam uma posição muito próxima às linhas A ou B (ou sobre a faixa de IP 4 a 7), é considerado um caso intermediário e as duas classificações são apresentadas. Exemplos: SC-SM, CL-CH, etc.

Embora a simbologia adotada só considere duas letras, correspondentes às características principal e secundária do solo, a descrição deverá ser a mais completa possível. Por exemplo, um solo SW pode ser descrito como areia (predominantemente) grossa e média, bem-graduada, com grãos angulares cinza.

O Sistema considera ainda a classificação de turfa (Pt), que são os solos muito orgânicos, nos quais a presença de fibras vegetais em decomposição parcial é preponderante.

% P #200 < 50	G > S : G	% P #200 < 5	GW	CNU > 4 e 1 < CC < 3
			GP	CNU < 4 ou 1 > CC > 3
		% P #200 > 12	GC	
			GM	GC / GM
		5 < #200 < 12	GW-GC, GP-GM, etc.	
	S > G : S	% P #200 < 5	SW	CNU > 6 e 1 < CC < 3
			SP	CNU < 6 ou 1 > CC > 3
		% P #200 > 12	SC	
			SM	SC / SM
		5 < #200 < 12	SW-SC, SP-SC, etc.	
% P #200 > 50	C	CL		
		CH		
	M	ML		
		MH		
	O	OL		
		OH		

Tab. 3.2
Esquema para a classificação pelo Sistema Unificado

3.3 Sistema Rodoviário de Classificação

Este Sistema (Tab. 3.3), muito empregado na engenharia rodoviária em todo o mundo, foi originalmente proposto nos Estados Unidos. É também baseado na granulometria e nos limites de Atterberg.

Nesse Sistema, também se inicia a classificação pela constatação da porcentagem de material que passa na peneira nº 200, só que são considerados solos de granulação grosseira os que têm menos de 35% passando nesta peneira, e não 50% como na Classificação Unificada (Tab. 3.2). Esses são solos dos grupos A-1, A-2 e A-3. Os solos com mais de 35% que passam pela peneira nº 200 formam os grupos A-4, A-5, A-6 e A-7.

Os solos grossos são subdivididos em:

A-1a – Solos grossos, com menos de 50% passando na peneira nº 10 (2 mm), menos de 30% passando na peneira nº 40 (0,42 mm) e menos de 15%

passando na peneira n° 200. O IP dos finos deve ser menor do que 6. Correspondem, aproximadamente, aos pedregulhos bem-graduados, GW, do Sistema Unificado.

A-1b – Solos grossos, com menos de 50% passando na peneira n° 40 e menos de 25% na peneira n° 200, também com IP menor que 6. Corresponde à areia bem graduada, SW.

A-3 – Areias finas, com mais de 50% passando na peneira n° 40 e menos de 10% passando na peneira n° 200. São, portanto, areias finas mal-graduadas, com IP nulo. Correspondem às SP.

A-2 – São areias em que os finos presentes constituem a característica secundária. São subdivididos em A-2-4, A-2-5, A-2-6 e A-2-7, em função dos índices de consistência, conforme o gráfico da Fig. 3.5.

Fig. 3.5
Classificação dos solos finos no Sistema Rodoviário

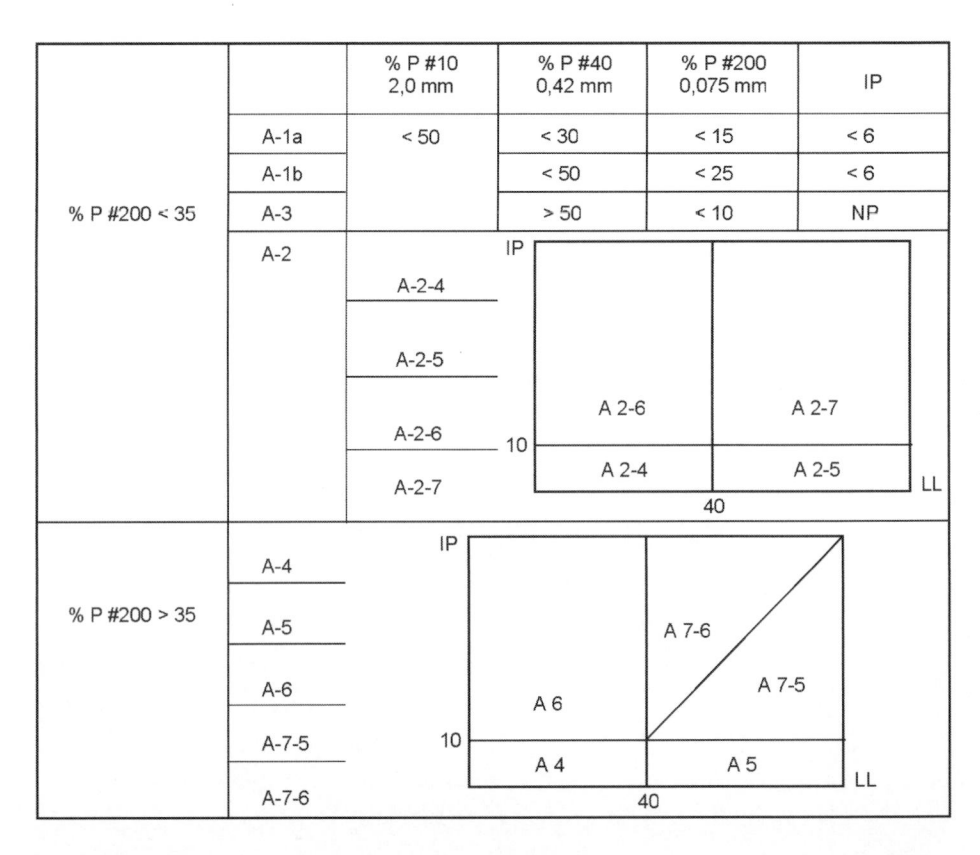

Os solos finos, a exemplo do Sistema Unificado, são subdivididos só em função dos índices, de acordo com a Fig. 3.5. O que distingue um solo A4 de um solo A-2-4 é só a porcentagem de finos.

Tab. 3.3
Esquema para a classificação pelo Sistema Rodoviário

Pela sistemática de classificação dos dois sistemas expostos, verifica-se que eles são bastante semelhantes, já que consideram a predominância dos grãos graúdos ou miúdos, dão ênfase à curva granulométrica só no caso de solos graúdos com poucos finos e classificam os solos graúdos com razoável quantidade de finos, e os próprios solos finos com base exclusivamente nos índices de Atterberg. O exercício de acompanhar as sistemáticas de classificação é útil na medida em que familiariza o estudante com os aspectos mais importantes à identificação dos solos.

3.4 *Classificações regionais*

No Brasil, o Sistema Rodoviário é bastante empregado pelos engenheiros rodoviários, e o Sistema Unificado é sempre preferido pelos engenheiros barrageiros. Os engenheiros de fundações não empregam diretamente nenhum desses sistemas. De modo geral, eles seguem uma maneira informal de classificar os solos, bem regional, que pode ter se originado nestes sistemas.

A pouca utilização dos sistemas de classificação decorre do fato de eles nem sempre confirmarem a experiência local. Por exemplo, a "argila porosa vermelha", que é um solo característico da cidade de São Paulo, ocorre no espigão da Av. Paulista, e seria classificada pelo Sistema Unificado como "silte de alta compressibilidade", pois seus índices de consistência indicam um ponto abaixo da Linha A. Entretanto, esse solo apresenta comportamento típico de argila, tanto que recebeu a denominação que o caracteriza.

As discrepâncias entre as classificações clássicas e o comportamento observado de alguns solos nacionais se deve, certamente, ao fato de serem frequentemente solos residuais ou solos lateríticos, para os quais os índices de consistência não podem ser interpretados da mesma maneira como para os solos transportados, de ocorrência nos países de clima temperado, onde os sistemas vistos foram elaborados.

Uma proposta de sistema de classificação dos solos tropicais vem sendo desenvolvida pelo Prof. Nogami, da Escola Politécnica da USP. Neste sistema, os solos são classificados primariamente em areias, siltes e argilas, e secundariamente em lateríticos e saprolíticos. Essa classificação não emprega os índices de consistência, mas parâmetros obtidos em ensaios de compactação com energias diferentes. O sistema é voltado para a prática rodoviária e se baseia em solos do Estado de São Paulo.

Outra maneira de contornar a dificuldade tem sido com as classificações regionais, ainda que informais. Na cidade de São Paulo, por exemplo, reconhecem-se diversos tipos de solos cujas características são progressivamente pesquisadas e incorporadas ao conhecimento técnico. Além da referida "argila porosa vermelha", são reconhecidos a "argila vermelha rija", que lhe ocorre abaixo; os "solos variegados", que ocorrem numa grande parte da cidade e que se caracterizam pela diversidade de cores com as quais se apresentam; as "argilas cinza duras", que ocorrem abaixo da cota do nível d'água do rio Tietê; as "areias basais", depósitos de areias bastante puras que ocorrem no centro da cidade em grandes profundidades; e as "argilas orgânicas quaternárias", nas várzeas dos rios Tietê e Pinheiros, e na Cidade Universitária.

3.5 Classificação dos solos pela origem

A classificação dos solos pela origem é um complemento importante para o conhecimento das ocorrências e para a transmissão de conhecimentos acumulados. Algumas vezes, a indicação da origem do solo é tão ou mais útil do que a classificação sob o ponto de vista da constituição física.

Os solos podem ser classificados em dois grandes grupos: solos residuais e solos transportados.

Solos residuais são aqueles de decomposição das rochas que se encontram no próprio local em que se formaram. Para que eles ocorram, é necessário que a velocidade de decomposição da rocha seja maior do que a velocidade de remoção por agentes externos. A velocidade de decomposição depende de vários fatores, entre os quais a temperatura, o regime de chuvas e a vegetação. As condições existentes nas regiões tropicais são favoráveis a degradações mais rápidas da rocha, razão pela qual as maiores ocorrências de solos residuais situam-se nessas regiões, entre elas o Brasil.

Os solos residuais apresentam-se em horizontes com grau de intemperização decrescente. Vargas (1981) identifica as seguintes camadas, cujas transições são gradativas, conforme mostrado na Fig. 3.6:

Solo residual maduro: superficial ou sotoposto a um horizonte "poroso" ou "húmico", e que perdeu toda a estrutura original da rocha-mãe e tornou-se relativamente homogêneo.

Saprolito ou *solo saprolítico*: solo que mantém a estrutura original da rocha-mãe, inclusive veios intrusivos, fissuras e xistosidade, mas perdeu a consistência da rocha. Visualmente pode confundir-se com uma rocha alterada, mas apresenta pequena resistência ao manuseio. É também chamado de solo residual jovem ou solo de alteração de rocha.

Rocha alterada: horizonte em que a alteração progrediu ao longo de fraturas ou zonas de menor resistência, deixando intactos grandes blocos da rocha original.

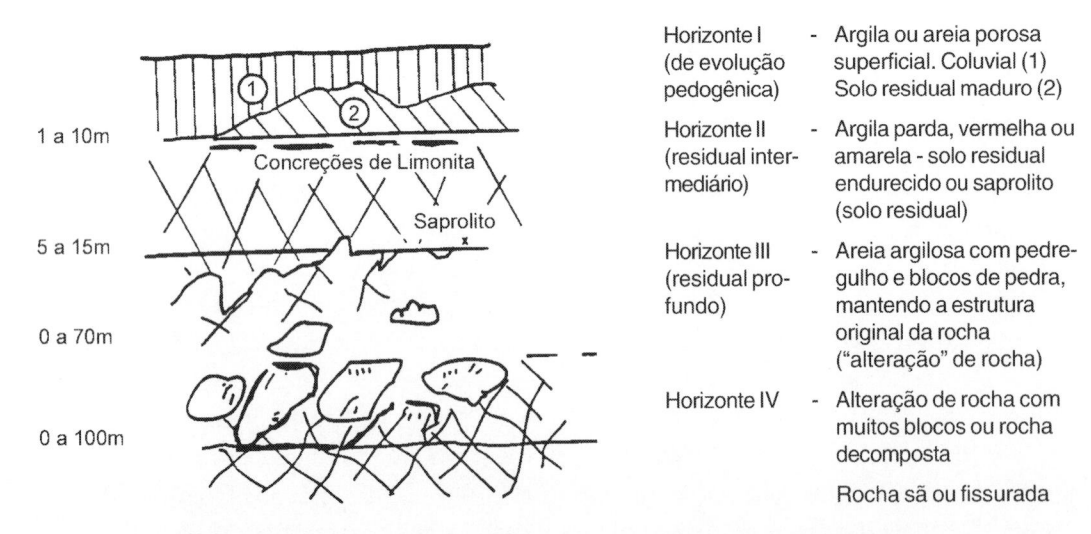

Fig. 3.6 *Perfil de solo residual de decomposição de gnaisse (Vargas, 1981)*

Horizonte I (de evolução pedogênica) — Argila ou areia porosa superficial. Coluvial (1) Solo residual maduro (2)

Horizonte II (residual intermediário) — Argila parda, vermelha ou amarela - solo residual endurecido ou saprolito (solo residual)

Horizonte III (residual profundo) — Areia argilosa com pedregulho e blocos de pedra, mantendo a estrutura original da rocha ("alteração" de rocha)

Horizonte IV — Alteração de rocha com muitos blocos ou rocha decomposta

Rocha sã ou fissurada

Em se tratando de solos residuais, é de grande interesse a indicação da rocha-mãe, pois ela condiciona, entre outras coisas, a própria composição física. Solos residuais de basalto são predominantemente argilosos, os de gnaisse são siltosos e os de granito apresentam teores aproximadamente iguais de areia média, silte e argila, etc.

Solos transportados são aqueles que foram levados ao seu atual local por algum agente de transporte. As características dos solos são função do agente transportador.

Solos formados por ação da gravidade dão origem a *solos coluvionares*. Entre eles estão os escorregamentos das escarpas da Serra do Mar, formando os tálus nos pés do talude, massas de materiais muito diversos, sujeitos a movimentações de rastejo. São também classificados como coluviões os solos superficiais do planalto brasileiro depositados sobre solos residuais.

Solos resultantes do carreamento pela água são os *aluviões*, ou *solos aluvionares*. Sua constituição depende da velocidade das águas no momento de deposição. Existem aluviões essencialmente arenosos, bem como aluviões muito argilosos, comuns nas várzeas quaternárias dos córregos e rios. Registra-se também a ocorrência de camadas sobrepostas de granulometrias distintas, devidas a diversas épocas e regimes de deposição.

O transporte pelo vento dá origem aos depósitos *eólicos*. O transporte eólico provoca o arredondamento das partículas, em virtude do seu atrito constante. As areias constituintes do arenito Botucatu, no Brasil, são arredondadas, por ser esta uma rocha sedimentar com partículas previamente transportadas pelo vento.

O transporte por geleiras dá origem aos *drifts*, muito frequentes na Europa e nos Estados Unidos, mas com pequena ocorrência no Brasil.

O mecanismo e a consequência do transporte por organismos vivos nos solos superficiais, ainda que detectado, é pouco estudado. Registraram-se, por exemplo, canalículos resultantes de antigos formigueiros que tornam os maciços muito mais condutores de água do que a baixa permeabilidade do solo permitiria supor.

3.6 *Solos orgânicos*

São chamados solos orgânicos aqueles que contêm uma quantidade apreciável de matéria decorrente de decomposição de origem vegetal ou animal, em vários estágios de decomposição. Geralmente argilas ou areias finas, os solos orgânicos são de fácil identificação pela cor escura e pelo odor característico. A norma norte-americana classifica como solo orgânico aquele que apresenta LL de uma amostra seca em estufa menor do que 75% do LL de amostra natural sem secagem em estufa. O teor de matéria orgânica pode ser determinado pela secagem em mufla a 440°C.

Solos orgânicos geralmente são problemáticos por serem muito compressíveis. Eles são encontrados no Brasil, principalmente nos depósitos litorâneos, em espessuras de dezenas de metros, e nas várzeas dos rios e córregos, em camadas com 3 a 10 m de espessura. O teor de matéria orgânica em peso varia de 4 a 20%. Por sua característica orgânica, apresentam elevados índices de vazios, e por serem de sedimentação recente, normalmente adensados, possuem baixa capacidade de suporte e considerável compressibilidade.

Em algumas formações, ocorre uma importante concentração de folhas e caules em processo incipiente de decomposição, formando as turfas. São materiais extremamente deformáveis, mas muito permeáveis, permitindo que os recalques, devidos a carregamentos externos, ocorram rapidamente.

3.7 Solos lateríticos

A Pedologia é o estudo das transformações da superfície dos depósitos geológicos, que originam horizontes distintos, ocorrendo tanto em solos residuais como nos transportados. Os fatores que determinam as propriedades dos solos considerados na Pedologia são: (1) a rocha-mãe, (2) o clima e a vegetação, (3) organismos vivos, (4) topografia, e (5) o tempo de exposição a esses fatores. Na Engenharia Civil, as classificações pedológicas são utilizadas principalmente pelos engenheiros rodoviários, que lidam com solos superficiais e que encontram correlações úteis entre o comportamento de pavimentos e taludes com essas classificações.

De particular interesse para o Brasil é a identificação dos solos lateríticos, típicos da evolução de solos em clima quente, com regime de chuvas moderadas a intensas. A denominação de lateríticos incorporou-se à terminologia dos engenheiros, embora não seja mais usada nas classificações pedológicas. Os solos lateríticos têm sua fração argila constituída predominantemente de minerais cauliníticos e apresentam elevada concentração de ferro e alumínio na forma de óxidos e hidróxidos, donde sua peculiar coloração avermelhada. Esses sais encontram-se, geralmente, recobrindo agregações de partículas argilosas.

Na natureza, os solos lateríticos apresentam-se, geralmente, não saturados, com índice de vazios elevado, daí sua pequena capacidade de suporte. Quando compactados, sua capacidade de suporte é elevada, e por isto são muito empregados em pavimentação e em aterros. Após compactado, um solo laterítico apresenta contração se o teor de umidade diminuir, mas não apresenta expansão na presença de água. Uma metodologia de classificação, que permite a identificação dos solos de comportamento laterítico, foi desenvolvida pelo Prof. Nogami e empregada por alguns órgãos rodoviários do sul do País.

Exercícios resolvidos

Exercício 3.1 Na Fig. 3.7 estão as curvas granulométricas de diversos solos brasileiros, cujos índices de consistência são indicados na tabela a seguir. Determine a classificação desses solos, tanto pelo método Unificado, como pelo método Rodoviário. Para os solos argilosos, determine o índice de atividade da argila, e para os solos arenosos, o coeficiente de não uniformidade (CNU) e o coeficiente de curvatura (CC).

Aula 3

Classificação dos Solos

75

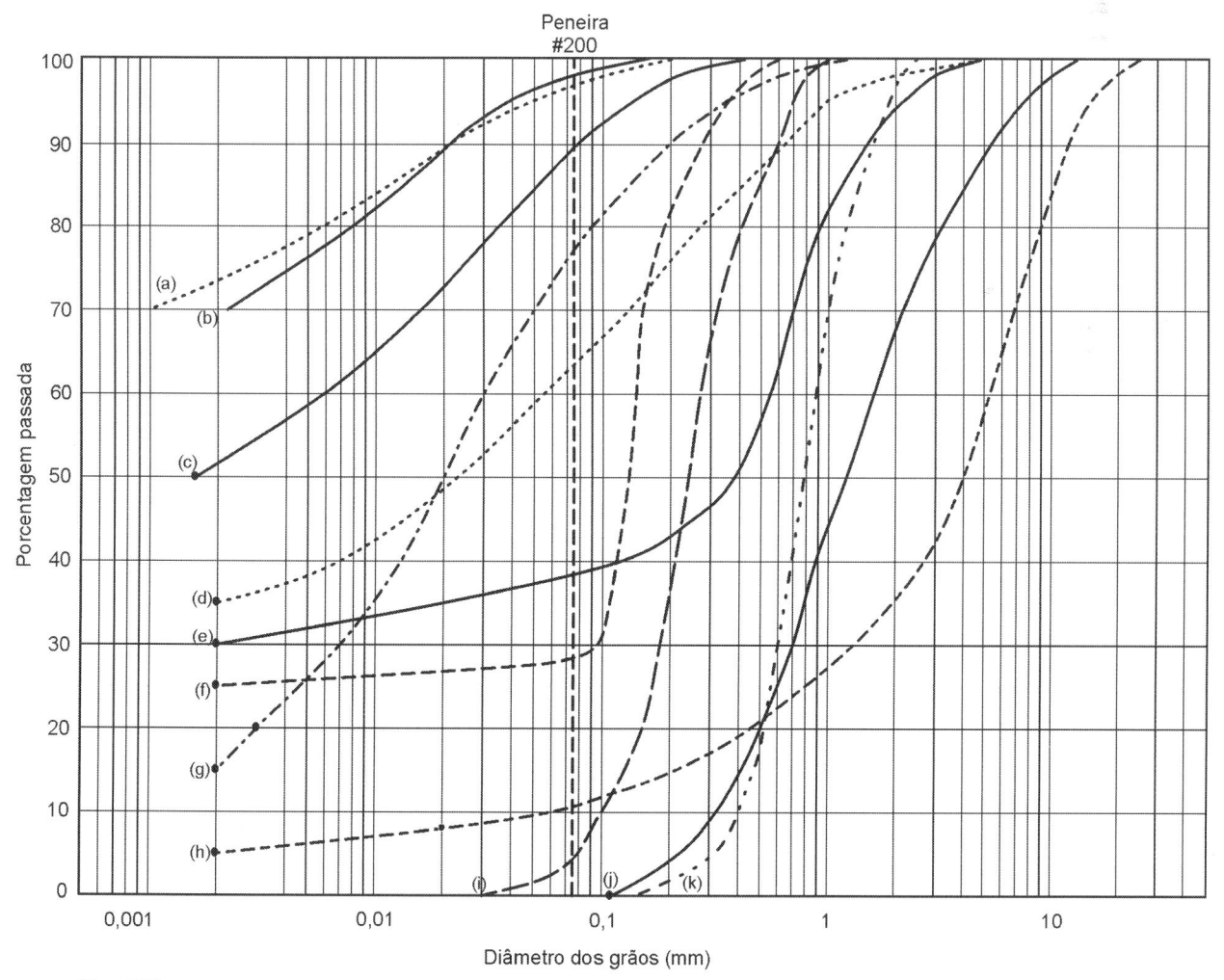

Solo	Descrição do solo	LL	IP
a	Argila orgânica de Santos	120	75
b	Argila porosa laterítica	80	35
c	Solo residual de basalto	70	42
d	Solo residual de granito	55	25
e	Areia variegada de São Paulo	38	20
f	Solo residual de arenito	32	12
g	Solo residual de migmatito	44	18
h	Solo estabilizado para pavimentação	24	3
i	Areia fluvial fina	NP	NP
j	Areia fluvial média	NP	NP
k	Areia fluvial média	NP	NP

Fig. 3.7

Mecânica dos Solos

Solução: As classificações, feitas de acordo com as Tabs. 3.2 e 3.3, estão nas tabelas a seguir, juntamente com os dados necessários para o cálculo do índice de atividades dos solos que contêm quantidade apreciável de argila e os dados para a determinação dos coeficiente de uniformidade e de curvatura dos solos aos quais cabem esses parâmetros.

Solos finos:

Solos	% < 0,075 mm	Grupo	Classificação Unificada	Classificação Rodoviária	% < 0,002mm	IP	IA
a	97	C, M ou O	OH	A 7-5	73	75	1,03
b	98	C, M ou O	MH	A 7-5	70	35	0,50
c	90	C, M ou O	CH	A 7-6	52	42	0,81
d	63	C, M ou O	CH-MH	A 7	35	25	0,71
e	38	G ou S	SC	A 6	30	20	0,66
f	28	G ou S	SC	A 2-6	25	12	0,48
g	76	C, M ou O	CL-ML	A 7-6	15	18	1,20

Solos granulares:

Solos	% < 0,075 mm	Grupo	D_{60} mm	D_{30} mm	D_{10} mm	CNU	CC	Classificação Unificada	Classificação Rodoviária
h	11	G ou S	5,3	1,3	0,60	8,8	5,3	GW-GM	A 1-a
i	4	G ou S	0,27	0,18	0,10	2,7	1,2	SP	A 3
j	0	G ou S	1,60	0,70	0,32	5,0	1,0	SP	A 1-b
k	0	G ou S	0,90	0,60	0,40	2,2	1,0	SP	A 1-b

Essas classificações, de acordo com a metodologia empregada, apresentam alguns resultados surpreendentes para solos nacionais. Da tabela acima, vale comentar: (1) o solo (b), argila porosa variegada, típica de regiões tropicais, apresenta-se como MH (silte de alta compressibilidade) embora tenha um comportamento tipicamente argiloso, tanto que recebe esse nome da prática da Engenharia; (2) o solo (f), residual de arenito, apresenta um índice de atividade muito baixo, embora seja reconhecida a elevada atividade de seus finos; e (3) os solos residuais de gnaisse e de migmatito (solo g) classificam-se, conforme a amostra, como argila ou silte de baixa compressibilidade (CL ou ML), porém, com um nítido comportamento de solo siltoso. É também curioso esse solo apresentar um elevado índice de atividade. Tal fato deve-se à presença de mica e, possivelmente, de minerais argila com diâmetros equivalentes superiores a 0,002 mm, na fração silte, sendo esses materiais responsáveis pelo elevado índice de plasticidade do solo. Esses exemplos evidenciam que parâmetros e classificações desenvolvidos em países de clima temperado não representam o comportamento de solos lateríticos e saprolíticos, comuns no Brasil.

AULA 4

COMPACTAÇÃO DOS SOLOS

4.1 *Razões e histórico da compactação*

A compactação de um solo é a sua densificação por meio de equipamento mecânico, geralmente um rolo compactador, embora, em alguns casos, como em pequenas valetas, até soquetes manuais possam ser empregados.

Um solo, quando transportado e depositado para a construção de um aterro, fica num estado relativamente fofo e heterogêneo e, portanto, além de pouco resistente e muito deformável, apresenta comportamento diferente de local para local. A compactação tem em vista esses dois aspectos: aumentar o contato entre os grãos e tornar o aterro mais homogêneo. O aumento da densidade ou redução do índice de vazios é desejável não por si, mas porque diversas propriedades do solo melhoram com isto.

A compactação é empregada em diversas obras de engenharia, como os aterros para diversas utilidades, as camadas constitutivas dos pavimentos, a construção de barragens de terra, preenchimento com terra do espaço atrás de muros de arrimo e reenchimento das inúmeras valetas que se abrem diariamente nas ruas das cidades. O tipo de obra e de solo disponível vão ditar o processo de compactação a ser empregado, a umidade em que o solo deve se encontrar na ocasião e a densidade a ser atingida, com o objetivo de reduzir futuros recalques, aumentar a rigidez e a resistência do solo, reduzir a permeabilidade etc.

O início da técnica de compactação é creditada ao engenheiro norte-americano Proctor que, em 1933, publicou suas observações sobre a compactação de aterros, mostrando que, ao aplicar-se uma certa energia de compactação (um certo número de passadas de um determinado equipamento no campo ou um certo número de golpes de um soquete sobre o solo contido num molde), a massa específica resultante é função da umidade em que o solo estiver. Quando se compacta com umidade baixa, o atrito entre as partículas é muito alto e não se consegue uma significativa redução dos vazios. Para umidades mais elevadas, a água provoca um certo efeito de lubrificação entre as partículas, que deslizam entre si, acomodando-se num arranjo mais compacto.

Na compactação, as quantidades de partículas e de água permanecem constantes; o aumento da massa específica corresponde à eliminação de ar dos vazios. A saída do ar é facilitada porque, quando a umidade não é muito elevada, o ar encontra-se em forma de canalículos intercomunicados. A redução do atrito pela água e os canalículos de ar permitem uma massa específica maior quando o teor de umidade é maior. A partir de um certo teor de umidade, a compactação não consegue mais expulsar o ar dos vazios pois o grau de saturação já é elevado e o ar está ocluso (envolto por água). Há, portanto, para a *energia aplicada*, um certo teor de umidade, denominado *umidade ótima*, que conduz a uma *massa específica seca máxima*, ou uma *densidade seca máxima*.

Dos trabalhos de Proctor surgiu o Ensaio de Compactação, mundialmente padronizado (com pequenas variações), mais conhecido como Ensaio de Proctor. A bem da verdade histórica, cita-se que Porter, do Departamento Rodoviário do Estado da Califórnia, o mesmo que criou o ensaio de CBR (California Bearing Ratio), muito empregado em pavimentação, em 1929 empregava um ensaio muito semelhante, que não teve, porém, a mesma divulgação no meio técnico como o trabalho de Proctor.

4.2 *O Ensaio Normal de Compactação*

O Ensaio de Proctor foi padronizado no Brasil pela ABNT (NBR 7182/86). Em sua última revisão, a norma apresenta diversas alternativas para a realização do ensaio. Descreveremos inicialmente, nos seus aspectos principais, aquela que corresponde ao ensaio original e que ainda é a mais empregada.

A amostra de solo deve ser previamente seca ao ar e destorroada. Inicia-se o ensaio, acrescentando-se água até que o solo fique com cerca de 5% de umidade abaixo da umidade ótima. Não é tão difícil perceber isto, como poderia parecer à primeira vista. Como se descreve na Aula 1, ao se manusear um solo, percebe-se uma umidade relativa que depende dos limites de liquidez e de plasticidade. Da mesma forma, com um pouco de experiência, qualquer operador, ao manusear o solo, percebe se ele está acima ou abaixo da umidade ótima, que geralmente é muito próxima e um pouco abaixo do limite de plasticidade.

Com a umidade bem uniformizada, uma porção do solo é colocada num cilindro padrão (10 cm de diâmetro, altura de 12,73 cm, volume de 1.000 cm^3) e submetida a 26 golpes de um soquete com massa de 2,5 kg e caindo de 30,5 cm. Anteriormente, o número de golpes era 25; a alteração da norma para 26 foi feita para ajustar a energia de compactação ao valor de outras normas internacionais, levando em conta que as dimensões do cilindro padronizado no Brasil são um pouco diferentes das demais. A porção do solo compactado deve ocupar cerca de um terço da altura do cilindro. O processo é repetido mais duas vezes, atingindo-se uma altura um pouco superior à do cilindro, o que é possibilitado por um anel complementar. Acerta-se o volume raspando o excesso.

Determina-se a massa específica do corpo de prova obtido. Com uma amostra de seu interior, determina-se a umidade. Com esses dois valores, calcula-se a densidade seca. A amostra é destorroada, a umidade aumentada (cerca de 2%), nova compactação é feita, e novo par de valores umidade-densidade seca é obtido. A operação é repetida até que se perceba que a densidade seca, depois de ter subido, tenha caído em duas ou três operações sucessivas. Note-se que, quando a densidade úmida se mantém constante em duas tentativas sucessivas, a densidade seca já caiu. Se o ensaio começou, de fato, com umidade 5% abaixo da ótima, e os acréscimos forem de 2% a cada tentativa, com 5 determinações o ensaio estará concluído (geralmente não são necessárias mais do que 6 determinações).

Com os dados obtidos, desenha-se a curva de compactação, que consiste na representação da densidade seca em função da umidade, como se mostra na Fig. 4.1. Geralmente, associa-se uma reta aos pontos ascendentes do ramo seco, outra aos pontos descendentes do ramo úmido e unem-se as duas por uma curva parabólica. Como se justificou anteriormente, a curva define uma densidade seca máxima, à qual corresponde uma umidade ótima.

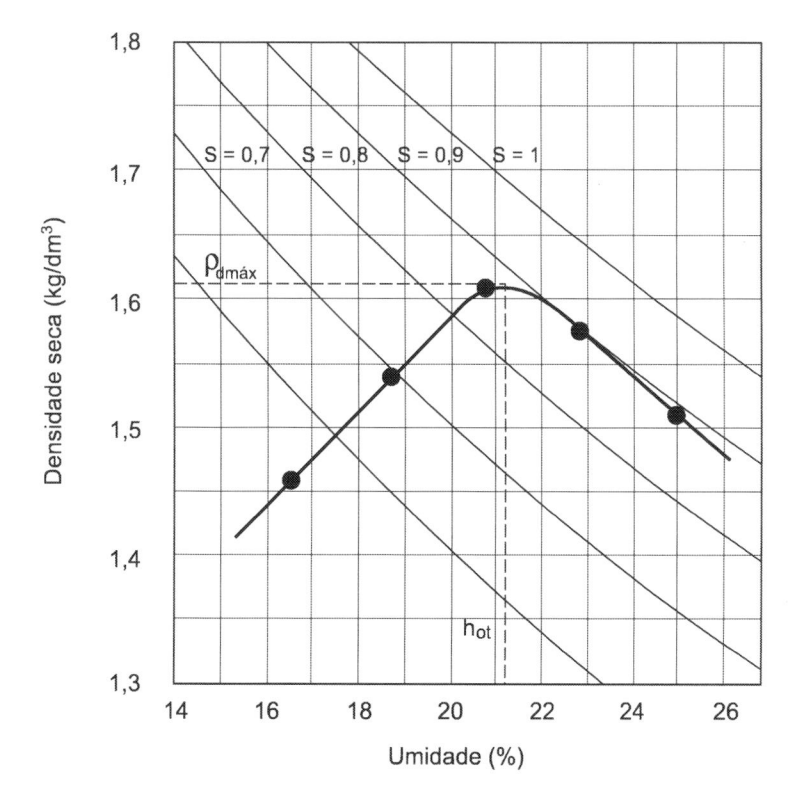

Fig. 4.1

Curva de compactação obtida em ensaio

No gráfico do ensaio, pode-se traçar a curva de saturação, que corresponde ao lugar geométrico dos valores de umidade e densidade seca, com o solo saturado. Da mesma forma, pode-se traçar curvas correspondentes a igual grau de saturação. A partir do esquema apresentado na Fig. 4.1, determina-se a equação dessas curvas em função do grau de saturação:

$$\rho_d = \frac{S \rho_s \rho_w}{S \rho_w + \rho_s w}$$

Para saturação, S = 1:

$$\rho_d = \frac{\rho_s \rho_w}{\rho_w + \rho_s w}$$

As equações determinam famílias de curvas, como mostrado na Fig. 4.1, que dependem só da densidade dos sólidos. O solo pode estar em qualquer posição abaixo da curva de saturação, mas nunca acima dela. Os pontos ótimos das curvas de compactação situam-se em torno de 80 a 90% de saturação.

Valores típicos

De maneira geral, os solos argilosos apresentam densidades secas baixas e umidades ótimas elevadas. Valores como umidade ótima de 25 a 30% correspondem a densidades secas máximas de 1,5 a 1,4 kg/dm³ e são comuns em argilas. Solos siltosos também apresentam valores baixos de densidade, frequentemente com curvas de laboratório bem abatidas. Densidades secas máximas elevadas, da ordem de 2 a 2,1 kg/dm³, e umidades ótimas baixas, de aproximadamente 9 a 10%, são representativas de areias com pedregulhos,

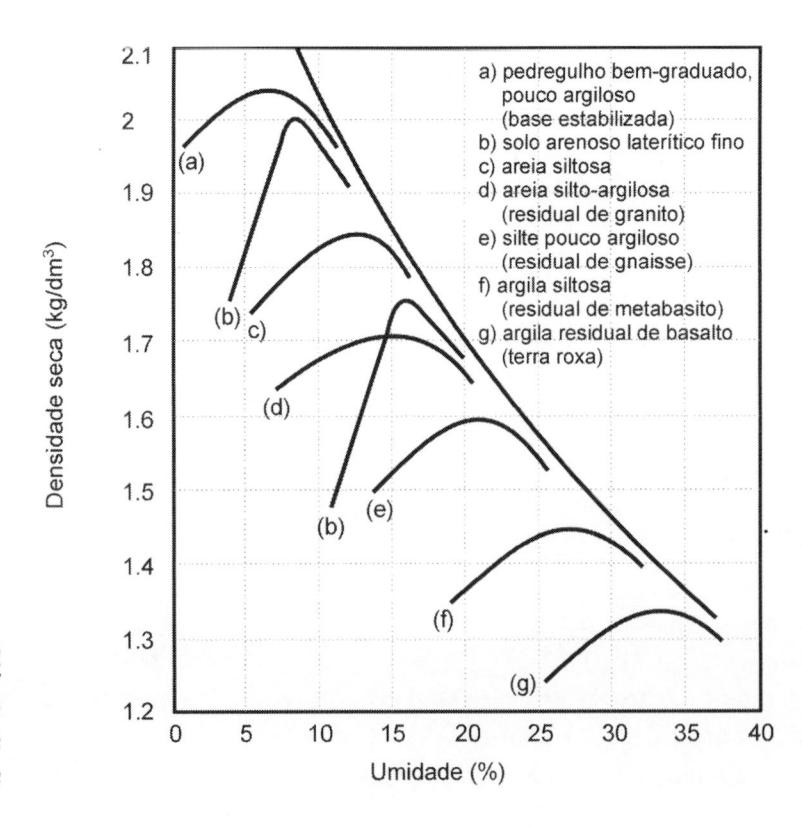

Fig. 4.2
Curvas de compactação de diversos solos brasileiros

a) pedregulho bem-graduado, pouco argiloso (base estabilizada)
b) solo arenoso laterítico fino
c) areia siltosa
d) areia silto-argilosa (residual de granito)
e) silte pouco argiloso (residual de gnaisse)
f) argila siltosa (residual de metabasito)
g) argila residual de basalto (terra roxa)

bem-graduadas e pouco argilosas. Areias finas argilosas lateríticas, ainda que a fração areia seja malgraduada, podem apresentar umidades ótimas de 12 a 14% com densidades secas máximas de 1,9 kg/dm³.

Na Fig. 4.2 são apresentados resultados de diversos solos. Estes valores são meramente indicativos da ordem de grandeza, pois há muita diferença de resultados de amostras de mesma procedência. Deve ser salientado que os solos lateríticos apresentam o ramo ascendente da curva nitidamente mais íngreme do que os solos residuais e os solos transportados não laterizados. Tal peculiaridade, inclusive, é empregada na identificação dos solos lateríticos.

4.3 *Métodos alternativos de compactação*

A norma Brasileira de ensaio de compactação prevê as seguintes alternativas de ensaio:

Ensaio sem reúso do material

O ensaio pode ser feito com amostras virgens para cada ponto da curva. Embora exija maior quantidade de material, o resultado é mais fiel. Em alguns casos, é imprescindível que assim seja feito, por exemplo, quando as partículas são facilmente quebradiças, de tal maneira que a amostra para o segundo ponto mostra-se diferente da original pela quebra de grãos. A execução do ensaio dessa maneira, entretanto, é pouco empregada, em virtude da maior quantidade de amostra requerida.

Ensaio sem secagem prévia do solo

A experiência mostra que a pré-secagem da amostra influi nas propriedades do solo, além de dificultar a posterior homogeneização da umidade incorporada. Na construção de aterros, o solo não é empregado na sua umidade natural, fazendo-se ajustes para cima ou para baixo de maneira a colocá-lo na umidade especificada. Nada mais lógico, portanto, que o ensaio seja feito com o solo a partir de sua umidade natural; os diversos pontos da curva são obtidos, alguns com acréscimo de água, outros com secagem da amostra. O procedimento indicado na norma, ainda que denominado como sem secagem prévia, consiste na redução do teor de umidade em até cerca de 5% abaixo da umidade ótima, evitando-se apenas a total secagem.

A influência da pré-secagem, para alguns solos, é considerável. A pré--secagem provoca, por exemplo: em solos arenoargilosos lateríticos, umidades ótimas menores com pouca influência na densidade seca; em solos argilosos de decomposição de gnaisse, umidades ótimas menores e densidades secas máximas maiores; em solos siltosos de decomposição de gnaisse, pouca influência na umidade, mas densidade seca máxima maior. Apesar de o ensaio sem total secagem prévia ser mais representativo, a prática corrente é fazer a pré-secagem, provavelmente pela facilidade de padronizar os procedimentos nos laboratórios, diminuindo o grau de supervisão.

Ensaio em solo com pedregulho

Quando o solo apresenta quantidade considerável de pedregulhos, a sua compactação no cilindro de 10 cm de diâmetro apresenta dificuldades. Por um lado, a quantidade de pedregulhos presente em cada ponto pode ser diferente e isto influi. É fácil perceber que um pedregulho com 2 cm^3 de volume, por exemplo, requer muito menos água do que 2 cm^3 de solo compactado e pesa bem mais; a comparação entre os resultados dos diversos pontos fica comprometida. Por outro lado, na interface do solo com o cilindro podem se formar ninhos. Por isto, o ensaio de compactação no cilindro de 1.000 cm^3 só é feito com solos com diâmetro máximo de 4,8 mm.

Quando o solo contiver pedregulhos, a norma NBR 7182/86 indica que a compactação seja feita num cilindro maior, com 15,24 cm de diâmetro e 11,43 cm de altura, volume de 2.085 cm^3. Nesse caso, o solo é compactado em cinco camadas, aplicando-se 12 golpes por camada, com um soquete mais pesado e com maior altura de queda do que o anterior (massa de 4,536 kg e altura de queda de 45,7 cm). A energia aplicada por volume de solo compactado é a mesma, e considerada igual ao produto da massa pela aceleração da gravidade, pela altura de queda e pelo número total de golpes. Verifica-se que a mesma energia seria obtida aplicando-se 54 golpes do soquete pequeno em 3 camadas.

Se o solo tiver partículas maiores do que 19 mm, elas são substituídas por igual massa de pedregulhos com diâmetro entre 4,8 e 19 mm, mantendo-se a mesma quantidade em massa de pedregulhos da amostra original, embora de tamanhos menores.

Outro processo, anteriormente previsto na norma brasileira quando se tem pedregulho e não se dispõe de cilindro grande, ou a amostra não é suficiente para realizar o ensaio num cilindro grande, consiste em fazer o ensaio só com a fração do solo menor do que 4,8 mm. Uma vez que na compactação real os pedregulhos ficam envoltos pela massa de solo fino compactado, calculam-se a massa específica e a umidade da mistura de solo fino compactado e do pedregulho, como médias ponderadas dos dois materiais. Nesses cálculos, considera-se que o pedregulho fique envolto na massa de solo fino com um teor de umidade igual ao seu teor de absorção de água (teor de umidade do pedregulho quando, após submersão, é enxuto com uma toalha). Esse procedimento só se aplica quando a porcentagem de pedregulho não for tão elevada, digamos, menor do que 45%, de forma que os seus grãos fiquem envoltos pela massa de solo fino compactado. Teores maiores possibilitariam que os grãos de pedregulho se tocassem, formando uma estrutura que absorveria toda a energia de compactação, criando vazios onde a massa de solo fino não estaria compacta.

4.4 *Influência da energia de compactação*

A densidade seca máxima e a umidade ótima determinadas no ensaio descrito como Ensaio Normal de Compactação ou Ensaio de Proctor Normal não são índices físicos do solo. Esses valores, na realidade, dependem da energia aplicada. Quando não se faz referência à energia do ensaio, subentende-se que a energia anteriormente descrita foi adotada com a intenção de corresponder a um certo efeito de compactação com os equipamentos convencionais de campo. Evidentemente, ensaios semelhantes podem ser feitos com outras energias em laboratório, como equipamentos mais pesados podem ser usados na compactação dos aterros.

Um ensaio padronizado é o Ensaio Modificado de Compactação ou Ensaio de Proctor Modificado, que se realiza geralmente no cilindro grande, com o soquete grande, aplicando-se 55 golpes do soquete em cada uma das cinco camadas. Esse ensaio é geralmente tomado como referência para a compactação das camadas mais importantes dos pavimentos, para os quais a melhoria das propriedades do solo, sob o ponto de vista de seu comportamento nas solicitações pelo tráfego, justifica o emprego de maior energia de compactação e, consequentemente, o maior custo.

Quando o solo se encontra com umidade abaixo da ótima, a aplicação de maior energia de compactação provoca um aumento de densidade seca, mas quando a umidade é maior do que a ótima, maior esforço de compactação pouco ou nada provoca de aumento da densidade, pois não consegue expelir o ar dos vazios. Isso ocorre também no campo. A insistência da passagem de equipamento compactador quando o solo se encontra muito úmido faz com que ocorra o fenômeno que os engenheiros chamam de *borrachudo*: o solo se comprime na passagem do equipamento para, logo a seguir, se dilatar, como se fosse uma borracha. O que se comprime são as bolhas de ar ocluso.

Pelo comportamento descrito no parágrafo anterior, conclui-se que uma maior energia de compactação conduz a uma maior densidade seca máxima e uma menor umidade ótima, deslocando-se a curva para a esquerda e para o alto, como se mostra na Fig. 4.3, na qual, está indicado também, para o

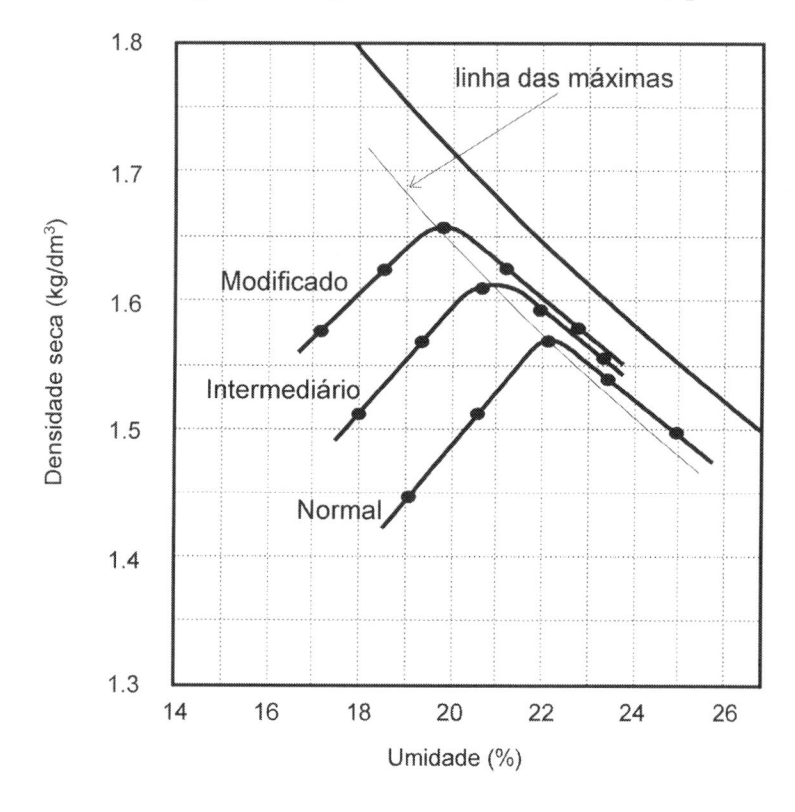

Aula 4

Compactação dos Solos

Fig. 4.3

Curvas de compactação de um solo com diferentes energias

mesmo solo, o resultado do ensaio denominado Ensaio Intermediário de Compactação, que difere do Modificado só no número de golpes por camada, que é reduzido. Esse ensaio, criado pelo Departamento Nacional de Estradas de Rodagem, é aplicado em camadas intermediárias de pavimentos, dando-se 26 golpes em cada uma das 5 camadas, no cilindro grande.

Os pontos de máxima densidade seca e umidade ótima para várias energias de compactação, com o mesmo solo, ficam ao longo de uma curva que tem um aspecto semelhante ao de uma curva de igual grau de saturação, como se verifica na Fig. 4.3. Definindo-se energia de compactação pela expressão:

$$EC = \frac{M.H.Ng.Nc}{V}$$

onde M é a massa do soquete, H é a altura de queda do soquete, Ng é o número de golpes por camada, Nc é o número de camadas e V é o volume de solo compactado, constata-se, experimentalmente, que existe uma correlação do tipo

$$\rho_d = a + b \log EC$$

Expressões desse tipo são encontradas tanto para densidade seca máxima como para densidades secas correspondentes a uma determinada umidade no ramo seco, com diferentes valores dos coeficientes *a* e *b*. Essas expressões são muito úteis em laboratório, permitindo, por exemplo, prever qual a energia a aplicar para obter determinadas características de corpos de prova. Entretanto, não existe uma maneira de correlacionar, matematicamente, a energia de compactação de laboratório com a energia dos equipamentos de compactação de campo.

Constata-se que o parâmetro b da expressão acima é tanto maior quanto mais argiloso é o solo, o que mostra que a densidade seca máxima dos solos argilosos depende muito mais da energia de compactação do que a dos solos arenosos. Para estes, a densidade seca máxima no Ensaio Normal pode ser 95% da densidade seca máxima no Ensaio Modificado, enquanto que corresponderia a menos do que 90% da máxima no Ensaio Modificado para solos argilosos. Resulta que, para conseguir 95% da densidade seca máxima para uma certa energia, é necessário aplicar muito maior energia para um solo argiloso do que para um solo arenoso, o que justifica a observação dos engenheiros de terraplanagem de que é muito mais difícil atingir as especificações na compactação dos solos mais argilosos.

Além dos procedimentos de compactação acima descritos, que poderiam ser denominados como *compactação dinâmica*, por se caracterizarem pela ação de queda de um soquete, dois outros procedimentos são eventualmente empregados em laboratório. A *compactação estática*, no qual se aplica uma pressão sobre o solo num molde, é um procedimento restrito à moldagem de corpos de prova. A *compactação por pisoteamento* pretende reproduzir o efeito de compactação do rolo pé de carneiro; nela, um pistão com mola é aplicado no solo, em vez da queda do soquete. O pistão penetra no solo iniciando-se a compactação pela parte inferior da camada, como faz o pé de carneiro nas compactações de campo. O emprego do pisoteamento influi na estrutura do solo compactado e é indicado para reproduzir em laboratório a estrutura de certos solos argilosos, quando se pretende estudar seu comportamento em maciço de barragens de terra. Não há como relacionar os resultados da compactação pelos diversos procedimentos por meio das energias aplicadas.

Aula 4

Compactação dos Solos

4.5 *Aterros experimentais*

Quando se executam obras de grande vulto, justifica-se a construção de aterros experimentais. Um pequeno aterro com o solo selecionado para a obra, com 200 m de extensão, por exemplo, subdividido em 4 a 6 subtrechos com umidades diferentes, é compactado com o equipamento previsto. Depois de um certo número de passadas do equipamento, determina-se a umidade de cada subtrecho e a densidade seca atingida. Repetindo-se o procedimento para diversos números de passadas do equipamento, ou para equipamentos diferentes, várias curvas podem ser obtidas, ou a eficácia do equipamento pode ser estabelecida. Os dados da Fig. 4.4 mostram uma maneira de interpretar um aterro experimental. Nela estão os graus de compactação de três solos com o mesmo equipamento, em função do número de passadas do rolo compactador, de um aterro experimental da barragem Euclides da Cunha, no rio Pardo, no interior do Estado de São Paulo, realizado sob a orientação do IPT, Instituto de Pesquisas Tecnológicas de São Paulo. Os dados mostram que, para um dos solos, foi suficiente uma passada do equipamento para se conseguir cerca de 99% da densidade máxima, enquanto que, para outro, atingiam-se 97% de grau de compactação com 4 passadas, não havendo melhoria para passadas adicionais; para a mistura dos dois solos, foram encontrados resultados intermediários.

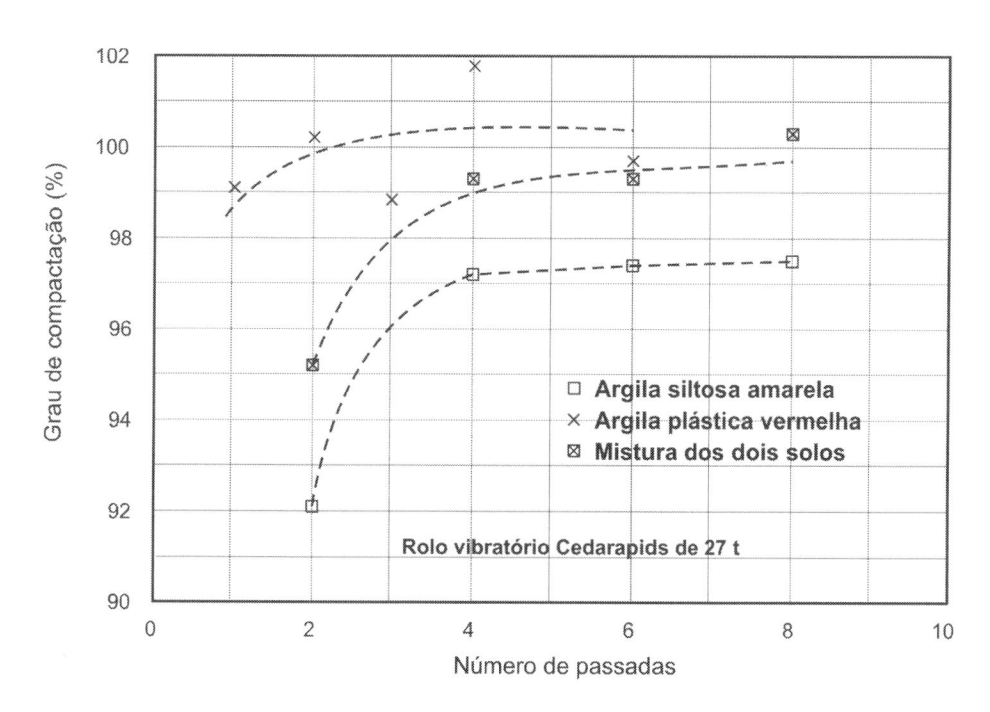

Fig. 4.4

Resultado de aterro experimental da barragem Euclides da Cunha, no rio Pardo, interior do Estado de São Paulo

Os aterros experimentais orientam na seleção do equipamento a utilizar, e indicam as umidades mais adequadas para cada equipamento, as espessuras de camadas, o número de passadas do equipamento a partir do qual pouco efeito é obtido etc. Os aterros possibilitam a observação visual do solo compactado, com eventuais problemas de laminações ou trincas, e deles podem ser retiradas amostras bem representativas para ensaios mecânicos.

4.6 *Estrutura dos solos compactados*

O solo compactado fica com uma estrutura que depende da energia aplicada e da umidade do solo por ocasião da compactação. A Fig. 4.5 indica esquematicamente as estruturas em função desses parâmetros, conforme sugerido pelo Prof. Lambe do M.I.T. Quando com baixa umidade, a atração face-aresta das partículas não é vencida pela energia aplicada e o solo fica com uma estrutura denominada *estrutura floculada*. Para maiores umidades, a repulsão entre as partículas aumenta, e a compactação as orienta, posicionando-as paralelamente, resultando uma estrutura dita *dispersa*. Para a mesma umidade, quanto maior a energia, maior o grau de dispersão. Esse modelo, ainda que simplificado, pois a estrutura dos solos compactados é bastante complexa, permite justificar as diferenças de comportamento dos solos compactados, como se analisará na Aula 16.

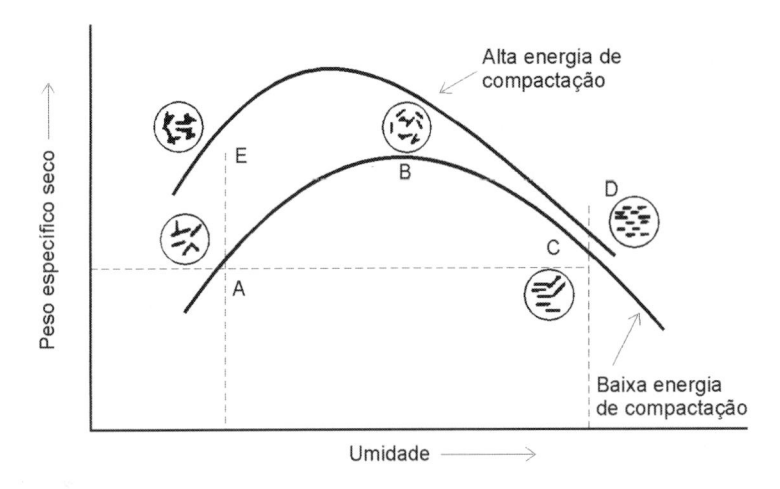

Fig. 4.5
Estruturas de solos compactados, segundo proposição de Lambe

Deve ser notado que nos aterros reais o solo não é totalmente desestruturado antes de ser compactado. Na realidade, aglomerações naturais permanecem e o solo compactado apresenta uma macroestrutura diferente da micro, como a indicada na Fig. 1.4 da Aula 1.

4.7 *A compactação no campo*

A compactação no campo consiste nas seguintes operações:
a) Escolha da área de empréstimo, o que é um problema técnico-econômico. Nessa escolha, devem ser consideradas as distâncias de

transporte, e também as características geotécnicas do material. Especial atenção deve ser dada à umidade natural do solo da área de empréstimo em relação à umidade ótima de compactação, para evitar gasto muito alto no acerto da umidade.

b) Transporte e espalhamento do solo. A espessura da camada solta a espalhar deve ser compatível com a espessura final, que geralmente é estabelecida em 15 a 20 cm, pois o efeito dos equipamentos não atinge profundidades maiores. A espessura de espalhamento depende do tipo de solo, mas geralmente 22 a 23 cm de solo solto resultam numa camada de 15 cm de solo compactado.

c) Acerto da umidade, conseguido por irrigação ou aeração, seguida de revolvimento mecânico do solo de maneira a homogeneizá-lo.

d) Compactação propriamente dita. Os equipamentos devem ser escolhidos de acordo com o tipo de solo. Rolos pé de carneiro são adequados para solos argilosos, por penetrar na camada nas primeiras passadas, atingindo a parte inferior da camada e evitando que uma placa superficial se forme e reduza a ação do equipamento em profundidade. Rolos pneumáticos são eficientes para uma grande variedade de solos, devendo ter o seu peso e a pressão dos pneus adaptada em cada caso. Rolos vibratórios são especialmente aplicados para solos granulares. O próprio equipamento de transporte dos solos provoca sua compactação. Em aterros pequenos, de pouca responsabilidade, um caminhão de transporte carregado pode substituir um equipamento específico de compactação. Deve-se notar que, em virtude da reduzida dimensão dos pneus, ele pode provocar uma heterogeneidade no aterro. Muita atenção deve ser dispensada, nesses casos, para se conseguir uma razoável homogeneidade.

e) Controle da compactação. As especificações não fixam intervalos de umidade e de densidade seca a serem obtidos, mas um desvio de umidade em relação à umidade ótima (por exemplo, entre w_{ot} - 1% e w_{ot} +1%, ou w_{ot} -2% e w_{ot}) e um grau mínimo de compactação, relação entre a densidade seca a atingir no campo e a densidade seca máxima (por exemplo, grau de compactação de, no mínimo, 95%). Essa prática decorre do fato de que, numa área de empréstimo, o solo sempre apresenta alguma heterogeneidade. Duas amostras retiradas de uma mesma área de empréstimo apresentam curvas de compactação distintas, e a umidade ótima pode, por exemplo, apresentar diferenças de 2 a 4%. O comportamento de dois solos de uma mesma área com curvas de compactação um pouco diferentes é bastante semelhante se os dois forem compactados com o mesmo desvio de umidade e o mesmo grau de compactação. Tal fato não ocorre se os dois forem compactados com a mesma umidade e a mesma densidade seca, que corresponderiam a desvios de umidade e graus de compactação diferentes. As especificações de compactação são feitas, em cada caso, em função das propriedades pretendidas para o aterro. Na Aula 16, serão feitas algumas indicações a respeito. Para aterros de menor responsabilidade, é especificado um grau de compactação de 95% do Ensaio Normal, deixando-se a umidade a critério do construtor, que procurará ajustar a umidade de maneira a ter um bom aproveitamento do seu equipamento.

Aula 4

Compactação dos Solos

4.8 Compactação de solos granulares

Os ensaios de compactação, como descritos, não são muito empregados para areias e pedregulhos, puros ou com reduzida quantidade de finos. A compactação desses materiais, tanto no campo como no laboratório, é muito melhor por meio de vibração. Maiores densidades secas são conseguidas com a areia saturada, e depois com a areia seca. Teores de umidade intermediários podem resultar em menores densidades secas, em virtude das tensões capilares que constituem uma resistência ao rearranjo das partículas.

A compactação das areias é controlada por meio da compacidade relativa, definida na Aula 2. De maneira geral, é especificado que seja atingida uma compacidade relativa igual ou superior a 65 ou 70%. Tais valores devem estar associados aos grupos de compacidade das areias definidos por Terzaghi, como mostrado na Tab. 2.2. Compacidade acima de 66% colocaria as areias na categoria de compacta. Entretanto, sob o ponto de vista de comportamento geotécnico, a fixação do limite mínimo deveria levar em consideração o conceito de índice de vazios crítico, assunto que será estudado na Aula 13.

Exercícios resolvidos

Exercício 4.1 Ensaio de compactação. Com uma amostra de solo argiloso, com areia fina, a ser usada num aterro, foi feito um Ensaio Normal de Compactação (Ensaio de Proctor). Na tabela abaixo estão as massas dos corpos de prova, determinadas nas cinco moldagens de corpo de prova, no cilindro que tinha 992 cm^3 (a Norma recomenda 1 dm^3). Também estão indicadas as umidades correspondentes a cada moldagem, obtidas por meio de amostras pesadas antes e após a secagem em estufa. A massa específica dos grãos é de 2,65 kg/dm^3.

a) Desenhar a curva de compactação e determinar a densidade máxima e a umidade ótima.
b) Determinar o grau de saturação do ponto máximo da curva.
c) No mesmo desenho, representar a "curva de saturação" e a "curva de igual valor de saturação" que passe pelo ponto máximo da curva.

Ensaio nº	1	2	3	4	5
Massa do corpo de prova, kg	1,748	1,817	1,874	1,896	1,874
Umidade do solo compactado, %	17,73	19,79	21,59	23,63	25,75

Solução: Os cálculos indicam os valores apresentados abaixo:

Ensaio nº	1	2	3	4	5
Densidade do corpo de prova, kg/dm³	1,762	1,832	1,889	1,911	1,889
Densidade seca, kg/dm³	1,497	1,529	1,554	1,546	1,502

Os valores calculados são representados na Fig. 4.6, aos quais se ajusta a curva de compactação. Geralmente, assimilam-se retas correspondentes aos trechos nitidamente crescente e decrescente e procura-se uma curva que se ajuste aos pontos obtidos. No caso, tem-se: massa específica seca máxima de 1,558 kg/dm³ e umidade ótima igual a 22,5%.

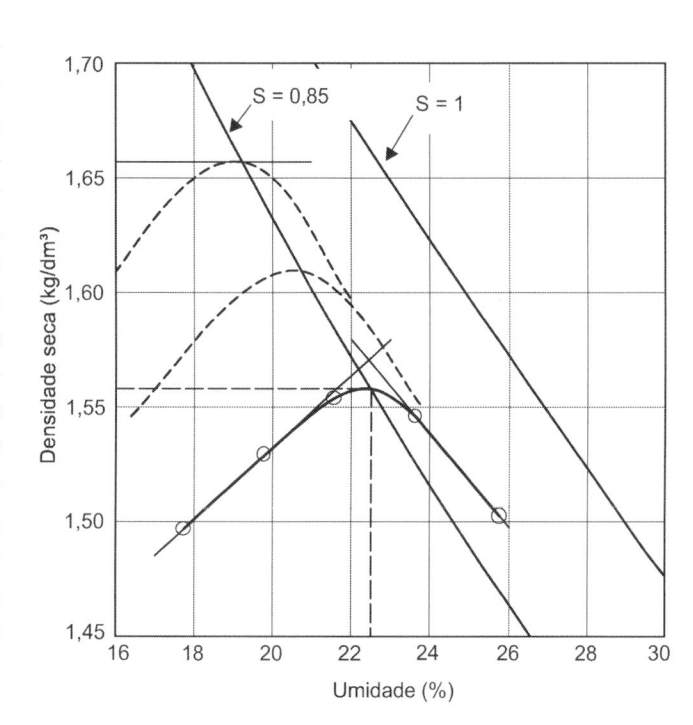

Fig. 4.6

Aos valores dados, corresponde um índice de vazios que pode ser obtido pela fórmula apresentada na seção 2.2 da Aula 2, transposta de peso específico para massa específica:

$$e = \frac{\rho_s}{\rho_d} - 1 = \frac{2,65}{1,558} - 1 = 0,70$$

Com esse dado, pode-se calcular o grau de saturação, novamente com equação da Aula 2, transposta para massa específica:

$$S = \frac{\rho_s \cdot w}{e \cdot \rho_w} = \frac{2,65 \times 0,225}{0,70 \times 1,0} = 0,85$$

A relação entre a densidade seca e a umidade para um grau de saturação de 85% é determinada pelas relações entre os índices físicos, dando a equação apresentada na seção 4.2:

$$\rho_d = \frac{S \rho_s \rho_w}{S \rho_w + \rho_s w} = \frac{0,85 \times 2,65 \times 1,0}{0,85 \times 1,0 + 2,65 w} = \frac{2,2525}{0,85 \times 2,65 w}$$

A mesma equação permite a determinação da curva de saturação, fazendo-se S = 1:

$$\rho_d = \frac{S\rho_s\rho_w}{S\rho_w + \rho_s w} = \frac{1 \times 2{,}65 \times 1{,}0}{1 \times 1{,}0 + 2{,}65\, w} = \frac{2{,}65}{1 + 2{,}65\, w}$$

As curvas correspondentes a essas duas equações estão na Fig. 4.6.

Exercício 4.2 Represente, aproximadamente, no mesmo gráfico, uma curva de compactação que seria obtida se a energia de compactação fosse maior (por exemplo, se propositadamente o número de golpes por camada tivesse sido de 60 em vez dos 26 golpes especificados na Norma).

Solução: A curva correspondente a este ensaio deve se situar para cima e para a esquerda em relação à curva do Ensaio Normal, objeto do exercício anterior, porque a energia de compactação era maior. Por outro lado, o ponto máximo dessa curva deve, aproximadamente, coincidir com a curva de grau de saturação de 85%, porque se observa, experimentalmente, que a curva de máximos é semelhante a uma curva de igual grau de saturação.

Exercício 4.3 Especificou-se que o aterro deve ser compactado com "grau de compactação" de, pelo menos, 95% e com umidade no intervalo "$h_{ot} - 2 < h < h_{ot} + 1$". Em que umidades pode o solo estar na ocasião da compactação e a que densidade ele deve ser compactado?

Solução: O solo deve ser compactado com umidade entre 20,5 e 23,5%, e atingir uma densidade de, pelo menos, 1,480 kg/dm^3. Esses valores se referem à amostra ensaiada; se no aterro for verificado que a curva de compactação é diferente da amostra, devem prevalecer os índices da especificação e não os números obtidos a partir do ensaio inicial.

Exercício 4.4 Com o mesmo solo, fez-se um ensaio de Proctor Modificado, em que o solo foi compactado em cilindro com 2,085 dm^3 de volume, com o soquete com massa de 4,536 kg e altura de queda de 45,7 cm, aplicando-se 55 golpes por camada em cinco camadas. No ensaio, determinou-se uma densidade seca máxima de 1,657 kg/dm^3. Estime a umidade ótima que o solo deve apresentar.

Solução: Considera-se que a curva de saturação correspondente a 85% de saturação pode ser adotada como a curva dos máximos. Na Fig. 4.6, verifica-se que, para a densidade seca de 1,657 kg/dm^3, a umidade ótima é da ordem de 19,2%.

Exercício 4.5 Outro ensaio foi feito com o mesmo equipamento do ensaio anterior, mas aplicaram-se só 26 golpes por camada. O ensaio, padronizado no Brasil e denominado Ensaio Intermediário de Compactação, foi criado pelo Departamento Nacional Estradas de Rodagem. Com base nos resultados dos ensaios Normal e Modificado, e considerando a correlação empírica entre as densidades máximas e a energia de compactação, estime a densidade máxima e a umidade ótima que este ensaio deverá indicar.

Solução: Sabe-se que existe uma correlação linear entre as umidades ótimas: é o logaritmo da energia de compactação. A energia é definida pela energia total aplicada pelo volume compactado. Calcula-se, inicialmente, a energia de compactação para cada ensaio.

Para o Ensaio Normal:

$EC_N = M \cdot H \cdot N_g \cdot N_c / V = (2,5 \times 30,5 \times 26 \times 3) / 1 = 5.948$ kg·cm/dm³.
Para o Ensaio Modificado: $EC_M = (4,536 \times 45,7 \times 55 \times 5) / 2,085 = 27.341$ kg.cm/dm³.

O Ensaio Intermediário só difere do Modificado no número de golpes por camada, que é de 26 em vez de 55. Sua energia de compactação pode ser obtida pela proporcionalidade dos números de golpes: $EC_N = 27.341 \times 26 / 55 = 12.925$ kg.cm/dm³.

Com as densidades máximas apresentadas pelo solo no Ensaio Normal (1,558 kg/dm³) (Exercício 4.1) e no Ensaio Modificado (1,657 kg/dm³) (Exercício 4.4), a seguinte equação pode ser determinada:

$$\rho_d = 0,9987 + 0,1482 \log (EC)$$

A partir dessa equação, pode-se determinar a densidade máxima provável desse solo na Energia Intermediária:

$$\rho_d = 0,9987 + 0,1482 \log 13.095 = 1,608$$

No gráfico de compactação, a linha de ótimos indica, para essa densidade, uma umidade ótima da ordem de 20,7%.

Exercício 4.6 Deseja-se compactar um corpo de prova do solo objeto dos exercícios anteriores, no cilindro pequeno, com o soquete pequeno, com teor de umidade de 18%, de tal forma que ele fique com uma densidade de 1,54 kg/dm³. Quanto golpes do soquete devem ser aplicados em cada uma das três camadas?

Solução: Para uma determinada umidade, no ramo seco das curvas de compactação, as densidades também são proporcionais ao logaritmo das energias de compactação. Na Fig. 4.6, obtêm-se, para a umidade de 18%, as densidades correspondentes às energias normal, intermediária e modificada, que são 1,502, 1,575 e 1,646, respectivamente. Estes dados, colocados no gráfico logarítmico da Fig. 4.7, definem uma reta corresponde à umidade considerada. Dessa reta, pode-se determinar a energia que corresponde à densidade de 1,54, obtendo-se, como se vê na fiigura, uma energia de aproximadamente 9.000 kg·cm/dm³.

Mecânica dos Solos

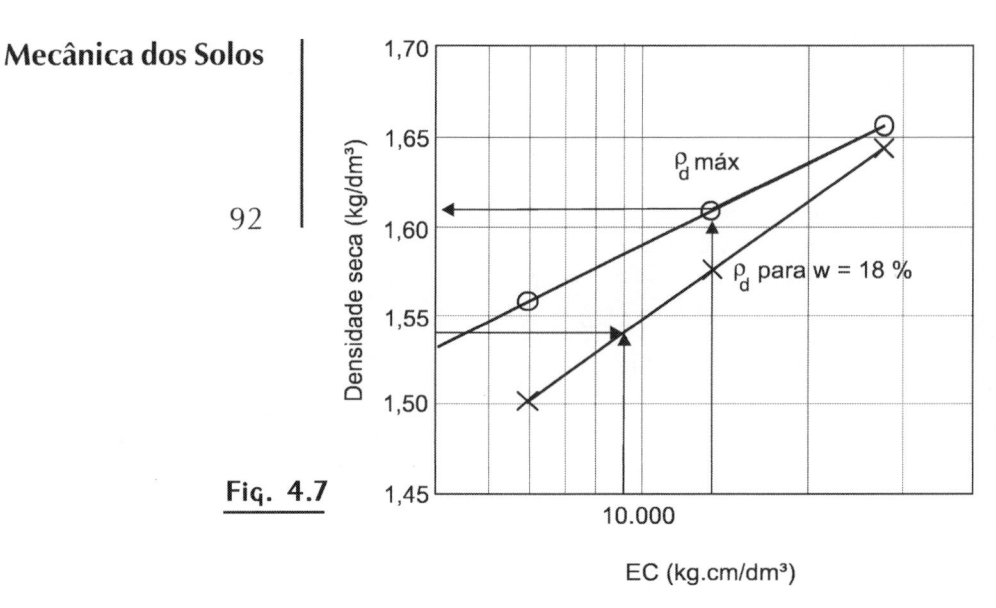

Fig. 4.7

A energia determinada é (9.000/5.948) 1,51 vezes superior à do Ensaio Normal. Se neste se aplicam 25 golpes por camada, para se ter a energia desejada, deve-se aplicar 1,51 vezes este número de golpes, ou seja, 38. Portanto, se o solo estiver com uma umidade de 18%, compactando-se em três camadas com 38 golpes por camada, o corpo de prova deve ficar a uma densidade próxima de 1,54 kg/dm³.

Exercício 4.7 Na Fig. 4.8, são apresentadas algumas curvas de compactação. Pelo formato das curvas e pelos valores determinados, estime as diferenças de características entre os solos A e B, e entre os solos B e C. A que solo corresponde a curva D?

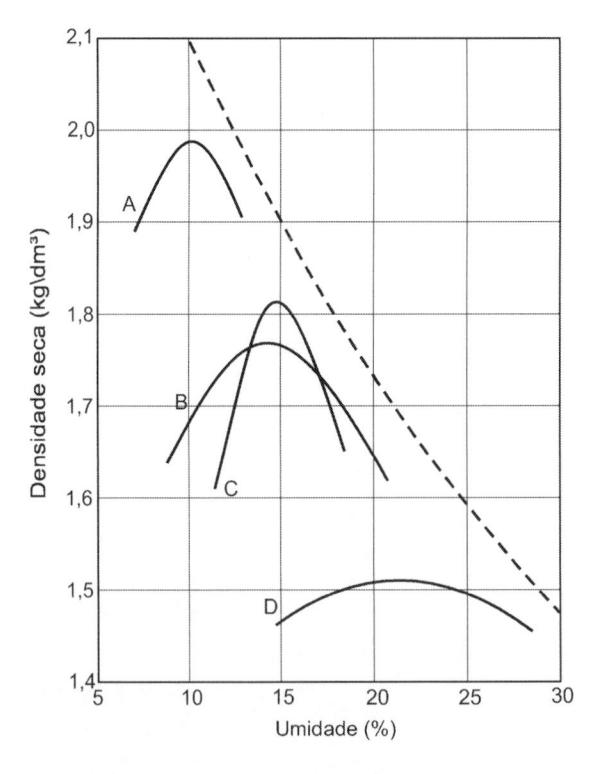

Solução: O solo A, por apresentar umidade ótima baixa e elevada densidade seca máxima, deve ser um solo pedregulhoso, bem-graduado, enquanto o solo B deve apresentar uma granulometria mais fina, podendo ser uma areia argilosa.

A inclinação bem-acentuada do ramo seco da curva de compactação do solo C indica que esse solo deve ser laterítico, enquanto o solo B não será. A curva D deve corresponder a um solo bastante fino: um solo muito argiloso ou um silte; pelo aspecto bastante abatido da curva, é provável que seja um silte.

Fig. 4.8

Exercício 4.8 Um solo pedregulhoso apresentava uma porcentagem de material retido na peneira nº 4 (4,8 mm de abertura de malha) de 30%. Não se dispunha do cilindro grande (15 cm de diâmetro) para o ensaio de compactação, e decidiu-se fazer um ensaio só com a fração do solo que passa na peneira nº 4, utilizando-se o cilindro pequeno (10 cm de diâmetro). Nesse ensaio, foi determinada uma densidade máxima de 1,75 kg/dm³ e uma umidade ótima de 15%. Estime quais devem ser os parâmetros de compactação do solo completo, considerando que a fração retida na peneira nº 4 tem uma densidade de grãos de 2,65 kg/dm³ e um teor de absorção de água de 1,2%.

Solução: Considera-se que o solo completo compactado consiste de uma mistura da fração fina do solo compactado, nas condições ótimas de compactação, e do pedregulho, com sua umidade de absorção. Sendo M a massa da mistura, e n a porcentagem de pedregulho, a massa de pedregulho é nM e o seu volume é igual a nM/ρ_p, onde ρ_p é a densidade do pedregulho. A porcentagem de solo fino compactado é *(1-n)*, a massa *(1-n)M* e o volume *(1-n)M/ρ_d*, onde ρ_d é a densidade seca do solo compactado.

A densidade da mistura é a soma das massas pela soma dos volumes:

$$\rho_m = \frac{nM + (1-n)M}{\dfrac{nM}{\rho_p} + \dfrac{(1-n)M}{\rho_d}} = \frac{1}{\dfrac{n}{\rho_p} + \dfrac{1-n}{\rho_d}}$$

no caso: $\rho_m = \dfrac{1}{\dfrac{0,3}{2,65} + \dfrac{0,7}{1,75}} = 1,95\, kg/dm^3$

Para o cálculo da umidade, considera-se que 70% do peso total se encontram com umidade de 15% e 30%, o pedregulho, com 1,2%. A umidade do solo total será: w = 15 x 0,7 + 1,2 x 0,3 = 10,9%.

Aula 4

Compactação dos Solos

AULA 5

TENSÕES NOS SOLOS - CAPILARIDADE

5.1 *Conceito de tensões num meio particulado*

Para a aplicação da Mecânica dos Sólidos Deformáveis aos solos, deve-se partir do conceito de tensões. Uma maneira adequada consiste na consideração de que os solos são constituídos de partículas e que forças aplicadas a eles são transmitidas de partícula a partícula, além das que são suportadas pela água dos vazios.

Consideremos, inicialmente, a maneira como as forças se transmitem de partícula a partícula, que é muito complexa, e depende do tipo de mineral. No caso das partículas maiores, em que as três dimensões ortogonais são aproximadamente iguais, como são os grãos de siltes e de areias, a transmissão de forças se faz através do contato direto de mineral a mineral. No caso de partículas de mineral argila em número muito grande, as forças em cada contato são muito pequenas e a transmissão pode ocorrer através da água quimicamente adsorvida. Em qualquer caso, a transmissão se faz nos contatos e, portanto, em áreas muito reduzidas em relação à área total envolvida.

Um corte plano numa massa de solo interceptaria grãos e vazios e, só eventualmente, uns poucos contatos. Considere-se, porém, que tenha sido possível colocar uma placa plana no interior do solo como se mostra esquematicamente na Fig. 5.1 (que é uma representação muito simplificada, pois no plano do papel não se consegue representar devidamente os contatos que ocorrem no espaço e, numa seção transversal plana, vários grãos são secionados internamente, e não nos pontos de contato).

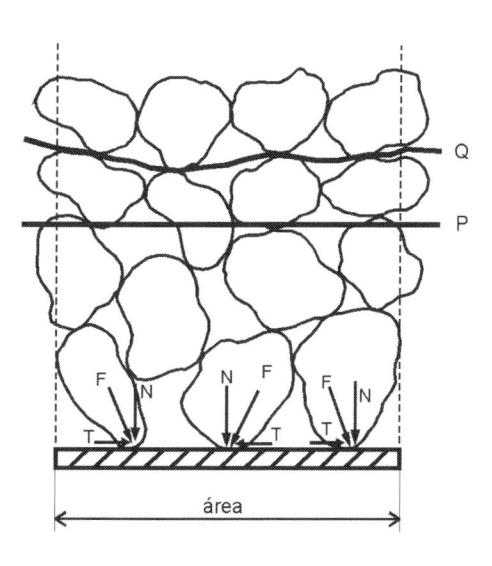

Fig. 5.1
Esquema do contato entre grãos para a definição de tensões

Mecânica dos Solos

Diversos grãos transmitirão forças à placa, as quais podem ser decompostas em normais e tangenciais à superfície da placa. Como é impossível desenvolver modelos matemáticos com base nas inúmeras forças, a sua ação é substituída pelo conceito de tensões.

A somatória das componentes normais ao plano, dividida pela área total que abrange as partículas em que os contatos ocorrem, é definida como *tensão normal*:

$$\sigma = \frac{\sum N}{\text{área}}$$

A somatória das forças tangenciais, dividida pela área, é referida como *tensão cisalhante*:

$$\tau = \frac{\sum T}{\text{área}}$$

O que se considerou para o contato entre o solo e a placa pode ser também assumido como válido para qualquer outro plano, como o plano P na Fig. 5.1, tendo-se que levar em conta as forças transmitidas no interior das partículas seccionadas, ou então, segundo superfícies onduladas se ajustando aos contatos entre os grãos, como a superfície Q.

Registre-se que as tensões, assim definidas, são muito menores do que as tensões que ocorrem nos contatos reais entre as partículas. Essas chegam a 700 MPa, enquanto que, nos problemas de engenharia de solos, raramente as tensões chegam a 1 MPa. As áreas de contato real entre as partículas são bem menores do que 1% da área total, considerada na conceituação de tensões. Admite-se, para efeito prático, que as áreas de contato sejam desprezíveis.

O conceito de tensão apresentado conduz ao conceito de tensão num meio contínuo. Com isso, não se está cogitando se esse ponto, no sistema particulado, está materialmente ocupado por um grão ou um vazio. Tal procedimento ocorre também com os outros materiais. Num concreto, por exemplo, um ponto pode estar ocupado por um agregado, por um aluminato hidratado do cimento ou por um vazio. No solo, pela sua constituição, o conceito parece chocar mais.

Em diversos planos que passam por um ponto no interior do solo, ocorrem tensões diversas. Existe um *estado de tensões* que será objeto de estudo a partir da Aula 12. Para o desenvolvimento dos temas a serem tratados nas aulas seguintes do curso, interessam as tensões atuantes em planos horizontais no interior do subsolo.

5.2 *Tensões devidas ao peso próprio do solo*

Nos solos, ocorrem tensões devidas ao peso próprio e às cargas aplicadas. Na análise do comportamento dos solos, as tensões devidas ao peso têm valores consideráveis, e não podem ser desconsideradas. Quando a superfície do terreno é horizontal, aceita-se, intuitivamente, que a tensão atuante num plano horizontal a uma certa profundidade seja normal ao plano. Não há tensão de cisalhamento nesse plano. Estatisticamente, as componentes das forças tangenciais em cada contato tendem a se contrapor, anulando a resultante.

Num plano horizontal acima do nível d'água, como o plano A mostrado na Fig. 5.2, atua o peso de um prisma de terra definido por esse plano. O peso do prisma, dividido pela área, indica a tensão vertical:

$$\sigma_v = \frac{\gamma_n \cdot V}{\text{área}} = \gamma_n \cdot z_A$$

Quando o solo é constituído de camadas aproximadamente horizontais, a tensão vertical resulta da somatória do efeito das diversas camadas. A Fig. 5.3 mostra um diagrama de tensões com a profundidade de uma seção de solo, por hipótese, completamente seco.

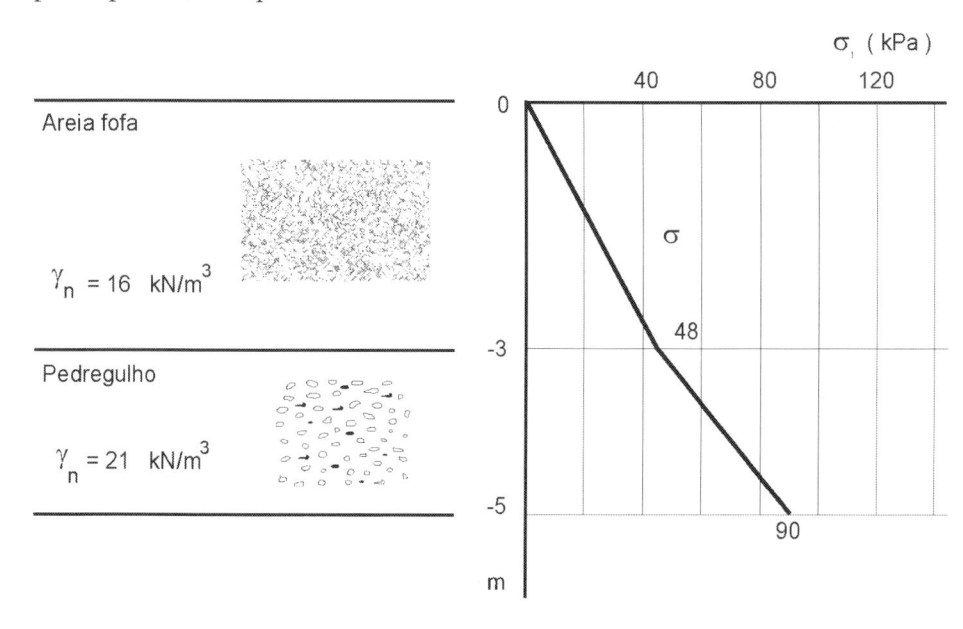

Fig. 5.2
Tensões num plano horizontal

Areia fofa
$\gamma_n = 16 \ kN/m^3$

Pedregulho
$\gamma_n = 21 \ kN/m^3$

Fig. 5.3
Tensões totais verticais no subsolo

5.3 Pressão neutra e conceito de tensões efetivas

Na análise do perfil mostrado na Fig. 5.2, considerou-se inicialmente um plano acima do nível d'água, onde o solo estava totalmente seco. A tensão total no plano B, abaixo do lençol freático, situado na profundidade z_w, será a soma do efeito das camadas superiores.

Mecânica dos Solos

A água no interior dos vazios, abaixo do nível d'água, estará sob uma pressão que independe da porosidade do solo; depende só de sua profundidade em relação ao nível freático. No plano considerado, a pressão da água, que em Mecânica dos Solos é representada pelo símbolo u, é:

$$u = (z_B - z_w) \cdot \gamma_w$$

Diante da diferença de natureza das forças atuantes, Terzaghi constatou que a *tensão normal total* num plano qualquer deve ser considerada como a soma de duas parcelas:

(1) a tensão transmitida pelos contatos entre as partículas, por ele chamada de *tensão efetiva*, caracterizada pelo símbolo σ' ou $\bar\sigma$; e

(2) a pressão da água, denominada *pressão neutra* ou *poropressão*.

A partir dessa constatação, Terzaghi estabeleceu o Princípio das Tensões Efetivas, que pode ser expresso em duas partes:

1) a tensão efetiva, para solos saturados, pode ser expressa por:

$$\bar\sigma = \sigma - u$$

sendo σ a tensão total e u a pressão neutra;

2) todos os efeitos mensuráveis resultantes de variações de tensões nos solos, como compressão, distorção e resistência ao cisalhamento são devidos a variações de tensões efetivas.

As deformações no solo, que é um sistema de partículas, têm uma característica bastante distinta das deformações nos outros materiais com que os engenheiros estão acostumados a lidar. No concreto, por exemplo, as deformações correspondem a mudanças de forma ou de volume, em que todos os elementos se deslocam de maneira contínua, mantendo suas posições relativas. Nos solos, as deformações correspondem a variações de forma ou de volume do conjunto, resultantes do deslocamento relativo de partículas, como mostra, esquematicamente, a Fig. 5.4. A compressão das partículas,

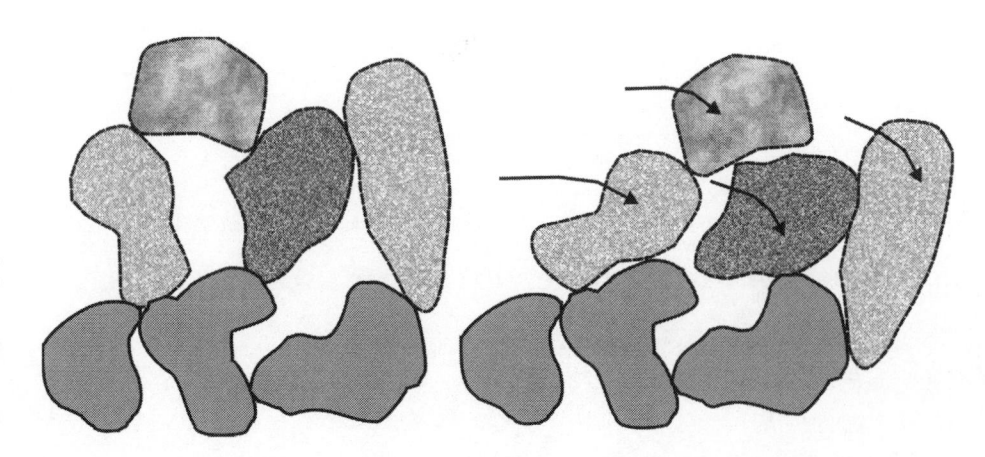

Fig. 5.4
Deformação no solo como consequência de deslocamento de partículas

individualmente, é totalmente desprezível perante as deformações decorrentes dos deslocamentos das partículas, umas em relação às outras. Por esta razão, entende-se que as deformações nos solos sejam devidas somente a variações de tensões efetivas, que correspondem à parcela das tensões referente às forças transmitidas pelas partículas.

O Princípio das Tensões Efetivas é tão importante para o entendimento do comportameto dos solos que merece uma atenção especial. Considere-se o conjunto de partículas na Fig. 5.1, com os vazios cheios de água. Se a tensão total for aumentada com igual aumento da pressão da água, as partículas serão comprimidas, porque a pressão da água atua em toda a sua periferia. Uma vez que as áreas de contato entre os grãos são extremamente pequenas e ocorrem tanto nos contatos acima como abaixo de qualquer partícula, as forças transmitidas às partículas abaixo dela, e nas quais ela se apoia, não se alteram. Em consequência, a tensão efetiva não se altera. Portanto, o solo, do ponto de vista prático, não se deforma por efeito desse acréscimo de tensão, pois as partículas podem ser consideradas incompressíveis para o nível de tensões comum e as deformações dos solos resultam do deslocamento relativo das partículas, em função das forças transmitidas entre elas, que, no caso, não se alteram. É justamente o que a primeira parte do Princípio das Tensões Efetivas indica. A expressão empregada para a pressão da água (*pressão neutra*) reflete o sentido de inexistência de qualquer efeito mecânico dessa parcela da tensão total.

No esquema da Fig. 5.1, se a tensão total num plano aumentar, sem que a pressão da água aumente, as forças transmitidas pelas partículas nos seus contatos se alteram, as posições relativas dos grãos mudam, e ocorre deformação do solo. O aumento de tensão foi *efetivo*.

O conceito de tensão efetiva pode ser visualizado com uma esponja cúbica, de 10 cm de aresta, colocada num recipiente, como se mostra na Fig. 5.5. Na posição (a), com água até a superfície superior, as tensões resultam de seu peso e da pressão da água; ela está em repouso.

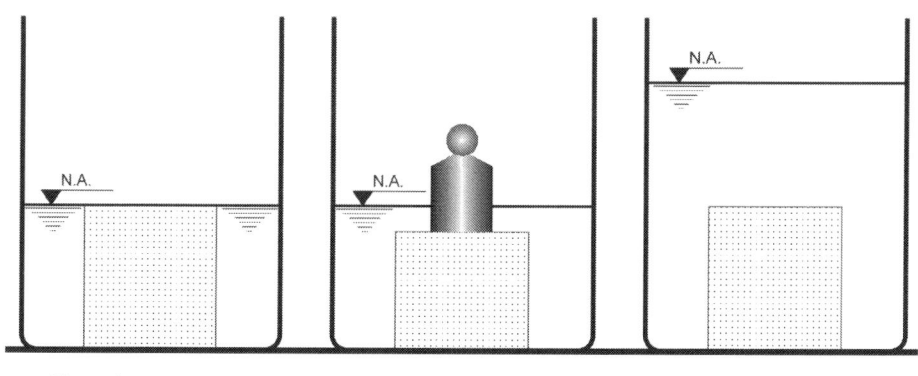

Aula 5

Tensões nos Solos - Capilaridade

Fig. 5.5
Simulação para entender o conceito de tensão efetiva

a - Esponja em repouso   b - Peso aplicado   c - Elevação da água

Ao colocar-se sobre a esponja um peso de 10 N, a pressão aplicada será de 1 kPa (10N/0,01m^2), e as tensões no interior da esponja serão majoradas nesse mesmo valor. Observa-se que a esponja se deforma sob a ação desse peso, expulsando água de seu interior. O acréscimo de tensão foi efetivo.

Se, ao invés de se colocar o peso, o nível d'água fosse elevado em 10 cm, a pressão atuante sobre a esponja seria também de 1 kPa (10 kN/m³ x 0,1 m), e as tensões no interior da esponja seriam majoradas nesse mesmo valor, mas a esponja não se deforma. A pressão da água atua também nos vazios da esponja e a estrutura sólida não "sente" a alteração das pressões. O acréscimo de pressão foi *neutro*.

O mesmo fenômeno ocorre nos solos. Se um carregamento é feito na superfície do terreno, as tensões efetivas aumentam, o solo se comprime e alguma água é expulsa de seus vazios, ainda que lentamente. Se o nível d'água numa lagoa se eleva, o aumento da tensão total provocado pela elevação é igual ao aumento da pressão neutra nos vazios e o solo não se comprime. Por esta razão, uma areia ou uma argila na plataforma marítima, ainda que esteja a 100 ou 1.000 m de profundidade, pode se encontrar tão fofa ou mole quanto o solo no fundo de um lago de pequena profundidade.

Consideremos agora o perfil do subsolo semelhante ao indicado na Fig. 5.3, mas com o nível d'água na cota -1 m, como mostra a Fig. 5.6. As tensões totais são calculadas como se viu no exemplo anterior. As pressões neutras resultam da profundidade, crescendo linearmente. As tensões efetivas são as diferenças. Se o nível d'água for rebaixado, as tensões totais pouco se alteram, porque o peso específico do solo permanece o mesmo (a água é retida nos vazios por capilaridade, como se verá adiante). A pressão neutra diminui e, consequentemente, a tensão efetiva aumenta. O que ocorre é análogo ao que se sente quando se carrega uma criança no colo, dentro de uma piscina, partindo-se da parte mais profunda para a mais rasa: tem-se a sensação de que o peso da criança aumenta. Na realidade, foi seu peso efetivo que aumentou, pois a pressão da água nos contatos de apoio diminuiu à medida que a posição relativa da água baixou.

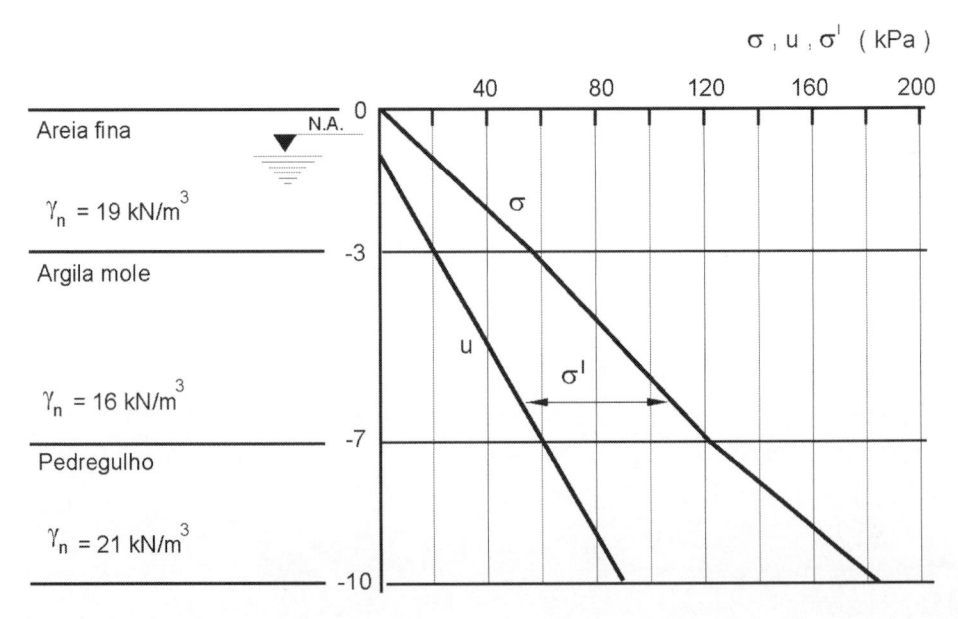

Fig. 5.6

Tensões totais, neutras e efetivas no solo

A tensão efetiva é responsável pelo comportamento mecânico do solo, e só mediante uma análise de tensões efetivas se consegue estudar cientificamente os fenômenos de resistência e deformação dos solos. Deve-se notar que a pressão neutra, até aqui considerada, é a pressão da água provocada pela posição do solo em relação ao nível d'água. No decorrer do curso, será visto que carregamentos aplicados sobre o solo também provocam pressões neutras, que podem levar à ruptura. A percolação de água pelo solo também interfere nas pressões neutras e, consequentemente, nas tensões efetivas. Estas ocorrências tornam fundamental o conceito de tensões efetivas.

O Princípio das Tensões Efetivas é plenamente justificado por exemplos como os apresentados. Só foi formulado por Terzaghi após intensa verificação experimental com solos e outros materiais, pela qual ficou evidenciado que certos aspectos do comportamento do solo, notadamente a deformabilidade e a resistência, dependem das variações da tensão efetiva. Ainda assim, o Princípio das Tensões Efetivas deve ser considerado somente como um modelo que justifica o comportamento dos solos em muitas e importantes situações. A primeira parte do princípio ($\sigma' = \sigma - u$) é plenamente correta. A segunda parte não leva em consideração o comportamento viscoso das argilas, que se manifesta em deformações sem variação das tensões efetivas, como no adensamento secundário, e que influencia certos aspectos do comportamento, como a dependência da resistência não drenada da velocidade de carregamento.

Cálculo das tensões efetivas com o peso específico aparente submerso

No exemplo mostrado na Fig. 5.6, o acréscimo de tensão efetiva da cota -3 m até a cota -7 m, é o resultado do acréscimo da tensão total, menos o acréscimo da pressão neutra:

Acréscimo da tensão total:

Acréscimo de pressão neutra:

Acréscimo de tensão efetiva:

O acréscimo da tensão efetiva também pode ser calculado por meio do peso específico submerso do solo, que leva em consideração o empuxo da água:

Acréscimo da tensão efetiva: $\Delta\sigma' = \gamma_{sub} \cdot \Delta z = 6 \times 4 = 24 \, kPa$

Até o nível d'água, a tensão efetiva é igual à tensão total, se não se considerar o efeito da capilaridade. Para cotas abaixo do nível d'água, o acréscimo de tensões efetivas pode ser calculado diretamente pela somatória dos produtos dos pesos específicos submersos pelas profundidades. Esse procedimento é muitas vezes vantajoso, e costuma ser empregado pelos engenheiros geotécnicos na prática.

Aula 5

Tensões nos Solos - Capilaridade

5.4 Ação da água capilar no solo

Revisão dos conceitos de tensão superficial e de capilaridade

Como visto na Aula 1, uma das características da água é o fato de ela apresentar um comportamento diferenciado na superfície em contato com o ar, em virtude da orientação das moléculas que nela se posicionam, ao contrário do que ocorre no interior da massa, onde as moléculas estão envoltas por outras moléculas de água em todas as direções, como indicado na Fig. 5.7(a). Em consequência, a água apresenta uma *tensão superficial*, que é associada, por analogia, a uma tensão de membrana, pois os seus efeitos são semelhantes.

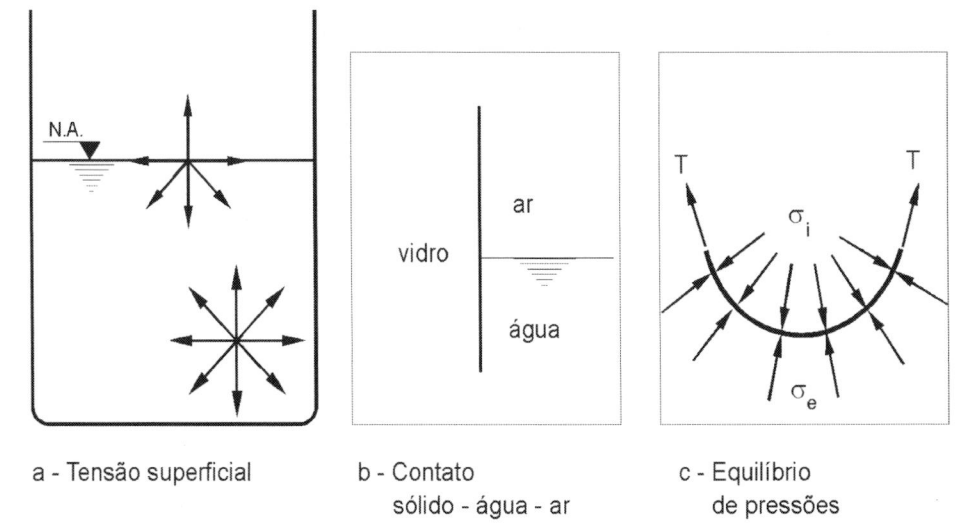

Fig. 5.7
Esquemas dos fenômenos relacionados à capilaridade

a - Tensão superficial

b - Contato sólido - água - ar

c - Equilíbrio de pressões

Quando a água, ou outro líquido, fica em contato com um corpo sólido, as forças químicas de adesão fazem com que a superfície livre da água forme uma curvatura que depende do tipo de material e de seu grau de limpeza. No caso de vidro limpo, a superfície curva fica tangente à superfície do vidro, como se mostra na Fig. 5.7(b).

Deve-se recordar que, quando uma membrana flexível se apresenta com uma superfície curva, deve existir uma diferença de pressão atuando nos dois lados da membrana. Isso ocorre também no caso da superfície água-ar, em virtude da tensão superficial. Como sugere a Fig. 5.7(c), a diferença entre as tensões nos dois lados é equilibrada pela resultante da tensão superficial. Da figura, conclui-se, qualitativamente, que a pressão interna é maior do que a externa. Quanto maior a curvatura, maior a diferença entre as pressões. Conhecida a geometria e a tensão superficial do líquido, é possível calcular essa diferença.

Um bom exemplo do efeito dessas propriedades é o comportamento da água em tubos capilares. Quando o tubo é colocado em contato com a superfície livre da água, esta sobe pelo tubo até atingir uma posição de equilíbrio. A subida da água resulta do contato vidro-água-ar e da tensão superficial da água.

A superfície da água no tubo capilar é curva (esférica se o tubo for cilíndrico), e intercepta as paredes do tubo com um ângulo que depende das propriedades do material do tubo. No caso de água e vidro limpo, o ângulo é nulo.

A altura da ascensão capilar pode ser determinada igualando-se o peso da água no tubo com a resultante da tensão superficial que a mantém na posição acima do nível d'água livre (vide Fig. 5.8).

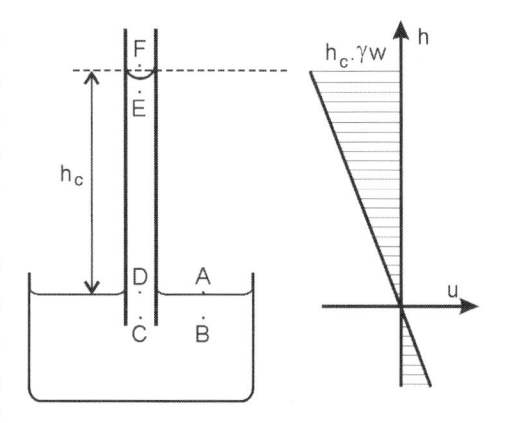

Aula 5

Tensões nos Solos - Capilaridade

103

Fig. 5.8
Altura de ascensão e pressão da água num tubo capilar

O peso da água num tubo com raio r e altura de ascensão capilar h_c é:

$$P = \pi \cdot r^2 \cdot h_c \cdot \gamma_w$$

Ao considerar-se a tensão superficial T atuando em toda a superfície de contato água-tubo, a força resultante é igual a:

$$F = 2 \cdot \pi \cdot r \cdot T$$

Ao igualar-se as expressões, tem-se:

$$h_c = \frac{2 \cdot T}{r \cdot \gamma_w}$$

A altura de ascensão capilar é, portanto, inversamente proporcional ao raio do tubo.

A tensão superficial da água, a 20°C, é de 0,073 N/m². Pela equação acima, conclui-se que, em tubos com 1 mm de diâmetro, a altura de ascensão é de 3 cm. Para 0,1 mm, 30 cm; para 0,01 mm, 3 m etc.

Pressões na água em meniscos capilares

Considerem-se as pressões na água ao longo de um tubo capilar, com o auxílio da Fig. 5.8. No ponto A, a pressão é igual à pressão atmosférica. Nos pontos B e C, a pressão é acrescida do peso da água (peso específico da água vezes a profundidade). No ponto D, a pressão é novamente igual à pressão atmosférica. Logo, no ponto E, a pressão é igual à pressão atmosférica menos a altura desse ponto em relação à superfície da água vezes o peso específico da água. O ar, no ponto F, imediatamente acima do menisco capilar, está na pressão atmosférica. A diferença de pressão entre os pontos E e F é suportada pela tensão superficial da água.

À primeira vista, causa estranheza o fato de a água se encontrar em estado de tensão de tração, pois se está familiarizado a encontrá-la quase

Mecânica dos Solos

104

sempre na pressão atmosférica ou sob pressão positiva. Tem-se a impressão de que a água não resiste à pressão negativa, o que não é verdade. Deve-se recordar, primeiramente, que a água, como todos os corpos na superfície terrestre, está submetida à pressão atmosférica, tomada como referência para as medidas de pressão na Engenharia. Trabalha-se com pressões relativas, que são as pressões absolutas menos a pressão atmosférica. Quando se afirma que a pressão da água é negativa, se esta pressão não for maior, em valor absoluto, do que a pressão atmosférica, que é da ordem de 100 kPa, as moléculas de água ainda estão sob pressão de compressão.

Para se sentir a água sob pressão negativa, pode-se recorrer a uma seringa de injeção. Com a extremidade aberta, o pistão se desloca com pequeno esforço, aspirando ou expelindo tanto ar como água. Quando se enche a seringa com água até um certo volume e se fecha sua extremidade, percebe-se que o pistão não se desloca quando se quer puxá-lo. Que força se contrapõe a esse esforço? Justamente a resistência da água à pressão de tração a que está submetida.

Medida em altura de coluna d'água, a tensão na água logo abaixo do menisco capilar é negativa e igual à altura de ascensão capilar. Ao longo do tubo, a variação é linear.

A pressão na água logo abaixo do menisco capilar também pode ser calculada diretamente a partir da tensão superficial da água, segundo o esquema mostrado na Fig. 5.7(c).

Da mesma forma que nos tubos capilares, a água nos vazios do solo, na faixa acima do lençol freático, com ele comunicada, está sob uma pressão abaixo da pressão atmosférica. A pressão neutra é negativa.

Conforme o conceito de tensão efetiva, se u for negativo, a tensão efetiva será maior do que a tensão total. A pressão neutra negativa provoca uma maior força nos contatos dos grãos e aumenta a tensão efetiva que reflete essas forças. O fenômeno é semelhante ao que se nota quando se quer separar duas placas de vidro, havendo uma delgada lâmina d'água entre elas. A separação requer muito esforço, justamente pelo efeito da tensão superficial que provoca uma pressão negativa na água entre as duas placas.

No exemplo apresentado na Fig. 5.6, considerou-se que o solo acima do nível d'água estava totalmente seco. Neste caso, os vazios estavam com ar na pressão atmosférica. A pressão neutra era nula, e a tensão efetiva era igual à tensão total, variando de zero na superfície a 19 kN/m² a 1 m de profundidade.

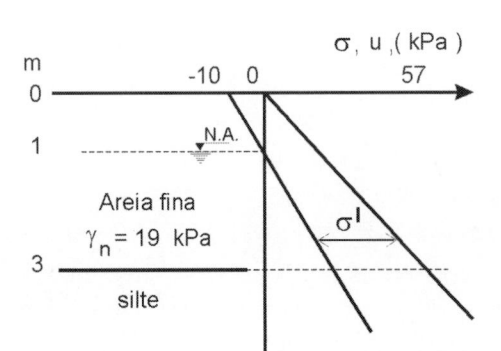

O solo superficial nesse exemplo é uma areia fina, cuja altura de ascensão capilar deve ser superior a 1 m. Desta forma, a água deve subir por capilaridade e toda a faixa superior poderá estar saturada, com água em estado capilar.

O diagrama de tensões, nesse caso, deve ser refeito, como se mostra na Fig. 5.9. A pressão neutra varia

Fig. 5.9

Tensões no subsolo, considerando as tensões capilares

linearmente, de zero, na cota do nível d'água, até o valor negativo na superfície, correspondente à diferença de cota.

Note-se que, nesse caso, em confronto com a hipótese de que a camada superior de 1 m estivesse seca, a tensão efetiva passa a ser de 10 kN/m² e não nula. Como a resistência das areias é diretamente proporcional à tensão efetiva, a capilaridade confere a esse terreno uma sensível resistência.

A água livre não pode suportar tensões de tração superiores a uma atmosfera (aproximadamente 100 kN/m², que corresponde a 10 m de coluna d'água), pois ocorre cavitação. Experimentalmente, comprova-se que em meniscos capilares as pressões podem ser muito maiores. Daí a existência de alturas de ascensão capilar superiores a 10 m.

Aula 5
Tensões nos Solos - Capilaridade

A água capilar nos solos

Os vazios dos solos são muito pequenos, tão pequenos que podem ser associados a tubos capilares, ainda que muito irregulares e interconectados. A situação da água capilar no solo depende do histórico do depósito. O grau de saturação, em função da altura sobre o nível d'água, pode apresentar um dos perfis esquemáticos indicados na Fig. 5.10.

Quando um solo seco é colocado em contato com a água, esta é sugada para o interior do solo. A altura que a água atingirá no interior do solo depende do diâmetro dos vazios. Existe uma altura máxima de ascensão capilar, indicada pelo ponto A na Fig. 5.10, que depende da ordem de grandeza dos vazios, a qual, por sua vez, depende do tamanho das partículas. Essa altura é variável com o tipo de solo: alguns poucos centímetros no caso de pedregulhos, 1 a 2 m no caso das areias, 3 a 4 m para os siltes e dezenas de metros para as argilas. Os vazios do solo são de dimensões muito irregulares e, certamente, durante o processo de ascensão, bolhas de ar ficam enclausuradas no interior do solo. Até uma certa altura indicada pelo ponto B, o grau de saturação é aproximadamente constante, ainda que não seja atingida total saturação.

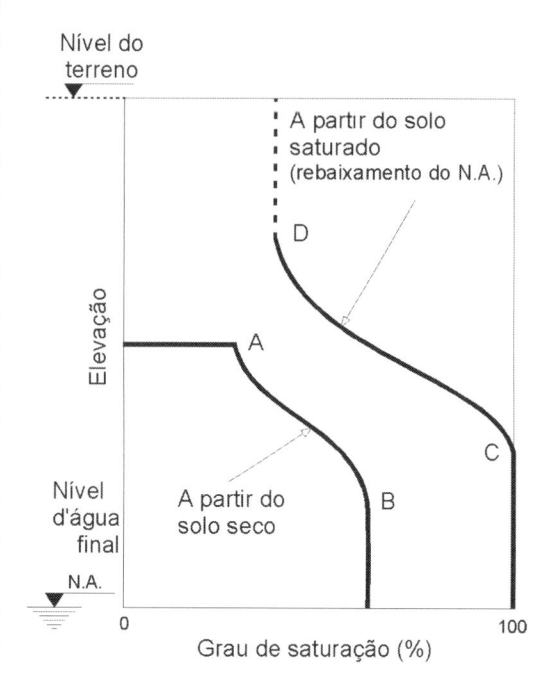

Fig. 5.10
Perfis de ascensão capilar relacionados ao histórico do nível d'água

Considere-se, por outro lado, um solo que esteja originalmente abaixo do nível d'água e totalmente saturado. Se o nível for rebaixado, a água dos vazios tenderá a descer. A essa tendência, contrapõe-se a tensão superficial, formando meniscos capilares. Se o nível d'água baixar mais do que a altura de ascensão capilar correspondente (mais do que a tensão superficial é capaz de sustentar), a coluna de água se rompe, e parte da água, acima dessa cota, fica nos contatos entre as partículas. Ao fixar-se a cota d'água no nível inferior indicado, até uma certa altura, ponto C, o solo permanecerá saturado. Do ponto C ao ponto D, a água estará em canais contínuos comunicados com o lençol freático. Acima do ponto D, a água retida nos contatos entre os grãos não constitui mais um filme contínuo de água.

A situação da água acima do lençol freático dependerá, portanto, da evolução anterior do nível do lençol. De qualquer forma, existirá uma faixa de solo, correspondente a uma certa altura, em que a água dos vazios estará em contato com o lençol freático e sua pressão negativa será determinada pela cota em relação ao nível d'água livre. Eventualmente, acima dela, ocorrerá água nos vazios, alojada nos contatos entre partículas, mas isolada do lençol.

Meniscos capilares independentes do nível d'água

A água dos solos que não se comunica com o lençol freático situa-se nos contatos entre os grãos e forma meniscos capilares, como mostra esquematicamente a Fig. 5.11. Quando existe um menisco capilar, a água se encontra numa pressão abaixo da pressão atmosférica. Da tensão superficial T da água surge uma força P que aproxima as partículas.

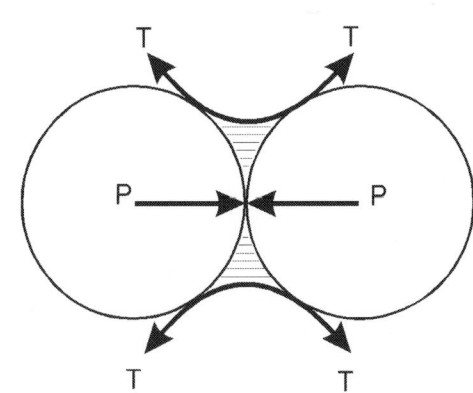

Fig. 5.11
Tensão capilar em água suspensa e coesão aparente

A tensão superficial da água tende a aproximar as partículas, ou seja, aumenta a tensão efetiva no solo que, conforme foi conceituada, é a resultante das forças que se transmitem de grão a grão. Essa tensão efetiva confere ao solo uma *coesão aparente*, como a que permite a moldagem de esculturas com as areias da praia. "Aparente" porque não permanece se o solo se saturar ou secar.

A coesão aparente é frequentemente referida às areias, pois estas podem se saturar ou secar com facilidade. Nas argilas ela atinge valores maiores e é mais importante. Muitos taludes permanecem estáveis devido a ela. Chuvas intensas podem reduzir ou eliminar a coesão aparente, razão pela qual rupturas de encostas e de escavações ocorrem com muita frequência em épocas chuvosas.

Exercícios resolvidos

Exercício 5.1 Um terreno é constituído de uma camada de areia fina e fofa, com $\gamma_n = 17$ kN/m³, com 3 m de espessura, acima de uma camada de areia grossa compacta, com $\gamma_n = 19$ kN/m³ e espessura de 4 m, apoiada sobre um solo de alteração de rocha, como se mostra na Fig. 5.12. O nível d'água encontra-se a 1 m de profundidade. Calcule as tensões verticais no contato entre a areia grossa e o solo de alteração, a 7 m de profundidade.

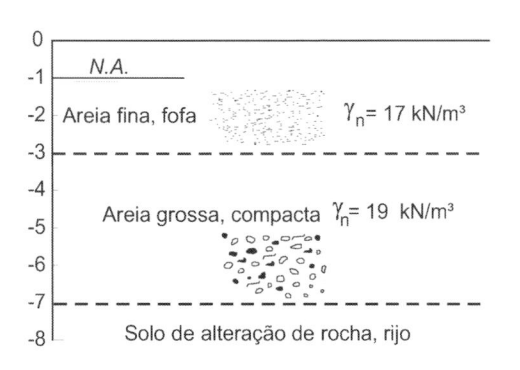

Fig. 5.12

Solução:

Tensão vertical total: $\sigma_v = 3 \times 17 + 4 \times 19 = 127$ kPa;
Pressão neutra: $u = (7-1) \times 10 = 60$ kPa;
Tensão efetiva: $\sigma'_v = 127 - 60 = 67$ kPa.

Exercício 5.2 No terreno do Exercício 5.1, se ocorrer uma enchente que eleve o nível d'água até a cota + 2 m acima do terreno, quais seriam as tensões no contato entre a areia grossa e o solo de alteração de rocha? Compare os resultados.

Solução:

Tensão vertical total: $\sigma_v = 2 \times 10 + 3 \times 17 + 4 \times 19 = 147$ kPa;
Pressão neutra: $u = (7+2) \times 10 = 90$ kPa;
Tensão efetiva: $\sigma'_v = 147 - 90 = 57$ kPa

A tensão total aumentou, mas a tensão efetiva diminuiu, porque uma parte da areia superficial, um metro, que estava acima do nível d'água, ficou submersa.

Exercício 5.3 Recalcule as tensões efetivas dos Exercícios 5.1 e 5.2, com os pesos específicos submersos.

Solução:

Nível d'água na cota -1 m: $\sigma'_v = 1 \times 17 + 2 \times 7 + 4 \times 9 = 67$ kPa
Nível d'água na cota + 2 m: $\sigma'_v = 3 \times 7 + 4 \times 9 = 57$ kPa

Exercício 5.4 No terreno da Fig. 5.12, determine as tensões na profundidade de 0,5 m. Considere que a areia está saturada por capilaridade.

Solução:

Tensão vertical total: $\sigma_v = 0{,}5 \times 17 = 8{,}5$ kPa;
Pressão neutra: $u = (-0{,}5) \times 10 = -5$ kPa;
Tensão efetiva: $\sigma'_v = 8{,}5 - (-5) = 13{,}5$ kPa.

Exercício 5.5 Nos exercícios anteriores, admitiu-se que a areia superficial tivesse, acima do nível d'água, um peso específico natural igual ao seu peso específico abaixo do nível d'água, o que é possível, pois, em virtude da capilaridade, ela poderia estar saturada. Se isto não estiver ocorrendo, e o grau de saturação for de 85%, como se alterariam os resultados, considerando-se que o valor de 17 kN/m³ se refira ao solo saturado?

Solução: Pode-se calcular o índice de vazios da areia, admitindo-se que o peso específico dos grãos seja, por exemplo, 26,5 kN/m³. Conforme o esquema mostrado na Fig. 2.10, tem-se:

$$\gamma_n = \frac{\gamma_s(1+w)}{1+e} = \frac{26{,}5(1+w)}{1+e} = 17{,}0 \text{ kN/m}^3$$

$$\gamma_w e = \gamma_s w = 10e = 26{,}5w$$

Da duas expressões acima, conclui-se que a umidade é de 51% e o índice de vazios é de 1,36.

Com o solo 85% de saturado, o teor de umidade é $0{,}85 \times 0{,}51 = 0{,}43$, pois, para o mesmo peso de sólidos o peso de água é 85% do anterior. Desta forma, o peso específico natural passa a ser:

$$\gamma_n = \frac{\gamma_s(1+w)}{1+e} = \frac{26{,}5(1+0{,}43)}{1+1{,}36} = 16{,}1 \text{ kN/m}^3$$

Observa-se, portanto, uma diferença de cerca de 1 kN/m³, cerca de 6%. Tratando-se de peso específico submerso, a diferença passa a ser porcentualmente maior: $(7-6)/7 = 14\%$. A influência é menor à medida que aumenta a profundidade; para as tensões na profundidade de 7 m, como no Exercício 5.1, por exemplo, haveria a alteração da tensão efetiva de 67 kPa para 66 kPa, menos de 2%.

Quando se dispõe de dados reais, é correto que se faça a diferença. Na maioria dos casos práticos de engenharia, o peso específico natural é estimado, e não se justifica o cuidado de diferenciar a situação acima ou abaixo do nível d'água, diante da imprecisão da estimativa.

Exercício 5.6 Duas caixas cúbicas com 1 m de aresta foram totalmente preenchidas com pedregulho grosso, cujo peso específico dos grãos é de 26,5 kN/m³. Na primeira caixa, o pedregulho foi colocado de maneira compacta, e coube um peso de 19,5 kN. Na segunda, foram colocados 17,5 kN, com o pedregulho no estado fofo. A seguir, as duas caixas foram preenchidas com água até a metade de sua altura (0,5 m). Pergunta-se:

(a) De quanto aumentou o peso específico natural do pedregulho submerso em relação ao pedregulho seco?; (b) Que quantidade de água foi empregada em cada caso?; (c) Quais as tensões totais e efetivas no fundo da caixa antes de ser colocada água?; (d) Qual a pressão neutra no fundo da caixa, quando a água foi acrescentada?; (e) Quais as tensões totais e efetivas no fundo da caixa após a colocação da água? Compare os resultados de cada item para as caixas com pedregulho compacto e fofo.

Solução:

(a) Na primeira caixa, o volume ocupado pelos pedregulhos é de 19,5/26,5 = 0,736 m³. O volume de vazios é de 1,000 - 0,736 = 0,264 m³. O peso específico do pedregulho saturado fica em: 0,736 x 26,5 + 0,264 x 10 = 22,14 kN/m³; portanto, 13,5% maior do que o peso específico do pedregulho seco. Pode-se chegar a esses mesmos resultados com os índices físicos, como visto na Aula 2. Para o pedregulho na segunda caixa, os valores são os seguintes: 0,664 m³; 0,336 m³; 20,96 kN/m³; 19,1% maior.

(b) Para preencher com água metade do volume de vazios da primeira caixa seriam necessários 132 litros de água, enquanto que, para a segunda caixa, seriam necessários 168 litros de água.

(c) Com o pedregulho seco, as tensões totais e efetivas são iguais em cada caso, e valem 19,5 kPa e 17,5 kPa, respectivamente, nas duas caixas.

(d) A pressão da água no fundo das duas caixas – portanto, a 0,5 m de profundidade em relação ao nível de água livre – vale 0,5 x 10 = 5 kPa, independentemente da quantidade de água existente em cada caso. Note-se que essa é também a pressão da água no fundo da caixa se nela fosse colocada água até a metade da altura – portanto, 500 litros de água –, sem nenhum pedregulho.

(e) A tensão total no fundo da primeira caixa com água pode ser obtida pela soma dos produtos dos pesos específicos pelas espessuras correspondentes; 0,5 x 19,5 + 0,5 x 22,14 = 20,82 kPa, cerca de 7% superior à correspondente ao pedregulho seco. Esse valor também poderia ser obtido com o peso total, 19,5 kN de pedregulho mais 1,32 kN de água, dividido pela área de 1 m². Para a segunda caixa, tem-se σ = 19,2 kPa. A diferença entre as duas é menor (20,82 - 19,2 = 1,62) do que quando as caixas estavam sem água (19,5 - 17,5 = 2).

As tensões efetivas são as totais menos a pressão neutra, portanto: 15,82 kPa e 14,2 kPa, respectivamente.

A soma das forças transmitidas pelos grãos ao fundo das caixas é menor depois que a água foi adicionada, pois os grãos abaixo do nível de enchimento ficaram submersos sofrendo o empuxo hidrostático correspondente.

Exercício 5.7 Um tubo capilar flexível, com diâmetro de 0,04 mm e 1 m de comprimento, foi colocado numa cápsula com água, na posição vertical.

(a) A que altura a água deve ascender, qual é o formato da interface água-ar e qual é a pressão da água imediatamente abaixo da interface?

Aula 5

Tensões nos Solos - Capilaridade

Mecânica dos Solos

(b) Posteriormente, o tubo capilar foi abaixado, de maneira que ficasse com a sua extremidade no mesmo nível da água na cápsula. Qual é a pressão da água no tubo capilar, imediatamente abaixo da interface, e qual é o formato da interface água-ar?

c) Numa terceira etapa, o tubo capilar foi abaixado até que a água começasse a cair em forma de gotas. Até que nível a extremidade do tubo poderia ser abaixada, e qual seria a pressão da água nessa situação e qual seria o formato da interface água-ar?

d) O que ocorreria se o tubo tivesse sua extremidade colocada na água, num recipiente cujo nível estivesse 50 cm abaixo da cápsula da qual parte o tubo capilar?

Solução: Inicialmente, calcula-se a altura de ascensão capilar correspondente ao diâmetro do tubo. Como foi deduzido na seção 5.4, a altura de ascensão capilar (h_c) é inversamente proporcional ao raio do tubo e pode ser determinada pela expressão:

$$h_c = \frac{2 \cdot T}{r \cdot \gamma_w}$$

sendo $T = 0{,}073$ N/m a tensão superficial da água. Para o diâmetro de 0,04 mm, $h_c = 73$ cm. Esta é a altura que a água ascenderia no tubo. A pressão imediatamente abaixo do menisco é negativa e corresponde à diferença de nível com a água na cápsula que está sob a pressão atmosférica: $u = -10 \times 0{,}73 = -7{,}3$ kPa. A interface água-ar apresentará o aspecto mostrado na Fig. 5.13, com a concavidade para baixo, indicando que a pressão no ar é maior do que na água e justificando a ação da tensão superficial que sustenta a água dentro do tubo.

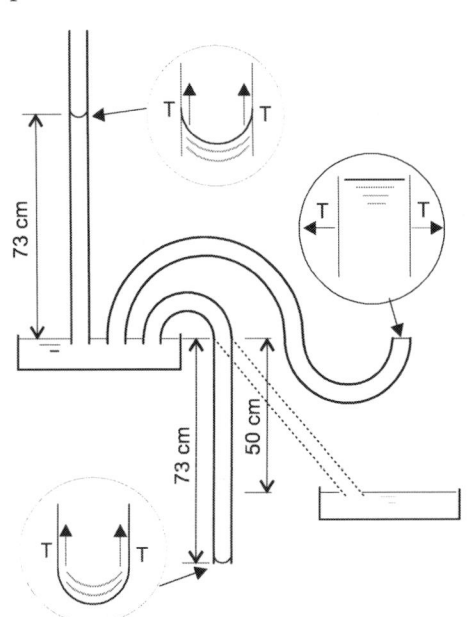

Fig. 5.13

(b) Com a extremidade do tubo no nível da água na cápsula, a pressão da água é igual à pressão na superfície da cápsula; portanto, nula. O fato de a água estar no tubo capilar, por si só, não significa que a pressão seja negativa. A interface água-ar é plana, pois a pressão na água é igual à pressão atmosférica

(c) À medida que o tubo é abaixado, a curvatura da interface água-ar começa a ficar cada vez maior, com a concavidade voltada para fora, e a tensão superficial na calota é responsável por sustentar a água dentro do tubo. Quando a extremidade do tubo estiver 73 cm abaixo do nível d'água na cápsula, estará na situação-limite. Ao abaixar-se um pouco mais, começa a gotejar, pois a tensão superficial não suportará mais o peso da água.

d) Se o tubo foi imerso na água, no recipiente 50 cm abaixo da cápsula, o menisco se desfaz, e não há nada que sustente a água; ela passa a percolar da cápsula original para o recipiente, como um sifão.

Exercício 5.8 A Fig. 5.14 apresenta diversos tubos capilares, cujos diâmetros estão assinalados. Ao colocar-se os tubos (a), (b) e (c) em contato com a água, a ascensão ocorrerá como indicado. Verifique se a figura está correta. Verifique também se a posição da água no tubo (d), que foi inicialmente saturado, imerso na água livre, e posteriormente elevado à posição que ocupa, também está correta (exercício baseado em exemplo do livro de Taylor).

Solução: Inicialmente, calculam-se as alturas de ascensão capilar correspondentes aos diversos diâmetros dos tubos ou de partes dos tubos. Como visto no Exercício 5.7, para os diâmetros envolvidos, tem-se: para $d = 0,05$ mm, $h_c = 58,4$ cm; e para $d = 0,15$ mm, $h_c = 19,5$ cm. Examinemos os três primeiros tubos:

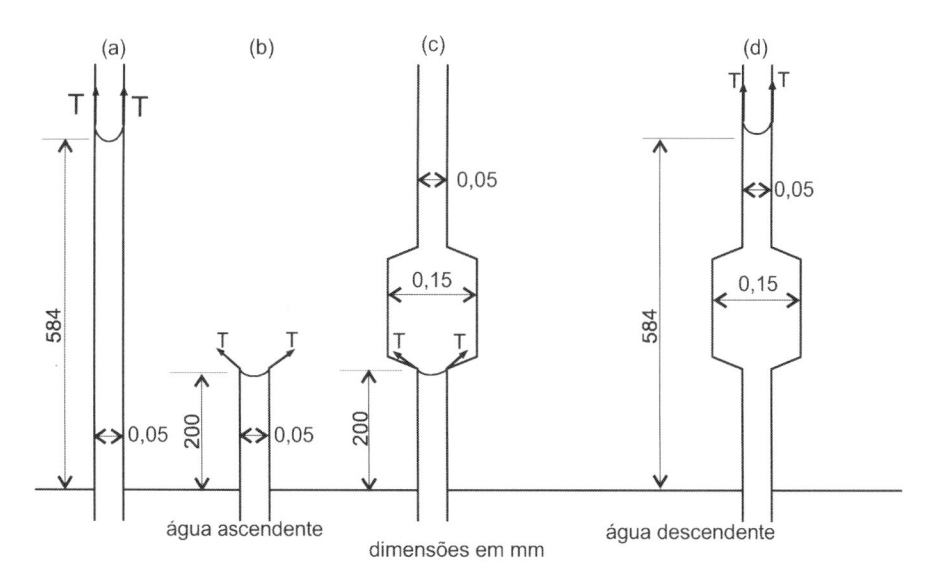

Fig. 5.14

No tubo (a), a água ascendeu até a altura de 58,4 cm, o que é compatível com o seu diâmetro. O raio de curvatura do menisco capilar é de 0,025 mm, formando uma semicalota esférica.

No tubo (b), a água poderia ascender até a altura de 58,4 cm, mas fica na altura de 20 cm, por ser a altura do tubo. Nesse caso, o raio de curvatura da calota é maior, e a tensão capilar atua obliquamente em relação à parede do tubo e seu componente vertical é suficiente para suportar o peso da água no tubo até a altura de 20 cm.

No tubo (c), a água sobe apenas até a altura de 20 cm, pois a partir dela o diâmetro do tubo é de 0,15 mm, para o qual a altura de ascensão, 19,5 cm, já foi ultrapassada.

Portanto, as cotas indicadas de ascensão na Fig. 5.14 estão corretas.

Consideremos, agora, a situação (d), em que o tubo estava originalmente saturado. A água no tubo escoa até se estabilizar na cota 58,4 cm, quando a tensão superficial é capaz de sustentar a coluna de água com 0,05 mm de diâmetro. A situação é semelhante ao caso (a). A água adicional, no trecho mais largo do tubo, tem seu peso sustentado pela base do trecho mais largo.

Note que as situações (c) e (d) são semelhantes. Todavia, a quantidade de água em cada caso é diferente. Depende de como a água chegou aos tubos. Tal constatação justifica a diferença de situação da umidade com a altura nos terrenos, dependendo do nível d'água ter subido ou descido, como ilustra a Fig. 5.10.

AULA 6

A ÁGUA NO SOLO – PERMEABILIDADE, FLUXO UNIDIMENSIONAL E TENSÕES DE PERCOLAÇÃO

6.1 *A água no solo*

Com muita frequência, a água ocupa a maior parte ou a totalidade dos vazios do solo. Submetida a diferenças de potenciais, a água desloca-se no seu interior. O objeto da presente aula é o estudo da migração da água e das tensões provocadas por ela.

O estudo da percolação da água nos solos é muito importante porque ela intervém num grande número de problemas práticos, que podem ser agrupados em três tipos:

a) no cálculo das vazões, como, por exemplo, na estimativa da quantidade de água que se infiltra numa escavação;

b) na análise de recalques, porque, frequentemente, o recalque está relacionado à diminuição de índice de vazios, que ocorre pela expulsão de água desses vazios;

c) nos estudos de estabilidade, porque a tensão efetiva (que comanda a resistência do solo) depende da pressão neutra, que, por sua vez, depende das tensões provocadas pela percolação da água.

Uma grande parte desta aula abordará o estudo do fluxo de água em um permeâmetro, como indicado na Fig. 6.1 (não o permeâmetro como um dispositivo de ensaio, mas como um modelo do fluxo d'água em problemas reais de engenharia). O esquema mostrado na figura apresenta areia que ocupa a altura L no permeâmetro e, sobre ela, uma coluna z de água. Não há fluxo, pois, na bureta que alimenta a parte inferior do permeâmetro, a água atinge a mesma cota.

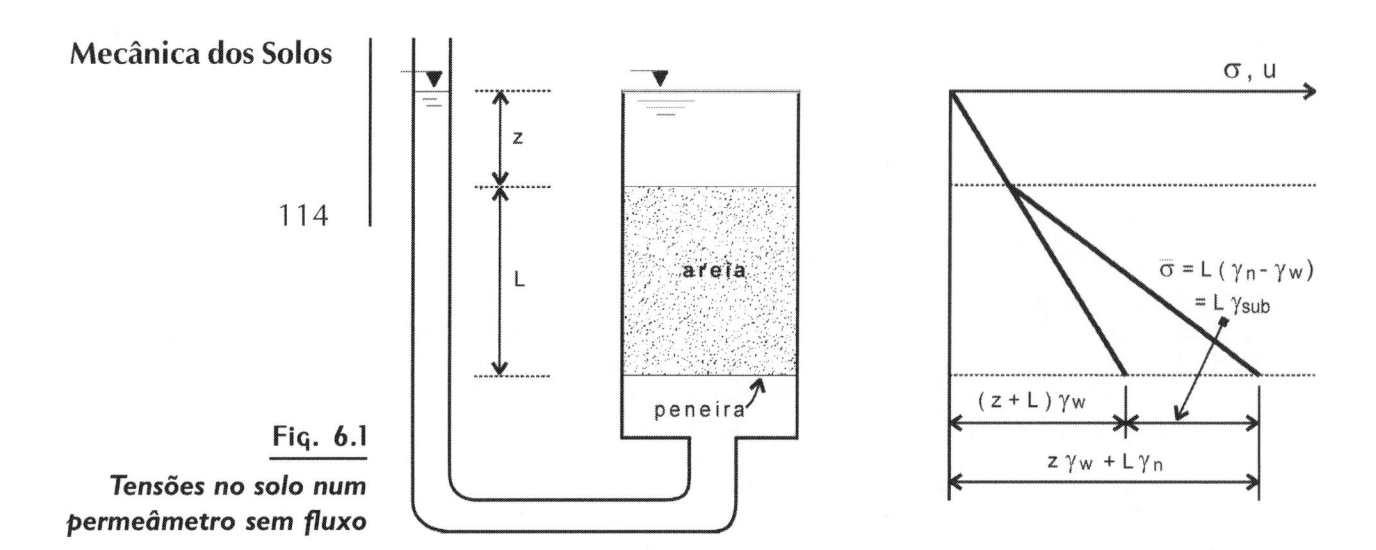

Mecânica dos Solos

Fig. 6.1
Tensões no solo num permeâmetro sem fluxo

O diagrama acima mostra as pressões totais e neutras ao longo da profundidade. A tensão efetiva na cota inferior pode ser obtida pela diferença entre as duas ou pelo produto da altura da areia pelo peso específico submerso, como visto na Aula 5. Essa tensão é a que a areia transmite à peneira sobre a qual se apoia.

Considere-se que o nível d'água na bureta seja elevado e se mantenha na nova cota, por contínua alimentação, como se mostra na Fig. 6.2. A água percolará pela areia e verterá livremente pela borda do permeâmetro.

Estudaremos, inicialmente, a quantidade de água que passa pelo permeâmetro e, posteriormente, a ação da água nas tensões no solo.

6.2 A permeabilidade dos solos

A Lei de Darcy

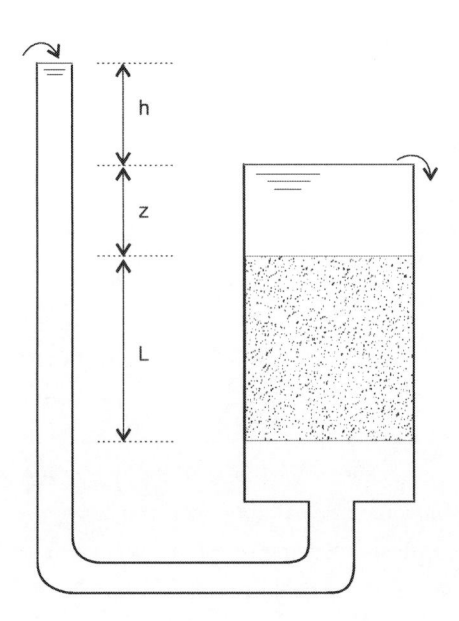

Experimentalmente, em 1850, Darcy verificou como os diversos fatores geométricos, indicados na Fig. 6.2, influenciavam a vazão da água, expressando a equação que ficou conhecida pelo seu nome:

$$Q = k \frac{h}{L} A$$

onde: Q = vazão
A = área do permeâmetro
k = uma constante para cada solo, que recebe o nome de *coeficiente de permeabilidade*

Fig. 6.2
Água percolando num permeâmetro

A relação h (a carga que se dissipa na percolação) por L (distância ao longo da qual a carga se dissipa) é chamada de *gradiente hidráulico*, expresso pela letra i. A Lei de Darcy assume o formato:

$$Q = k\,i\,A$$

A vazão dividida pela área indica a velocidade com que a água sai da areia. A velocidade v é chamada de velocidade de percolação. Em função dela, a Lei de Darcy passa a:

$$v = k\,i$$

Da última expressão, depreende-se que o coeficiente de permeabilidade indica a velocidade de percolação da água quando o gradiente é igual a 1. Tal coeficiente é costumeiramente referido em m/s e, como para os solos seu valor é muito baixo, é expresso pelo produto de um número inferior a 10 por uma potência de 10, como, por exemplo:

$$k = 0{,}00000024 \text{ m/s} = 2{,}4 \times 10^{-7} \text{ m/s}$$

Ao expoente de 10 (-7, no exemplo) é que se dá maior atenção.

Determinação do coeficiente de permeabilidade

Para determinar o coeficiente de permeabilidade dos solos, são empregados os seguintes procedimentos:

a) Permeâmetro de carga constante

É uma repetição da experiência de Darcy, como esquematizado na Fig. 6.2. O permeâmetro geralmente se apresenta com a configuração mostrada na Fig. 6.3. Mantida a carga h, durante um certo tempo, a água percolada é colhida e seu volume é medido. Conhecidas a vazão e as características geométricas, o coeficiente de permeabilidade é calculado diretamente pela Lei de Darcy:

$$k = \frac{Q}{i\,A}$$

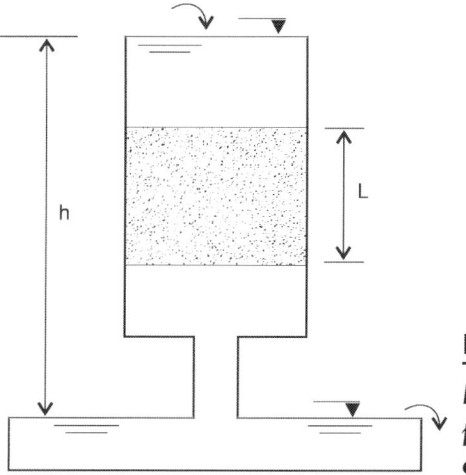

Fiq. 6.3
Esquema de permeâmetro de carga constante

b) Permeâmetro de carga variável

Quando o coeficiente de permeabilidade é muito baixo, a determinação pelo permeâmetro de carga constante é pouco precisa. Emprega-se, então, o de carga variável, como esquematizado na Fig. 6.4.

Aula 6

A Água no Solo

Fig. 6.4
Esquema de permeâmetro de carga variável

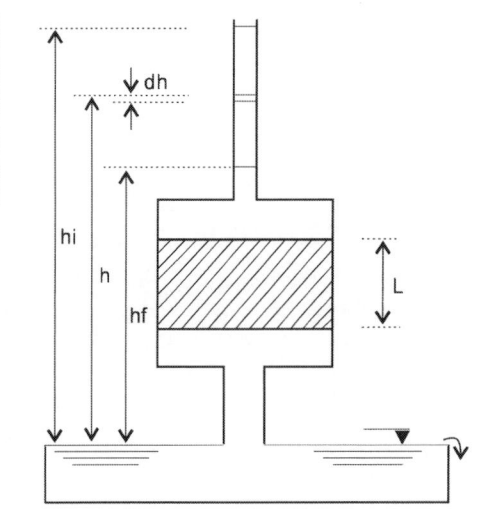

Verifica-se o tempo que a água na bureta superior leva para baixar da altura inicial h_i à altura final h_f. Num instante t qualquer, a partir do início, a carga é h e o gradiente h/L. A vazão será:

$$Q = k \frac{h}{L} A$$

A vazão da água que passa pelo solo é igual à vazão da água que passa pela bureta, e pode ser expressa por:

$$Q = \frac{-a\,dh}{dt}$$

onde a é a área da bureta e $a \cdot dh$, o volume que escoou no tempo dt. O sinal negativo é devido ao fato de h diminuir com o tempo.

Ao igualar-se as duas expressões de vazão, tem-se:

$$-a\frac{dh}{dt} = k\frac{h}{L}A$$

de onde se tem:

$$\frac{dh}{h} = -k\frac{A}{a.L}\,dt$$

que, integrada da condição inicial ($h = h_i$, $t = 0$) à condição final ($h = h_f$, $t = t_f$), conduz a:

$$\ln \frac{h_f}{h_i} = -k\frac{A}{aL}t$$

e, finalmente, à fórmula usada:

$$k = 2,3 \frac{aL}{At} \log \frac{h_i}{h_f}$$

c) Ensaios de campo

Se, no decorrer de uma sondagem de simples reconhecimento, a operação de perfuração for interrompida e se encher de água o tubo de revestimento, mantendo-se o seu nível e medindo-se a vazão para isso, pode-se calcular o coeficiente de permeabilidade do solo. Para isto, é preciso conhecer diversos parâmetros: altura livre da perfuração (não envolta pelo tubo de revestimento), posição do nível d'água, espessura das camadas etc. Também é necessário o conhecimento de teorias sobre o escoamento da água através de perfurações.

Em virtude dos parâmetros envolvidos, os ensaios de campo são menos precisos do que os de laboratório. Entretanto, eles se realizam no solo em sua situação real. Os ensaios de laboratório são precisos no que se refere à amostra ensaiada, mas muitas vezes as amostras não são bem representativas do solo.

d) Métodos indiretos

A velocidade com que um solo recalca quando submetido a uma compressão depende da velocidade com que a água sai dos vazios. Depende, portanto, de seu coeficiente de permeabilidade.

Ensaios de adensamento, como os descritos nas Aulas 10 e 11, são realizados para o estudo de recalques e de seu desenvolvimento ao longo do tempo. Pela análise desses dados com base nas teorias correspondentes, pode-se obter o coeficiente de permeabilidade do solo ensaiado.

Valores típicos de coeficientes de permeabilidade

Os coeficientes de permeabilidade são tanto menores quanto menores os vazios nos solos e, consequentemente, quanto menores as partículas.

Uma boa indicação disso é a correlação estatística obtida por Hazen, para areias com CNU < 5, entre o coeficiente de permeabilidade e o diâmetro efetivo do solo (definido na Aula 3: $D_{efet} = D_{10}$):

$$k = 100 \, D_{efet}^2$$

Nessa expressão, o diâmetro é expresso em *cm*, embora costumeiramente ele seja referido em milímetros, e o coeficiente de permeabilidade em *cm/s*. Por exemplo, ao diâmetro efetivo de 0,075 mm corresponde a abertura da malha da peneira nº 200, tem-se a estimativa $k = 100 \times (0,0075)^2 = 5,6 \times 10^{-3}$ cm/s = $5,6 \times 10^{-5}$ m/s.

Deve-se lembrar que essa fórmula é aproximada. O próprio Hazen indicava que o coeficiente estaria entre 50 e 200, e outros pesquisadores encontraram valores mais baixos do que 50. A proporcionalidade com o quadrado do diâmetro é bastante consistente. Evidentemente, essa fórmula somente se aplica a areias, para as quais faz sentido a definição de D_{efet}.

Para os solos sedimentares, como ordem de grandeza, os seguintes valores podem ser considerados (Tab. 6.1):

argilas	< 10^{-9} m/s
siltes	10^{-6} a 10^{-9} m/s
areias argilosas	10^{-7} m/s
areias finas	10^{-5} m/s
areias médias	10^{-4} m/s
areias grossas	10^{-3} m/s

Aula 6

A Água no Solo

Tab. 6.1

Alguns valores típicos de coeficiente de permeabilidade

Mecânica dos Solos

Para os pedregulhos, e mesmo para algumas areias grossas, a velocidade de fluxo é muito elevada, e o fluxo torna-se turbulento. A Lei de Darcy já não é válida.

Note que os valores da Tab. 6.1 representam apenas uma ordem de grandeza, pois o que determina o coeficiente de permeabilidade são os finos do solo e não a predominância de um tamanho de grãos. Uma areia grossa com finos pode ser menos permeável que uma areia fina uniforme. Por outro lado, k depende não só do tipo de solo, como também de sua estrutura e da compacidade ou consistência.

Solos residuais e solos evoluídos pedologicamente apresentam estrutura com macroporos, pelos quais a água percola com maior facilidade. Nesses solos, ainda que as partículas sejam pequenas, os vazios entre as aglomerações das partículas são grandes e é por eles que a água flui. O solo arenoso fino, existente em extensa área no Estado de São Paulo, por exemplo, apresenta, no estado natural, permeabilidade da ordem de 10^{-5} m/s. Se a estrutura for desfeita mecanicamente e o solo for recolocado com o mesmo índice de vazios, a permeabilidade passa a ser de aproximadamente 10^{-7} m/s. Se esse mesmo solo for compactado, o coeficiente de permeabilidade ficará entre 10^{-8} e 10^{-9} m/s.

Variação do coeficiente de permeabilidade de cada solo

Ao assimilar o fluxo pelo solo à percolação de água por um conjunto de tubos capilares, associado à Lei de Darcy, Taylor (1948) determinou a seguinte equação para o coeficiente de permeabilidade:

$$k = D^2 \frac{\gamma_w}{\mu} \frac{e^3}{1+e} C$$

onde D é o diâmetro de uma esfera equivalente ao tamanho dos grãos do solo; γ_w, o peso específico do líquido; μ, a viscosidade do líquido e C, um coeficiente de forma.

Essa equação indica que k é função do quadrado do diâmetro das partículas, o que dá suporte à equação de Hazen, que a antecede e é empírica. Por outro lado, permite estudar a influência de certos aspectos do estado do solo e do líquido que percola.

a) Influência do estado do solo

A equação de Taylor correlaciona o coeficiente de permeabilidade com o índice de vazios do solo. Quanto mais fofo o solo, mais permeável ele é. Conhecido o k para um certo e de um solo, pode-se calcular o k para outro e pela proporcionalidade:

$$\frac{k_1}{k_2} = \frac{\dfrac{e_1^3}{(1+e_1)}}{\dfrac{e_2^3}{(1+e_2)}}$$

Essa equação é boa para areias. No caso de solos argilosos, uma melhor correlação se obtém entre o índice de vazios e o logaritmo do coeficiente de permeabilidade.

b) Influência do grau de saturação

A percolação da água não remove todo o ar existente num solo não saturado. Permanecem bolhas de ar, contidas pela tensão superficial da água, e que constituem obstáculos ao fluxo da água. Desta forma, o coeficiente de permeabilidade de um solo não saturado é menor do que de um solo totalmente saturado. A diferença, entretanto, não é muito grande.

c) Influência da estrutura e anisotropia

A permeabilidade depende não só da quantidade de vazios do solo, como também da disposição relativa dos grãos. Solos residuais, como visto, apresentam permeabilidades maiores em virtude dos macroporos de sua estrutura. Esse fator também é marcante no caso de solos compactados. Geralmente, quando compactado mais seco, a disposição das partículas (estrutura chamada floculada) permite maior passagem de água do que quando compactado mais úmido (estrutura dispersa), ainda que com o mesmo índice de vazios. Os dados da Tab. 6.2, referentes a um solo da barragem de Ilha Solteira, ilustram este aspecto. Mais detalhes sobre o assunto serão apresentados na Aula 16.

Umidade de Compactação	Índice de Vazios	Coef. Permeabilidade
17 %	0,71	2×10^{-8} m/s
19 %	0,71	9×10^{-9} m/s
21 %	0,71	5×10^{-9} m/s

Tab. 6.2
Coeficientes de permeabilidade de um solo compactado em diferentes teores de umidade (solo da barragem de Ilha Solteira)

Geralmente, o solo não é isotrópico em relação à permeabilidade. Solos sedimentares costumam apresentar maiores coeficientes de permeabilidade na direção horizontal do que na vertical. Isso decorre do fato de as partículas tenderem a ficar com suas maiores dimensões orientadas na posição horizontal, e, principalmente, porque as diversas camadas decorrentes da sedimentação apresentam permeabilidades diferentes. O mesmo ocorre com solos compactados. Coeficientes médios de permeabilidade na direção horizontal 5, 10 ou 15 vezes maiores do que na vertical são comuns. Vide Exercício 6.10, no qual o tema é desenvolvido.

d) Influência da temperatura

Como se observa na fórmula de Taylor, o coeficiente de permeabilidade depende do peso específico e da viscosidade do líquido. Ora, estas duas propriedades da água variam com a temperatura. O peso específico varia pouco, mas a viscosidade varia mais, e seu efeito é sensível.

Mecânica dos Solos

Para haver uniformidade, convencionou-se adotar sempre o coeficiente referido à água na temperatura de 20 graus Celsius. Para isto, registra-se a temperatura em que estava a água por ocasião do ensaio e calcula-se o coeficiente equivalente à temperatura de 20°C pela fórmula:

$$k_{20} = k \frac{\mu}{\mu_{20}}$$

Equação semelhante pode ser empregada para estimar a permeabilidade do solo a outro líquido que não a água, visto que ela é proporcional ao peso específico do líquido e inversamente proporcional à sua viscosidade.

6.3 A velocidade de descarga e a velocidade real da água

A velocidade considerada na Lei de Darcy é a vazão dividida pela área total. A água não passa por toda a área, mas só pelos vazios.

Consideremos o esquema mostrado na Fig. 6.5. A velocidade de percolação medida é da água, do ponto P ao ponto R ou do ponto S ao ponto T, razão porque essa velocidade é, algumas vezes, referida como velocidade de aproximação ou de descarga. Através do solo, ou seja, de R a S, a velocidade é maior, pois a área disponível é menor.

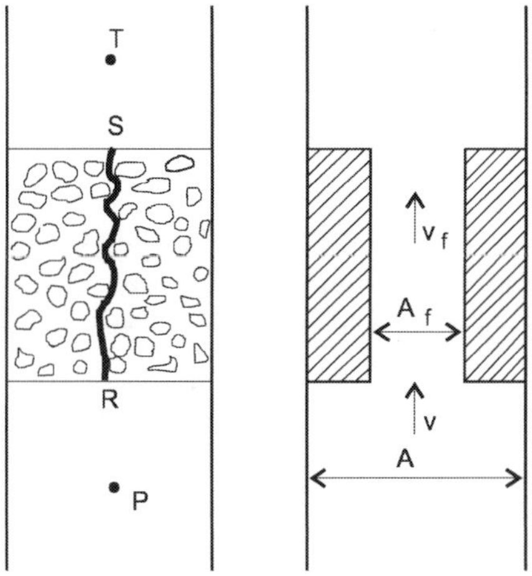

No esquema à direita da figura, a área menor está representada. Como a vazão é igual em qualquer seção, tem-se:

$$Q = A\,v = A_f\,v_f$$

A relação entre a área de vazios e a área total é igual à relação entre os volumes correspondentes, que é, por definição, a porosidade da areia, n.

A velocidade de fluxo pode, então, ser expressa como:

$$v_f = v\,\frac{A}{A_f} = \frac{v}{n}$$

Fig. 6.5
Esquema das velocidades de percolação e de fluxo

Essa velocidade é a distância entre os pontos R e S na Fig. 6.5, dividida pelo tempo que a água leva para percorrê-la. É uma velocidade fictícia, pois a água percorre um caminho tortuoso, e não linear.

6.4 Cargas hidráulicas

No estudo de fluxos da água, é conveniente expressar as componentes de energia pelas correspondentes cargas em termos de altura de coluna d'água.

Como demonstrado por Bernoulli, a carga total ao longo de qualquer linha de fluxo de fluido incompressível mantém-se constante. A carga total é igual à soma de três parcelas:

Carga Total = Carga Altimétrica + Carga Piezométrica + Carga Cinética

Nos problemas de percolação de água pelos solos, a carga cinética é totalmente desprezível, pois as velocidades são muito baixas. De fato, as velocidades dificilmente atingem valores de 10^{-2} m/s e, para ela, a carga cinética é 0,000005 m [$v^2/(2.g) = 10^{-4}/(2 \times 9,8)$], valor desconsiderável perante os outros.

No estudo da percolação nos solos, a equação básica é:

Carga Total = Carga Altimétrica + Carga Piezométrica

A *carga altimétrica* é simplesmente a diferença de cota entre o ponto considerado e qualquer cota definida como referência.

A *carga piezométrica* é a pressão neutra no ponto, expressa em altura de coluna d'água.

Em um piezômetro simples (um tubo de pequeno diâmetro) colocado num ponto qualquer do solo, a água se eleva até uma certa cota. A *carga total* é a diferença entre a cota atingida pela água no piezômetro e a cota do plano de referência. A carga piezométrica é a altura à qual a água se eleva nesse tubo, em relação ao ponto do solo em que foi colocado.

Não haverá fluxo quando a carga total for igual em qualquer ponto. Na Fig. 6.1, na face superior da areia, a carga altimétrica é igual a L (com a cota da face inferior como referência) e a carga piezométrica é z. A carga total é $L + z$. Na face inferior, a carga altimétrica é nula e a carga piezométrica é $L + z$. As cargas totais são iguais. Não há fluxo, ainda que a carga altimétrica na face superior seja maior ou que a carga piezométrica na face inferior seja maior.

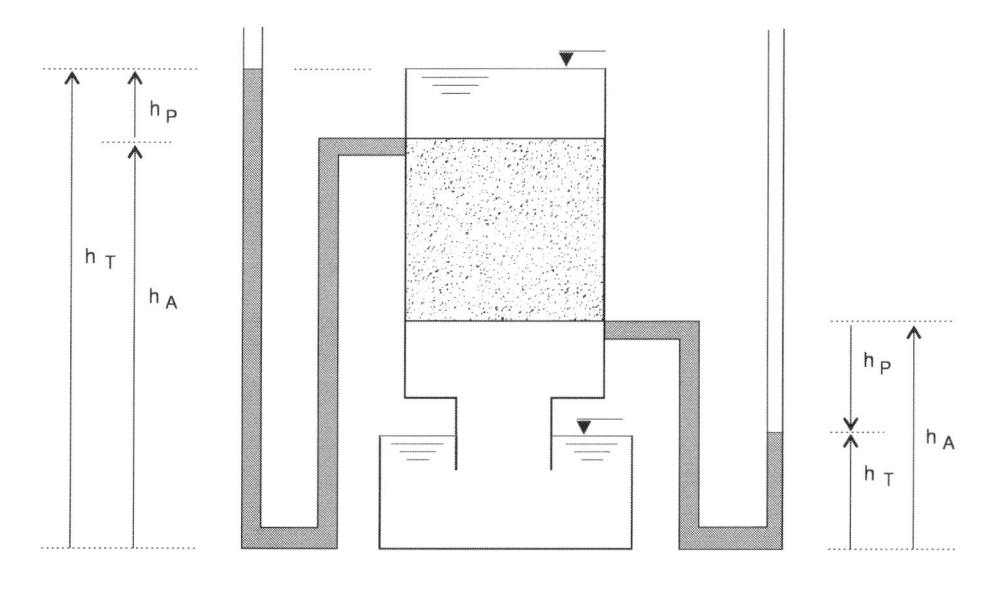

Aula 6

A Água no Solo

Fig. 6.6
Cargas em permeâmetro

Mecânica dos Solos

Quando há diferença de cargas totais, há fluxo que seguirá o sentido do ponto de maior carga total para o de menor carga total. Na Fig. 6.2, na face superior, a carga altimétrica é L, a piezométrica é z e a total é $L + z$. Na face inferior, a altimétrica é nula e a total é igual à piezométrica, valendo $L + z + h$. O fluxo se dará de baixo para cima, ainda que a carga altimétrica na face superior seja maior.

A diferença de cargas totais é a carga usada no cálculo do gradiente hidráulico que, pela Lei de Darcy, indica a velocidade e a vazão.

A carga piezométrica pode ser negativa, como acontece na superfície inferior da areia representada na Fig. 6.6.

6.5 Força de percolação

A Fig. 6.2 representa uma situação em que há fluxo. A diferença entre as cargas totais na face de entrada e de saída é h, e a ela corresponde a pressão $h \cdot \gamma_w$.

Essa carga se dissipa em atrito viscoso na percolação através do solo. Como é uma energia que se dissipa por atrito, ela provoca um esforço ou arraste na direção do movimento. Essa força atua nas partículas, tendendo a carregá-las. Só não o faz porque o peso das partículas se contrapõe, ou porque a areia é contida por outras forças externas.

A força dissipada é:

$$F = h \gamma_w A$$

onde A é a área do corpo de prova.

Num fluxo uniforme, essa força se dissipa uniformemente em todo o volume de solo, $A.L$, de forma que a força por unidade de volume é:

$$j = \frac{h \gamma_w A}{A \cdot L} = \frac{h}{L} \gamma_w = i \gamma_w$$

sendo j denominado *força de percolação*. Observa-se que ela é igual ao produto do gradiente hidráulico, i, pelo peso específico da água.

A força de percolação é uma grandeza semelhante ao peso específico e atua da mesma forma que a força gravitacional. As duas se somam quando atuam no mesmo sentido (fluxo d'água de cima para baixo) e se subtraem quando em sentido contrário (fluxo d'água de baixo para cima). Esse aspecto fica mais claro quando se analisam as tensões no solo submetido à percolação.

6.6 Tensões no solo submetido a percolação

Considere-se um solo submetido a um fluxo ascendente, como mostrado na Fig. 6.7, na qual estão indicadas as tensões totais e neutras ao longo da profundidade.

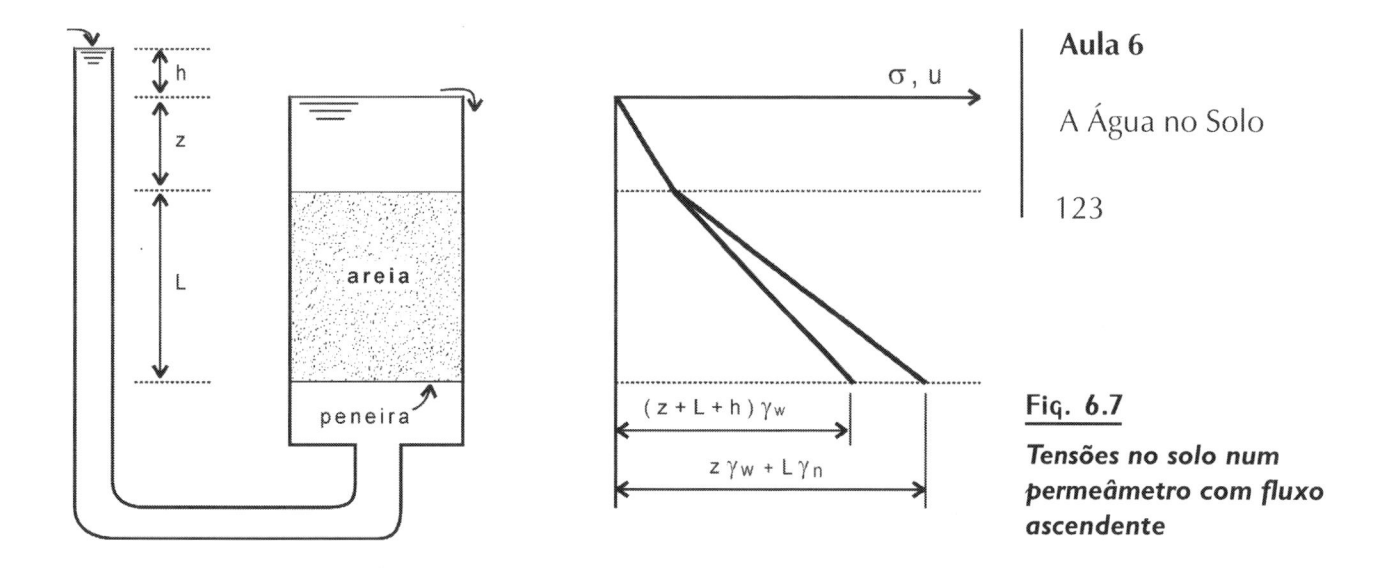

Fig. 6.7
Tensões no solo num permeâmetro com fluxo ascendente

A tensão efetiva varia linearmente com a profundidade e, na face inferior, vale:

$$\bar{\sigma} = (z\gamma_w + L\gamma_n) - (z\gamma_w + L\gamma_w + h\gamma_w)$$

expressão que pode sofrer as seguintes alterações:

$$\bar{\sigma} = L(\gamma_n - \gamma_w) - h\gamma_w$$
$$\bar{\sigma} = L(\gamma_n - \gamma_w) - \left(\frac{L\,h}{L}\right)\gamma_w$$
$$\bar{\sigma} = L\,\gamma_{sub} - L\,i\,\gamma_w$$
$$\bar{\sigma} = L(\gamma_{sub} - j)$$

A tensão efetiva, portanto, tanto pode ser calculada como a total menos a neutra, como pelo produto da altura pelo peso específico submerso (como demonstrado na Aula 5 e revisto na seção 6.1), só que, quando há percolação, deve-se descontar a força de percolação.

No exemplo da Fig. 6.8, em que o fluxo é descendente, os cálculos são semelhantes, mas a tensão efetiva aumenta com a percolação em relação à situação sem fluxo, e vale:

$$\bar{\sigma} = L(\gamma_{sub} + j)$$

No exemplo da Fig. 6.7, a força transmitida à peneira que sustenta a areia é proporcional ao peso específico submerso, mas aliviada da força de percolação, que tende a arrastar as partículas do solo para cima.

No exemplo da Fig. 6.8, ocorre o contrário: a força transmitida à peneira soma o efeito do peso específico submerso com o da força de percolação que empurra os grãos para baixo.

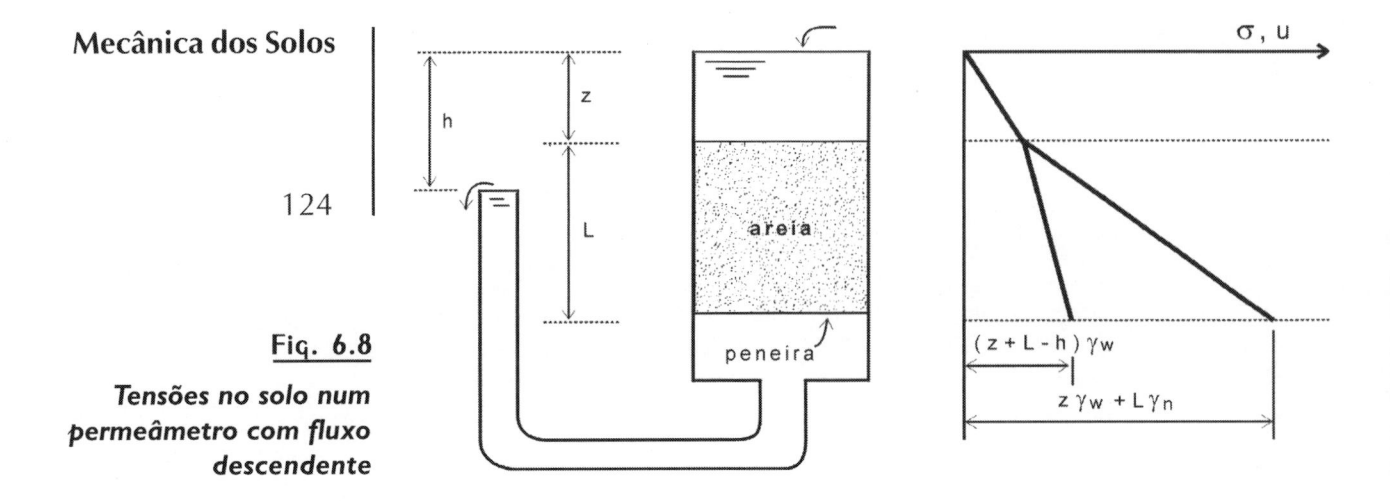

Fig. 6.8
Tensões no solo num permeâmetro com fluxo descendente

6.7 Gradiente crítico

No exemplo da Fig. 6.7, considere-se que a carga hidráulica h aumente progressivamente. A tensão efetiva ao longo de toda a espessura irá diminuir até o instante em que se torne nula. Nessa situação, as forças transmitidas de grão para grão são nulas. Os grãos permanecem, teoricamente, nas mesmas posições, mas não transmitem forças através dos pontos de contato. A ação do peso dos grãos (gravidade) contrapõe-se à ação de arraste por atrito da água que percola para cima (força de percolação).

Como a resistência das areias é proporcional à tensão efetiva, quando esta se anula, a areia perde completamente sua resistência e fica num estado definido como *areia movediça*.

Para se conhecer o gradiente que provoca o estado de areia movediça, pode-se determinar o valor que conduz a tensão efetiva a zero, na expressão abaixo:

$$\bar{\sigma} = L\gamma_{sub} - L\, i\, \gamma_w = 0$$
$$\bar{\sigma} = L\left(\gamma_{sub} - i\, \gamma_w\right) = 0$$

de onde se tem:

$$i_{crit} = \frac{\gamma_{sub}}{\gamma_w}$$

Esse gradiente é chamado *gradiente crítico*. Seu valor é da ordem de 1, pois o peso específico submerso dos solos é da ordem do peso específico da água.

Logicamente, o estado de areia movediça só ocorre quando o gradiente atua de baixo para cima. No sentido contrário, quanto maior for o gradiente, maior a tensão efetiva, como ilustra o exemplo da Fig. 6.8.

Note-se que areia movediça não é um tipo de areia, mas um estado do solo em que as forças de percolação tornam as tensões efetivas nulas.

Não existem argilas movediças, pois as argilas apresentam consistência mesmo quando a tensão efetiva é nula. Teoricamente, poderiam ocorrer areias grossas e pedregulhos movediços, mas as vazões correspondentes ao gradiente crítico seriam tão elevadas que não é fácil encontrar uma situação que provoque esse estado. Areia movediça é uma situação típica de areias finas.

A crendice popular de que uma pessoa pode ser "sugada" pela areia movediça, reforçada por cenas de cinema em que isso é mostrado, não tem respaldo técnico. A areia movediça comporta-se como um líquido de peso específico com aproximadamente o dobro do peso específico da água. Ora, se o corpo humano boia na água, na areia movediça não deve afundar mais do que a metade de seu volume. Outra maneira de ver a questão é considerar que a força de percolação atua no corpo arrastando-o para cima, da mesma maneira como faz com os grãos da areia. Pode ocorrer que uma pessoa ou um animal que caia na areia movediça, o debater-se, acabe por mergulhar, mas a areia não a "arrasta" para baixo.

Na natureza, as areias movediças, são de rara ocorrência, mas o homem é capaz de criar essa situação nas suas obras.

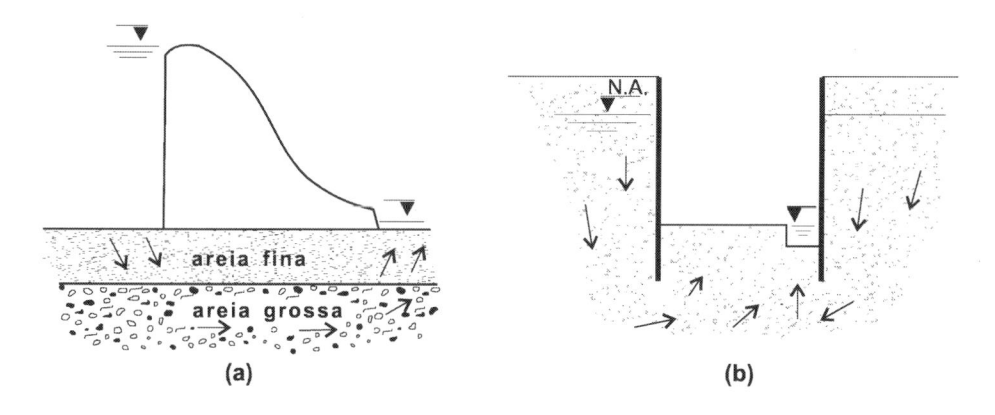

Aula 6

A Água no Solo

Fig. 6.9
Exemplos de estados de areia movediça criados em obras

Em uma barragem construída sobre uma camada de areia fina sobreposta a um sedimento de areia grossa, como ilustrado na Fig. 6.9 (a), a água do reservatório se infiltra pelas fundações, percorre na horizontal, preferencialmente pela areia grossa, e emerge a jusante, através da areia fina. Nesse movimento ascendente, o gradiente pode atingir o valor crítico. A areia perderá resistência e a barragem tombará.

Outra situação favorável ao estado de areia movediça, ilustrada na Fig. 6.9 (b), é uma escavação em areia, previamente escorada com estacas pranchas, em que o nível d'água é rebaixado para que se possa trabalhar a seco. A perda de resistência fará mergulhar as pessoas e os equipamentos que estiverem trabalhando no fundo e, eventualmente, provocará a ruptura do escoramento por falta de sustentação lateral.

Nas análises feitas até o presente, considerou-se que as areias fossem absolutamente homogêneas. Tal fato não ocorre na natureza. Num depósito natural de areia, certamente ocorrerão zonas de grãos mais grossos e, portanto, de maior permeabilidade. Disso resulta concentração da percolação em zonas mais permeáveis, gerando a ocorrência de tensões efetivas nulas em alguns pontos da superfície de descarga.

Quando a perda de resistência se inicia num ponto, ocorre erosão nesse local, o que provoca ainda maior concentração de fluxo para a região; com o aumento do gradiente, surge maior erosão e assim, progressivamente, forma-se

Mecânica dos Solos

um furo que progride regressivamente para o interior do solo. Esse fenômeno, conhecido pelo nome de *piping, entubamento* ou *erosão progressiva*, é uma das mais frequentes causas de ruptura de barragens.

A heterogeneidade natural das areias justifica que se considerem elevados coeficientes de segurança com relação a este aspecto.

6.8 Redução do gradiente de saída

Numa situação como a das fundações da barragem indicada na Fig. 6.9, o gradiente de saída poderia ser reduzido com a colocação de uma camada de areia grossa ou de pedregulho no pé de jusante da barragem. Esse aspecto pode ser estudado pelo modelo de *duas areias em um permeâmetro*.

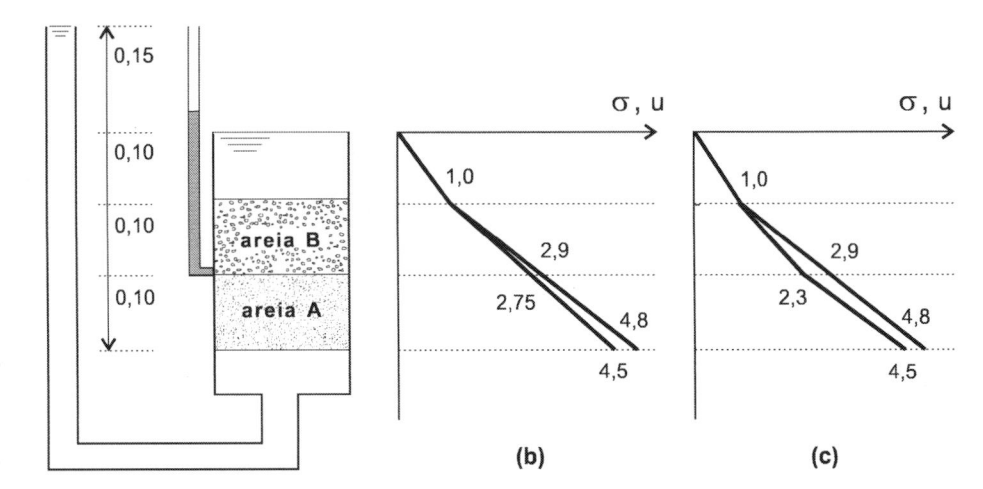

Fig. 6.10
Tensões no solo num permeâmetro com duas areias

No exemplo mostrado na Fig. 6.10, as medidas estão indicadas em metros. Se as duas areias tiverem peso específico igual a 19 kN/m³ e o mesmo coeficiente de permeabilidade, os diagramas das pressões totais e neutras é o mostrado na Fig. 6.10 (b) e o gradiente é:

$$i = \frac{0,15}{0,20} = 0,75$$

O gradiente crítico desta areia é:

$$i_{crit} = \frac{\gamma_{sub}}{\gamma_w} = \frac{(19 - 10)}{10} = 0,9$$

e o coeficiente de segurança à situação de areia movediça é:

$$F = \frac{0,90}{0,75} = 1,2$$

Considere-se, agora, que a areia B seja 4 vezes mais permeável do que a areia A:

$$k_B = 4\, k_A$$

Parte da carga que provoca a percolação, $h = 0{,}15$ m, dissipa-se em cada areia. A soma das duas parcelas é a carga total:

$$h_A + h_B = 0{,}15$$

Com base no princípio da continuidade (a vazão da areia A é igual à vazão da areia B) e na Lei de Darcy, tem-se:

$$Q = k_A \frac{h_A}{L_A} A_A = k_B \frac{h_B}{L_B} A_B$$

Com as três últimas expressões, calculam-se todos os dados de um problema de duas areias em um permeâmetro. No exemplo considerado, substituindo-se as duas primeiras expressões na terceira e aplicando-se os dados conhecidos, tem-se:

$$k_A h_A = k_B h_B = 4 k_A (h - h_A)$$
$$h_A = 4 (h - h_A)$$
$$h_A = \frac{4h}{5} = 0{,}12 \text{ cm} \quad \text{e} \quad h_B = 0{,}03 \text{ cm}$$

Da carga total, 80% se dissipam em A e só 20% se dissipam em B. Os gradientes em cada uma das areias passam a ser:

$$i_A = \frac{0{,}12}{0{,}10} = 1{,}2 \quad \text{e} \quad i_B = \frac{0{,}03}{0{,}10} = 0{,}3$$

A areia A, embora com gradiente superior ao crítico, está protegida contra *piping* pela ação bloqueadora da areia B. Para a areia B, na saída do fluxo, o coeficiente de segurança com relação ao *piping* foi aumentado para:

$$F = \frac{0{,}9}{0{,}3} = 3$$

Neste problema, também interessa conhecer as tensões atuantes ao longo de toda a altura. Isso pode ser calculado da seguinte maneira:

A tensão total na interface entre as duas camadas é:

$$\sigma = 10 \times 0{,}10 + 19 \times 0{,}10 = 2{,}9 \text{ kPa}$$

Para o cálculo das tensões neutra e efetiva, dois procedimentos podem ser empregados:

1. A pressão neutra é igual à pressão correspondente ao nível de montante $[(0{,}15 + 0{,}10 + 0{,}10) \times 10 = 3{,}5 \text{ kPa}]$ menos a pressão correspondente à carga que se dissipou ao longo da areia A ($0{,}12 \times 10 = 1{,}2$ kPa). Portanto, $u = 3{,}5 - 1{,}2 = 2{,}3$ kPa.

Aula 6

A Água no Solo

Ou, então, segundo mesmo raciocínio, a pressão neutra pode ser calculada como igual à pressão correspondente ao nível de jusante [(0,10 + 0,10] x 10 = 2 kPa, mais a correspondente à carga que ainda não se dissipou até essa posição e que se dissipará ao longo da areia B (0,03 x 10 = 0,3 kPa), portanto, u = 2,0 + 0,3 = 2,3 kPa.

A tensão efetiva é a diferença:

$$\bar{\sigma} = 2{,}9 - 2{,}3 = 0{,}6 \text{ kPa}$$

Os dois cálculos significam, em outras palavras, que em um piezômetro colocado na interface, a água se elevaria a uma posição 12 cm abaixo do nível de montante e 3 cm acima do nível de jusante.

2. A tensão efetiva na interface entre as duas camadas pode ser calculada diretamente, em função do peso específico submerso e da força de percolação:

$$\bar{\sigma} = L \cdot (\gamma_{sub} - i \cdot \gamma_w)$$

$$\bar{\sigma} = 0{,}10 \cdot (9 - 0{,}3 \times 10) = 0{,}6 \text{ kPa}$$

Nesse procedimento, a pressão neutra seria obtida pela diferença entre as tensões total e efetiva.

Ao longo das areias, por serem uniformes, a variação das tensões é linear. O resultado final está na Fig. 6.10 (c).

6.9 *Levantamento de fundo*

Na Fig. 6.10 (c), o diagrama mostra que a tensão efetiva é positiva em qualquer ponto. Se a carga *h* fosse elevada até atingir 0,18 m, o diagrama de pressões neutras se desviaria para a direita e, na face inferior da areia A, encostaria no diagrama das tensões totais.

O gradiente de saída na areia B ainda seria muito menor do que o gradiente crítico, mas a tensão efetiva na face inferior da areia A seria nula. Isso indica que a areia A deixaria de atuar sobre a peneira que a sustentava, e o peso total das areias seria contrabalançado pela força de percolação.

Qualquer novo acréscimo de carga hidráulica provocaria um levantamento dos grãos de areia no permeâmetro e sua completa dispersão. Portanto, a segurança contra as forças de percolação não se restringe à possibilidade de *piping*, devido ao gradiente de saída.

O fenômeno de levantamento de fundo também pode ocorrer quando se escava uma argila, e existe sob ela areia com água sob pressão. Atingida certa profundidade, o peso da argila e sua coesão podem não ser suficientes para contrabalançar a pressão da água.

6.10 *Filtros de proteção*

A areia B, no exemplo da Fig. 6.10, pode ser considerada como um filtro de proteção da areia A, na medida em que confina a areia A e as forças de percolação que se desenvolvem nela são relativamente baixas.

Entretanto, um segundo aspecto deve ser satisfeito por um filtro de proteção: é necessário que os seus vazios não sejam tão abertos a ponto de os grãos finos da areia A possam passar por eles.

Os filtros de proteção são empregados sempre que houver transição entre camadas de solo muito diferentes (por exemplo, de uma argila compactada para o enrocamento, em barragens) e percolação de água.

Os critérios para projeto de filtros de proteção, propostos por Terzaghi, ainda hoje empregados após constantes verificações práticas, baseiam-se nas curvas granulométricas dos materiais. São dois:

1. $\quad D_{15\,filtro} > 5 \cdot D_{15\,solo}$

indica que o filtro deve ser mais permeável do que o solo.

2. $\quad D_{15\,filtro} < 5 \cdot D_{85\,solo}$

limita o tamanho dos finos do filtro, de forma que não deixem passagem para os grãos do solo.

O significado de D_{15} e D_{85} é semelhante ao das definições de D_{10} e D_{60} no estudo da uniformidade da granulometria.

No exemplo da Fig. 6.11, o material P não é um bom filtro para o solo S, porque não é muito mais permeável do que ele, enquanto que o material R não é adequado, por ser muito mais grosso e, eventualmente, permitir a passagem de finos do solo S pelos seus vazios. O material Q satisfaz as duas condições.

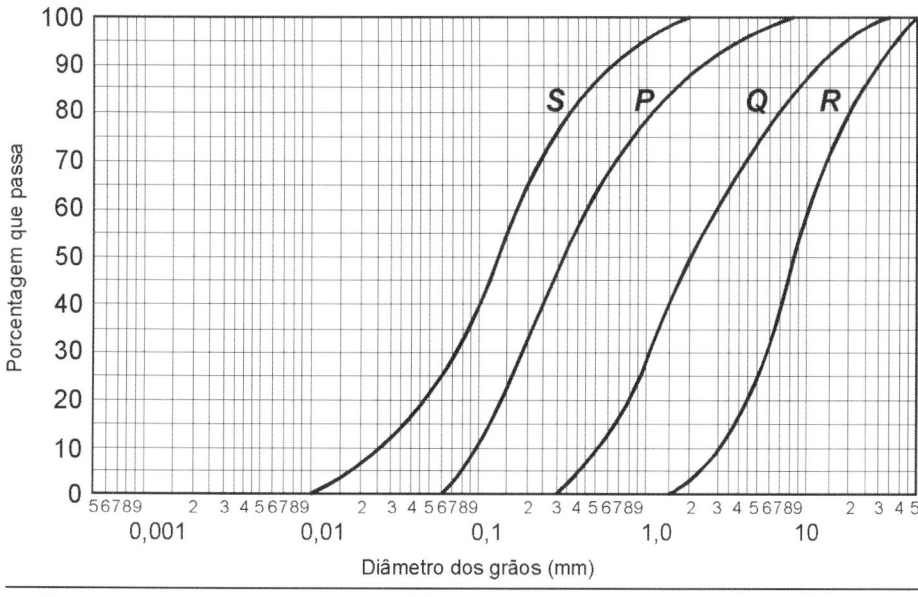

Aula 6

A Água no Solo

Solo S:
$D_{15} = 0{,}04$
$D_{85} = 0{,}5$
$5\ D_{15} = 0{,}2$
$5\ D_{85} = 2{,}5$

Material P:
$D_{15} = 0{,}12 < 0{,}2$

Material Q:
$D_{15} = 0{,}7$

Material R:
$D_{15} = 4{,}0 > 2{,}5$

Fig. 6.11

Materiais para filtros de proteção

Mecânica dos Solos

Em todos os estudos feitos até aqui, considerou-se que a posição relativa dos grãos não se altera com a passagem da água. É o que acontece na grande maioria das areias. Em algumas, entretanto, uma descontinuidade de granulo-metria, como a indicada na Fig. 6.12, permite que as partículas mais finas da areia se infiltrem pelos vazios deixados pelos grãos grossos e sejam carreadas pela água de percolação. Essas areias não são filtros de si próprias.

Fig. 6.12
Exemplo de granulometria descontínua

6.11 Permeâmetros horizontais

A apresentação de toda a aula foi feita com permeâmetros em que o fluxo era vertical, porque o caso permite o desenvolvimento de temas importantes, como o do gradiente crítico. Problemas como a percolação da água pela areia grossa da fundação da barragem da Fig. 6.9 podem ser associados a um permeâmetro com fluxo horizontal. Na Fig. 6.13, mostra-se um caso de duas areias com variação da carga ao longo do trajeto.

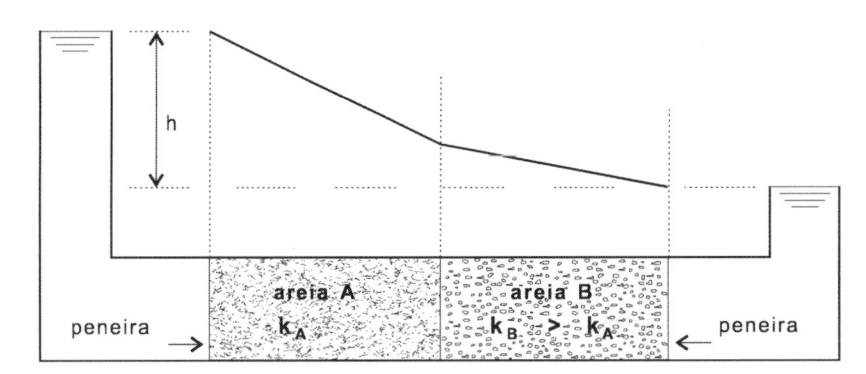

Fig. 6.13
Duas areias em permeâmetro horizontal

As forças de percolação, nesse caso, são horizontais. Não há possibilidade de areia movediça, pois elas não se contrapõem à gravidade. Qual é então a sua ação? Elas alteram a pressão que as areias exercem sobre as peneiras que as contêm lateralmente, diminuem a força sobre a peneira da esquerda e aumentam a força sobre a peneira da direita.

Em fluxos oblíquos, a força de percolação atua no sentido do fluxo. Só a componente vertical influi na tensão vertical efetiva.

Exercícios resolvidos

Exercício 6.1 No permeâmetro mostrado na Fig. 6.2, adote: h = 28 cm; z = 24 cm e L = 50 cm. A seção transversal do permeâmetro é de 530 cm². O peso específico da areia é de 18 kN/m³. Mantida a carga hidráulica, mediu-se um volume de 100 cm³ escoando em 18 segundos. Qual é o coeficiente de permeabilidade do material?

Solução:

Cálculo da vazão: Q = 100/18 = 5,5 cm³/s
Cálculo do gradiente hidráulico: i = 28/50 = 0,56
Cálculo de k: k = Q/iA = 5,5/(0,56 x 530) = 0,0185 = 1,9 x 10⁻² cm/s

Exercício 6.2 Num ensaio de permeabilidade em que foi determinado um coeficiente de permeabilidade de 1,8 x 10⁻² cm/s, se a temperatura da água fosse de 15°C, como deveria ser considerado o coeficiente de permeabilidade em termos correntes da Mecânica dos Solos?

Solução: O coeficiente de permeabilidade é, na Mecânica dos Solos, expresso para a água na temperatura de 20°C, em virtude da variação da viscosidade da água com a temperatura. Os resultados obtidos com água em outra temperatura devem ser convertidos para a correspondente à temperatura de 20°C, multiplicando-se o resultado pela relação entre as viscosidades correspondentes. Na Tab. 6.3 estão apresentados os valores dessa relação para algumas temperaturas correntes, que se podem interpolar para valores intermediários.

Tab. 6.3 Relação entre a viscosidade na temperatura citada pela viscosidade da água a 20°C

Temperatura (°C)	μ/μ_{20}	Temperatura (°C)	μ/μ_{20}	Temperatura (°C)	μ/μ_{20}
10	1,298	18	1,051	26	0,867
12	1,227	20	1,000	28	0,828
14	1,165	22	0,952	30	0,793
16	1,106	24	0,908		

Para o ensaio em questão, o coeficiente a expressar é:

k = 1,135 x 1,8 x 10⁻² = 2,0 x 10⁻² cm/s

Exercício 6.3 Num ensaio de permeabilidade, com permeâmetro de carga variável, como mostrado na Fig. 6.4, quando a carga h era de 65 cm, acionou-se o cronômetro. Trinta segundos após, a carga h era de 35 cm. L = 20 cm e A = 77 cm² são as dimensões do corpo de prova e a área da bureta é de 1,2 cm². Pergunta-se:

a) Qual é o coeficiente de permeabilidade do solo em estudo?
b) Estime o coeficiente de permeabilidade, aplicando diretamente a Lei de Darcy, para uma carga média durante o ensaio.

Solução:

a) Cálculo do coeficiente de permeabilidade

Ao aplicar-se a equação deduzida para permeâmetro de carga variável, tem-se:

$$k = 2{,}3 \times [(1{,}2 \times 20)/(77 \times 30)] \times \log(65/35) = 2{,}3 \times 0{,}0104 \times 0{,}268 = 0{,}0064 = 6{,}4 \times 10^{-3}\,\text{cm/s}$$

b) No início do ensaio, a carga era de 65 cm; no final, era de 35 cm; considere-se, então, que a carga média era de 50 cm.

O gradiente médio seria: $i = h/L = 50/20 = 2{,}5$
O volume escoado é: $V = (65-35) \times 1{,}2 = 36\,\text{cm}^3$
A vazão média é de: $Q = 36/30 = 1{,}2\,\text{cm}^3/\text{s}$
Ao aplicar-se a Lei de Darcy, tem-se:
$k = Q/iA = 1{,}2/(2{,}5 \times 77) = 6{,}2 \times 10^{-3}\,\text{cm/s}$.

Note que o valor determinado por esse procedimento aproximado não se diferencia muito do valor calculado pela correta consideração da carga variável.

Exercício 6.4 No caso do exercício anterior, determine em quanto tempo a carga hidráulica teria caído de 65 cm para 50 cm.

Solução: A velocidade de descida da água na bureta não é constante; ela diminui à medida que o nível da água baixa, pois o gradiente fica menor. O tempo em que a carga hidráulica caiu de 65 para 50 cm pode ser determinado pela mesma equação empregada para o cálculo do coeficiente de permeabilidade:

$$t = 2{,}3 \times [(1{,}2 \times 20)/(77 \times 6{,}4 \times 10^{-3})] \times \log(65/50) = 2{,}3 \times 48{,}7 \times 0{,}114 = 12{,}8\,\text{segundos}$$

Portanto, o nível d'água levou 12,8 segundos para cair 15 cm (de 65 para 50) e 17,2 segundos para cair mais 15 cm (de 50 para 35 cm).

Exercício 6.5 Com base nas curvas granulométricas das três areias i, j e k, do Exercício 3.1, mostradas na Fig. 3.7, estime seus coeficiente de permeabilidade, e justifique seus valores relativos.

Solução: Os coeficientes de permeabilidade de areias podem ser estimados pela equação de Hazen, que é válida para areias com CNU menor do que 5, o que é satisfeito pelas três areias apresentadas. Tem-se, então:

	D_{60} (mm)	$D_{efet.} = D_{10}$ (mm)	$CNU = D_{60}/D_{10}$	k estimado (cm/s)
Areia i	0,27	0,10	2,7	1×10^{-2}
Areia j	1,60	0,32	5,0	$1{,}0 \times 10^{-1}$
Areia k	0,90	0,40	2,2	$1{,}6 \times 10^{-1}$

Observa-se que a Areia j, apesar de mais grossa do que a Areia k, apresenta um coeficiente de permeabilidade menor, pois sua fração mais fina é de menor diâmetro que a fração mais fina da Areia j, e são esses finos que comandam a permeabilidade das areias.

Exercício 6.6 Uma areia bem-graduada de grãos angulares tem um índice de vazios máximo de 0,83 e um índice de vazios mínimo de 0,51. É possível prever a relação entre os coeficientes de permeabilidade dessa areia nos estados de máxima e de mínima compacidade?

Solução: Da analogia da percolação nos vazios do solo com a percolação em tubos capilares, Taylor deduziu uma expressão que mostra que os coeficientes de permeabilidade são função do fator:

$$k = f\left(\frac{e^3}{1+e}\right)$$

Portanto, tem-se:

$$\frac{k_{e\,máx}}{k_{e\,mín}} = \frac{e_{máx}^3/(1+e_{máx})}{e_{mín}^3/(1+e_{mín})} = \frac{0,83^3/(1+0,83)}{0,51^3/(1+0,51)} = 3,6$$

No estado mais fofo possível, uma areia é cerca de 3 a 4 vezes mais permeável do que no estado mais compacto possível.

Exercício 6.7 Se o coeficiente de permeabilidade da areia anteriormente descrita, no seu estado mais fofo possível, é de 4×10^{-3} cm/s, qual deve ser o seu coeficiente de permeabilidade quando ela estiver com uma compacidade relativa de 70%?

Solução: Cálculo do índice de vazios para $CR = 70\%$:

$$CR = \frac{e_{max} - e}{e_{max} - e_{min}} = \frac{0,83 - e}{0,83 - 0,51} = 0,70$$

de onde se tem: $e = 0,606$.

Ao calcular-se as expressões $[e^3/(1+e)]$ para o estado mais fofo (e=0,83) e para o estado de interesse (e=0,606), a relação entre elas indica a relação entre as permeabilidades, de onde se tem:

$$k_{e=0,606} = (0,1386/0,3125) \times 4 \times 10^{-3} = 1,8 \times 10^{-3} \text{ cm/s}$$

Exercício 6.8 Num sistema como o da Fig. 6.7, considere $L = 50$ cm; $z = 24$ cm; e $h = 14$ cm. A área do permeâmetro é de 530 cm². O peso específico da areia é de 18 kN/m³. (a) Determine, inicialmente, qual o esforço que a areia estará exercendo na peneira. (b) Considere, a seguir, um ponto no interior do solo, P, numa altura 12,5 cm acima da peneira. Para esse ponto, determine: 1) a carga altimétrica; 2) a carga piezométrica; 3) a carga total; 4) a tensão total; 5) a pressão neutra; e 6) a tensão efetiva.

Solução:

(a) A tensão total na peneira é:
$$\sigma = 10 \times 0{,}24 + 18 \times 0{,}50 = 11{,}4 \text{ kN/m}^2$$

A pressão neutra na cota correspondente à peneira é:
$$u = 10 \times (0{,}14+0{,}24+0{,}50) = 8{,}8 \text{ kPa}$$

A tensão efetiva na interface da areia para a peneira é:
$$\sigma' = 11{,}4 - 8{,}8 = 2{,}6 \text{ kPa.}$$

A tensão efetiva também poderia ser calculada com base no peso específico submerso da areia e a força de percolação (seção 6.6):

A força de percolação vale: $j = (h/L)\gamma_w = (14/50) \times 10 = 2{,}8 \text{ kN/m}^3$

A tensão efetiva vale: $\sigma' = 0{,}50 \times [(18-10) - 2{,}8)] = 2{,}6 \text{ kPa.}$

A tensão efetiva é a que se transmite entre os corpos sólidos, entre grãos ou entre grãos e arames. Portanto, a força exercida pela areia na tela é: $F = 2{,}6 \times 0{,}0530 = 0{,}1378 \text{ kN} = 137{,}8 \text{ N.}$

b) Para definir cargas, é necessário estabelecer uma cota de referência. Seja ela a cota da peneira que sustenta a areia.

A perda de carga total pela areia é de h = 14 cm. O gradiente é de 14/50 = 0,28. Isto significa que a carga total se dissipa na areia, 0,28 cm para cada centímetro percorrido. O ponto *P* está situado a 12,5 cm da face de início da percolação. Portanto, houve uma perda de 12,5 x 0,28 = 3,5 cm. Esse valor é um quarto da carga que provoca a percolação, o que é lógico, pois a distância percorrida pela água até o ponto *P* é um quarto da distância ao longo da qual ela dissipa sua carga. Num piezômetro colocado no ponto P, a água subiria até a cota (L+z+h)-Δh = 50+24+14-3,5 = 84,5 cm. Essa é a carga total no ponto *P*. Como o ponto *P* está na cota 12,5, a água no piezômetro subiria até 84,5-12,5 = 72 cm acima da cota do ponto *P*; essa é a carga piezométrica Hp. A carga altimétrica do ponto P é de 12,5 cm.

A tensão total no ponto P é: $\sigma = 10 \times 0{,}24 + 18 \times 0{,}375 = 9{,}15 \text{ kPa}$

A pressão neutra no ponto P é: $u = H_p \times \gamma_w = 0{,}72 \times 10 = 7{,}2 \text{ kPa.}$

A tensão efetiva no ponto P é: $\sigma' = 9{,}15 - 7{,}2 = 1{,}95 \text{ kPa.}$

Exercício 6.9 Na questão anterior, o que ocorreria se a carga *h* fosse elevada até chegar a 40 cm?

Solução: À medida que a carga hidráulica fosse aumentada, o gradiente iria aumentar, e as tensões efetivas iriam diminuir. Quando a sobrecarga hidráulica chegasse a 40 cm, o gradiente seria 40/50 = 0,8, valor que é igual ao gradiente crítico (seção 6.7) $i_{crit} = \gamma_{sub}/\gamma_w = 8/10 = 0{,}8$. Nesse momento, ocorreria areia movediça. A areia não pesaria mais sobre a peneira, e os grãos não transmitiriam mais forças nos seus contatos. A tensão efetiva seria nula ao longo de toda a areia. Ao elevar-se a sobrecarga *h* mais do que 40 cm, a força da água arrastaria os grãos de areia, desmanchando o corpo de prova.

Exercício 6.10 Num sistema como mostrado na Fig. 6.8, considere L = 50 cm; z = 24 cm; e h = 36 cm. A área do permeâmetro é de 530 cm². O peso específico da areia é de 18 kN/m³. (a) Inicialmente, determine qual é o esforço que a areia estará exercendo na peneira. (b) A seguir, considere um ponto no interior do solo, P, numa altura 12,5 cm acima da peneira, e determine: 1) a carga altimétrica; 2) a carga piezométrica; 3) a carga total; 4) a tensão total; 5) a pressão neutra; e 6) a tensão efetiva.

Solução: Este exercício é semelhante ao Exercício 6.8 e só varia na direção do fluxo, que passa a ser de cima para baixo. Desta forma, o esforço que a areia exerce na peneira é muito maior, pois:

a tensão total na peneira é:
σ = 10 x 0,24 + 18 x 0,50 = 11,4 kN/m²
a pressão neutra na cota correspondente à peneira é:
u = 10 x (0,24+0,50-0,36)= 3,8 kPa
a tensão efetiva na interface da areia para a peneira é:
σ' = 11,4 – 3,8 = 7,6 kPa.

A tensão efetiva também poderia ser calculada com base no peso específico submerso da areia e a força de percolação (seção 6.6).

A força de percolação vale: j = (h/L)γ_w = (36/50) x 10 = 7,2 kN/m³
A tensão efetiva vale: σ' = 0,50 x [(18–10) +7,2] = 7,6 kPa.

A tensão efetiva transmite-se entre os corpos sólidos, entre grãos ou entre grãos e arames; portanto, a força exercida pela areia na tela é:

F = 7,6 x 0,0530 = 0,403 kN = 403 N.

Para o ponto situado a 12,5 cm acima da peneira, tomando-se a cota desta como referência, tem-se:

Carga total: H_T = (50+24) - (0,72x37,5) = 47,0 cm
Carga altimétrica: H_A = 12,5 cm
Carga piezométrica: H_p = 47-12,5 = 34,5 cm
Tensão total: σ = 10x0,24 + 18x37,5 = 9,15 kPa
Pressão neutra: u = 10x0,345 = 3,45 kPa
Tensão efetiva: σ' = 9,15-3,45 = 5,7 kPa

Exercício 6.11 Num permeâmetro com as características apresentadas na Fig. 6.14, estão indicadas duas linhas de fluxo, ABC e DEFG. Compare, qualitativamente, sob o ponto de vista das cargas total, altimétrica e piezométrica, os seguintes pares de posições: A e D, C e G, B e F, B e E.

Solução: Os pontos A e D apresentam a mesma carga total, que corresponde ao

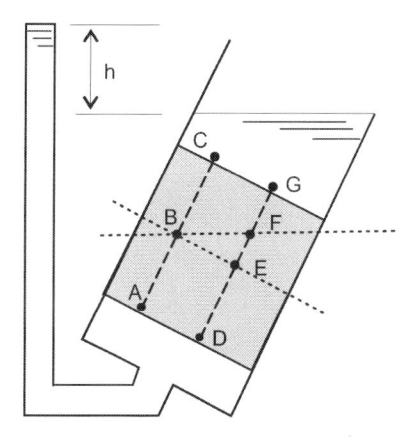

Fig. 6.14

Aula 6

A Água no Solo

Mecânica dos Solos

nível da água na bureta de alimentação da água. Até a face inferior do corpo de prova, não há perda de carga. O ponto A, com uma carga altimétrica maior, está com uma carga piezométrica menor do que o ponto D. Com a carga total (o potencial) igual nos pontos A e D, pode-se afirmar que a linha AD é uma equipotencial.

Os pontos C e G também apresentam a mesma carga total, que corresponde ao nível da água na posição de descarga. A linha CG é, também, uma equipotencial. A carga piezométrica no ponto C é menor do que a do ponto G, pois a altura de água sobre o ponto C é menor. Evidentemente, a carga altimétrica do ponto C é maior.

Os pontos B e F estão na mesma cota; portanto, apresentam a mesma carga altimétrica. O ponto B encontra-se no meio do caminho da linha de fluxo AC. Portanto, até sua posição, a metade da carga h terá se dissipado. A carga total corresponderá a uma cota média entre o nível da bureta de entrada de água e o nível da água da posição de descarga. O ponto F encontra-se além da metade da linha DG. Até ele, mais da metade da carga h já se dissipou, talvez 70% dela. Então, pode-se afirmar que a carga total no ponto F é menor do que a carga total no ponto B, e o mesmo ocorre com relação às cargas piezométricas.

O ponto E encontra-se no meio da linha de fluxo DG. Até ele, houve a mesma dissipação de carga que ocorreu até o ponto B na linha AC. Então, a carga total nos dois pontos é a mesma, e o plano definido por esses dois pontos é um plano equipotencial. Naturalmente, maior a carga altimétrica do ponto B, menor será a carga piezométrica.

Exercício 6.12 Dois corpos de prova de um solo arenoargiloso foram compactados dentro de cilindros, com 10 cm de diâmetro (78,5 cm² de área) e 20 cm de altura, ocupando a parte inferior com 10 cm. O solo ficou com um coeficiente de permeabilidade de 2×10^{-5} cm/s, e com uma altura de ascensão capilar de 250 cm. Numa primeira montagem, o corpo de prova foi colocado sobre um permeâmetro, como se mostra na Fig. 6.15, com água preenchendo a parte inferior até o nível constante. Na segunda montagem, o cilindro ficou suspenso num suporte. Nos dois casos, a parte superior do cilindro de compactação foi enchido com água. Em qual das montagens a água passará pelo solo mais depressa?

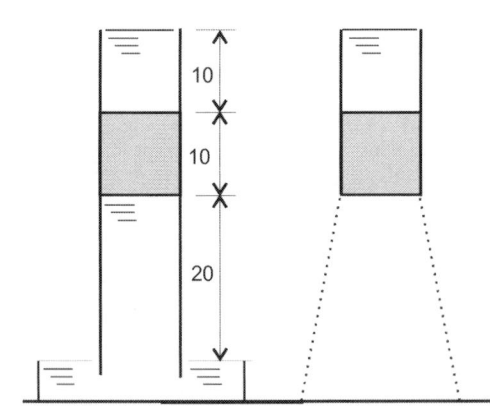

Fig. 6.15

Solução: Consideremos inicialmente a montagem semelhante a um permeâmetro. O volume a escoar é de 78,5 x 10 = 785 cm³ de água. Pode-se considerar, aproximadamente, que a carga média que provoca o fluxo é de 35 cm (40 cm no início e 30 cm no final). Então, o gradiente médio, é de 35/10 = 3,5 A vazão é dada pela Lei de Darcy:

$$Q = k\, i\, A = 2 \times 10^{-5} \times 3{,}5 \times 78{,}5 = 0{,}0055 \text{ cm}^3/\text{s}$$

Com essa vazão, o tempo para escoar todo o volume, 785 cm³, é de 785/0,0055 = 142.857 s ou cerca de 39,7 horas.

O cálculo poderia ser mais preciso, considerando-se a montagem semelhante ao de um permeâmetro de carga variável. Conforme desenvolvido no item 6.2 (b), tem-se, a partir da fórmula empregada para calcular o coeficiente de permeabilidade:

$$t = 2,3 \frac{aL}{Ak} \log \frac{h_i}{h_f} = 2,3 \frac{78,5 \times 10}{78,5 \times 2 \times 10^{-5}} = \log \frac{40}{30} = 143.635 \text{ s}$$

Esse valor, correspondente a 39,9 horas, é muito semelhante ao anterior.

No caso da segunda montagem, a água não passaria pela amostra, porque na face inferior do corpo de prova formar-se-iam meniscos capilares que sustentariam a água. A pressão da água na face inferior do corpo de prova é de 10 x 0,2 = 2 kPa, valor capaz de ser suportado pelos meniscos, pois a ascensão capilar é de 250 cm, correspondente à sucção de 10 x 2,5 = 25 kPa. Como se verificou no Exercício 5.7 (item c), a água começaria a gotejar só quando a altura de água acumulada sobre o solo fosse de 2,5 m. A primeira montagem corresponde ao item d do citado exercício, quando o tubo capilar é colocado na água.

Exercício 6.13 No permeâmetro da Fig. 6.16, a areia A ocupa a posição horizontal, com L = 20 cm, A = 100 cm², com k = 4 x 10⁻³ cm/s. A areia B ocupa a posição vertical, com L = 10 cm, A = 400 cm², e k = 2 x 10⁻³ cm/s. Qual é a possibilidade de ocorrer o estado de areia movediça nas areias A e B?

Solução: Parte da carga h = 20 cm se dissipa em A (h_A) e parte em B (h_B), de forma que: $h_A + h_B$ = h = 20

Por outro lado, a vazão em A é igual à vazão em B. Ao aplicar-se a Lei de Darcy, tem-se:

$k_A \cdot i_A \cdot A_A = k_B \cdot i_B \cdot A_B = 4 \times 10^{-3} \times (h_A/20) \times 100 = 2 \times 10^{-3} \times (h_B/10) \times 400$, donde $h_A = 4 h_B$

Das duas equações, conclui-se que: h_A = 16 cm e h_B = 4 cm.

O gradiente na areia A é de 16/20 = 0,8. Ainda que elevado, não provoca areia movediça, porque o fluxo se dá na direção horizontal, e não se contrapõe à ação da gravidade. O efeito da força de percolação aumentará o empuxo da areia A sobre a tela n, e reduzirá o empuxo sobre a tela m, indicadas na figura.

O gradiente na areia B é de 4/10 = 0,4. Ainda que ascendente, dificilmente ele provocaria o estado de areia movediça, pois as areias

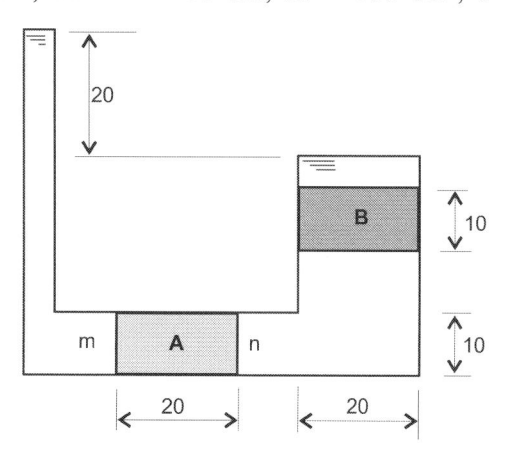

Fig. 6.16

Mecânica dos Solos

geralmente apresentam pesos específicos submersos superiores a 8 kN/m³ (pesos específicos naturais superiores a 18 kN/m³). Somente se a areia fosse constituída de grãos tão leves, que seu peso específico natural fosse igual a 14 kN/m³ (γ_{sub} = 4 kN/m³ igual à força de percolação, $j = i\gamma_w$ = 0,4 x 10 = 4 kN/m³), poderia ocorrer o efeito de areia movediça (sem considerar o coeficiente de segurança para levar em conta a eventual heterogeneidade da areia).

Exercício 6.14 No permeâmetro da Fig. 6.16, calcule a tensão efetiva no ponto central da areia B.

Solução: As tensões dependem do peso específico da areia. Ao adotar-se γ_n = 18 kN/m³, por procedimento mostrado na seção 6.6, conclui-se que a tensão efetiva é: σ' = L (γ_{sub} - j) = 0,05 x (8-4) = 0,2 kPa.

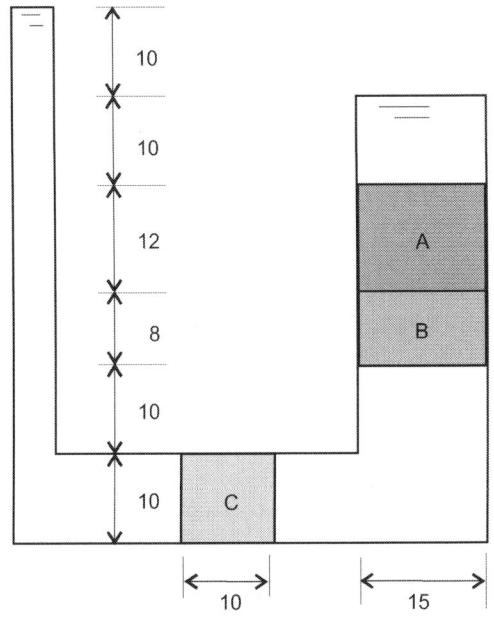

Fig. 6.17

Exercício 6.15 O permeâmetro da Fig. 6.17 mostra uma situação em que, só com as areias A e B, não ocorre o fenômeno de areia movediça. Entretanto, para reduzir o gradiente de saída nessa areia para menos da metade de seu valor nessa situação inicial, decidiu-se introduzir uma areia C, na posição indicada na figura. Qual deve ser o coeficiente de permeabilidade dessa areia para que o objetivo seja atingido? Dados: k_A = 10⁻² cm/s; k_B = 2 x 10⁻² cm/s; seção transversal do permeâmetro quadrada; medidas em cm na figura.

Solução: Determinam-se as condições iniciais de percolação, como se fez no Exercício 6.12. Obtêm-se: perda de carga na areia A de 7,5 cm; na areia B de 2,5 cm; o gradiente na areia A é de 0,625; vazão = 1,406 cm³/s.

Para que o gradiente na areia A seja a metade da original, é preciso que a perda de carga seja a metade da original, o que se consegue se a metade da carga (h = 5 cm) se dissipar na areia C. Então, a vazão do sistema original cairá para a metade. Ao aplicar-se a Lei de Darcy para a areia C, tem-se:

$$Q = k_C (5/10) \, 10^2 = 0,703 \text{ cm}^3/s$$

de onde se tem: $k_C = 1,4 \times 10^{-2}$ cm/s

Exercício 6.16 Num permeâmetro como o mostrado na Fig. 6.6, com as dimensões apresentadas na Fig. 6.18 (a), determine a posição dos pontos em que a pressão neutra é nula.

Fig. 6.18

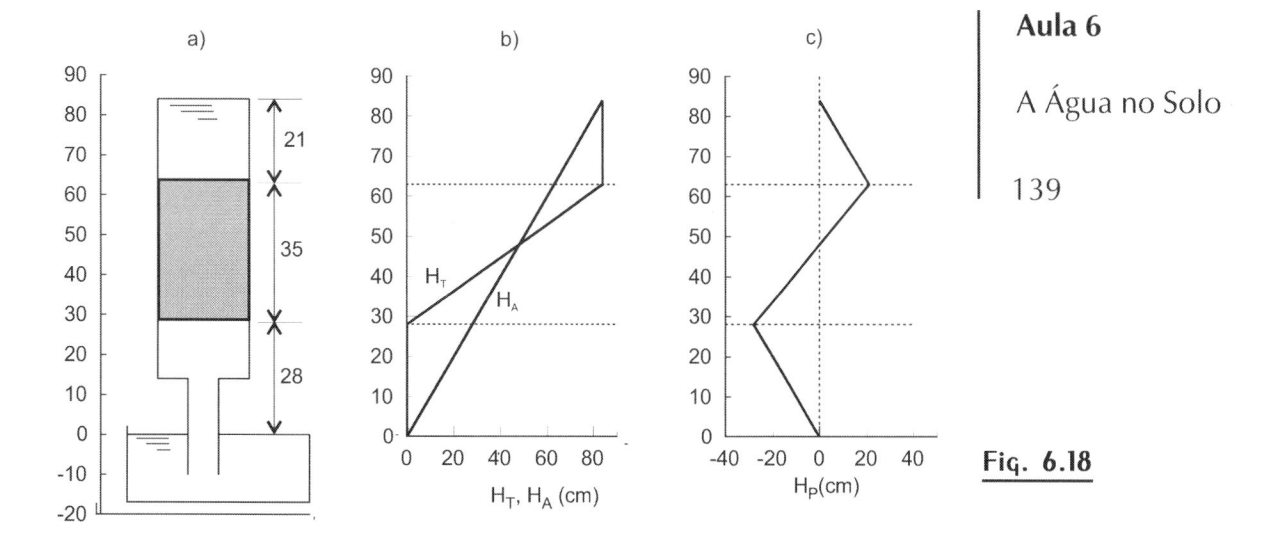

Solução: Tomando-se como cota de referência o nível d'água inferior, no topo do corpo de prova de areia, a carga total é de 84 cm. Na face inferior do corpo de prova, a carga total é nula. A perda de carga total é de 84 cm e ocorre linearmente ao longo do caminho de percolação. O gradiente é 84/35 = 2,4. O diagrama de cargas totais está na Fig. 6.18 (b). A equação da carga total em função da altura z, ao longo do corpo de prova de areia é:

$$H_T = 2,4\ (z-28) = 2,4\ z - 67,2$$

A equação da carga altimétrica em função da altura, também representada na Fig. 6.18(b), é:

$$H_A = z$$

A carga piezométrica será nula quando $H_A = H_T$. Das equações acima, conclui-se que isso ocorre para z = 48 cm.

Pode-se usar o seguinte caminho: a carga piezométrica na face superior do corpo de prova é de 21 cm. Na face inferior, a carga piezométrica é negativa, igual a −28 cm. Sendo o solo homogêneo, esta diferença, 21− (−28) = 49, ocorre linearmente ao longo do corpo de prova, que tem 35 cm. A Fig. 6.18 (c) mostra a variação da carga piezométrica, que ocorre linearmente, pois a areia é homogênea; ela diminui 49 cm ao longo de 35 cm, ou seja, de 1,4 cm/cm. A carga piezométrica, que é de 21 cm na face superior, cairá para zero depois de percorrer um caminho de 21/1,4 = 15 cm, ou seja, na cota 63 − 15 = 48 cm, como havia sido determinado.

Exercício 6.17 No permeâmetro mostrado na Fig. 6.19 (a), uma tela foi fixada nas paredes laterais, imediatamente acima da areia, sem nela se apoiar. A areia tem um peso específico natural de 20 kN/m³. a) Determine a tensão efetiva no ponto médio, P, quando a carga h for igual a 10, a 20 e a 30 cm; b) represente o diagrama de tensões totais, neutras e efetivas, para a carga h de 30 cm.

Mecânica dos Solos

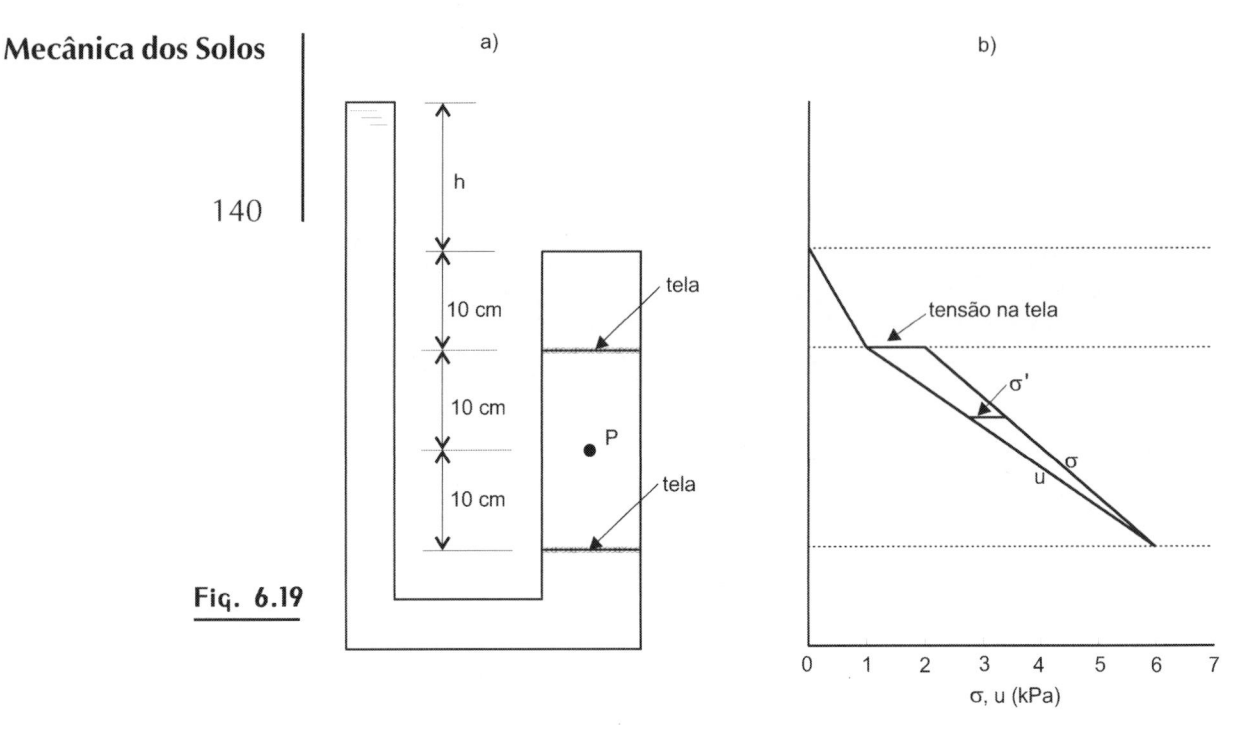

Fig. 6.19

Solução: a) Quando a carga h for de 10 cm, a tensão total no ponto P é de $10 \times 0,1 + 20 \times 0,1 = 3$ kPa. A carga piezométrica no ponto P é 25 cm, pois até o ponto P, a metade da carga h terá se dissipado; a pressão na água é, portanto, de 2,5 kPa. Em consequência, a tensão efetiva no ponto médio é de 0,5 kPa.

Quando a carga h for de 20 cm, a pressão na água no ponto médio é igual a 3 kPa, igual, portanto, à tensão total. A tensão efetiva é nula, pois a areia está no estado movediço. Chega-se a essa conclusão ao se comparar o gradiente, igual a 1 (força de percolação igual a 10 kN/m^3), com o peso específico submerso, igual a 10 kN/m^3.

Para gradientes acima do gradiente crítico, portanto, para cargas superiores a 20 cm, a força da água arrastaria os grãos de areia. A tela posicionada acima, entretanto, impede que isso aconteça. A areia empurra a tela com uma força igual à força total de percolação menos a força correspondente ao peso submerso da areia. Por raciocínio semelhante ao desenvolvido nos itens 6.5 e 6.6, conclui-se que essa força é:

$$F = h\gamma_w A - L\gamma_{sub} A$$

A tensão na tela é = $h\gamma_w - L\gamma_{sub}$ = $0,3 \times 10 - 0,2 \times 10 = 1$ kPa. A essa tensão, com sentido ascendente, corresponde, como reação, tensão de igual valor, que atua sobre a areia em toda a profundidade. Desta forma, os diagramas de tensão são os apresentados na Fig. 6.19 (b).

Conclui-se que a tensão efetiva no ponto P é igual a 0,5 kPa, como quando a carga h era de 10 cm. Nessa situação, a pressão neutra é de 3,5 kPa, e de 4 kPa a tensão total.

Exercício 6.18 As areias A e B foram ensaiadas em um permeâmetro de seção quadrada, de duas maneiras diferentes. Na primeira montagem, dispôs-se uma sobre a outra, como se mostra na Fig. 6.20 (a). Na outra, as areias foram colocadas uma ao lado da outra, como indicado na Fig. 6.20 (b). O coeficiente de permeabilidade da areia A é quatro vezes maior do que o da areia B ($k_A = 4 \times 10^{-4}$ m/s e $k_B = 10^{-4}$ m/s). Dimensões em centímetros. Em qual das duas montagens será maior a vazão?

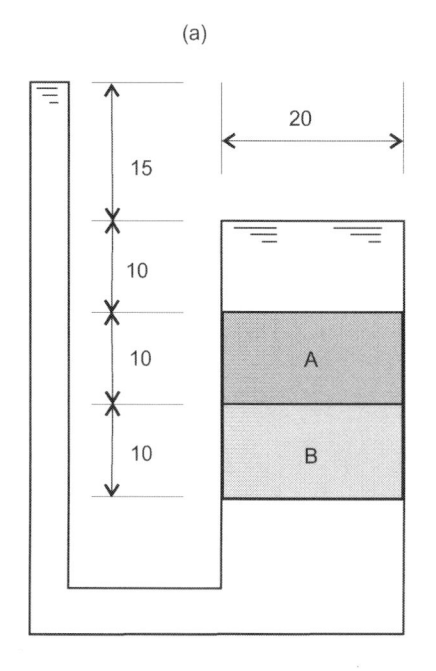

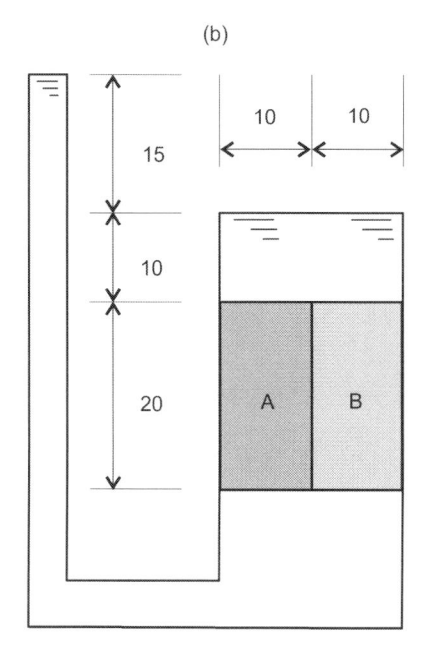

Fig. 6.20

Solução: No caso da primeira montagem, o problema é semelhante ao Exercício 6.13. Com dimensões iguais dos corpos de prova das duas areias, as perdas de carga em cada uma são inversamente proporcionais aos coeficientes de permeabilidade. Portanto, da carga total de 15 cm, 3 cm se dissipam na areia A e 12 cm se dissipam na areia B. A vazão pode ser calculada para qualquer das duas, pela equação de Darcy. Para a areia A:

$$Q = k\,i\,A = (4 \times 10^{-2}) \times (3/10) \times 400 = 4,8 \text{ cm}^3/\text{s}$$

Na segunda montagem, a vazão por cada uma das areias independe da vazão da outra, mas é lógico que a vazão pela areia A é maior do que a vazão pela areia B, por ser aquela mais permeável. No dois casos, o gradiente é $15/20 = 0,75$. Ao calcular-se a vazão para cada areia, tem-se:

areia A: $Q_A = (4 \times 10^{-2}) \times 0,75 \times 200 = 6,0$ cm^3/s;
areia B: $Q_B = 10^{-2} \times 0,75 \times 200 = 1,5$ cm^3/s

A vazão total nessa montagem, $6 + 1,5 = 7,5$ cm^3/s, é maior do que a da primeira montagem.

Analiticamente, demonstra-se que, se as dimensões dos corpos de prova nas duas montagens forem semelhantes às mostradas na Fig. 6.20, ou seja $L_A = L_B$, as duas montagens poderiam ser consideradas, em cada caso, equivalentes a um único material, cujos coeficientes de permeabilidade seriam:

Para a sobreposição das duas areias: $k_{(a)equiv} = 2\,k_A\cdot k_B / (k_A + k_B)$

Para camadas dispostas lateralmente: $k_{(b)equiv} = (k_A + k_B) / 2$.

A relação entre essas permeabilidades vale:

$k_{(a)equi} / k_{(b)equiv} = 4 k_A \cdot k_B / (k_A + k_B)^2$

Pode-se demonstrar que essa relação é sempre menor do que um. De fato, se não fosse,

$4 k_A \cdot k_B > k_A^2 + 2 k_A \cdot k_B + k_B^2, \quad k_A^2 - 2 k_A \cdot k_B + k_B^2 < 0$

$(k_A - k_B)^2 < 0 \qquad$ o que é absurdo.

Conclui-se que a permeabilidade equivalente e a vazão são sempre maiores no sentido paralelo às faces de contato do que no sentido normal a elas.

Exercício 6.19 Um aterro compactado é constituído de camadas que se sobrepõem. É natural que algumas camadas fiquem menos bem compactadas do que as outras e, consequentemente, mais permeáveis. Ao considerar-se o aterro como um conjunto, é possível prever se ele é mais permeável no sentido horizontal do que no sentido vertical?

Solução: Considere-se um terreno com camadas sucessivas, de igual espessura, com coeficientes de permeabilidade k_A e k_B, que se alternam, como se mostra na Fig. 6.21. Destaque-se um elemento que contenha duas camadas sucessivas, com um comprimento igual a duas vezes a espessura das camadas. Ao analisar-se as condições de percolação nesse elemento, recai-se em situação semelhante à do Exercício 6.18, no qual se concluiu que, quaisquer que sejam as permeabilidade das duas camadas, a vazão no sentido paralelo às faces de contato, no caso, na direção horizontal, é maior do que na direção normal a elas, no caso, na direção vertical.

Pode-se perceber como esta resposta é correta, ao considerar-se, por exemplo, que uma camada seja muito mais impermeável do que a outra. No sentido vertical, a vazão será muito pequena, pois essa camada constitui um obstáculo importante à passagem da água, e, no sentido horizontal, essa camada pouco permeável não impede que a água percole facilmente.

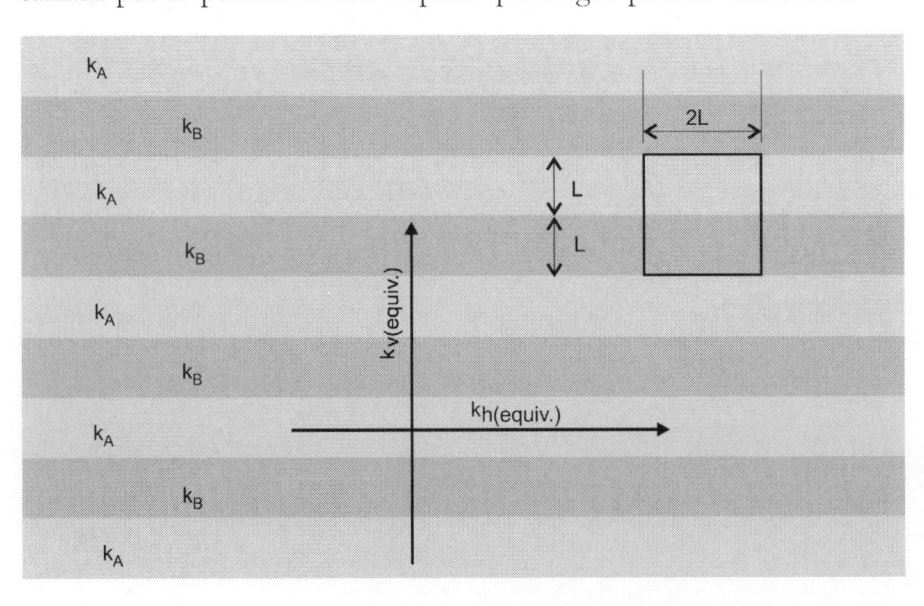

Fig. 6.21

AULA 7

FLUXO BIDIMENSIONAL

7.1 Fluxos bi e tridimensionais

Quando o fluxo de água ocorre sempre na mesma direção, como no caso dos permeâmetros estudados na aula anterior, diz-se que o fluxo é unidimensional. Quando a areia é uniforme, a direção do fluxo e o gradiente são constantes em qualquer ponto.

Quando as partículas de água se deslocam em qualquer direção, o fluxo é tridimensional. A migração de água para um poço é um exemplo de fluxo tridimensional de interesse para a Engenharia.

Quando as partículas de água seguem caminhos curvos, mas contidos em planos paralelos, o fluxo é bidimensional, como no caso da percolação pelas fundações de uma barragem. Em virtude da frequente ocorrência desse tipo de fluxo em obras de engenharia e de sua importância na estabilidade das barragens, o fluxo bidimensional merece especial atenção.

O estudo do fluxo bidimensional é muito facilitado pela representação gráfica dos caminhos percorridos pela água e da correspondente dissipação de carga. Essa representação é conhecida como rede de fluxo.

7.2 Estudo da percolação com redes de fluxo

Retomemos o problema simples de uma amostra de areia em um permeâmetro, como mostrado na Fig. 7.1.

O corpo de prova representado tem 12 cm de altura, 8 cm de largura e 1 cm na direção perpendicular ao desenho.

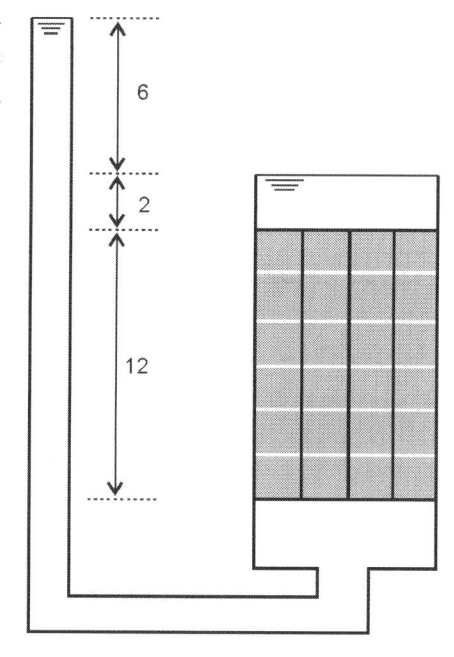

Fig. 7.1
Rede de fluxo unidimensional

Verifica-se, com os conhecimentos da aula anterior, que:

a) na face inferior, a carga altimétrica é nula, a carga piezométrica é de 20 cm e a carga total é de 20 cm;

b) na face superior, a carga altimétrica é de 12 cm, a carga piezométrica é de 2 cm e a carga total é de 14 cm;

c) a diferença de carga, de 6 cm, dissipa-se ao longo de 12 cm. O gradiente hidráulico, portanto, é de 0,5;

d) a vazão, dada pela Lei de Darcy, $q = k \cdot i \cdot A$, é igual a 0,2 cm³/s (0,05 x 0,5 x 8), e k = 0,05 cm/s.

Repensemos agora o mesmo problema, sob o prisma das redes de fluxo. Qualquer gota de água que penetra na face inferior da areia se dirige à face superior segundo uma linha reta (na abstração matemática de fluxo; na realidade, ela contorna as partículas). A essa linha chamamos *linha de fluxo*. As próprias paredes verticais do permeâmetro são linhas de fluxo. Tracemos algumas linhas de fluxo, por exemplo, a cada 2 cm de largura, como se mostra na Fig. 7.1. Formam-se 4 faixas limitadas por linhas de fluxo, que recebem o nome de *canais de fluxo*. A vazão por cada canal de fluxo é igual à dos demais, pois todos têm a mesma largura.

Consideremos, agora, as cargas. Em qualquer ponto da superfície inferior, as cargas totais são iguais. Pode-se dizer, portanto, que a linha que as representa é uma *linha equipotencial*. Da mesma forma, a linha superior é uma linha equipotencial. A diferença de carga, de 6 cm neste exemplo, dissipa-se linearmente ao longo da linha de percolação. Em todos os pontos a 2 cm da face inferior, ocorre uma dissipação de 1 cm de carga, pois, com o gradiente igual a 0,5, a cada 1 cm de percurso corresponde uma perda de potencial de 0,5 cm.

No caso do permeâmetro com fluxo vertical, qualquer linha horizontal indica uma equipotencial. Se traçarmos linhas equipotenciais a cada 3 cm, a distância total de percolação fica dividida em 4 faixas iguais de perda de potencial, e a perda de potencial em cada faixa é de 6/4 = 1,5 cm. As linhas equipotenciais formam, com as linhas de fluxo anteriormente traçadas, retângulos de 2 x 3 cm.

A definição de que as linhas de fluxo devem determinar canais de igual vazão e que as equipotenciais devem determinar faixas de perda de potencial de igual valor leva ao fato de que, no fluxo unidimensional, a rede resultante é constituída de retângulos. Entretanto, tanto para o traçado da rede como para os cálculos, é conveniente escolher espaçamentos iguais entre as linhas, formando quadrados. No exemplo mostrado na Fig. 7.1, isso se obtém com o traçado de linhas equipotenciais a cada 2 cm.

A rede de fluxo define:

- Número de canais de fluxo: N_F
- Número de faixas de perda de potencial: N_D e
- Dimensões de um quadrado genérico: b - largura do canal de fluxo e l - distância entre equipotenciais.

No exemplo da Fig. 7.1, N_F = 4, N_D = 6 e $b = l$ = 2 cm para todos os quadrados.

N_D e N_F não precisam ser números inteiros. No caso do exemplo da Fig. 7.1, se L fosse igual a 11 cm, e iguais os outros dados, para $N_F = 4$, N_D seria igual a 5,5.

Traçada a rede de fluxo, as informações a seguir são obtidas:

Aula 7

Fluxo Bidimensional

Perda de carga entre equipotenciais

A construção com igual espaçamento entre as linhas equipotenciais teve como objetivo a mesma perda de carga em cada faixa de perda de potencial. Então, em cada uma, a perda é:

$$\Delta h = \frac{h}{N_D}$$

Gradiente

O gradiente vale:

$$i = \frac{\Delta h}{l} = \frac{h}{l \cdot N_D}$$

No exemplo da Fig. 7.1, ele vale:

$$i = \frac{6}{2 \times 6} = 0,5$$

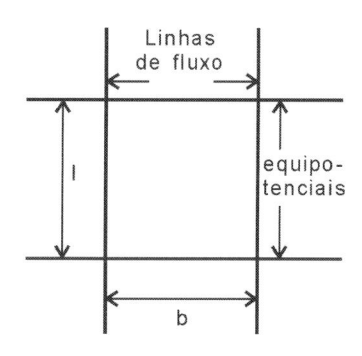

Fig. 7.2
Elementos da Rede

Vazão

Para o cálculo da vazão, consideremos um elemento qualquer da rede, como indicado na Fig. 7.2.

Pela Lei de Darcy, a vazão por esse elemento vale:

$$q = k \frac{h}{l \, N_D} b = k \frac{h}{N_D}$$

A vazão é a mesma em todos os elementos ao longo do canal de fluxo a que pertence esse elemento. Nos outros canais, a vazão também é a mesma, pois o princípio de construção da rede foi justamente o de se constituírem canais com a mesma vazão. A vazão total vale, portanto:

$$Q = k \, h \, \frac{N_F}{N_D}$$

No exemplo da Fig. 7.1,

$$Q = 0,05 \times 6 \times \frac{4}{6} = 0,2 \text{ cm}^3/\text{s}$$

conforme havia sido calculado.

7.3 Rede de fluxo bidimensional

As redes de fluxo bidimensionais devem ser traçadas segundo os mesmos princípios: canais de igual vazão e zonas de igual perda de potencial. O estudo pode se iniciar pela percolação em um permeâmetro curvo hipotético.

Permeâmetro curvo

Consideremos um permeâmetro curvo, com o formato de um setor de anel circular, como indicado na Fig. 7.3. Logicamente, não existe razão para se fazer permeâmetros com esse formato; entretanto, o exercício proposto é útil para o estudo de fluxos bidimensionais, como o permeâmetro regular foi útil para o estudo de fluxos unidimensionais.

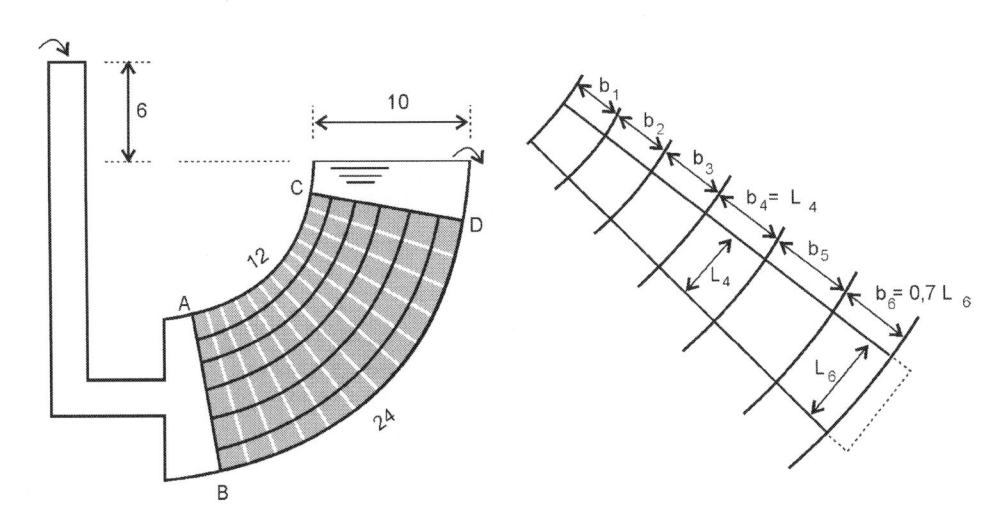

Fig. 7.3
Rede de fluxo em permeâmetro com formato curvo

A areia está contida pelas telas AB e CD, que são ortogonais às paredes do permeâmetro. As distâncias AB e CD são iguais a 10 cm, o arco AC mede 12 cm e o arco BD mede 24 cm. Para o traçado da rede de fluxo, consideremos os tópicos a seguir:

- *Linhas de fluxo*

A face interna do permeâmetro, o arco AC, é uma linha de fluxo, na qual o gradiente é igual a 6/12 = 0,5.

A face externa, o arco BD, também é uma linha de fluxo, ao longo da qual o gradiente é igual a 6/24 = 0,25.

Todas as outras linhas de fluxo serão arcos de círculos concêntricos. Como o comprimento de cada arco é diferente, também são os gradientes. Uma vez que o coeficiente de permeabilidade é constante, conclui-se que as velocidades de percolação serão diferentes, e menores junto à superfície externa (menor i) do que junto à face interna.

Nas redes de fluxo, pretende-se que as linhas de fluxo delimitem canais de fluxo de igual vazão. Ora, se a velocidade é menor junto à superfície externa, é necessário que os canais próximos a ela sejam mais largos do que os canais junto à superfície interna. As linhas de fluxo deverão estar mais próximas entre si junto à superfície interna.

• *Análise das equipotenciais*

A diferença de carga que provoca a percolação é de 6 cm. Essa carga se dissipa linearmente ao longo de cada linha de fluxo. Ao se optar por traçar linhas equipotenciais que definam faixas de perda de potencial iguais a 0,5 cm, existirão 12 faixas (6/0,5 = 12). Ao longo da superfície interna do permeâmetro essas linhas distam em 1 cm entre si. Na superfície externa do permeâmetro, o afastamento entre as equipotenciais será de 2 cm. Em qualquer outra linha de fluxo, seu comprimento será dividido em 12 partes iguais. As equipotenciais serão, então, retas convergentes, como se mostra na Fig. 7.3.

Essa construção determina que as equipotenciais sejam ortogonais às linhas de fluxo, como deve ocorrer em qualquer rede de fluxo em materiais de permeabilidade homogênea.

• *Escolha das linhas de fluxo*

Os canais de fluxo devem ter a mesma vazão. Além disso, é útil que as linhas de fluxo formem com as equipotenciais figuras aproximadamente quadradas. Assim, a primeira linha de fluxo a partir da superfície interna deve afastar-se dela um pouco mais do que 1 cm, pois as equipotenciais junto à superfície interna estão distantes em 1 cm.

À medida que se afasta da face interna, a distância entre as linhas de fluxo deve aumentar, como se mostra no detalhe da Fig. 7.3, pois as equipotenciais se afastam. Junto à superfície externa, o espaçamento se aproxima de 2 cm. No detalhe da figura, constata-se que, com essa construção, o número de canais de fluxo é igual a 5,7, número fracionário porque o último canal tem a largura da ordem de 0,7 da distância entre as equipotenciais. Nesse canal, a vazão é igual a 70% das vazões que ocorrem nos demais.

Observe como faz sentido as linhas de fluxo se afastarem quando as equipotenciais se afastam. Maior afastamento das equipotenciais indica menor gradiente. Como se pretende a mesma vazão nos canais, o menor gradiente deve ser compensado com uma maior largura do canal. Ao analisar-se a vazão em cada canal pela Lei de Darcy, tem-se:

$$q = k \frac{\Delta h}{l} b$$

A vazão em todos os canais será a mesma se a relação b/l for constante.

Percolação sob pranchada

A Fig. 7.4 mostra uma rede de fluxo correspondente à percolação sob uma pranchada penetrante numa camada de areia, com o nível d'água rebaixado num dos lados por bombeamento.

O contorno da pranchada, de um dos lados, e a superfície inferior da camada permeável, do outro, são duas linhas de fluxo. Traçadas algumas outras linhas de fluxo, observa-se que essa rede diferencia-se da rede correspondente ao permeâmetro curvo, pelo fato de os canais de fluxo terem espessuras variáveis ao longo de seus desenvolvimentos, pois a seção disponível para a passagem de água por baixo da pranchada é menor do que a seção pela qual a água penetra no terreno, por exemplo.

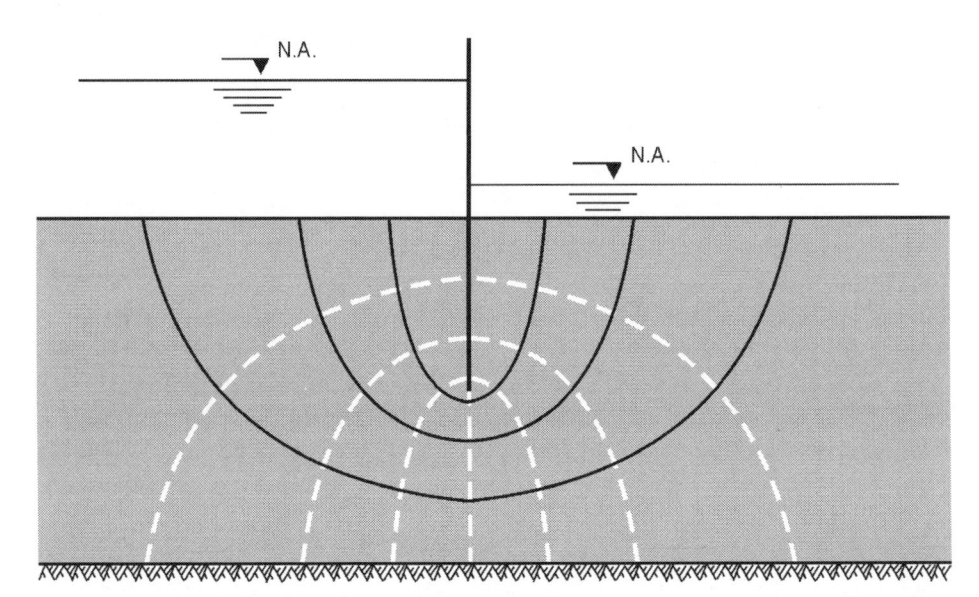

Fig. 7.4
Rede de fluxo sob pranchada

Em virtude disso, ao longo de um canal de fluxo, a velocidade da água é variável. Quando o canal se estreita, como a vazão deve ser constante, a velocidade tem de ser maior. Logo, o gradiente é maior. Em consequência, sendo constante a perda de potencial de uma linha para a outra, o espaçamento entre equipotenciais deve diminuir. A relação entre linhas de fluxo e equipotenciais mantém-se constante.

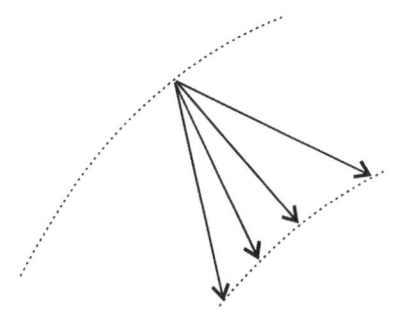

Fig. 7.5
Fluxo entre equipotenciais

Por outro lado, a superfície livre do terreno, tanto a montante como a jusante, são equipotenciais. Consideremos um ponto qualquer numa equipotencial. A partir desse ponto, o gradiente para passar à equipotencial de menor valor é a perda de potencial dividida pela distância percorrida. Como se mostra na Fig. 7.5, o gradiente é máximo pelo caminho normal às equipotenciais.

Em solos isotrópicos, o fluxo segue o caminho de maior gradiente, da mesma forma que, ao colocar-se uma esfera numa certa cota de um talude, ela rola pelo caminho mais íngreme. Na Fig. 7.5, as equipotenciais podem ser consideradas como curva de nível do terreno: a esfera rolará até a cota mais baixa pelo caminho mais íngreme, que é normal às curvas de nível. Portanto, as linhas de fluxo são normais às equipotenciais.

A análise feita mostra que, neste caso, representativo de uma situação genérica de fluxo bidimensional, as duas condições de redes de percolação devem se manter: as linhas equipotenciais e as de fluxo se interceptam perpendicularmente e, em cada figura formada, a distância média entre equipotenciais deve ser da mesma ordem de grandeza da distância média entre as linhas de fluxo.

7.4 *Traçado de redes de fluxo*

O método mais comum de determinação de redes de fluxo é a construção gráfica. A sua obtenção dessa maneira tem a vantagem de despertar a sensibilidade de quem a constrói para o problema em estudo.

A construção gráfica é feita por tentativas, a partir da definição das linhas limites. Por exemplo, no caso da pranchada, as linhas que contornam a pranchada e o fundo da camada permeável são linhas de fluxo, e a superfície do terreno representa as linhas equipotenciais inicial e final. Naturalmente, o traçado das redes requer experiência, e são úteis as recomendações feitas pelo Prof. Casagrande, um dos primeiros estudiosos do assunto:

"Aproveite todas as oportunidades para estudar o aspecto de redes de fluxo bem construídas; quando a representação gráfica estiver bem assimilada, tente desenhá-la sem olhar o desenho original; repita a tentativa até ser capaz de reproduzir a rede de maneira satisfatória.

Para o traçado de uma nova rede, três ou quatro canais de fluxo são suficientes na primeira tentativa; o emprego de muitos canais de fluxo distrai a atenção dos aspectos mais importantes da rede.

Sempre observe a aparência de toda a rede. Não se ocupe em acertar detalhes antes de toda a rede estar aproximadamente correta.

Há uma tendência de se errar em traçar transições muito abruptas entre trechos aproximadamente retilíneos e trechos curvos das linhas equipotenciais ou de fluxo. Lembre-se sempre de que as transições são suaves, com formatos semelhantes aos de elipses ou de parábolas. O tamanho dos quadrados em cada canal varia gradualmente."

Num primeiro contato com o assunto, custa-se a acreditar que várias pessoas, traçando redes para um problema, cheguem ao mesmo resultado, mas se as redes forem bem traçadas, isto acontece.

Redes de fluxo com contorno não definido

Em alguns casos, como de barragens de terra, a fronteira superior do fluxo não é previamente conhecida. O traçado é mais difícil, pois inclui a obtenção dessa linha. O assunto foge dos limites deste Curso e, por ora, adianta-se o aspecto geral dessas redes na Fig. 7.6.

A interpretação dessas redes segue o mesmo roteiro indicado na seção 7.6.

Mecânica dos Solos

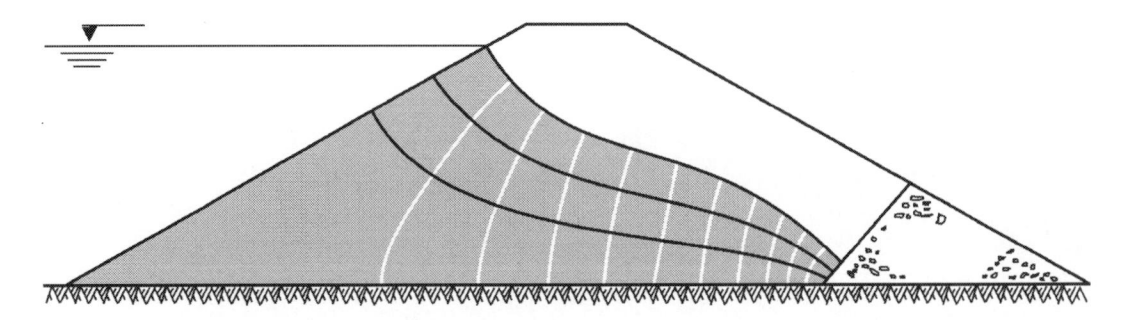

Fig. 7.6 **Rede de fluxo pelo interior de barragens de terra**

7.5 Outros métodos de traçado de redes de fluxo

Redes de fluxo podem ser obtidas por outros métodos, como os modelos físicos. Quando se coloca uma areia em uma caixa de madeira com uma face de vidro, cria-se uma percolação e, por meio de corantes, observam-se linhas de fluxo. A partir delas, as linhas equipotenciais podem ser desenhadas. É um processo caro e demorado, e só se justifica sob o ponto de vista didático.

Pode-se aplicar também analogias com outros problemas físicos semelhantes. A dissipação de calor ou de potencial elétrico são problemas semelhantes ao da percolação; ambos podem ser expressos pela equação de Laplace, que será estudada mais adiante.

A analogia elétrica é mais empregada. Nela, a voltagem corresponde à carga total, a condutibilidade à permeabilidade e a corrente à velocidade. Desenhando-se o problema em um papel condutor e criando-se uma diferença de potencial, pode-se determinar a voltagem em qualquer posição, a partir do que se desenham as equipotenciais. As linhas de fluxo são consequentes.

Resolvem-se os problemas de percolação por métodos numéricos. Criada uma rede de elementos finitos, pode-se calcular com razoável precisão a carga total em cada ponto. Atualmente, diversos programas de computador empregam o método dos elementos finitos, inclusive para o traçado de redes em materiais não homogêneos.

O traçado gráfico de redes é importantíssimo, até mesmo imprescindível, no aprendizado da mecânica dos solos, por ser o modo natural de desenvolver a necessária sensibilidade para a interpretação das redes e o encaminhamento dos problemas de percolação em obras geotécnicas.

7.6 Interpretação de redes de fluxo

Com uma rede de fluxo, como a representada na Fig. 7.7, obtêm-se as seguintes informações:

Vazão: é determinada pela fórmula:

$$Q = k\,h\,\frac{N_F}{N_D}$$

No exemplo considerado, há 5 canais de fluxo e 14 faixas de perda de potencial. Para um k = 10^{-4} m/s, por exemplo, q = 10^{-4} x 15,4 x 5 / 14 = 5,5 x 10^{-4} m³/s (cerca de 2 m³/hora) por metro de comprimento da barragem.

Gradientes: a diferença de carga total que provoca percolação, dividida pelo número de faixas de perda de potencial, indica a perda de carga de uma equipotencial para a seguinte. No exemplo considerado, a perda de carga entre equipotenciais consecutivas é de 15,4/14 = 1,1 m. Essa perda de carga, dividida pela distância entre as equipotenciais, é o gradiente.

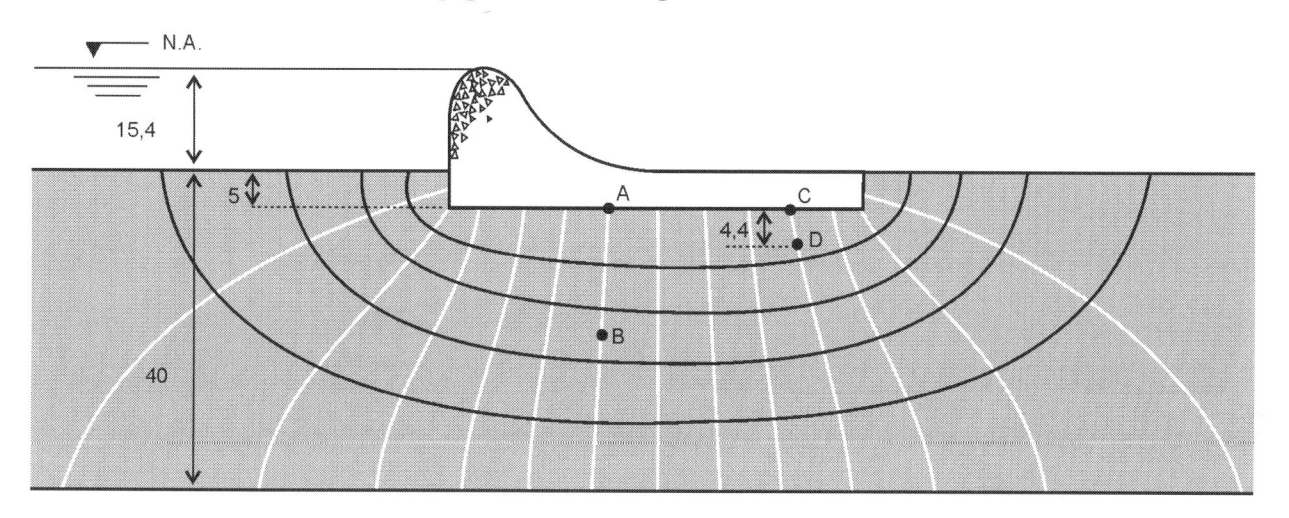

Fig. 7.7 **Rede de fluxo pelas fundações de uma barragem de concreto**

Como a distância entre equipotenciais é variável ao longo de uma linha de fluxo, o gradiente varia de ponto para ponto. No ponto A, assinalado na figura, o gradiente é obtido pela divisão de 1,1, perda de carga entre equipotenciais, por 6, distância entre equipotenciais no ponto A, e vale 0,18. Nota-se que ele é maior na linha de fluxo mais próxima à superfície do que nas mais profundas. Ao se considerar as forças de percolação, deve-se levar em conta sua direção e sentido, que são variáveis de ponto para ponto.

De particular interesse é o gradiente na face de saída do fluxo, em virtude da força de percolação atuar de baixo para cima, podendo provocar uma situação de areia movediça, discutida na Aula 6. Observa-se, pela rede, que a situação crítica ocorre junto ao pé de jusante da barragem, onde a distância entre as duas últimas linhas equipotenciais é mínima.

Note que a rede de fluxo desse exemplo é simétrica, e o gradiente junto ao pé de montante tem valor igual ao do pé de jusante. Nessa posição, a força de percolação tem sentido descendente, e sua ação se soma à ação da gravidade, o que aumenta as tensões efetivas. O problema de areia movediça restringe-se ao pé de jusante.

Cargas e pressões: consideremos o ponto A da Fig. 7.7, no qual temos:

- a carga altimétrica é a cota do ponto. Se referida à superfície inferior da camada permeável, vale:

$$h_A = 35 \text{ m}$$

Mecânica dos Solos

- a carga total é a altura a que a água subiria num tubo colocado nesse ponto. Ela não subiria até a cota 55,4 m, que corresponde ao nível de montante, porque alguma carga já se perdeu ao longo da percolação. Ela também não subiria até a cota 40 m, que corresponde ao nível de jusante, porque excesso de carga ainda existe e vai provocar a percolação desse ponto até jusante. O ponto A encontra-se na equipotencial limite entre a 6ª e a 7ª faixa de perda de potencial. Até essa equipotencial, ocorre uma perda de potencial igual à perda de potencial em cada faixa pelo número de faixas percorridas: 1,1 x 6, ou seja, 6,6 m. Esse valor também poderia ser calculado ao considerar-se que do ponto A até a superfície de jusante existem 8 faixas de equipotenciais e, portanto, 8 x 1,1 = 8,8 m de carga a se dissipar. Desta forma:

$$h_T = 55,4 - 6,6 = 48,8 \text{ m ou}$$
$$h_T = 40,0 + 8,8 = 48,8 \text{ m}$$

- a carga piezométrica é a diferença das duas:

$$h_T = 48,8 - 35 = 13,8 \text{ m}$$

- a pressão da água num ponto qualquer é a carga piezométrica expressa em unidades de pressão. No ponto A, ela vale:

$$u = 13,8 \times 10 = 138 \text{ kPa}$$

Na Fig. 7.7, também estão assinalados os seguintes pontos:

a) B, que possui a mesma carga total que o ponto A, pois todos os pontos de uma equipotencial têm a mesma carga total;

b) C, que tem a mesma carga altimétrica que o ponto A;

c) D, que tem a mesma carga piezométrica que o ponto A.

Note-se que, da equipotencial pelo ponto A até a equipotencial pelo ponto D, ocorre uma perda de potencial de 4 x 1,1 = 4,4 m e o ponto D está numa altitude 4,4 m abaixo de A.

7.7 *Equação diferencial de fluxos tridimensionais*

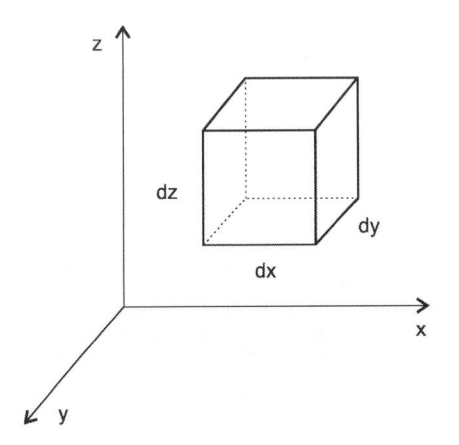

Consideremos um elemento de solo submetido a um fluxo tridimensional, que (Fig. 7.8) pode ser decomposto nas três direções ortogonais e considerado como a somatória dos três. Numa situação genérica, consideremos que o coeficiente de permeabilidade seja diferente para cada uma das direções.

Seja h a carga total no centro do elemento de dimensões dx, dy e dz.

Fig. 7.8
Fluxo através de um elemento

O gradiente na direção x vale:

$$i_x = \frac{\partial h}{\partial x}$$

Mas o gradiente é variável segundo a direção x, e:

$$\frac{\partial i_x}{\partial_x} = \frac{\partial}{\partial x}\left(\frac{\partial h}{\partial x}\right) = \frac{\partial^2 h}{\partial x^2}$$

Na face de entrada, segundo a direção x, o gradiente vale:

$$\frac{\partial h}{\partial x} + \left(\frac{\partial^2 h}{\partial x^2}\right)\left(-\frac{dx}{2}\right)$$

A vazão na face de entrada, segundo a Lei de Darcy, é:

$$q_E = k_x\left[\frac{\partial h}{\partial x} - \frac{\partial^2 h}{\partial x^2}\frac{dx}{2}\right]dy\,dz$$

Em marcha semelhante, determina-se a vazão na face de saída como:

$$q_S = k_x\left[\frac{\partial h}{\partial x} + \frac{\partial^2 h}{\partial x^2}\frac{dx}{2}\right]dy\,dz$$

A diferença entre a vazão de entrada e a de saída no elemento segundo a direção x é dada pela expressão:

$$q_S - q_E = k_x\frac{\partial^2 h}{\partial x^2}\,dxdydz$$

De maneira semelhante, a diferença entre a vazão de entrada e de saída segundo as outras direções são:

$$q_S - q_E = k_y\frac{\partial^2 h}{\partial y^2}\,dxdydz$$

$$q_S - q_E = k_z\frac{\partial^2 h}{\partial z^2}\,dxdydz$$

Durante o fluxo da água pelo elemento, não há variação de volume do elemento. Então, o volume de água que entra no elemento é igual ao volume

Mecânica dos Solos

de água que sai no mesmo intervalo de tempo. Portanto, a soma da diferença de vazão de saída e de entrada segundo as três direções é nula. Logo:

$$\left(k_x \frac{\partial^2 h}{\partial x^2} + k_y \frac{\partial^2 h}{\partial y^2} + k_z \frac{\partial^2 h}{\partial z^2}\right) dxdydz = 0$$

Se o fator $dx \cdot dy \cdot dz$ não for nulo, e considerado o fluxo bidimensional (não há percolação segundo a direção y), tem-se:

$$k_x \frac{\partial^2 h}{\partial x^2} + k_z \frac{\partial^2 h}{\partial z^2} = 0$$

que é a equação básica do fluxo bidimensional.

Se o solo for isotrópico com respeito à permeabilidade, ou seja, se $k_x = k_z$, a equação se reduz a:

$$\frac{\partial^2 h}{\partial x^2} + \frac{\partial^2 h}{\partial z^2} = 0$$

Essa é a equação de Laplace. Cada um dos membros do primeiro termo indica a variação do gradiente segundo uma das direções, e, portanto, a equação expressa que a variação do gradiente na direção x deve ser contrabalançada pela variação do gradiente na direção z.

O fato de a equação básica do fluxo bidimensional ser uma equação de Laplace significa que as linhas de fluxo interceptam ortogonalmente as linhas equipotenciais na formação de redes de fluxo.

7.8 Condição anisotrópica de permeabilidade

Com frequência, os coeficientes de permeabilidade não são iguais nas duas direções, conforme foi visto na Aula 6. O coeficiente de permeabilidade na direção horizontal tende a ser maior do que a permeabilidade na direção vertical.

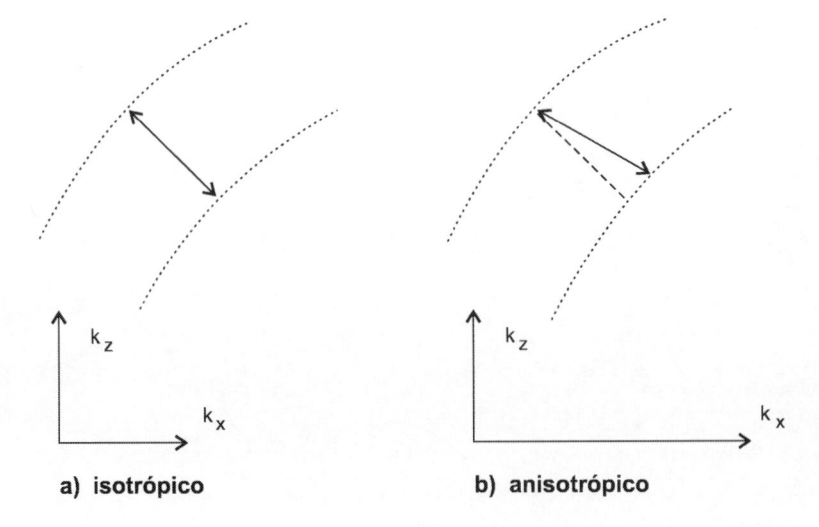

Fig. 7.9
Fluxo entre equipotenciais

a) isotrópico

b) anisotrópico

Nesse caso, as linhas de fluxo não são mais perpendiculares às equipotenciais. A analogia empregada com o rolar de uma esfera por um barranco, como feito na Fig. 7.5, só é válida para a situação de iguais valores de k. Há uma maior facilidade para que a energia se perca segundo uma direção preferencial. Como se indica na Fig. 7.9, há maior permeabilidade na direção horizontal, e a linha de fluxo se distorce nessa direção.

Matematicamente, isso se constata pelo fato de a equação de fluxo não se expressar por uma equação de Laplace. Para o traçado de redes nessa situação, recorre-se a uma transformação do problema, como se mostra a seguir, a partir do caso apresentado na Fig. 7.10.

Efetua-se uma alteração de escala na direção x, de forma que se tenha:

Aula 7

Fluxo Bidimensional

a) Seção verdadeira
(escala natural)

b) Seção transformada

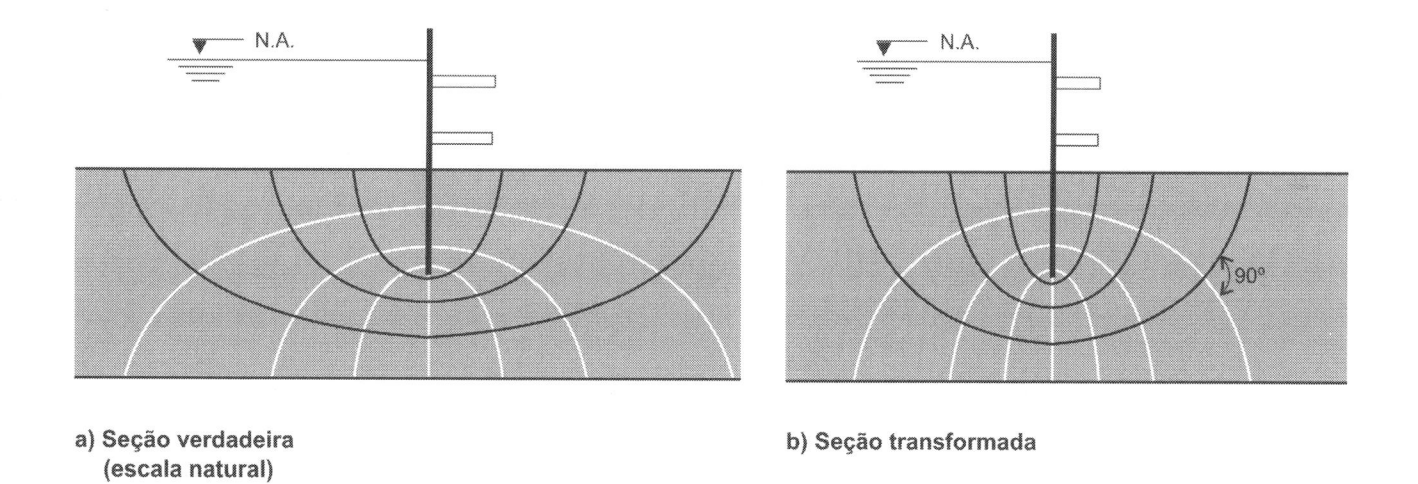

Fig. 7.10 *Rede de fluxo com condição de anisotropia*

$$x_T = x \cdot \sqrt{\frac{k_z}{k_x}}$$

Essa transformação consiste em reduzir as distâncias horizontais, pois a permeabilidade vertical é menor do que a permeabilidade horizontal. A consequência disso se percebe na equação de fluxo, deduzida anteriormente, que pode ser escrita da seguinte forma:

$$\frac{\partial^2 h}{\partial z^2} + \frac{\partial^2 h}{\left(\frac{k_z}{k_x}\right)\partial x^2} = 0$$

Mecânica dos Solos

Ao substituir-se x pela nova abscissa x_T, obtém-se:

$$\frac{\partial^2 h}{\partial z^2} + \frac{\partial^2 h}{\left(\frac{k_z}{k_x}\right)\left(\frac{k_x}{k_z}\right)\partial x_T^2} = \frac{\partial^2 h}{\partial z^2} + \frac{\partial^2 h}{\partial x_T^2} = 0$$

Esta equação é um laplaciano. Logo, pode-se traçar uma rede de fluxo, para a situação, com linhas de fluxo perpendiculares às equipotenciais. Essa rede de fluxo está indicada na Fig. 7.10 (b), a partir da qual, retorna-se às abscissas originais e obtém-se a rede de fluxo verdadeira, como indicado na Fig. 7.10 (a).

Note que, na rede de fluxo verdadeira, as linhas de fluxo não são perpendiculares às equipotenciais, pois tendem a derivar para a horizontal, como se havia indicado na Fig. 7.9.

Para o cálculo de gradientes e de cargas, o que vale é a rede verdadeira, inclusive quanto à direção da força de percolação.

Para o cálculo da vazão, surge como questão o coeficiente de permeabilidade a adotar. Seja ele denominado *coeficiente de permeabilidade equivalente*, k_E.

Consideremos um elemento da rede em que o fluxo seja horizontal, indicado na Fig. 7.11. Na seção verdadeira, o elemento é retangular, com l_v maior do que b, pela transformação das abscissas.

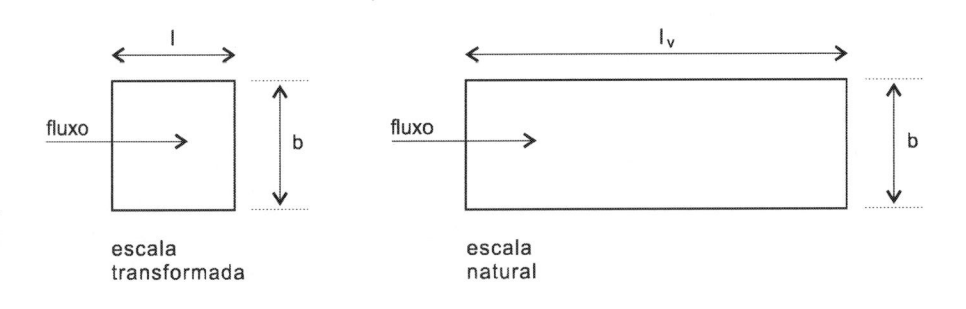

Fig. 7.11
Fluxo com anisotropia

Na seção transformada, a vazão é:

$$q_T = k_E \frac{\Delta h}{l} b = k_E \Delta h$$

Na seção verdadeira, a vazão é:

$$q_V = k_x \frac{\Delta h}{l_v} b = k_x \frac{\Delta h}{\left(\frac{k_x}{k_z}\right)^{0,5} l} b = k_x \frac{\Delta h}{\left(\frac{k_x}{k_z}\right)^{0,5}}$$

Como a vazão é a mesma em ambos os casos,

$$k_E \, \Delta h = k_x \frac{\Delta h}{\left(\dfrac{k_x}{k_z}\right)^{0,5}}$$

$$k_E = k_x \left(\dfrac{k_z}{k_x}\right)^{0,5} = \sqrt{k_x \, k_z}$$

Ou seja, o coeficiente de permeabilidade equivalente é a média geométrica dos coeficientes de permeabilidade horizontal e vertical. Com ele e mais h, N_F e N_D, calcula-se a vazão, com a fórmula já conhecida.

Exercícios resolvidos

Exercício 7.1 Determinar a subpressão total que a barragem apresentada na Fig. 7.7 sofre quando a água acumulada no reservatório atinge a cota 15,4 m acima da cota de jusante, considerando que a base da barragem tem 56 m de comprimento.

Solução: Pela rede de fluxo traçada, a perda de carga entre equipotenciais consecutivas é de h/N_D = 15,4/14 = 1,1m, pois 14 são as faixas de perda de potencial.

A pressão em qualquer ponto abaixo da barragem pode ser determinada, considerando-se a equipotencial correspondente a esse ponto. Até o ponto da base mais próximo ao reservatório (ponto P, na Fig. 7.12), foram percorridas duas zonas de perda de potencial. Ao tomar-se como referência das cargas a cota mínima do desenho, nesse ponto, tem-se:

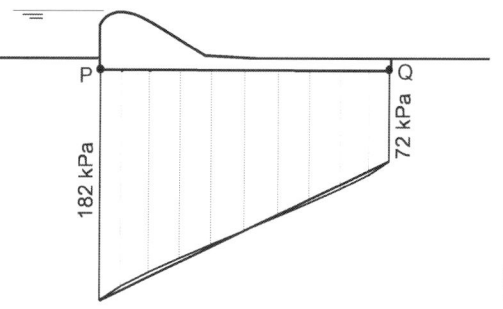

Fig. 7.12

Carga total: H_T = 40 + 15,4 − 2 × 1,1 = 53,2 m
Carga altimétrica: H_A = 40 − 5 = 35 m
Carga piezométrica: H_P = 53,2 − 35 = 18,2 m

A pressão da água nesse ponto é: u = H$_P$ γ_w = 18,2 x 10 = 182 kPa.

De maneira semelhante, para o ponto da base da barragem mais próximo de jusante (ponto Q na Fig. 7.12), para o qual foram percorridas 12 faixas de perda de potencial, tem-se H$_T$ = 40 + 15,4 – 12 x 1,1 = 42,2 m; H$_P$ = 42,2 – 35 = 7,2 m. A pressão nesse ponto é, pois, de 72 kPa.

Ao calcular-se as pressões em cada ponto correspondente a uma equipotencial, de maneira semelhante, obtém-se o diagrama de pressões indicado na Fig. 7.12. Como o espaçamento das equipotenciais, ao longo da base, é pouco variável, pode-se assumir, de uma maneira aproximada, que o diagrama de pressões é linear, como também mostrado na Fig. 7.12.

Admitindo-se a distribuição trapezoidal, a pressão total por metro de comprimento da barragem é:

$$F = 56 \times (182+72)/2 = 7.112 \text{ kN/m}$$

Na Fig. 7.12, está traçado o diagrama de subpressão determinada, ponto a ponto, para cada posição de equipotencial da base da barragem, pela rede traçada na Fig. 7.7. Verifica-se que o diagrama assim obtido pouco se afasta do diagrama adotado com a hipótese de ele ser trapezoidal (variação linear).

Exercício 7.2 Examine a rede de fluxo apresentada na Fig. 7.7 sob o ponto de vista de possibilidade de ocorrência de areia movediça.

Solução: A situação de areia movediça só ocorre na face de saída da água, a jusante da barragem, quando o fluxo é ascendente. Nesta face de saída, o máximo gradiente ocorre junto à barragem, pois a distância da penúltima linha equipotencial para a última, que é a própria superfície do terreno a jusante, é menor nesta situação. O gradiente de saída é igual à perda de carga de uma equipotencial para a seguinte, no caso 1,1 m, pela distância, que, no caso, pode ser estimada em 3 m. Portanto, i = 0,37.

O gradiente que provoca a situação de areia movediça é dado pela relação entre o peso específico submerso do solo e o peso específico da água, como deduzido na seção 6.7. Sem o peso específico da areia de fundação, pode-se estimar que o peso específico natural seja de 18 kN/m³, e, neste caso, o gradiente crítico é igual a 0,8. Não haverá situação de areia movediça se a areia da fundação for perfeitamente homogênea.

O coeficiente de segurança, no caso, é de 0,8/0,37 = 2,2, relativamente baixo para que não ocorram problemas localizados, em virtude da heterogeneidade natural das areias. Assim, pode-se iniciar uma erosão regressiva em algum ponto a jusante da barragem. Por este motivo, deve-se tomar alguma providência, como aumentar o caminho de percolação, construir uma pranchada, ou fazer alguma obra no pé de jusante da barragem, tipo filtro, para a coleta da água de percolação, o que reduz os gradientes de saída.

Exercício 7.3 A Fig. 7.13 apresenta a situação em que uma pranchada é inserida numa camada de areia, e um bombeamento provoca o rebaixamento do nível d'água num dos lados. Da simples observação da figura, estime a carga piezométrica no ponto P.

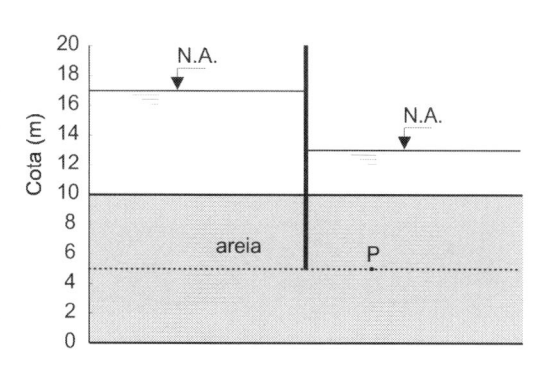

Fig. 7.13

Solução: O traçado da rede de fluxo permitiria determinar com precisão a carga piezométrica no ponto P. Um bom exercício consiste em estimar o valor dessa carga pela simples análise do problema.

Note-se que a carga total no ponto P deve ser menor do que 17 m, que é a carga máxima, referida à cota zero. Deve, também, ser maior do que 13 m, que é a carga total de jusante. Por outro lado, como a rede de fluxo, neste caso, é simétrica em relação à linha da pranchada, tendo-se passado por baixo da pranchada, já se dissipou mais da metade da carga que provoca o fluxo, ao longo de qualquer linha de fluxo. Portanto, a carga total no ponto P deve estar entre 13 e 15 m. Imaginando-se uma linha de fluxo passando pelo ponto P, percebe-se que nela já terão ocorrido cerca de ¾ da perda da carga total (vide, por exemplo, a Fig. 7.4). Pode-se afirmar, então, que a carga total no ponto P está entre 13,5 e 14,5 m, e não deve ser muito diferente de 14 m. Sendo de 5 m a carga altimétrica do ponto P, a carga piezométrica é de 9 m e a pressão neutra, de 90 kPa.

Exercício 7.4 Num depósito de areia inundada, foi construída uma pranchada parcial, esgotando-se a água num dos lados da pranchada, como se mostra na Fig. 7.10 (a). A escala da figura é de 1:100, sendo de 2,8 m a espessura da areia, 1,4 m a profundidade da pranchada e 1,5 m a altura da água represada. Como a permeabilidade horizontal é maior do que a vertical, a seção transversal foi desenhada com abscissas transformadas, de maneira a se poder traçar a rede de fluxo, como se apresenta na Fig. 7.10 (b). Sabendo-se que o coeficiente de permeabilidade vertical é de 2×10^{-3} cm/s, pergunta-se:

a) qual é o coeficiente de permeabilidade horizontal?
b) qual é a vazão, por metro de comprimento da pranchada?
c) qual é o gradiente de saída junto à pranchada?
d) qual é o gradiente no canal inferior da percolação, na região abaixo da pranchada?
e) qual é a carga piezométrica no ponto imediatamente abaixo da pranchada?

Solução:

(a) Ao comparar-se as seções transversais na escala natural e na escala transformada, verifica-se que as abscissas na escala transformada são 0,65 das abscissas na escala natural. Como a relação entre as abscissas deve ser igual à raiz quadrada da relação dos coeficientes de permeabilidade, conclui-se que:

$$\sqrt{\frac{k_z}{k_x}} = 0,65$$

donde,

$$k_x = k_z / 0,65^2 = 2,37\, k_z = 2,77 \times 2 \times 10^{-3} = 4,7 \times 10^{-3}\ \text{cm/s}$$

(b) Para o cálculo da vazão, deve-se determinar o coeficiente de permeabilidade equivalente do meio anisotrópico, que é igual à média geométrica dos coeficientes nas duas direções:

$$k_E = \sqrt{k_z k_x} = \sqrt{2 \times 10^{-3} \times 4,7 \times 10^{-3}} = 3,06 \times 10^{-3}\ \text{cm/s}$$

Com este valor de k, determina-se a vazão aplicando-se a equação estabelecida para redes de fluxo. Para um metro de largura da pranchada, tem-se:

$$Q = k_E h \frac{N_F}{N_D} A = 3,06 \times 10^{-3} \times 150 \times \frac{4}{8} \times 100 = 23\ \text{cm}^3/\text{s}$$

(c) A perda de carga por zona de equipotencial é:

$$\Delta h = h / N_D = 150 / 8 = 18,75\ \text{cm}$$

Graficamente, verifica-se que a última faixa de perda de potencial tem, junto à pranchada, 40 cm. Portanto, o gradiente vale:

$$i = 18,75 / 40 = 0,47$$

(d) Para o cálculo do gradiente no fluxo vertical, feito no item anterior, a distância de percolação poderia ser tomada tanto na seção transformada como na seção natural, embora o correto seja nesta última, porque não houve transformação das ordenadas. Para gradientes em qualquer outra direção, a distância de percolação deve ser obrigatoriamente tomada na seção natural. Graficamente, obtém-se 100 cm como a distância entre duas equipotenciais, no fluxo horizontal no canal inferior, abaixo da pranchada. Portanto,

$$i = 18,75 / 100 = 0,19$$

(e) No ponto abaixo da pranchada, ocorreu metade da dissipação da carga que provoca percolação (percorreram-se 4 das 8 zonas de perda de potencial). Então, tomando-se como referência o fundo do depósito, a carga total é de 280 cm (espessura da camada de areia) mais 75 cm (metade da carga ainda a dissipar) igual a 355 cm. Sendo 140 cm a carga altimétrica do ponto considerado, a carga piezométrica é de 215 cm.

Podia-se desenvolver também o seguinte raciocínio: a carga que resta a dissipar é de 75 cm; o ponto considerado está 140 cm abaixo da cota de jusante. Portanto, a carga piezométrica é igual a 75 + 140 = 215 cm.

Aula 7

Fluxo Bidimensional

AULA 8

TENSÕES VERTICAIS DEVIDAS A CARGAS APLICADAS NA SUPERFÍCIE DO TERRENO

8.1 *Distribuição de Tensões*

As experiências realizadas nos primeiros tempos da Mecânica dos Solos mostraram que, ao se aplicar uma carga na superfície de um terreno, numa área bem definida, os acréscimos de tensão numa certa profundidade não se limitam à projeção da área carregada. Nas laterais da área carregada também ocorrem aumentos de tensão, que se somam às anteriores devidas ao peso próprio.

Como a somatória dos acréscimos das tensões verticais, nos planos horizontais, em qualquer profundidade, é sempre constante, os acréscimos

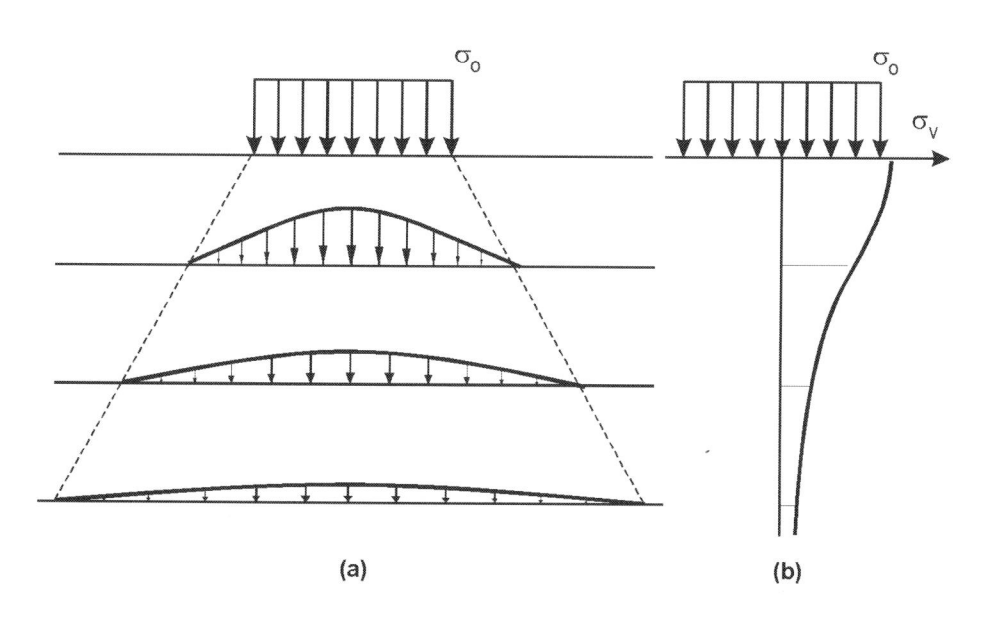

Fig. 8.1

Distribuição de tensões com a profundidade

Mecânica dos Solos

das tensões imediatamente abaixo da área carregada diminuem à medida que a profundidade aumenta, porque a área atingida aumenta com a profundidade. A Fig. 8.1 (a) indica, qualitativamente, como se dá a distribuição dos acréscimos das tensões em planos horizontais a diferentes profundidades. Na Fig. 8.1 (b) está representada a variação dos acréscimos da tensão vertical ao longo da linha vertical, passando pelo eixo de simetria da área carregada.

Quando se unem os pontos no interior do subsolo em que os acréscimos de tensão são de mesmo valor (um mesmo percentual da tensão aplicada na superfície), têm-se linhas chamadas de bulbos de tensões, como as indicadas na Fig. 8.2.

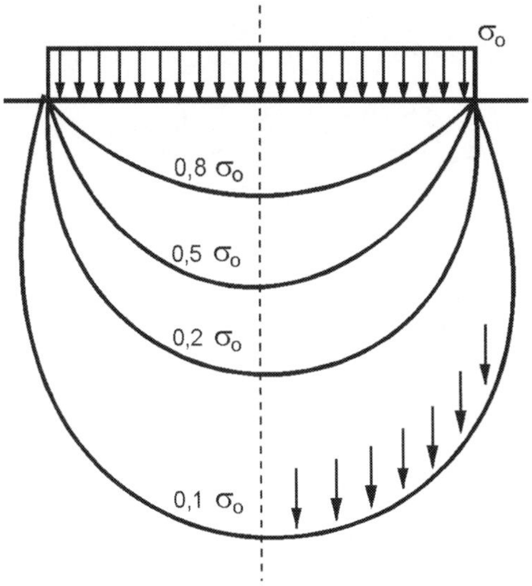

Algumas vezes, encontram-se referências a "bulbo de tensões" como a região do subsolo em que houve acréscimo de tensão devido ao carregamento. Tal emprego da expressão é incorreto. Na realidade, existem tantos bulbos de tensões quantos níveis de acréscimo de tensão que se queira considerar.

Fig. 8.2
Bulbo de tensões

Uma prática corrente para estimar o valor das tensões a uma certa profundidade consiste em considerar que as tensões se espraiam segundo áreas crescentes, que sempre se mantêm uniformemente distribuídas. Considere uma faixa de comprimento infinito, de largura 2L, uniformemente carregada com uma tensão σ_o, como se mostra na Fig. 8.3. Ao admitir-se um ângulo de 30 graus, a uma profundidade z, a área carregada será $2 \cdot L + 2 \cdot z \cdot tg 30º$.

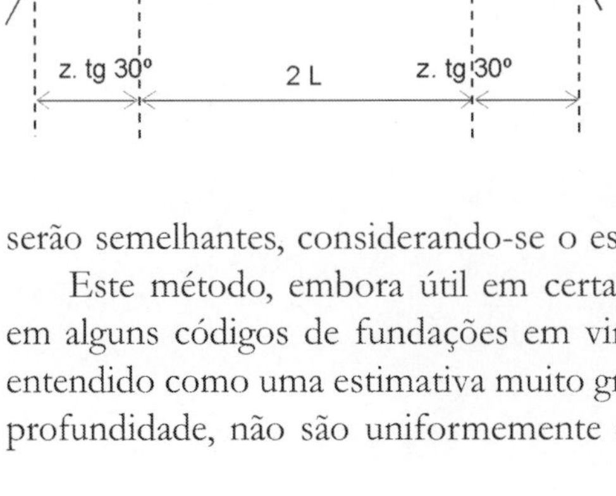

A tensão uniformemente distribuída atuante nessa área, que corresponde à carga total aplicada, vale:

$$\sigma_v = \frac{2 \cdot L}{2 \cdot L + 2 \cdot z \cdot tg 30º} \cdot \sigma_o$$

Fig. 8.3
Espraiamento das tensões

Se a área carregada for quadrada ou circular, os cálculos serão semelhantes, considerando-se o espraiamento em todas as direções.

Este método, embora útil em certas circunstâncias, e mesmo adotado em alguns códigos de fundações em virtude de sua simplicidade, deve ser entendido como uma estimativa muito grosseira, pois as tensões, a uma certa profundidade, não são uniformemente distribuídas, mas concentram-se na proximidade do eixo de simetria da área carregada, em forma de sino, como mostra a Fig. 8.1.

O método de espraiamento é contraditório, pois não satisfaz ao princípio da superposição dos efeitos. De fato, consideremos que a faixa carregada seja constituída de duas faixas distintas. Para cada uma delas, as tensões numa certa profundidade seriam determinadas pela regra citada, como se mostra na Fig. 8.4. A resultante das duas faixas seria a somatória dos valores determinados para cada uma. Essa solução, ainda que apresente uma tensão na parte central maior do que nas laterais, o que seria coerente, é diferente da anterior, que considera o efeito simultâneo de toda a faixa. Tal fato é inaceitável. A aplicação dessa regra poderia indicar tensões na parte central, em pequena profundidade, maior do que a tensão aplicada na superfície, o que é totalmente inaceitável.

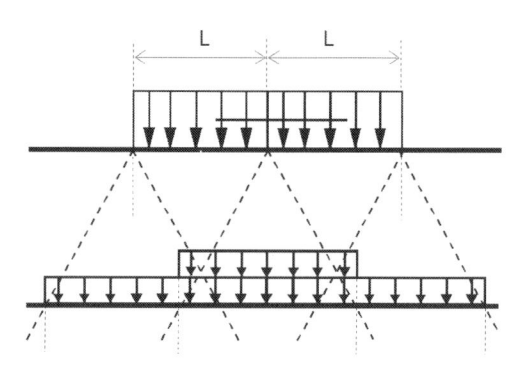

Fig. 8.4
Espraiamento de tensões com carga dividida em duas faixas

8.2 Aplicação da Teoria da Elasticidade

Emprega-se a Teoria da Elasticidade para a estimativa das tensões atuantes no interior da massa de solo em virtude de carregamentos na superfície, e mesmo no interior do terreno.

O emprego da Teoria da Elasticidade aos solos é questionável, pois o comportamento dos solos não satisfaz aos requisitos de material elástico, principalmente no que se refere à reversibilidade das deformações quando as tensões mudam de sentido. Entretanto, quando ocorrem somente acréscimos de tensão, justifica-se a aplicação da teoria. Por outro lado, até determinado nível de tensões, existe uma certa proporcionalidade entre as tensões e as deformações, de forma que se considera um Módulo de Elasticidade constante como representativo do material. A maior justificativa para a aplicação da Teoria de Elasticidade é o fato de não se dispor ainda de melhor alternativa e, também, porque ela apresenta uma avaliação satisfatória das tensões atuantes no solo, pelo que se depreende da análise de comportamento de obras.

Solução de Boussinesq

Boussinesq determinou as tensões, as deformações e os deslocamentos no interior de uma massa elástica, homogênea e isotrópica, num semiespaço infinito de superfície horizontal, devidos a uma carga pontual aplicada na superfície deste semiespaço. Na Aula 9, será apresentada a solução de Boussinesq para o estudo dos deslocamentos. No que se refere às tensões, interessam, no momento, os acréscimos das tensões verticais resultantes, em

Mecânica dos Solos

qualquer ponto, da aplicação da carga pontual Q, na superfície. A equação de Boussinesq para esse acréscimo de tensão é:

$$\sigma_v = \frac{3 \cdot z^3}{2 \cdot \pi \cdot (r^2 + z^2)^{\frac{5}{2}}} Q$$

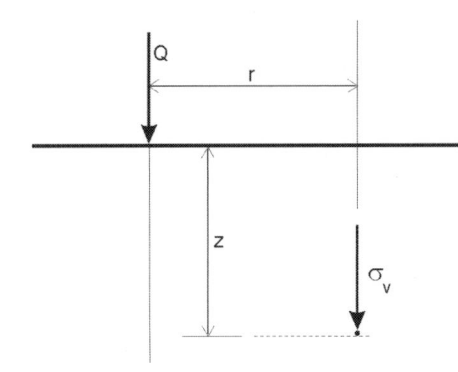

z e r são definidos como se indica na Fig. 8.5.

Essa expressão pode ser escrita da seguinte forma:

$$\sigma_v = \frac{Q}{\pi \cdot z^2} \cdot \frac{\frac{3}{2}}{\left(1 + \left(\frac{r}{z}\right)^2\right)^{\frac{5}{2}}}$$

Fig. 8.5
Tensões num ponto no interior da massa

Esta última expressão mostra que, mantida a relação r/z, a tensão é inversamente proporcional ao quadrado da profundidade do ponto considerado. Na vertical abaixo do ponto de aplicação da carga (r = 0), as tensões são:

$$\sigma_v = \frac{0{,}48 \cdot Q}{z^2}$$

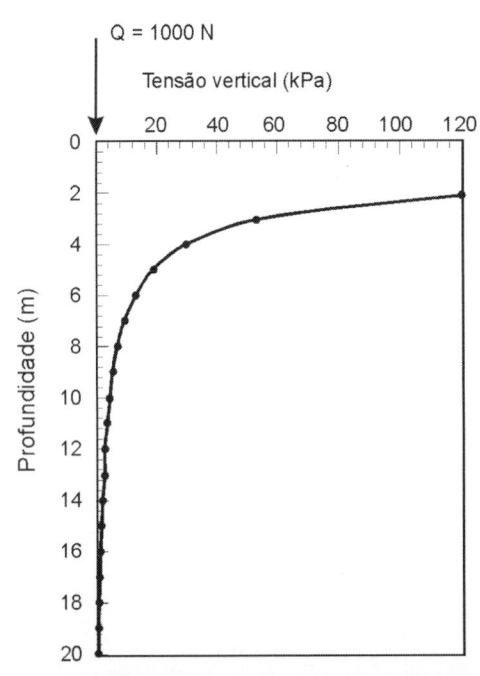

Fig. 8.6
Tensões na vertical abaixo do ponto da carga

Como mostra a Fig. 8.6, as tensões variam inversamente com o quadrado da profundidade, sendo infinita no ponto de aplicação. Note-se a semelhança desse gráfico com o da Fig. 8.1, que seria experimental.

Carregamento em áreas retangulares: solução de Newmark

Para o cálculo das tensões provocadas no interior do semiespaço infinito de superfície horizontal por carregamentos uniformemente distribuídos numa área retangular, Newmark desenvolveu uma integração da equação de Boussinesq. Determinou as tensões num ponto abaixo da vertical passando pelo vértice da área retangular. Verificou que a solução era a mesma para situações em que as relações entre os lados da área retangular e a profundidade fossem as mesmas. Definiu, então, as seguintes relações com os parâmetros *m* e *n*:

$$m = \frac{a}{z} \quad e \quad n = \frac{b}{z}$$

como ilustrado na Fig. 8.7.

Aula 8
Tensões Verticais Devidas a Cargas

Fig. 8.7
Definição dos parâmetros m e n

Em função desses parâmetros, a solução de Newmark se expressa pela equação:

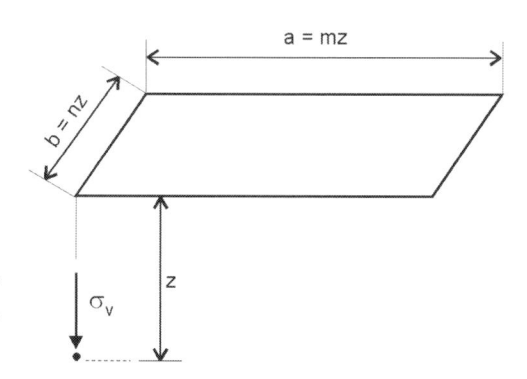

$$\sigma_v = \frac{\sigma_o}{4 \cdot \pi} \cdot \left[\frac{\left[2mn(m^2 + n^2 + 1)^{0,5}\right](m^2 + n^2 + 2)}{(m^2 + n^2 + 1 + m^2 n^2)(m^2 + n^2 + 1)} + \text{arctg} \frac{2mn(m^2 + n^2 + 1)^{0,5}}{m^2 + n^2 + 1 - m^2 n^2} \right]$$

Essa expressão só está reproduzida aqui para mostrar como as soluções da teoria da elasticidade são muito trabalhosas[1]. Se considerarmos que a tensão num ponto qualquer é função só dos parâmetros *m* e *n*, toda a expressão entre chaves pode ser tabelada, de forma que se tem:

$$\sigma_v = I \cdot \sigma_o$$

sendo *I* um coeficiente de influência que depende só de *m* e *n* e que se encontra na Tab. 8.1, e também no ábaco da Fig. 8.8. Alguns livros publicam ábacos semelhantes com diferente formato.

Observa-se que o maior valor de I é 0,25, e que ele corresponde a valores de m e n muito elevados, ou seja, à situação em que as dimensões do retângulo de carregamento são muito grandes em relação à profundidade em que se quer calcular o acréscimo da tensão. O valor 0,25 justifica-se. Ao carregar-se toda a superfície, o acréscimo de tensão em qualquer ponto seria igual à tensão aplicada na superfície (I = 1). Se o carregamento for feito só num quadrante (um quarto da área total), o coeficiente de influência é 0,25. Como a solução de Newmark se refere a um ponto na vertical pela aresta de um retângulo, nenhum carregamento isolado pode apresentar I > 0,25.

Para o cálculo do acréscimo de tensão em qualquer outro ponto que não abaixo da aresta da área retangular, divide-se a área carregada em retângulos com uma aresta na posição do ponto considerado, e considera-se

---

(1) Ao se pretender empregar essa equação para criar uma planilha eletrônica para cálculo de *I* a partir de *m* e *n*, deve-se considerar que, para elevados valores de m e n, o denominador do segundo termo entre parênteses pode se tornar negativo; nesse caso, o ângulo cuja tangente é indicada deve estar no intervalo entre $\pi/2$ e π e não entre $-\pi/2$ e 0, como automaticamente o computador consideraria. Para se levar isto em consideração, pode-se acrescentar, dentro do parêntese do segundo membro, um terceiro termo com a expressão $-\pi \times [(D-abs(D))/(2D)]$, sendo $D = m^2 + n^2 + 1 - m^2 n^2$.

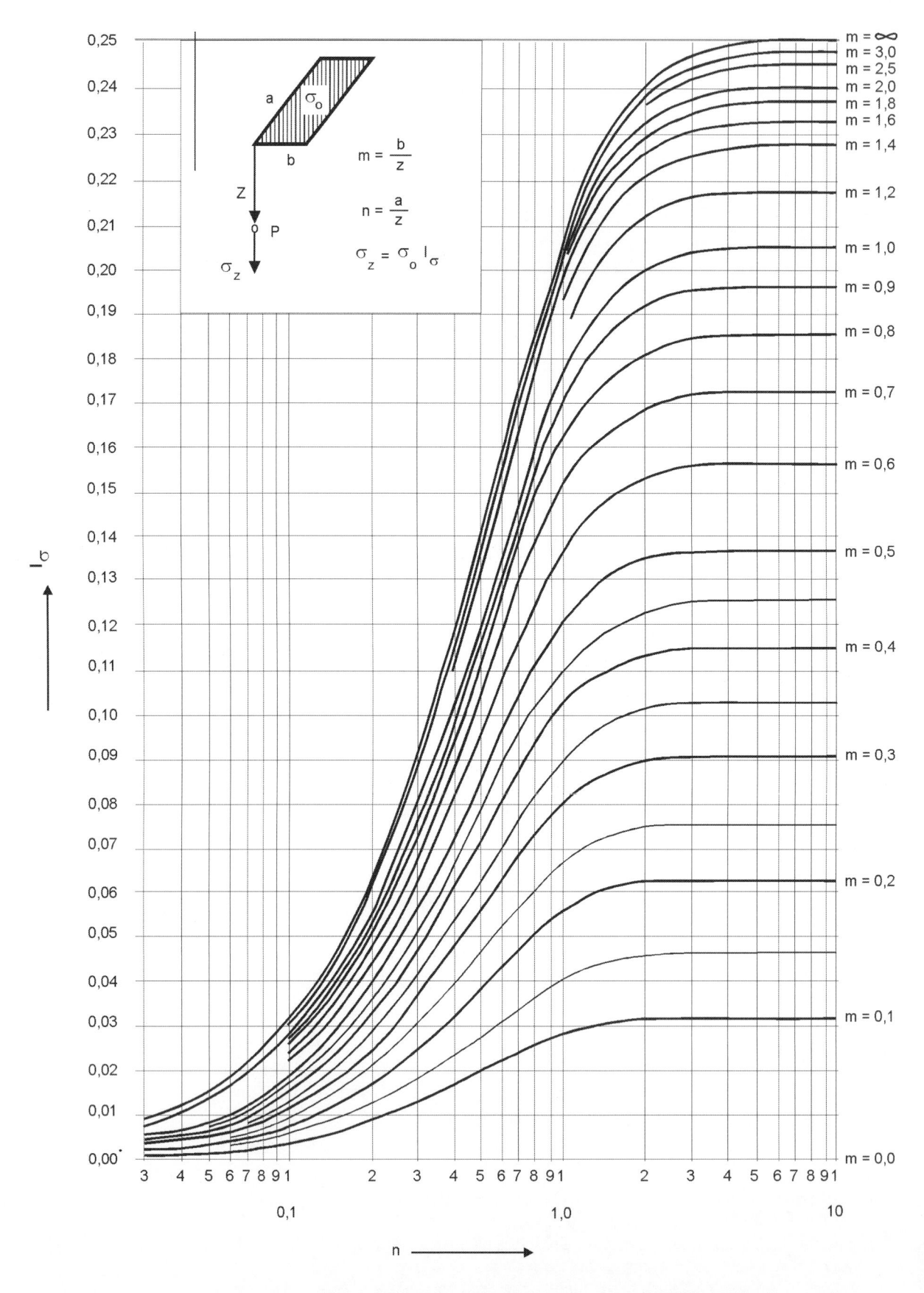

Fig. 8.8 *Tensões verticais induzidas por carga uniformemente distribuída em área retangular (solução de Newmark)*

Aula 8
Tensões Verticais Devidas a Cargas

Tab. 8.1
Valores de I em função de m e n para a equação de Newmark

n ou m	n = a/z ou m = b/z								
	0,1	0,2	0,3	0,4	0,5	0,6	0,7	0,8	0,9
0,1	0,005	0,009	0,013	0,017	0,020	0,022	0,.24	0,026	0,027
0,2	0,009	0,018	0,026	0,033	0,039	0,043	0,047	0,050	0,053
0,3	0,013	0,026	0,037	0,047	0,056	0,063	0,069	0,073	0,077
0,4	0,017	0,033	0,047	0,060	0,071	0,080	0,087	0,093	0,098
0,5	0,020	0,039	0,056	0,071	0,084	0,095	0,103	0,110	0,116
0,6	0,022	0,043	0,063	0,080	0,095	0,107	0,117	0,125	0,131
0,7	0,024	0,047	0,069	0,087	0,103	0,117	0,128	0,137	0,144
0,8	0,026	0,050	0,073	0,093	0,110	0,125	0,137	0,146	0,154
0,9	0,027	0,053	0,077	0,098	0,116	0,131	0,144	0,154	0,162
1,0	0,028	0,055	0,079	0,101	0,120	0,136	0,149	0,160	0,168
1,2	0,029	0,057	0,083	0,106	0,126	0,143	0,157	0,168	0,178
1,5	0,030	0,059	0,086	0,110	0,131	0,149	0,164	0,176	0,186
2,0	0,031	0,061	0,089	0,113	0,135	0,153	0,169	0,181	0,192
2,5	0,031	0,062	0,090	0,115	0,137	0,155	0,170	0,183	0,194
3,0	0,032	0,062	0,090	0,115	0,137	0,156	0,171	0,184	0,195
5,0	0,032	0,062	0,090	0,115	0,137	0,156	0,172	0,185	0,196
10,0	0,032	0,062	0,090	0,115	0,137	0,156	0,172	0,185	0,196
∞	0,032	0,062	0,090	0,115	0,137	0,156	0,172	0,185	0,196

n ou m	n = a/z ou m = b/z								
	1,0	1,2	1,5	2,0	2,5	3,0	5,0	10,0	∞
0,1	0,028	0,029	0,030	0,031	0,031	0,032	0,032	0,032	0,032
0,2	0,055	0,057	0,059	0,061	0,062	0,062	0,062	0,062	0,062
0,3	0,079	0,083	0,086	0,089	0,090	0,090	0,090	0,090	0,090
0,4	0,101	0,106	0,110	0,113	0,115	0,115	0,115	0,115	0,115
0,5	0,120	0,126	0,131	0,135	0,137	0,137	0,137	0,137	0,137
0,6	0,136	0,143	0,149	0,153	0,155	0,156	0,156	0,156	0,156
0,7	0,149	0,157	0,164	0,169	0,170	0,171	0,172	0,172	0,172
0,8	0,160	0,168	0,176	0,181	0,183	0,184	0,185	0,185	0,185
0,9	0,168	0,178	0,186	0,192	0,194	0,195	0,196	0,196	0,196
1,0	0,175	0,185	0,193	0,200	0,202	0,203	0,204	0,205	0,205
1,2	0,185	0,196	0,205	0,212	0,215	0,216	0,217	0,218	0,218
1,5	0,193	0,205	0,215	0,223	0,226	0,228	0,229	0,230	0,230
2,0	0,200	0,212	0,223	0,232	0,236	0,238	0,239	0,240	0,240
2,5	0,202	0,215	0,226	0,236	0,240	0,242	0,244	0,244	0,244
3,0	0,203	0,216	0,228	0,238	0,242	0,244	0,246	0,247	0,247
5,0	0,204	0,217	0,229	0,239	0,244	0,246	0,249	0,249	0,249
10,0	0,205	0,218	0,230	0,240	0,244	0,247	0,249	0,250	0,250
∞	0,205	0,218	0,230	0,240	0,244	0,247	0,249	0,250	0,250

separadamente o efeito de cada retângulo. No caso de um ponto no interior da área, como o ponto P no caso (a) da Fig. 8.9, a ação da área ABCD é a soma das ações de cada uma das áreas AJPM, BKPJ, DLPK e CMPL.

No caso de ponto externo, como o ponto P na situação (b) da Fig. 8.9, considera-se a ação da área PKDM, subtraem-se os efeitos dos retângulos PKBL e PJCM e soma-se o efeito do retângulo PJAL, porque essa área foi subtraída duas vezes nos retângulos anteriores.

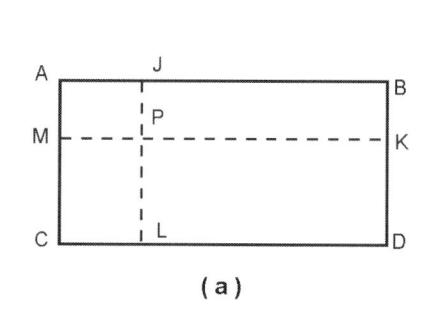

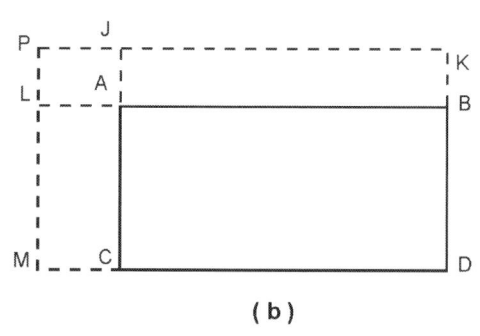

Fig. 8.9
Aplicação da solução de Newmark para qualquer posição

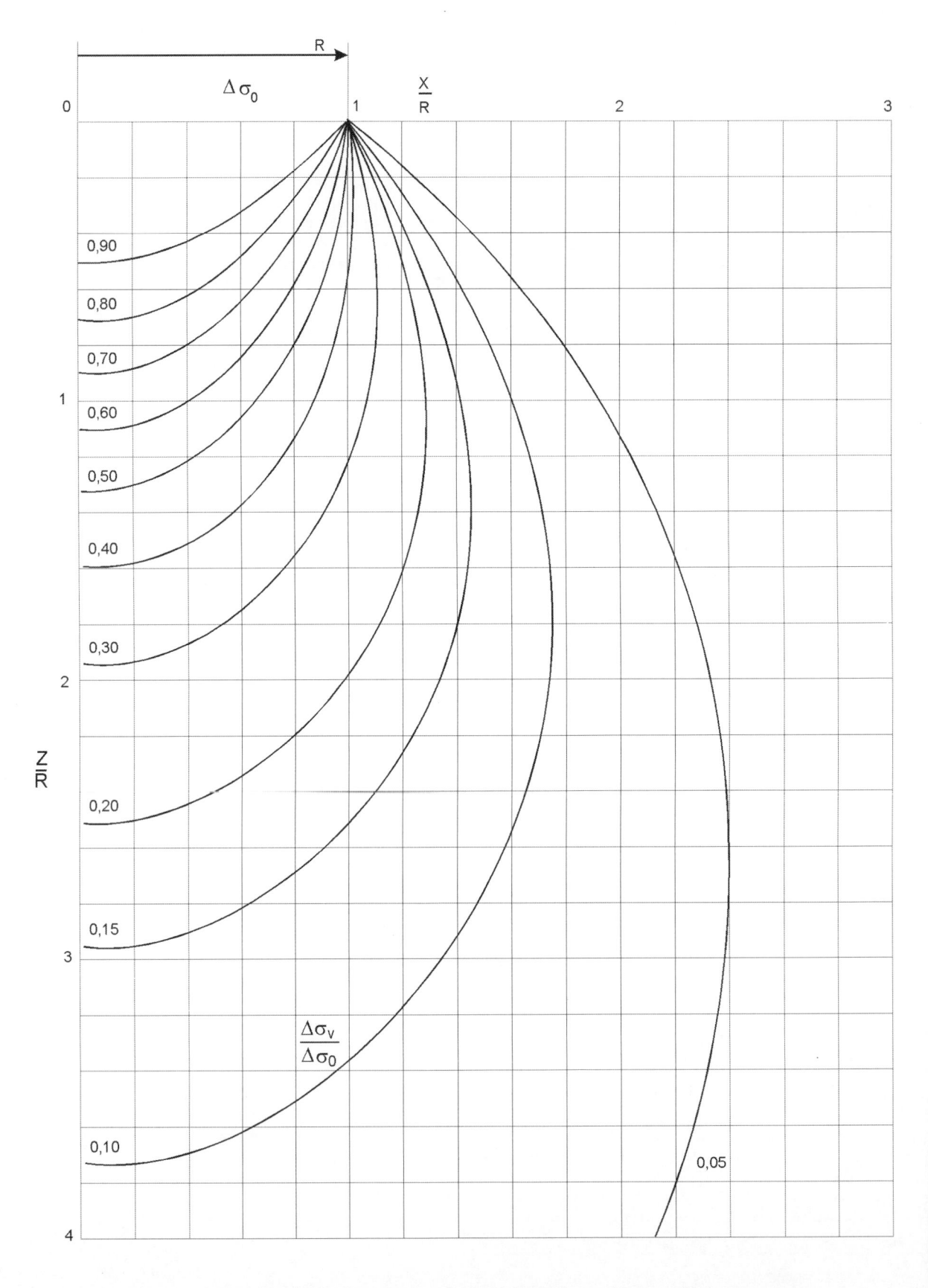

Fig. 8.10 **Tensões verticais induzidas por carga uniformemente distribuída em área circular**

Outras soluções baseadas na Teoria da Elasticidade

Também baseadas na Teoria da Elasticidade, estão disponíveis soluções para diversos tipos de carregamento. Poulos e Davis (1974) reuniram soluções para diversos carregamentos, desenvolvidos por diferentes autores.

Frequentemente, as soluções são apresentadas em forma de bulbos de tensões, como reproduzido na Fig. 8.10, que apresenta os coeficientes de influência (coeficiente que, multiplicado pela tensão aplicada na superfície, fornece a tensão atuante no ponto), para o cálculo das tensões verticais no interior do solo devidas a carregamento uniformemente distribuído numa área circular, na superfície do terreno.

Ábacos semelhantes estão disponíveis para outros esquemas de carregamento, como faixas de comprimento infinito, representando aterros rodoviários.

Há também ábacos disponíveis para o cálculo de tensões horizontais, tensões principais e tensões cisalhantes, permitindo a obtenção de todo o estado de tensões devido a cada carregamento.

Ábaco dos "quadradinhos" baseado na solução de Love

Quando a configuração da área carregada na superfície do terreno é muito irregular, emprega-se o "ábaco dos quadradinhos", também devido a Newmark, que se baseia no seguinte princípio: quando sobre a superfície do terreno se aplica uma pressão em toda a sua extensão, em qualquer ponto, a qualquer profundidade, o acréscimo de tensão provocado é igual à pressão aplicada na superfície. Essa tensão é igual à somatória dos efeitos provocados por carregamentos em áreas parciais que cobrem toda a superfície. Cada uma dessas áreas contribui com uma parcela do acréscimo de tensão. A superfície do terreno pode ser dividida em diversas áreas, cada qual responsável por um certo acréscimo de tensão. O mais prático é dividir a superfície do terreno em pequenas áreas, de tal forma que todas contribuam igualmente para a tensão provocada no ponto considerado. A divisão da superfície do terreno em 200 áreas de igual influência no acréscimo de tensão numa certa profundidade dá origem ao conhecido "ábaco dos quadradinhos", embora as áreas não sejam quadradas, mas setores de anel circular, como mostra a Fig. 8.11.

Para a construção do ábaco, consideram-se inicialmente os raios de círculo que, se carregados na superfície do terreno, provocam, num ponto na vertical que passa pelo centro do círculo e a uma certa profundidade estabelecida, acréscimos de tensão correspondentes a 10%, 20%, 30% etc. da pressão aplicada, definindo-se assim os círculos do ábaco. Esse procedimento divide a superfície do terreno em 10 áreas, cuja influência é de 10% do efeito do carregamento em toda a área. A seguir, é só dividir cada anel em 20 setores iguais. Todo o terreno fica dividido em 200 áreas de igual efeito. Note-se que o ábaco está relacionado a uma dimensão que, em escala, representa a profundidade do ponto para o qual se pretende estimar o acréscimo de tensão devido ao carregamento feito na superfície.

Para o traçado do ábaco, emprega-se a equação de Boussinesq para tensões verticais, integrada por Love para a determinação do acréscimo de tensão

Mecânica dos Solos

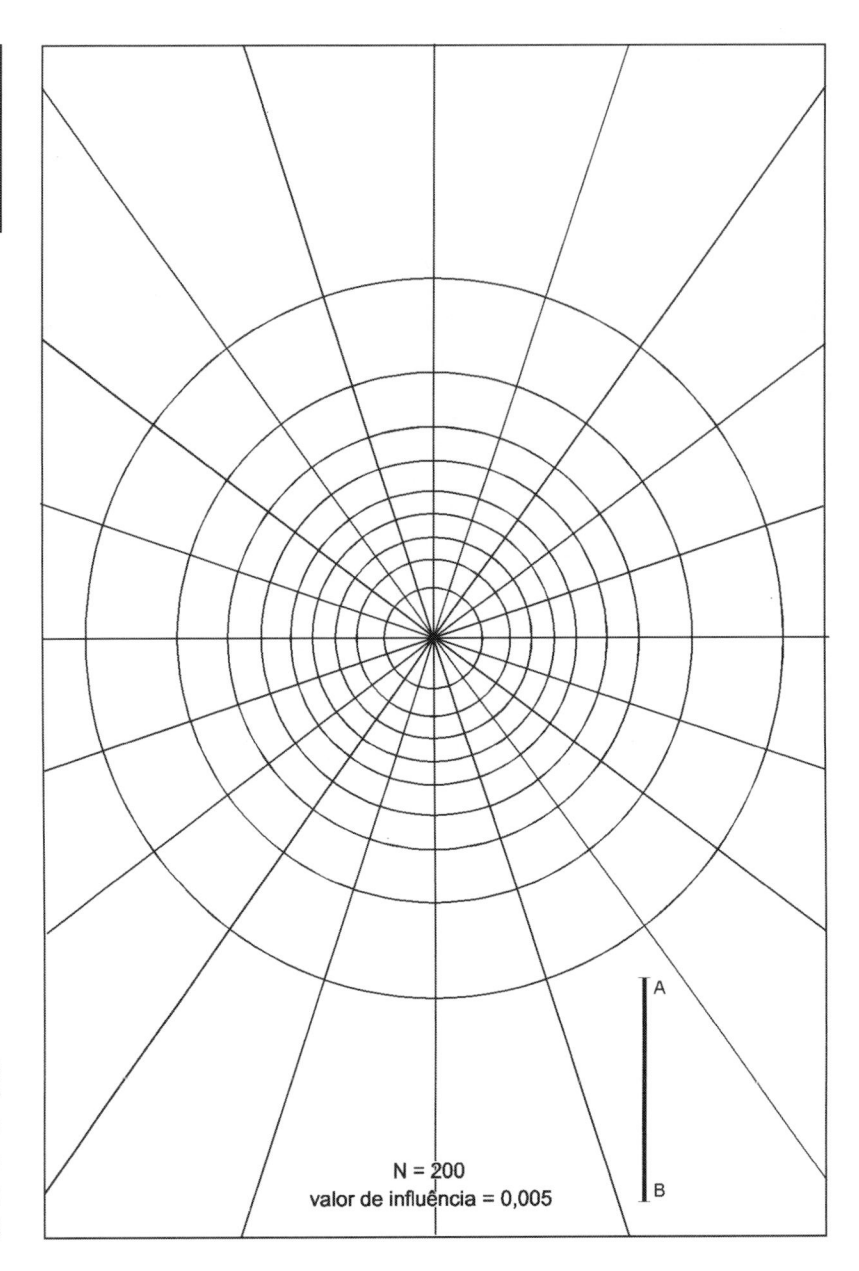

172

Fig. 8.11
Ábaco de influência para cálculo da tensão vertical, num ponto à profundidade AB

N = 200
valor de influência = 0,005

em pontos ao longo de uma vertical que passa pelo centro de uma área circular uniformemente carregada. A expressão obtida por Love é:

$$\sigma_v = \sigma_o \cdot \left\{ 1 - \left[\frac{1}{1 + \left(\frac{R}{z}\right)^2} \right]^{\frac{3}{2}} \right\}$$

onde R é o raio da área carregada e z é a profundidade considerada, como mostra a Fig. 8.11.

Tendo sido possível dividir a superfície do terreno em 200 pequenas áreas, cuja influência sobre o ponto considerado seja a mesma, pode-se dizer que o carregamento em cada uma delas provocará um acréscimo de tensão no ponto considerado igual a 0,005 da tensão aplicada, pois 200 x 0,005 da pressão aplicada é a própria pressão aplicada e que ocorre no ponto em virtude do carregamento em toda a superfície.

Quando se conhece a planta de uma edificação com formato irregular e se deseja conhecer a influência dessa edificação em um ponto no subsolo, a uma certa profundidade, desenha-se a planta da edificação na mesma escala em que foi construído o ábaco (AB = profundidade), de forma que o ponto considerado fique no centro do ábaco. Na Fig. 8.12 apresenta-se um exemplo. Contam-se, então, quantos "quadradinhos" foram ocupados pela planta. Como cada "quadradinho" carregado provoca no ponto 0,5% da tensão aplicada, o número de "quadradinhos" vezes o valor de influência (0,005), vezes a tensão aplicada, indica a tensão provocada por todo o carregamento da superfície.

Ao se contarem os "quadradinhos", faz-se uma compensação para as frações de "quadradinhos" abrangidos pela edificação.

É conveniente desenhar a planta do prédio em papel vegetal. Desta forma, ao deslocar-se a planta para outra posição, contam-se os "quadradinhos" sobrepostos e determina-se a tensão provocada na nova posição, sempre no ponto situado na projeção do centro dos círculos, na profundidade ditada pela escala do desenho. Para determinar as tensões em outras profundidades, deve-se desenhar outro ábaco ou outra planta da edificação, de maneira a compatibilizar as escalas.

Fig. 8.12
Exemplo de aplicação do ábaco dos "quadradinhos"

8.3 Considerações sobre o emprego da Teoria da Elasticidade

As tensões verticais no interior do maciço, determinadas pela Teoria da Elasticidade, não dependem do módulo de elasticidade do material ou de seu coeficiente de Poisson, o que é apresentado como uma grande vantagem, pois permite sua aplicação a qualquer solo. Entretanto, não se deve esquecer que as deduções se referem a materiais homogêneos e isotrópicos. Com frequência, os solos são constituídos por camadas com módulos bem distintos, e mesmo solos de constituição homogênea apresentam módulos crescentes com a profundidade. A rigor, as soluções vistas nesta aula não se aplicariam a esses casos.

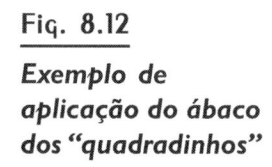

Existem soluções da teoria da elasticidade para sistemas constituídos de camadas com diferentes módulos de elasticidade. Quando a camada superior é muito menos deformável, as tensões que ocorrem na camada inferior ficam muito reduzidas; é como se a camada superior tivesse um efeito de laje, e distribuísse as tensões lateralmente. Seria o caso teórico, por exemplo, de uma camada de areia compacta, com elevado módulo, sobre uma argila mole, de módulo muito baixo. A experiência indireta (medida de recalques, por exemplo) indica que o efeito do maior espraiamento devido à elevada rigidez da camada superior não ocorre. O efeito de laje, na teoria, se faz às custas de tensões de tração em zonas da camada superior, e as areias não apresentam qualquer resistência à tração.

Métodos que consideram camadas de rigidez diferente são empregados em Mecânica dos Pavimentos com propriedade, pois as camadas de bases e revestimentos asfálticos apresentam elevada resistência à tração.

Apesar de reconhecidas as limitações da Teoria da Elasticidade, as soluções apresentadas nesta aula são empregadas mesmo para solos não homogêneos. A justificativa é o fato de as análises com esse procedimento conduzirem a soluções bem-sucedidas e comprovadas, com razoável aproximação, pelo acompanhamento das obras.

Exercícios resolvidos

Exercício 8.1 Uma construção industrial apresenta uma planta retangular, com 12 m de largura e 48 m de comprimento, e vai aplicar ao terreno uma pressão uniformemente distribuída de 50 kPa (Fig. 8.13). Determinar o acréscimo de tensão, segundo a vertical pelos pontos A, B, C e D, a 6 m e a 18 m de profundidade, aplicando a solução de Newmark. Calcule, também, para o ponto E, fora da área carregada.

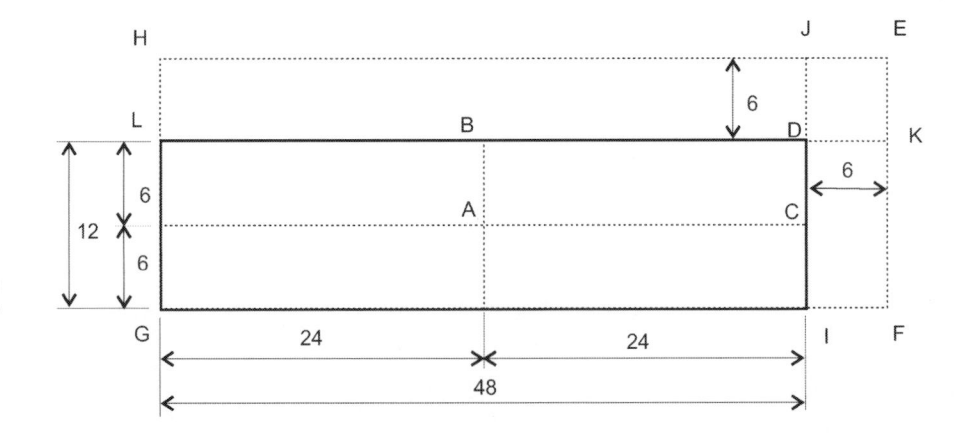

Fig. 8.13

Solução: Para o ponto central A, a área carregada é subdividida em 4 áreas parciais, de 6 x 24 m, com o ponto A na borda de cada uma. Para os pontos B e C, a área carregada é subdividida em 2 áreas parciais, enquanto que, para o ponto D, aplica-se diretamente a solução de Newmark. Na tabela a seguir, estão os coeficientes obtidos da Fig. 8.8, ou da Tab. 8.1.

Para a profundidade de 6 m:

Ponto	Área	nº de áreas	m	n	I da área	I total	Tensão, kPa
A	6 x 24	4	1	4	0,204	0,82	41
B	12 x 24	2	2	4	0,239	0,48	24
C	6 x 48	2	1	8	0,204	0,41	20,5
D	12 x 48	1	2	8	0,240	0,24	12

Note-se que, para essa profundidade, o acréscimo de tensão no ponto B é cerca de 58% do acréscimo correspondente ao centro da área. Na aresta da área carregada é cerca de 30% desse valor.

Para a profundidade de 18 m:

Ponto	Área	nº. de áreas	m	n	I da área	I total	Tensão, kPa
A	6 x 24	4	0,33	1,33	0,092	0,37	18,5
B	12 x 24	2	0,66	1,33	0,155	0,31	15,5
C	6 x 48	2	0,33	2,66	0,097	0,19	9,5
D	12 x 48	1	0,66	2,66	0,165	0,165	8,2

Neste caso, o acréscimo na vertical pelo ponto B é pouco menor do que o acréscimo no centro na vertical pela aresta (84%) e o acréscimo na borda é 44% do acréscimo no centro. Nessa profundidade, as tensões já se espraiaram consideravelmente.

Para o ponto E, fora da área carregada, considera-se o efeito do carregamento na área EFGH, menos os carregamentos nas áreas EFIJ e EKLH, somando-se, a seguir, o efeito da área EKDJ, que havia sido subtraído duas vezes na operação anterior. Os resultados estão indicados na tabela abaixo:

Para a profundidade de 6 m:

Retângulo	Área	m	n	I da área
EFGH	18 x 54	3	9	0,247
EFIJ	6 x 54	1	9	0,205
EKLH	6 x 18	1	3	0,203
EKDJ	6 x 6	1	1	0,175

Efeito da área efetivamente carregada: $\Delta\sigma = 50 \times (0,247 - 0,205 - 0,203 + 0,175) = 0,7$ kPa. É interessante analisar a contribuição relativa de cada parcela. Veja-se, por exemplo, a importância da pequena área EKDJ.

Para a profundidade de 18 m:

Retângulo	Área	m	n	I da área
EFGH	18 x 54	1	3	0,203
EFIJ	6 x 54	0,33	3	0,098
EKLH	6 x 18	0,33	1	0,086
EKDJ	6 x 6	0,33	0,33	0,044

Aula 8

Tensões Verticais
Devidas a Cargas

Mecânica dos Solos

Efeito da área efetivamente carregada: $\Delta\sigma = 50 \times (0,203 - 0,098 - 0,086 + 0,044) = 3,15$ kPa. É curioso notar que o efeito na vertical pelo ponto E é maior a 18 m de profundidade (3,15 kPa) do que a 6 m de profundidade (0,7 kPa).

Exercício 8.2 Calcule os acréscimos de tensão do exercício anterior, pela prática do "espraiamento das tensões", e compare os resultados.

Solução: Na superfície, a área carregada é igual a $12 \times 48 = 576$ m².

Com um espraiamento com um ângulo de 30°, a área afetada a 6 m de profundidade fica:

$A_6 = (12 + 2 \times tg\, 30° \times 6) \times (48 + 2 \times tg\, 30° \times 6) = 18,93 \times 54,93 = 1.040$ m².

O acréscimo de tensão média, numa área de 19 por 55 m, na profundidade de 6 m, seria:

$\Delta\sigma = 50 \times (576/1.040) = 27,7$ kPa.

Esse valor é cerca de 32% inferior ao determinado pela Teoria da Elasticidade para o centro da área e 15 a 130% superior ao correspondente ao contorno da área carregada. O ponto E não teria sofrido acréscimo de tensão pois estaria fora da área atingida pelo espraiamento.

Cálculo semelhante para a profundidade de 18 m indica que o retângulo carregado teria dimensões de 32,8 m por 68,8 m, área de 2.256 m², e que o acréscimo de tensão seria de 12,8 kPa em toda a área, que neste caso inclui o ponto E.

Exercício 8.3 A Fig. 8.14 apresenta o perfil do subsolo num local da cidade de Santos, próximo à praia.

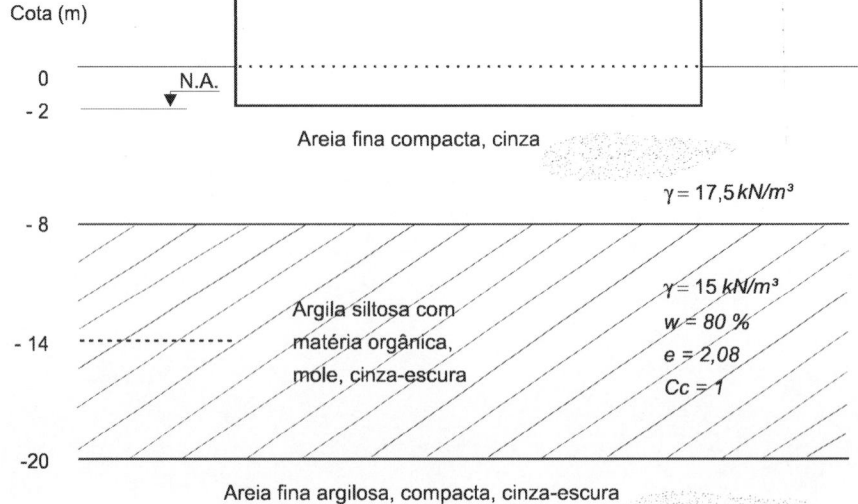

Fig. 8.14

Almeja-se construir o Prédio Alfa, com 12 pavimentos, com um planta retangular, de 12 m de largura e 36 m de comprimento. As fundações serão em sapatas, na cota –2 m. O peso total do prédio é estimado em 56.160 kN. As sapatas transmitirão pressões de 160 a 260 kPa.

Se o carregamento for uniformemente distribuído na área da planta do prédio, com uma pressão média de 130 kPa, determine os acréscimos de tensão provocados na cota –14 m, que corresponde à profundidade média da camada de argila orgânica mole, nas verticais dos pontos assinalados na planta abaixo.

Outro prédio, o Beta, com iguais características, será construído ao lado, a 6 m de distância, como se mostra na Fig. 8.15. Calcule os acréscimos de tensão que um prédio exercerá no local do outro. Note que o efeito do Prédio Alfa sobre a posição do Prédio Beta é igual ao efeito deste em relação àquele.

Aula 8
Tensões Verticais
Devidas a Cargas

Solução: As fundações encontram-se a 2 m de profundidade. Na cota de aplicação das cargas haverá, inicialmente, um descarregamento correspondente ao peso de terra escavada (2 x 17,5 = 35 kPa). A pressão a considerar será, portanto, 130 – 35 = 95 kPa.

Os acréscimos de tensão serão calculados pela solução de Newmark. Para tanto, as dimensões em planta serão divididas por 12, que é a profundidade da seção considerada (cota = –14) em relação à cota de aplicação das cargas. Os cálculos relativos aos diversos pontos estão na tabela a seguir. Os pontos D, B e F representam também os pontos G, H e I, respectivamente.

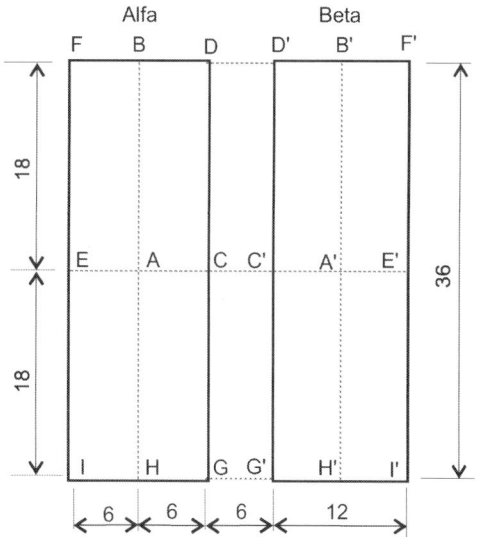

Fig. 8.15

1º	2º	3º	4º	5º	6º	7º	8º	9º	10º	11º
Ponto	Retângulo	a	b	m	n	I	nº	Efeito do prédio		
								Alfa	Beta	Os dois
A	ABDC	6	18	0,5	1,5	0,131	4	0,524		
	ABF'E'	24	18	2	1,5	0,223	2			
	ABD'C'	12	18	1	1,5	-0,193	2		0,060	0,584
B	BDGH	6	36	0,5	3,0	0,137	2	0,274		
	B F'I'H	24	36	2	3,0	0,238	1			
	BD'G'H	12	36	1	3,0	-0,203	1		0,035	0,309
C	CEFD	12	18	1	1,5	0,193	2	0,386		
	CDF'E'	18	18	1,5	1,5	0,215	2			
	CDD'C'	6	18	0,5	1,5	-0,131	2		0,168	0,554

continuação...

1ª	2ª	3ª	4ª	5ª	6ª	7ª	8ª	9ª	10ª	11ª
Ponto	Retângulo	a	b	m	n	I	nº	Efeito do prédio		
								Alfa	Beta	Os dois
D	DGIF	12	36	1	3,0	0,203	1	0,203		
	DF'I'G	18	36	1,5	3,0	0,228	1			
	DD'G'G	6	36	0,5	3,0	- 0,137	1		0,091	0,294
E	EFDC	12	18	1	1,5	0,193	2	0,386		
	EFF'E'	30	18	2,5	1,5	0,226	2			
	EFD'C'	18	18	1,5	1,5	- 0,215	2		0,022	0,408
F	FDGI	12	36	1	3,0	0,203	1	0,203		
	FF'I'I	30	36	2,5	3,0	0,242	1			
	FD'G'I	18	36	1,5	3,0	- 0,228	1		0,014	0,217

Na tabela, a primeira coluna indica o ponto considerado; a 2ª, o retângulo; a 3ª e a 4ª, as dimensões do retângulo; a 5ª e a 6ª, os parâmetros m e n, obtidos pela divisão das dimensões do retângulo pela profundidade considerada; a 7ª, o coeficiente de influência obtido pela Tab. 8.1 ou pela Fig. 8.8, o sinal – indica que se trata de uma influência a ser subtraída; a 8ª, o número de retângulos a considerar em cada caso; a 9ª, o efeito do Prédio Alfa, nos pontos do próprio prédio; a 10ª, o efeito do Prédio Beta nos pontos do Prédio Alfa, ou vice-versa; a 11ª, o efeito da construção simultânea dos dois prédios.

Os coeficientes de influência determinados, multiplicados pela pressão aplicada, de 95 kPa, indicam os acréscimos de tensão devidos ao carregamento. Esses valores são:

	Acréscimo de tensão (kPa)		
Ponto	Devido ao próprio prédio	Devido ao prédio vizinho	Devido aos dois prédios
A	49,8	5,7	55,5
B	26,0	3,3	29,3
C	36,7	16,0	52,7
D	19,3	8,6	27,9
E	36,7	2,1	38,8
F	19,3	1,3	20,6

No Exercício 9.7, da próxima aula, serão calculados os recalques desses prédios.

Exercício 8.4 Projetou-se um aterro rodoviário com 20 m de largura e 2 m de altura. Admitindo que este aterro transmita ao terreno uma pressão uniformemente distribuída de 35 kPa, ao longo de uma faixa de 20 m de largura e comprimento infinito, determine os acréscimos de tensão a 5 m de profundidade, segundo uma seção transversal.

Solução: Os acréscimos de tensão podem ser determinados pelo método de Newmark, considerando uma dimensão infinita. Para cada posição, consideram-se duas faixas; por exemplo, para um afastamento do eixo de 5 m considera-se uma faixa de 15 m e outra de 5 m. Calculam-se os parâmetros m, correspondentes à largura da faixa, sendo infinito o parâmetro n, obtém-se I da solução de Newmark, e multiplicam-se os valores de I por 2, pois o ponto considerado está na aresta da faixa semi-infinita.

Para posições fora do aterro, considera-se o efeito de uma faixa com largura que envolva todo o aterro e desconta-se a faixa não carregada.

Na tabela abaixo estão os cálculos para diversos pontos, em função de seu afastamento do eixo do aterro.

Afastamento do eixo (m)	Largura das faixas		$m = l/z$		I da faixa		I total	$\Delta\sigma$ (kPa)
	A	B	A	B	A	B		
0	10	10	2	2	0,240	0,240	0,960	33,6
5	15	5	3	1	0,247	0,205	0,904	31,6
7,5	17,5	2,5	3,5	0,5	0,248	0,137	0,777	27,2
10	20	0	4	0	0,249	0	0,498	17,4
12,5	22,5	2,5	4,5	0,5	0,249	- 0,137	0,224	7,8
15	25	5	5	1	0,249	- 0,205	0,088	3,1
20	30	10	6	2	0,250	- 0,240	0,020	0,7

Os resultados indicam o diagrama de pressões apresentado na Fig. 8.16

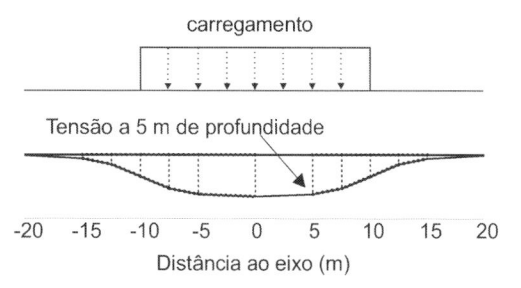

Fig. 8.16

Exercício 8.5 Um tanque metálico circular, com 14 m de diâmetro, foi construído com fundação direta na superfície, num terreno plano e horizontal, para estocagem de combustível. O tanque deverá transmitir ao terreno uma pressão de 50 kPa. Para a previsão de eventuais recalques, desejam-se conhecer os acréscimos de tensão a 3,5 e a 7 m de profundidade, no centro e na periferia do tanque.

Solução: Para cargas uniformemente distribuídas na superfície do terreno, em áreas circulares, dispõe-se da solução apresentada em forma de bulbos de igual acréscimo de tensão, apresentados na Fig. 8.10. As situações citadas no enunciado, os coeficientes de influência, obtidos por interpolação entre as curvas da figura, estão na tabela a seguir. Esses valores, multiplicados pela pressão aplicada, fornecem os acréscimos de tensão.

Posição	x	z	x/R	z/R	I	Δσ (kPa)
centro	0	3,5	0	0,5	0,90	45,0
periferia	7	3,5	1	0,5	0,41	20,5
centro	0	7	0	1,0	0,65	32,5
periferia	7	7	1	1,0	0,34	17,0

Exercício 8.6 Um muro que transmite uma carga de 5 kN por metro de comprimento deve passar por um local onde existe um aterro com 1,2 m de espessura sobre uma argila mole com 2 m de espessura, como indicado na Fig. 8.17. O aterro é de boa qualidade e suporta as cargas do muro. Diante da preocupação com os recalques da argila mole, decidiu-se fazer uma fundação superficial (sapata corrida), a 0,2 m de profundidade, para permitir maior distribuição das tensões. Cogitou-se fazer a sapata com pequena largura, 0,5 m por exemplo, de maneira a que os acréscimos de tensão na argila sejam reduzidos, conforme sugere o bulbo de tensão mostrado na Fig. 8.17. Aprecie a correção dessa proposta e compare com a de uma sapata com 1,5 m de largura.

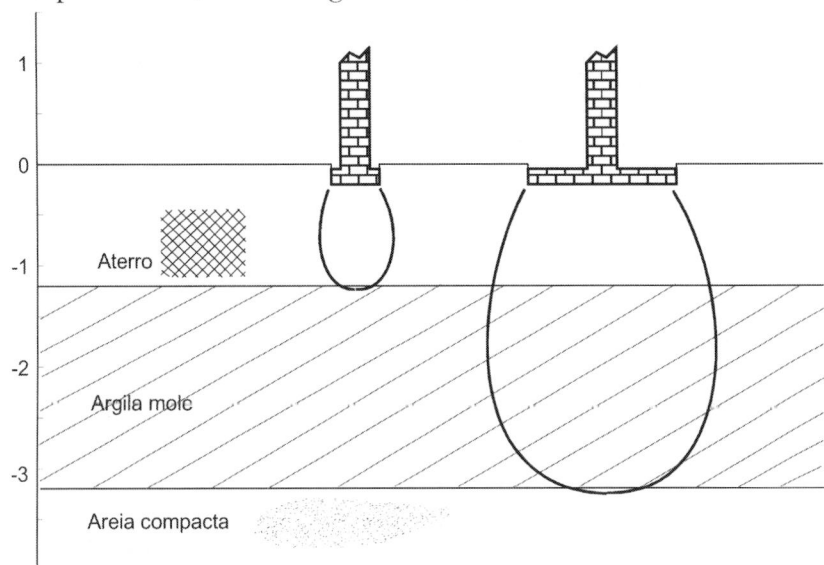

Fig. 8.17

Solução: Acréscimos de tensão para faixas carregadas podem ser calculados pela solução de Newmark, considerando-se uma dimensão infinita, como foi

Largura da sapata 2a(m)	Profundidade Posição	z(m)	Parâmetros da área carregada m = a/z	n	Fatores de influência I	4 x I	Pressão aplicada (kPa)	Δσ (kPa)
0,5	Superfície da argila mole	1,0	0,25	∞	0,077	0,308	10,0	3,08
	Centro da argila mole	2,0	0,125	∞	0,040	0,160	10,0	1,60
1,5	Superfície da argila mole	1,0	0,75	∞	0,180	0,720	3,33	2,40
	Centro da argila mole	2,0	0,375	∞	0,107	0,429	3,33	1,43

feito no Exercício 8.5. A solução para o caso presente está esquematizada na tabela anterior, de acordo com duas posições: na superfície superior da camada de argila mole e no centro da argila mole, em ambas, para o eixo da área carregada. Como pressão aplicada, em cada caso, considerou-se a carga por metro de comprimento do muro, pela área da fundação.

Como se observa, o índice de influência para a sapata com 0,5 m de largura (0,308 para a superfície superior da argila) é menor do que para a sapata com 1,5 m de largura (0,720 para a mesma posição). A pressão transmitida ao terreno no primeiro caso é três vezes maior do que no segundo, resultando que o acréscimo de tensão será maior (3,08 kPa contra 2,4 kPa, na superfície e 1,6 kPa contra 1,43 kPa no centro da camada).

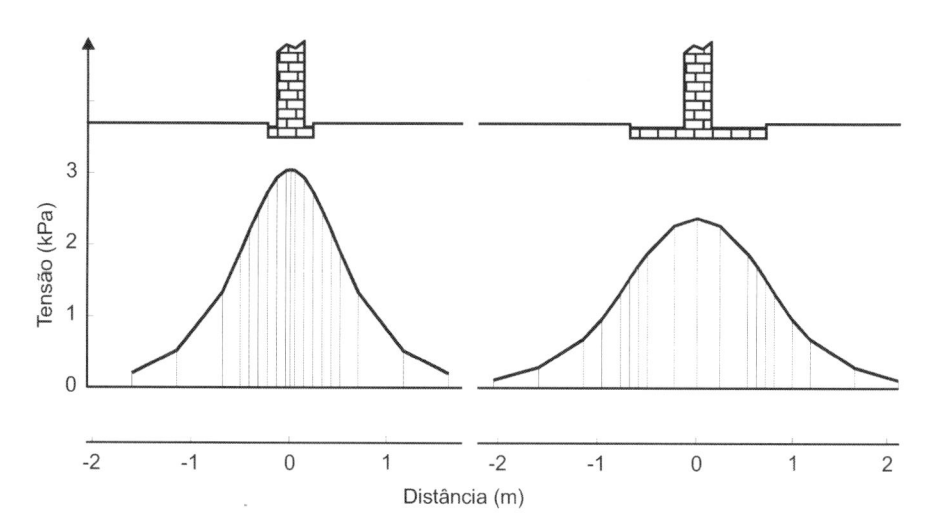

Aula 8

Tensões Verticais
Devidas a Cargas

181

Fig. 8.18

Acrescente-se que, no caso da fundação de maior largura, os acréscimos de tensão distribuem-se mais suavemente na direção transversal ao muro e reduzem os efeitos de recalques diferenciais que a heterogeneidade do terreno pode provocar. O cálculo em diversas posições ao lado do muro pode ser feito conforme o exemplo mostrado no Exercício 8.5. O resultado dessa análise para a superfície da argila mole está na Fig. 8.18.

Nota-se, portanto, que a solução cogitada (fundação de pequena largura) não se justifica tecnicamente. Este exercício ilustra que os "bulbos de tensão" devem ser sempre considerados com a devida atenção para os valores das tensões e que não existe "estar dentro do bulbo" ou "estar fora do bulbo de tensões".

AULA 9

DEFORMAÇÕES DEVIDAS A CARREGAMENTOS VERTICAIS

9.1 *Recalques devidos a carregamentos na superfície*

Um dos aspectos de maior interesse para a Engenharia Geotécnica é a determinação das deformações devidas a carregamentos verticais na superfície do terreno ou em cotas próximas à superfície, ou seja, os recalques das edificações com fundações superficiais (sapatas ou *radiers*) ou de aterros construídos sobre os terrenos. As deformações podem ser de dois tipos: as que ocorrem rapidamente após a construção e as que se desenvolvem lentamente após a aplicação das cargas. Deformações rápidas são observadas em solos arenosos ou solos argilosos não saturados, enquanto que nos solos argilosos saturados os recalques são muito lentos, pois é necessária a saída da água dos vazios do solo.

O comportamento dos solos perante os carregamentos depende da sua constituição e do estado em que o solo se encontra, e pode ser expresso por parâmetros obtidos em ensaios ou através de correlações estabelecidas entre esses parâmetros e as diversas classificações. Dois tipos de ensaio são empregados e descritos a seguir.

9.2 *Ensaios para determinação da deformabilidade dos solos*

Ensaios de compressão axial

O ensaio de compressão de um solo consiste na moldagem de um corpo de prova cilíndrico e no seu carregamento pela ação de uma carga axial. Ao registrar-se as tensões no plano horizontal (a carga dividida pela área da seção transversal) pela deformação axial (encurtamento do corpo de prova dividido pela altura inicial do corpo de prova), e obtém-se a curva mostrada na Fig. 9.1. Após atingido um certo nível de tensão, se for feito um descarregamento, as deformações sofridas não se recuperarão. O solo não é um material elástico. Por outro lado, observa-se que a relação entre a tensão e a deformação não é constante. Ainda assim, por falta de outra alternativa, admite-se frequentemente um comportamento elástico-linear para o solo, definindo-se um módulo de elasticidade para um certo valor da tensão (geralmente a metade da tensão que provoca a ruptura), E, e um coeficiente de Poisson, v, de acordo com as expressões mostradas na Fig. 9.1.

Fig. 9.1
Definição de parâmetros elásticos dos solos, a partir de ensaio de compressão

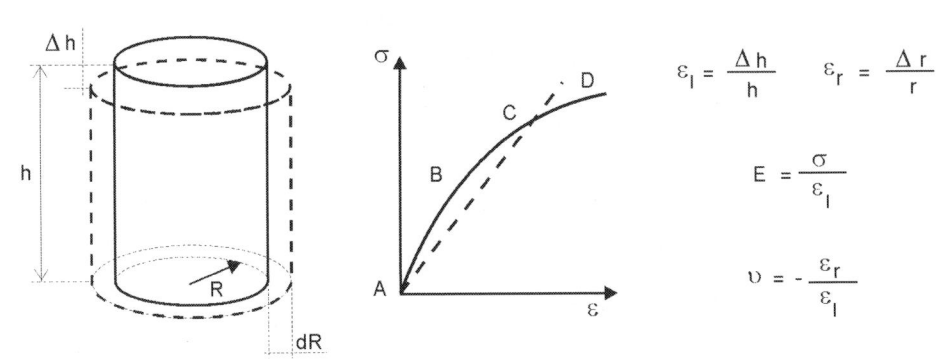

$$\varepsilon_l = \frac{\Delta h}{h} \qquad \varepsilon_r = \frac{\Delta r}{r}$$

$$E = \frac{\sigma}{\varepsilon_l}$$

$$\upsilon = -\frac{\varepsilon_r}{\varepsilon_l}$$

Para o ensaio de compressão, o corpo de prova pode ser previamente submetido a um confinamento, quando, então, é chamado de ensaio de compressão triaxial, que será estudado com mais detalhe na Aula 13. Ocorre que o módulo de elasticidade do solo depende da pressão a que o solo está confinado. Tal fato mostra como é difícil estabelecer um módulo de elasticidade para um solo, pois ele se encontra, na natureza, submetido a confinamentos crescentes com a profundidade. Para problemas especiais, pode-se expressar o módulo de elasticidade em função do nível de tensões axial e de confinamento. Para os casos mais corriqueiros, admite-se um módulo constante como representativo do comportamento do solo para a faixa de tensões ocorrentes no caso em estudo.

Como ordem de grandeza, pode-se indicar os valores apresentados na Tab. 9.1 como módulos de elasticidade para argilas sedimentares saturadas, em solicitações rápidas, que não dão margem à drenagem (note-se que esses valores são cerca de 100 vezes os valores da resistência à compressão simples que definem os intervalos de consistência de argilas não estruturadas, como definido na Tab. 2.3 na Aula 2).

Tab. 9.1
Módulos de elasticidade típicos de argilas saturadas em solicitação não drenada

Consistência	Módulo de elasticidade (MPa)
Muito mole	< 2,5
Mole	2,5 a 5
Consistência média	5 a 10
Rija	10 a 20
Muito rija	20 a 40
Dura	> 40

Aula 9
Deformações por Carregamentos Verticais

Para as areias, os módulos que interessam correspondem à situação drenada, pois a permeabilidade é alta em relação ao tempo de aplicação das cargas. Os ensaios de compressão devem ser feitos com confinamento dos corpos de prova. Os módulos são função da composição granulométrica, do formato e da resistência dos grãos. Uma ordem de grandeza de seus valores, para tensões de confinamento de 100 kPa, é indicada na Tab. 9.2.

Descrição da areia	Módulo de elasticidade (MPa)	
Compacidade	Fofa	Compacta
Areias de grãos frágeis, angulares	15	35
Areias de grãos duros, arredondados	55	100
Areia basal de São Paulo, bem graduada, pouco argilosa	10	27

Tab. 9.2
Módulos de elasticidade típicos de areias em solicitação drenada, para tensão confinante de 100 kPa

Para pressões confinantes diferentes de 100 kPa, os módulos podem ser obtidos a partir da seguinte expressão empírica, conhecida como equação de Janbu, pesquisador que a determinou empiricamente:

$$E_\sigma = E_a \cdot P_a \left(\frac{\sigma}{P_a}\right)^n$$

onde E_a é o módulo correspondente à pressão atmosférica, P_a, adotada como igual a 100 kPa; E_σ é o módulo correspondente à tensão considerada, σ; e n é um expoente geralmente adotado como 0,5.

Ensaio de compressão edométrica

O ensaio de *compressão edométrica* consiste na compressão do solo contido dentro de um molde que impede qualquer deformação lateral. Poderia ser chamado de *ensaio de compressão confinada*, mas generalizou-se, na Mecânica dos Solos, a expressão *compressão edométrica*. O ensaio simula o comportamento do solo quando ele é comprimido pela ação do peso de novas camadas que sobre ele se depositam, quando se constrói um aterro em grandes áreas. Pela facilidade de sua aplicação, esse ensaio é considerado representativo das situações em que se pode admitir que o carregamento feito na superfície, ainda que em área restrita (sapatas), provoque no solo uma deformação só de compressão, sem haver deformações laterais.

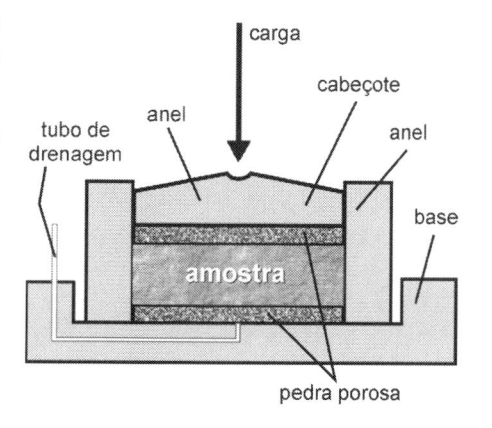

Fig. 9.2
Esquema da câmara de ensaio de compressão edométrica

Para o ensaio, uma amostra é colocada num anel rígido ajustado numa célula de compressão edométrica, conforme mostrado na Fig. 9.2. Acima e abaixo da amostra, existem duas pedras porosas, que permitem a saída da água.

Os anéis que recebem o corpo de prova têm diâmetro cerca de três vezes a altura, com o objetivo de reduzir o efeito do atrito lateral durante os carregamentos. Os diâmetros variam de 5 a 12 cm. Os maiores são melhores, porque permitem um amolgamento menos acentuado do solo durante a moldagem.

A célula de compressão edométrica é colocada numa prensa, para a aplicação das cargas axiais. O carregamento é feito por etapas. Para cada carga aplicada, registra-se a deformação a diversos intervalos de tempo, até que as deformações tenham praticamente cessado, ou seguem-se critérios específicos para as argilas saturadas, como será visto adiante. Pode ser um intervalo de minutos para areias, dezenas de minutos para siltes, e dezenas de horas para argilas.

Cessados os recalques, as cargas são elevadas, costumeiramente, para o dobro do seu valor anterior, principalmente quando se ensaiam argilas saturadas. Em certos casos, como para argilas abaixo da tensão de pré-adensamento ou para os solos não saturados, é preferível fazer carregamentos menores ou restritos aos níveis mais relacionados com os problemas em estudo.

Em relação à altura inicial dos corpos de prova, pode-se representar a variação de altura ou os recalques em função das tensões verticais atuantes. Os índices de vazios finais de cada estágio de carregamento são calculados a partir do índice de vazios inicial do corpo de prova e da redução de altura. A maneira convencional de apresentar os resultados dos ensaios é a representação do índice de vazios em função da tensão aplicada. Nas Figs. 9.3 e 9.4, estão os resultados típicos de ensaios de compressão edométrica de solos arenosos e de solos argilosos.

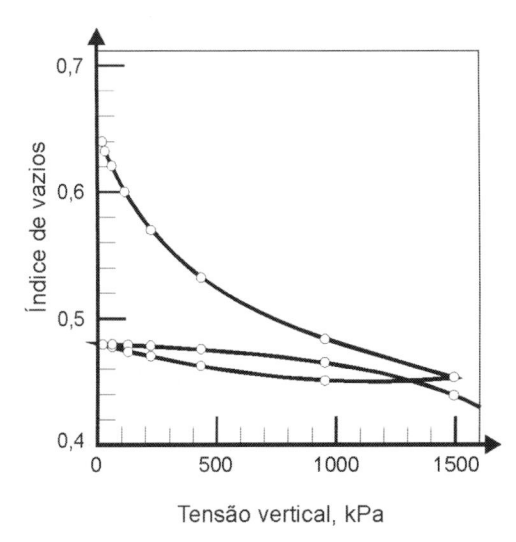

Fig. 9.3
Resultados típicos de compressão edométrica de areia basal da cidade de São Paulo

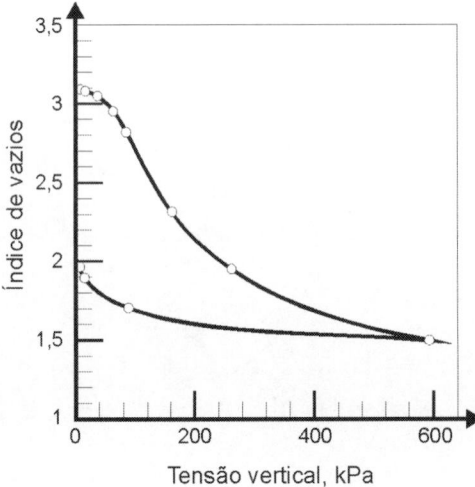

Fig. 9.4
Resultados típicos de compressão edométrica de argila orgânica mole da Baixada Santista

Como se observa nos resultados apresentados, a variação da deformação com as tensões não é linear. Ainda assim, para determinados níveis de tensão, os seguintes parâmetros são empregados:

Coeficiente de compressibilidade: $\quad a_v = - de / d\sigma_v$

Coeficiente de variação volumétrica: $\quad m_v = d\varepsilon_v / d\sigma_v$

Módulo de compressão edométrica: $\quad D = d\sigma_v / d\varepsilon_v$

A deformação volumétrica é $d\varepsilon_v$, igual a $- de / (1 + e_o)$, como se deduz adiante. Estes parâmetros relacionam-se como indicado:

$$a_v = (1 + e_o).m_v$$

$$e \quad D = 1 / m_v$$

9.3 *Cálculo dos recalques*

Os recalques provenientes de um carregamento feito na superfície do terreno podem ser estimados pela teoria da elasticidade ou pela analogia edométrica.

Cálculo de recalques pela teoria da elasticidade

A Teoria da Elasticidade, empregada para o cálculo das tensões no interior do solo devido a carregamentos na superfície (Aula 8), pode ser utilizada para a determinação dos recalques.

A Teoria da Elasticidade indica que os recalques na superfície de uma área carregada podem ser expressos pela equação:

$$\rho = I \cdot \frac{\sigma_o \cdot B}{E} \cdot \left(1 - \nu^2\right) \quad (9.1)$$

onde: σ_o é a pressão uniformemente distribuída na superfície;

E e ν são os parâmetros do solo já definidos;

B é a largura (ou o diâmetro) da área carregada;

I é um coeficiente que leva em conta a forma da superfície carregada e do sistema de aplicação das pressões, que podem ser aplicadas ao terreno por meio de elementos rígidos (sapatas de concreto), ou flexíveis (aterros).

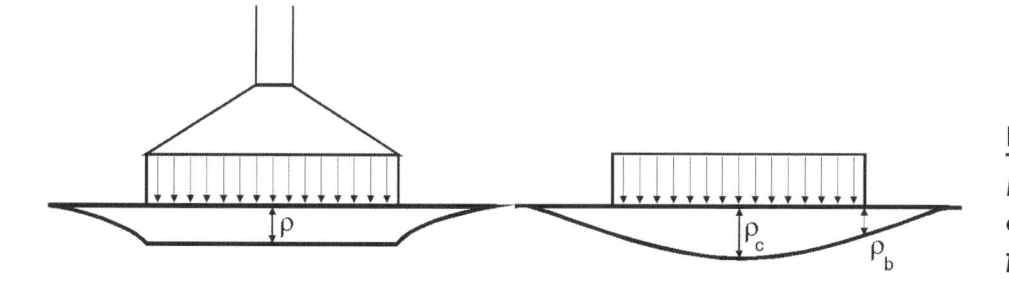

Fig. 9.5

Recalques de sapatas e de carregamentos flexíveis

No primeiro caso, o recalque é igual em toda a área carregada (embora as pressões deixem de ser uniformes e, na realidade, o valor adotado só representa a relação entre a carga aplicada e a área de aplicação). No segundo caso, os recalques no centro da área carregada são maiores do que nas bordas, como mostra a Fig. 9.5. Valores de I estão na Tab. 9.3.

Tab. 9.3
Coeficientes de forma para cálculo de recalques

Tipo de Placa		Rígida	Flexível	
			Centro	Borda ou Canto
Circular		0,79	1,00	0,64
Quadrada		0,86	1,11	0,56
Retangular	L/B = 2	1,17	1,52	0,75
	L/B = 5	1,66	2,10	1,05
	L/B = 10	2,00	2,54	1,27

Há duas dificuldades para a aplicação da teoria da elasticidade. A primeira se refere à grande variação dos módulos de cada solo, em função do nível de tensão aplicado (não linearidade da relação tensão-deformação), e do nível de confinamento do solo. Mesmo em materiais homogêneos, o módulo cresce com a profundidade, pois o confinamento cresce com a profundidade.

A segunda dificuldade reside no fato de que os solos são constituídos de camadas de diferentes compressibilidades. Mesmo no caso de ser bem identificada a camada mais compressível, responsável pela maior parte do recalque, não há como aplicar a teoria da elasticidade, na sua maneira mais simples, como anteriormente apresentado, pois a teoria se aplica a um meio uniforme. A Fig. 9.6 mostra o subsolo numa região de São Paulo, onde seria construído um depósito. O recalque devido às deformações da camada mais fraca, o solo arenoso fino e fofo, não saturado, é muito maior do que o das camadas situadas acima ou abaixo dela. A aplicação da Equação (9.1) com um módulo de elasticidade desse solo indicaria o recalque correspondente à deformação do solo em todo o bulbo de tensões indicado, o que não corresponderia à realidade, porque as camadas acima e abaixo são muito menos compressíveis.

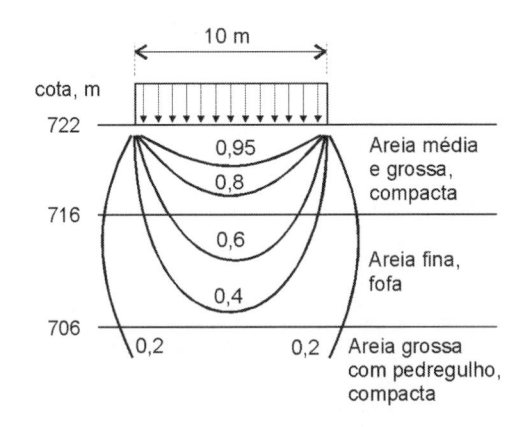

Fig. 9.6
Aplicação da Teoria da Elasticidade em solo heterogêneo

Cálculo de recalques pela compressibilidade edométrica

Situações de terreno, como na Fig. 9.6, sugerem que os recalques da camada mais compressível sejam considerados como equivalentes aos de corpos de prova submetidos à compressão edométrica.

Aula 9

Deformações por Carregamentos Verticais

A previsão do recalque, neste caso, corresponde à aplicação de uma simples proporcionalidade: se um certo carregamento $\Delta\sigma_v$ provoca um determinado recalque ρ no corpo de prova, este carregamento provocará na camada deformável do terreno um recalque tantas vezes maior quanto maior a espessura da camada. O recalque específico ou deformação, relação entre recalque e espessura da camada, é constante. Para um certo carregamento, se um corpo de prova de 2 cm de altura apresentar um recalque de 0,1 cm, a camada representada por essa amostra, se tiver 2 m de espessura, sofrerá um recalque de 10 cm para o mesmo carregamento.

A Fig. 9.7 representa um perfil típico de um subsolo para o qual se faria um ensaio de compressão edométrica: uma camada de argila mole, bastante deformável, entre duas camadas de areia permeáveis. Na Fig. 9.7 são também apresentados os diagramas de tensões existentes antes do carregamento e o diagrama dos acréscimos de tensões devidas ao carregamento feito na superfície. Consideremos um elemento no meio da camada deformável, onde atuava a tensão efetiva BC e que sofreu um acréscimo de tensão igual a DE. Para se estudar o efeito desse carregamento na diminuição do índice de vazios do solo, poder-se-ia submeter uma amostra desse solo a acréscimos de pressão de igual valor. É mais prático submeter a amostra a sucessivos carregamentos, para se obter um conhecimento mais completo do solo.

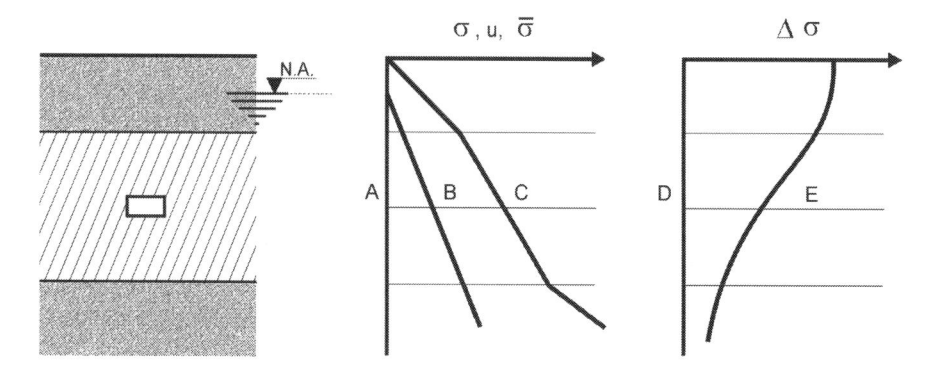

Fig. 9.7
Perfil de subsolo com argila mole

Na prática, o cálculo do recalque costuma ser expresso em função da variação do índice de vazios. Considere-se, como representado na Fig. 9.8, o estado do solo antes e depois de um carregamento. A altura se reduziu de H_1 para H_2, e o índice de vazios diminuiu de e_1 para e_2, permanecendo constante a altura equivalente às partículas sólidas, chamada altura reduzida H_0.

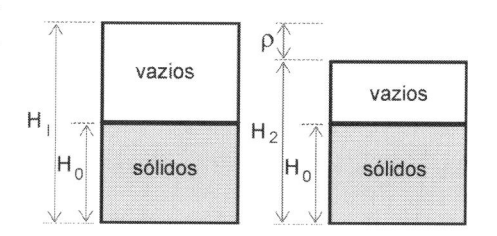

Fig. 9.8
Esquema para cálculo da equação de recalque

As alturas, antes e depois do carregamento, podem ser expressas da seguinte maneira:

$$H_1 = H_0 \cdot (1 + e_1) \quad \text{e} \quad H_2 = H_0 \cdot (1 + e_2)$$

Expressando H_0 em função de H_1 e substituindo na expressão de H_2, tem-se:

$$H_2 = H_1 \cdot \frac{(1+e_2)}{(1+e_1)}$$

O recalque é a diferença entre H_1 e H_2, de onde se tem:

$$\rho = H_1 \cdot \frac{(1+e_1-1-e_2)}{(1+e_1)}$$

O recalque específico, ou deformação, fica expresso por:

$$\varepsilon = \frac{\rho}{H_1} = \frac{(e_1-e_2)}{(1+e_1)} \quad (9.2)$$

A fórmula resultante, empregada para o cálculo dos recalques, fica sendo:

$$\rho = H_1 \cdot \frac{(e_1-e_2)}{(1+e_1)} = \frac{H_1}{(1+e_1)}(e_1-e_2) \quad (9.3)$$

Nessa expressão, H_1 e e_1 são características iniciais do solo, e, portanto, conhecidas. O recalque fica função só do índice de vazios correspondente à nova tensão aplicada ao solo e esta é fornecida pelo ensaio de compressão edométrica, por gráficos como os representados nas Figs. 9.3 e 9.4.

A partir dos parâmetros definidos em 9.2, têm-se as seguintes equações para cálculos de recalques:

$$\rho = \Delta\sigma \cdot a_v \frac{H_1}{(1+e_1)}$$

$$\rho = \Delta\sigma \cdot m_v \cdot H_1$$

$$\rho = \frac{\Delta\sigma}{D} H_1$$

9.4 *O adensamento das argilas saturadas*

Os ensaios de compressão edométrica são especialmente realizados para o estudo dos recalques das argilas saturadas. O processo de deformação pode se desenvolver lentamente, em virtude do tempo necessário para que água saia dos vazios do solo, tempo esse que pode ser elevado, devido à baixa permeabilidade das argilas. Esse processo é denominado adensamento dos solos, e o ensaio de compressão edométrica é chamado de ensaio de adensamento.

O resultado de ensaios de adensamento, como mostra a Fig. 9.4, pode ser redesenhado com as abscissas indicando o logaritmo das pressões aplicadas. Fica, então, com o aspecto da Fig. 9.9, na qual se nota que, a partir de uma determinada tensão, σ_a', o índice de vazios varia linearmente com o logaritmo da pressão aplicada, pelo menos num bom trecho após essa tensão. Esse trecho retilíneo da curva é denominado *reta virgem*.

Terzaghi introduziu o *índice de compressão*, para indicar a inclinação da reta virgem, descrito pela expressão:

$$C_C = \frac{(e_1 - e_2)}{(\log \overline{\sigma}_2 - \log \overline{\sigma}_1)} \quad (9.4)$$

Da maneira como está definido, o índice de compressão é positivo, embora haja uma redução de índice de vazios quando as pressões aumentam.

A expressão (e_1-e_2) nessa equação pode ser introduzida na Equação (9.3), e obtém-se:

$$\rho = \frac{C_C \cdot H_1}{(1+e_1)} \, \log\left(\frac{\overline{\sigma}_2}{\overline{\sigma}_1}\right) \quad (9.5)$$

Fig. 9.9
Resultados típicos de compressão edométrica de argila orgânica mole da Baixada Santista, com tensões em escala logarítmica

Essa equação permite o cálculo do recalque, sem que se utilize diretamente o resultado do ensaio de adensamento, expresso pela curva do índice de vazios em função da pressão aplicada. O resultado do ensaio aparece indiretamente através do índice de compressão. Entretanto, isto só pode ser feito quando o solo se encontra numa situação correspondente à reta virgem.

A tensão de pré-adensamento

No ensaio de adensamento, se a amostra for carregada até uma tensão e apresentar o comportamento indicado pela curva ABC da Fig. 9.10, e, a seguir, tiver a tensão reduzida, seu comportamento será o indicado pela curva CD. Se ela for carregada novamente, seu comportamento será o indicado pela curva DE, até atingir uma posição próxima à reta virgem, e, a seguir, continuará no trecho EF, ao longo da reta virgem. A mudança acentuada no gradiente da curva atesta o anterior carregamento feito até a tensão indicada pelo ponto C. Esse fato sugere que essa amostra anteriormente tenha sido solicitada a uma tensão correspondente ao ponto B. Tal tensão é definida como a *tensão de pré-adensamento*.

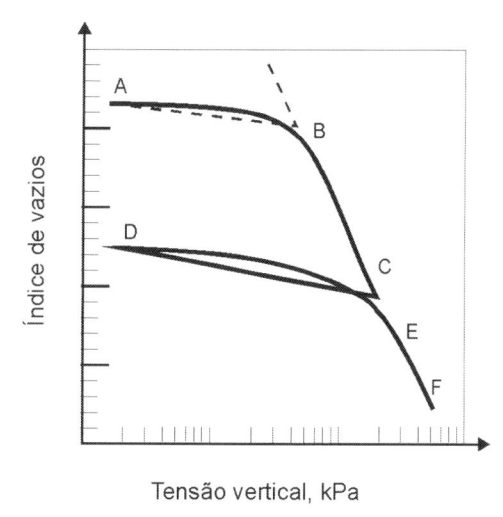

Fig. 9.10
Efeito de descarregamento seguido de carregamento em ensaio edométrico de argila saturada

Ao comparar-se as tensões efetivas atuantes sobre o solo no local de onde foi retirada a amostra com a tensão de pré-adensamento da amostra, pode-se conhecer um pouco a evolução desse solo.

Às vezes, a tensão de pré-adensamento é igual à tensão efetiva do solo, por ocasião da amostragem. Isso indica que o solo nunca esteve submetido anteriormente a maiores tensões, ou seja, ele é *normalmente adensado*.

Algumas vezes, a tensão de pré-adensamento é sensivelmente maior do que a tensão efetiva do solo por ocasião da amostragem. Isso seria uma indicação de que, no passado, o solo esteve sujeito a tensões maiores do que as atuais. Eventualmente, teria havido uma camada de solo sobreposta à atual que teria sido removida por erosão. Neste caso, o solo é *sobreadensado*. À relação entre a tensão de pré-adensamento e a tensão efetiva atual dá-se o nome de *razão de sobreadensamento, RSA*.

Pode ocorrer, esporadicamente, que a tensão de pré-adensamento determinada no ensaio seja inferior à tensão efetiva que se julgaria existir sobre a amostra, com base nos dados do perfil do subsolo. Isso ocorre quando o solo se encontra em processo de adensamento devido a carregamentos recentes. Na realidade, a tensão efetiva não é aquela calculada pelos dados do perfil, como se compreenderá melhor ao se estudar o desenvolvimento das tensões efetivas durante o processo de adensamento.

As observações feitas neste item referem-se a solos sedimentares, saturados, isentos de adensamento secundário. O afastamento dessas condições afetará o significado da tensão de pré-adensamento e merecerá considerações que no momento seriam prematuras.

Com o resultado da argila da Fig. 9.9, estima-se que ela foi submetida a uma tensão de cerca de 70 kPa, no passado. Na realidade, a representação desse ensaio em escala natural na Fig. 9.4 já indicava uma mudança de curvatura na curva para valores em torno de 70 kPa. A representação em escala logarítmica, entretanto, permite a detecção deste ponto com mais facilidade.

A tensão de pré-adensamento não pode ser determinada com precisão. Entretanto, existem vários métodos empíricos que permitem estimar o valor mais provável ou a ordem de grandeza dessa tensão. Os métodos mais empregados no Brasil são o do professor Casagrande e o do engenheiro Pacheco Silva, antigo pesquisador do IPT.

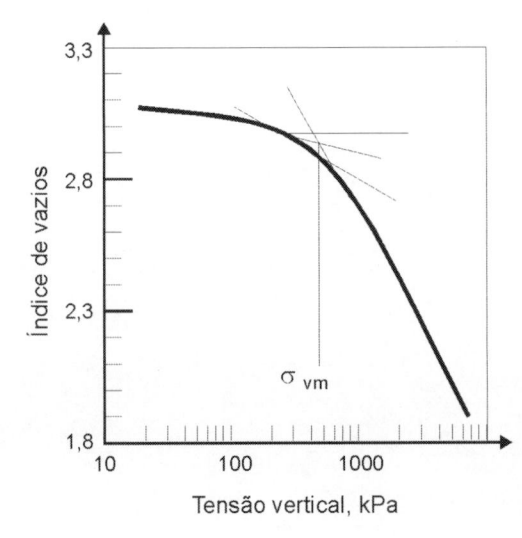

O método do Professor Casagrande está ilustrado na Fig. 9.11. Toma-se o ponto de maior curvatura da curva, e por ele se traçam uma horizontal, uma tangente à curva e a bissetriz do ângulo formado pelas duas. A

Fig. 9.11
Determinação da tensão de pré-adensamento pelo método do Prof. Casagrande

intersecção da bissetriz com o prolongamento da reta virgem é considerado o ponto de pré-adensamento, e suas coordenadas são a tensão de pré-adensamento e o índice de vazios correspondente.

O método do engenheiro Pacheco Silva está ilustrado na Fig. 9.12. Prolonga-se a reta virgem até a horizontal correspondente ao índice de vazios inicial da amostra. Do ponto de interseção, abaixa-se uma vertical até a curva de adensamento e desse ponto traça-se uma horizontal. A intersecção da horizontal com o prolongamento da reta virgem é considerado o ponto de pré-adensamento.

O resultado pelo método do engenheiro Pacheco Silva independe do operador, mas o método de Casagrande é mais difundido internacionalmente.

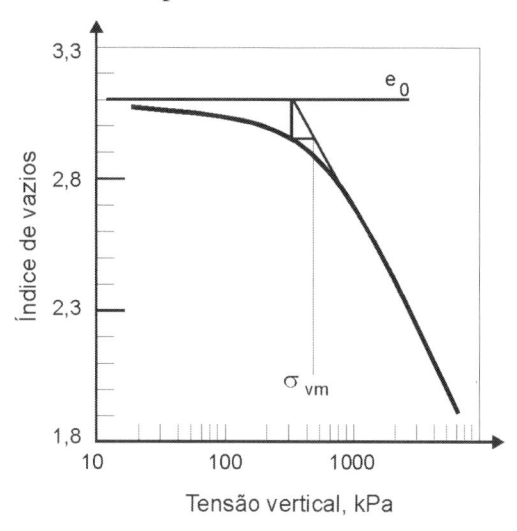

Aula 9
Deformações por Carregamentos Verticais

Fig. 9.12
Determinação da tensão de pré-adensamento pelo método do eng° Pacheco Silva

Cálculo de recalque em solos sobreadensados

Quando o solo é sobreadensado, o recalque não pode ser calculado pela simples aplicação da Equação 9.5, que pressupõe uma mudança de índice de vazios segundo a reta virgem, o que não ocorre. De fato, como se verifica na Fig. 9.13, sendo σ_i a tensão efetiva inicial no solo, a trajetória desenvolvida em um carregamento se inicia sobre o trecho anterior à tensão de pré-adensamento.

Para trabalhar com esses casos, indica-se a inclinação da curva, nesse trecho, pelo *índice de descompressão*, C_d, ou pelo *índice de recompressão*, C_r, definidos por uma expressão semelhante à do índice de compressão (Equação 9.4), aplicada sobre uma reta média, representativa desse trecho da curva. O valor do índice de recompressão, que também é obtido do ensaio de adensamento, costuma ser da ordem de 10 a 20% do valor do índice de compressão, conforme o tipo de solo.

Quando um solo se encontra com tensão efetiva abaixo da pressão de pré-adensamento (ponto A da Fig. 9.13), um carregamento pode elevá-la até um valor abaixo da tensão de pré-adensamento (ponto B), ou acima dele (ponto C). No primeiro caso, o recalque pode ser calculado pela Equação (9.5), com a substituição do C_c pelo C_r.

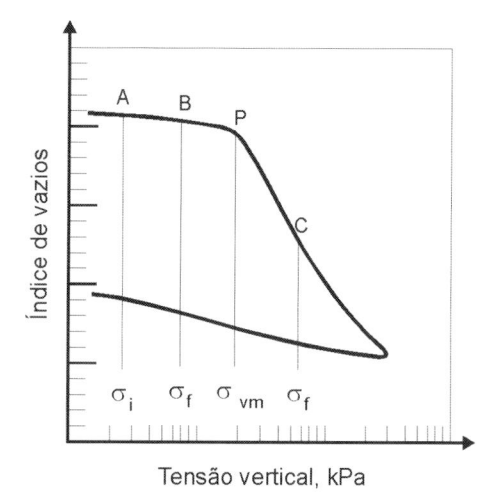

Fig. 9.13
Cálculo de recalque em argilas sobre adensadas

Mecânica dos Solos

Quando o carregamento ultrapassa a tensão de pré-adensamento, o recalque é calculado em duas etapas: da tensão existente até a tensão de pré-adensamento (do ponto A até o ponto P) e deste até a tensão final resultante do carregamento (do ponto P até o ponto C).

A expressão geral para o cálculo dos recalques fica:

$$\rho = \frac{H}{1+e_1} \cdot \left(C_r \cdot \log \frac{\overline{\sigma}_a}{\overline{\sigma}_i} + C_c \cdot \log \frac{\overline{\sigma}_f}{\overline{\sigma}_a} \right) \quad (9.6)$$

9.5 Exemplo de cálculo de recalque por adensamento

Consideremos o terreno indicado na Fig. 9.14, sobre o qual será construído um aterro que transmitirá uma pressão uniforme de 40 kPa. O terreno foi sobreadensado pelo efeito de uma camada de 1 m da areia superficial, que foi erodida. Desta forma, sabe-se que a tensão de pré-adensamento é 18 kPa superior à tensão efetiva existente em qualquer ponto.

O recalque por adensamento ocorre na argila mole, cujo índice de compressão é 1,8 e cujo índice de recompressão é 0,3.

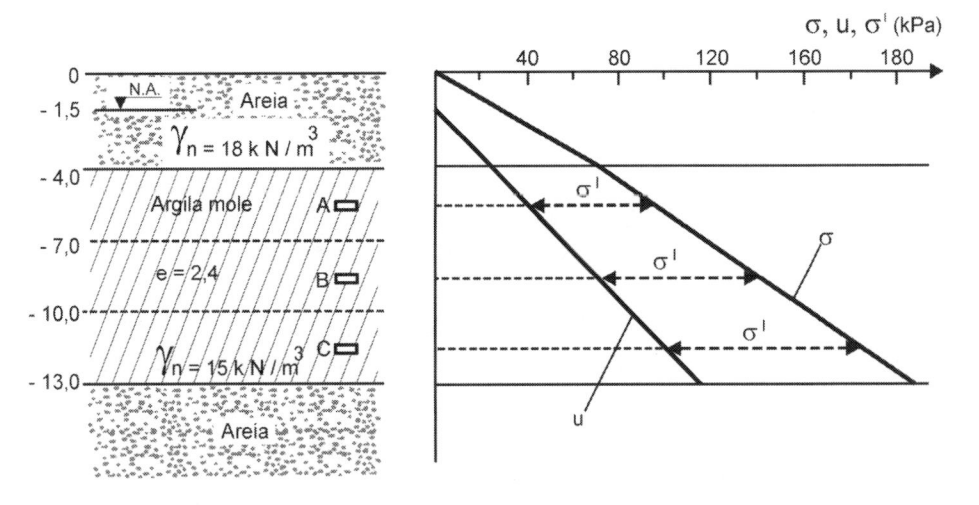

Fig. 9.14
Exemplo de cálculo de recalque por adensamento

Geralmente, o cálculo é feito considerando-se que todo o solo apresenta uma deformação igual à do ponto médio B. Desta forma, aplica-se a fórmula 9.6, com os dados de tensões correspondentes ao ponto médio e com a espessura total da camada. Neste caso, tem-se:

$$\rho = \frac{9}{1+2,4} \cdot \left(0,3 \cdot \log \frac{87,5}{69,5} + 1,8 \cdot \log \frac{109,5}{87,5} \right) = 0,54 \quad (9.7)$$

Eventualmente, pode-se, subdividir a camada em diversas subcamadas, por exemplo, três, como indicado na Fig. 9.14, representadas por seus pontos médios, A, B e C.

A mesma Equação 9.6, aplicada aos dados médios de cada subcamada, fornece as contribuições para o recalques de cada uma. Os dados e os cálculos feitos pela Equação 9.5 estão indicados na Tab. 9.4. Este exercício é interessante, porque mostra que a compressão da parte superior da camada é bem mais acentuada do que a compressão da parte inferior e, portanto, a contribuição das camadas superiores para o recalque é maior. Tal comportamento poderia ser deduzido pela análise da Equação 9.5, na qual fica claro que o recalque é função da relação entre as tensões.

Subca-mada	Tensão de pré--adensamento (kPa)	Tensão efetiva inicial (kPa)	Tensão efetiva final (kPa)	Compressão (m)
A	72,5	54,5	94,5	0,22
B	87,5	69,5	109,5	0,18
C	102,5	84,5	124,5	0,16

TAB. 9.4

Cálculo do recalque de cada subcamada de 3 m

Observa-se que, a despeito da variação da deformabilidade com a profundidade, o recalque total, soma das compressões das subcamadas, é de 56 cm, valor bastante próximo dos 54 cm obtidos no primeiro cálculo, o que indica que o procedimento comum de considerar o ponto médio como representativo de toda a camada é razoavelmente correto e justificável.

Exercícios resolvidos

Exercício 9.1 Uma amostra indeformada de solo foi retirada na Baixada Santista, a 8 m de profundidade, e a tensão efetiva calculada nessa profundidade era de 40 kPa. Moldou-se um corpo de prova para ensaio de adensamento, com as seguintes características: altura, 38 mm; volume, 341,05 cm^3; massa, 459,8 g; umidade, 125,7%; e densidade dos grãos, 2,62 g/cm^3.

O corpo de prova foi submetido ao ensaio de adensamento, e registra-ram-se registrado os seguintes valores de altura do corpo de prova ao final de cada estágio de carregamento, determinados por meio de um deflectômetro, a partir da altura inicial do corpo de prova:

Tensão (kPa)	Altura do c.p. (mm)	Tensão (kPa)	Altura do c.p. (mm)	Tensão (kPa)	Altura do c.p. (mm)
10	37,786	56	36,845	1280	24,786
14	37,746	80	35,966	640	24,871
20	37,698	160	32,786	160	25,197
28	37,585	320	29,530	40	25,684
40	37,315	640	26,837	10	26,461

Efetue os cálculos correspondentes a esse ensaio e determine os seguintes parâmetros: a tensão de pré-adensamento (σ_{vm}), a razão de sobreadensamento do solo (RSA), o índice de compressão (C_c), e o índice de recompressão (C_r). Como no local planeja-se executar uma obra que provocará um acréscimo de tensão de 80 kPa, na profundidade da qual foi retirada a amostra. Determine, para essa condição, os seguintes parâmetros: o coeficiente de compressibilidade (a_v); o coeficiente de variação volumétrica (m_v); e o módulo de compressão edométrica (D).

Solução: Inicia-se com os seguintes cálculos preliminares: densidade natural do corpo de prova: 459,8/341,05 = 1,348 g/cm³; densidade seca: 1,348/2,257 = 0,597 g/cm³; índice de vazios; (2,62/0,597) - 1 = 3,387, aproximadamente, 3,39; grau de saturação: 2,62x1,257/3,39 = 97,5%.

Com o índice de vazios, calcula-se a altura reduzida do corpo de prova, que é a altura que seria ocupada pelos sólidos se eles se concentrassem na parte inferior. Com 38 mm de altura do corpo de prova, a altura reduzida vale (veja esquema da Fig. 2.1):

$$h_r = h / (1+e) = 38 / 4{,}387 = 8{,}662 \text{ mm}$$

Então, calculam-se os índices de vazios do corpo ao final de cada estágio de carregamento, pela fórmula:

$$e = (h/h_r) - 1$$

A partir dos dados do ensaio, obtêm-se:

Tensão (kPa)	Índice de vazios	Tensão (kPa)	Índice de vazios	Tensão (kPa)	Índice de vazios
10	3,361	56	3,252	1280	1,860
14	3,356	80	3,151	640	1,870
20	3,351	160	2,784	160	1,908
28	3,338	320	2,408	40	1,964
40	3,306	640	2,097	10	2,054

Com esses resultados, representa-se, em gráfico, a variação do índice de vazios com as tensões, geralmente, em escala logarítmica; entretanto, a representação em função das tensões em escala natural pode ser vantajosa. Essas duas representações estão na Fig. 9.15, da qual, obtêm-se:

a) a tensão de pré-adensamento: ainda que a figura na escala natural indique a ordem de grandeza da tensão de pré-adensamento, ela é melhor determinada no gráfico com escala logarítmica. Ao aplicar-se um dos procedimentos (Casagrande ou Pacheco Silva) detalhados na seção 9.3, determina-se, para o solo ensaiado, σ_{vm} = 62 kPa;

b) a razão de pré-adensamento: com 40 kPa de tensão efetiva no local da amostra, tem-se: RSA = 62/40 = 1,55. O solo é ligeiramente sobreadensado;

c) o índice de compressão: a chamada *reta virgem* é, na realidade, uma curva com uma suave concavidade. Adota-se para a determinação do índice de compressão a reta que melhor represente essa curva logo após a tensão de pré-adensamento, que é a região normalmente de interesse sob o ponto de vista prático. Considerando-se a expressão do C_c (Equação 9.4), verifica-se que a maneira mais simples de determiná-lo é a obtenção, no gráfico logarítmico, dos índices de vazios para dois valores de tensão na razão dez, o que torna o denominador da Equação 9.4 igual a um. No presente caso, por exemplo, a reta que se ajusta ao trecho logo após a tensão de pré-adensamento indica para a tensão de 100 kPa o índice de vazios de 3,01 e para a tensão de 1.000 kPa o índice de vazios de 1,80. Portanto, C_c = (3,01-1,80)/(log 10) = 1,21;

Aula 9

Deformações por Carregamentos Verticais

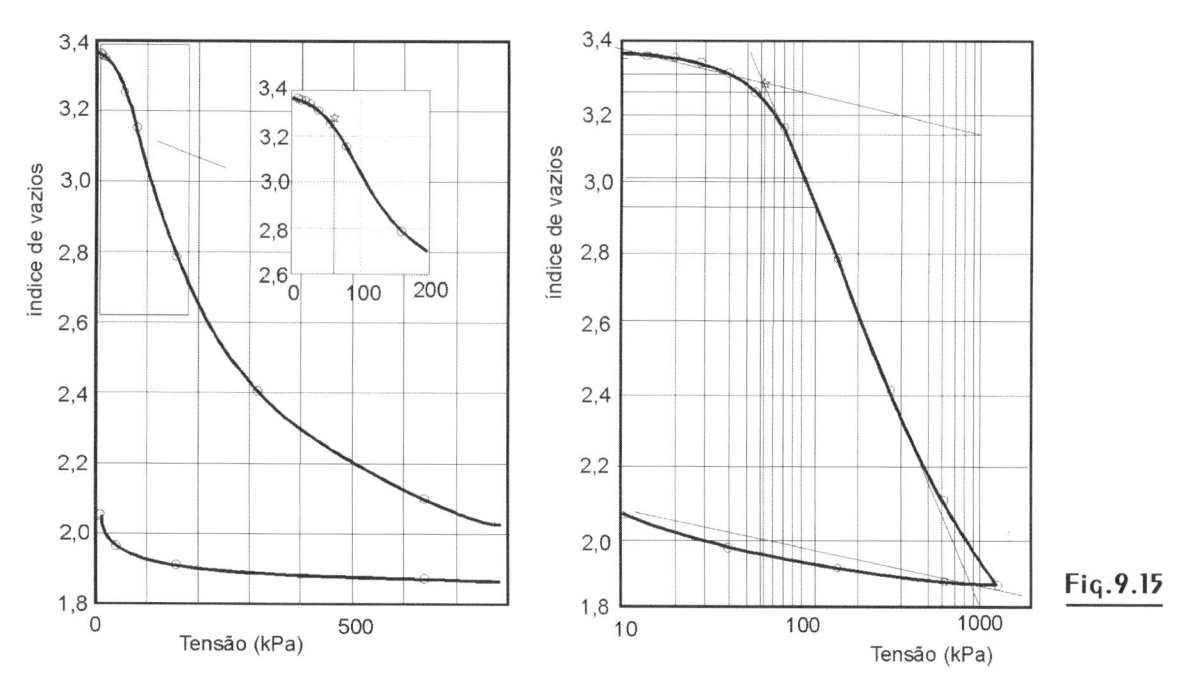

Fig. 9.15

d) o índice de recompressão: as curvas de descarregamento e recarregamento afastam-se bastante da reta. Deve-se procurar um ajuste, sendo conveniente, pelo emprego posterior que se fará nos cálculos de recalque, que a reta passe pelo ponto correspondente à tensão de pré-adensamento, como mostra a Fig. 9.15. Da reta, obtém-se, a partir dos pontos correspondentes às tensões de 100 e 1.000 kPa, C_r = (3,26-3,13)/(log 10) = 0,13;

e) o coeficiente de compressibilidade é a relação entre a variação do índice de vazios e a tensão. Como se observa no resultado do ensaio em escala natural, essa relação não é constante. Portanto, deve-se considerá-la para a variação das tensões de interesse. No caso, com o carregamento previsto, de 80 kPa, a tensão se eleva de 40 kPa a 120 kPa. Os índices de vazios para as duas tensões são de 3,31 e 2,93, respectivamente. Tem-se, então, a_v = (3,31-2,93)/(120-40) = 0,0048 kPa^{-1};

f) o coeficiente de variação volumétrica, de significado semelhante ao anterior, refere-se à deformação específica. Com uma variação de índice de vazios de 3,31-2,93 = 0,38, a deformação foi de 0,38/(1+3,39) = 0,0866 . Donde, m_v = 0,0866/(120-40) = 0,00108 kPa^{-1};

g) o módulo de compressão edométrica: é o inverso do m_v; portanto, D = 1/0,0108 = 926 kPa

Exercício 9.2 A amostra referida no Exercício 9.1 correspondia ao ponto médio de um terreno constituído de 16 m de argila mole. No terreno, com um carregamento de 80 kPa, que recalque deve ocorrer? Estime o recalque com os diversos parâmetros obtidos no Exercício 9.1.

Solução:
a) Cálculo pelos índices de compressão e de recompressão. O solo é sobreadensado. O recalque pode ser calculado pela expressão (9.6) reproduzida abaixo.

$$\rho = \frac{H}{1+e_1} \cdot \left(C_r \cdot \log\frac{\overline{\sigma}_a}{\overline{\sigma}_i} + C_c \cdot \log\frac{\overline{\sigma}_f}{\overline{\sigma}_a}\right) = \frac{16}{1+3,39}\left(0,13 \times \log\frac{62}{40} + 1,21 \times \log\frac{120}{62}\right) = 1,36 \text{ m}$$

b) Cálculo direto pelos resultados do ensaio. As tensões no centro da camada passarão de 40 kPa, devidas ao peso próprio, a 120 kPa. Para essas tensões, os gráficos do ensaio indicam os índices de vazios de 3,31 e 2,93, respectivamente. O recalque pode ser calculado pela expressão 9.3, reproduzida a abaixo.

$$\rho = H_1 \cdot \frac{(e_1 - e_2)}{(1+e_1)} = \frac{H_1}{(1+e_1)}(e_1 - e_2) = 16 \times \frac{3,31 - 2,93}{1+3,31} = 1,41 \text{ m}$$

c) Cálculo pelo coeficiente de compressibilidade. A partir da definição de $a_v = -De/Ds$, substitui-se $De = e_2-e_1 = -(e_1-e_2) = a_v Ds = a_v(\sigma_2-\sigma_1)$ na expressão acima e determina-se que o recalque é dado pela equação:

$$\rho = \frac{H_1 a_v(\sigma_2 - \sigma_1)}{(1+e_1)} = \frac{16 \times 0,0048 \times (120-40)}{1+3,31} = 1,42 \text{m}$$

d) Cálculo pelo coeficiente de variação volumétrica. O $m_v = a_v/(1+e_0)$; portanto, o recalque pode ser expresso por:

$$\rho = H_1 m_v (\sigma_2 - \sigma_1) = 16 \times 0,0011 \times (120-40) = 1,42\text{m}$$

e) Cálculo pelo módulo de compressão edométrica: como D é o inverso de m_v, tem-se:

$$\rho = H_1 \cdot \frac{(\sigma_2 - \sigma_1)}{D} = 16 \times \frac{(120-40)}{907} = 1,41 \text{ m}$$

Exercício 9.3 No exercício mostrado como exemplo na seção 9.4, após a construção do aterro e a ocorrência do recalque, o nível d'água foi artificialmente rebaixado para a cota -3 m, e a camada inferior de areia sofreu igual redução da pressão neutra, por estarem as duas camadas intercomunicadas. (a) Que recalque sofrerá este terreno? (b) Após longo tempo, se as bombas que provocavam o rebaixamento fossem desligadas, retornando

Fig. 9.16

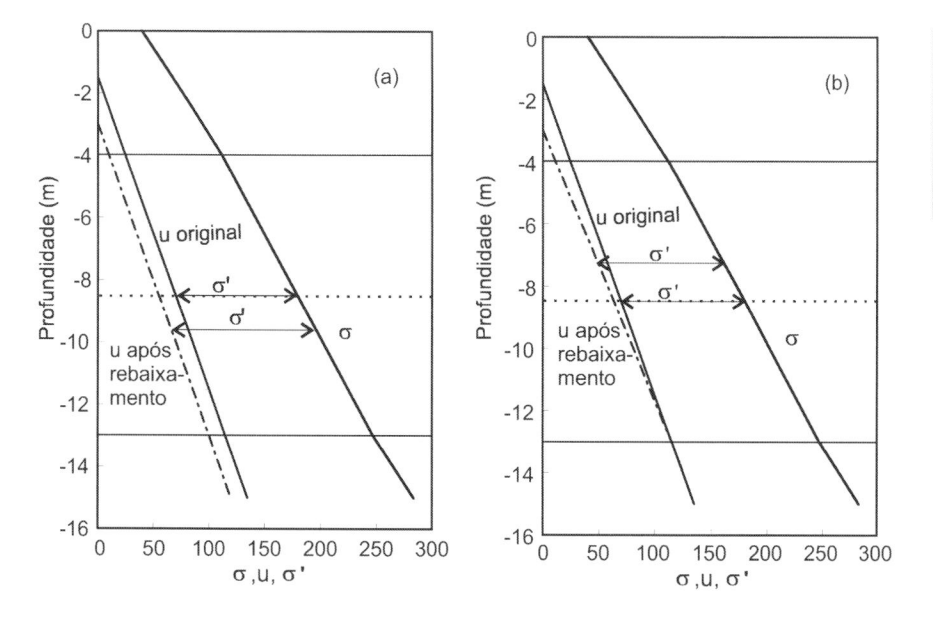

o nível d'água para a cota original (-1,5 m), que recalque permaneceria? Admita-se que o ponto médio é representativo da camada.

Solução:

(a) O rebaixamento do nível d'água de 1,5 m provoca um aumento de tensão efetiva de 15 kPa em toda a profundidade, como se mostra na Fig. 9.16 (a). Como o solo acabou de recalcar pelo efeito do aterro, o solo encontra-se normalmente adensado. Dessa forma, o recalque será dado pela expressão:

$$\rho = \frac{9}{1+2,4} \cdot 1,8 \cdot \log \frac{124,5}{109,5} = 0,27 \text{ m}$$

Note que o cálculo foi feito considerando a altura da camada mole antes da construção do aterro, bem como o índice de vazios. Pode-se questionar se não seria mais correto considerar a altura após o recalque devido à construção do aterro $(9,0 - 0,54 = 8,46 \text{ m})$, pois se trata de um novo carregamento. Tal questão aparece com frequência no estudo dos recalques. Se a altura para o novo carregamento for menor, o índice de vazios também será. A razão $H/(1+e)$ se mantém constante e é ela que aparece no cálculo, que tanto pode ser feito com a altura inicial como com a altura na situação anterior ao carregamento em estudo, desde que se empregue o correspondente índice de vazios. Vale lembrar que a razão $H/(1+e)$ é a altura reduzida, a altura que seria ocupada pelos sólidos se eles se concentrassem na parte inferior da camada, que é constante.

(b) Quando o nível d'água retorna à cota $-1,5$ m, as tensões efetivas diminuem 15 kPa. As deformações ocorrem segundo a reta de descompressão e o índice a adotar é o índice de recompressão. Portanto, o recalque será:

$$\rho = \frac{9}{1+2,4} \cdot 0,3 \cdot \log \frac{109,5}{124,5} = -0,04 \text{ m}$$

Como se vê, o recalque é negativo, o que significa elevação do terreno. Permanece o recalque de $0,27 - 0,04 = 0,23$ m.

Exercício 9.4 No caso do Exercício 9.3, se o rebaixamento do nível d'água não provocasse redução da pressão neutra na camada inferior da areia, por não serem elas intercomunicadas, que recalque ocorreria pelo efeito do rebaixamento?

Solução: Se o nível d'água for rebaixado na camada superior, mas não afetar a pressão neutra na camada inferior, o diagrama de tensões será o indicado na Fig. 9.16 (b). Haverá um contínuo fluxo de água atravessando a camada de argila mole, de baixo para cima, como se estudou na Aula 6 (veja a Fig. 6.7, por exemplo). Mesmo assim, haverá uma sobrepressão neutra, cuja dissipação provocará um acréscimo de tensão efetiva, crescente desde a cota -13 m até a cota -4 m, onde seu valor será de 15 kPa. No ponto médio, o acréscimo de tensão efetiva será de 7,5 kPa. Para este acréscimo, calcula-se o recalque como feito no Exercício 9.3, obtendo-se um valor de 0,14 m.

Exercício 9.5 Um terreno nas várzeas de um rio apresenta uma camada superficial de 4 m de espessura constituída de argila orgânica mole, com as seguintes características: peso específico natural = 14 kN/m^3; umidade = 115%; índice de vazios = 3; índice de recompressão = 0,15; índice de compressão = 1,4. Admitiu-se, por comparação com dados da região, por exemplo, as várzeas dos córregos e rios da cidade de São Paulo, que a razão de sobreadensamento é da ordem de 3. O nível d'água apresenta-se praticamente na superfície, como se mostra na Fig. 9.17.

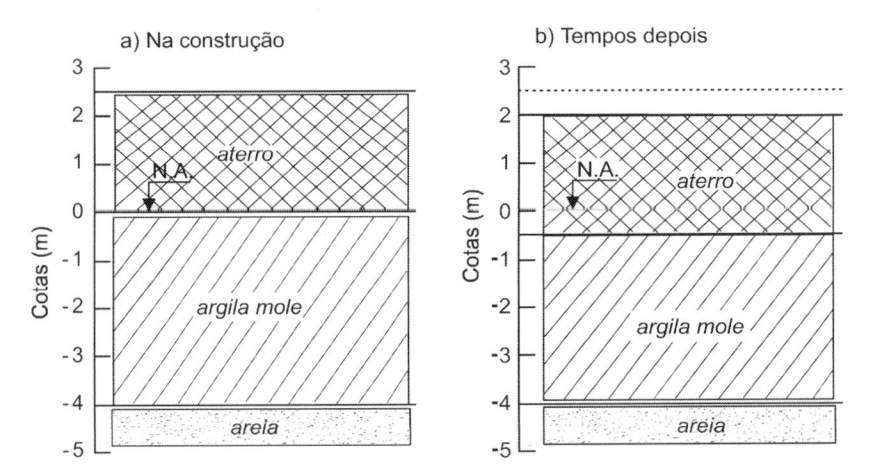

Fig. 9.17

Deseja-se construir um aterro que deixe o terreno com uma cota 2 m acima da cota atual. O aterro será arenoso, com um peso específico natural de 18 kN/m^3. Que espessura de aterro deve ser colocada?

Solução: A altura de aterro a ser construído será maior do que 2 m, pois o terreno irá recalcar. Ela deverá ser igual aos 2 m mais o recalque que o carregamento provocará. Como parte do aterro ficará submerso, pois o nível d'água permanecerá na cota atual, o acréscimo de tensão provocado será:

$$\Delta\sigma = 2\,\gamma_n + \rho\,\gamma_{sub} = 2 \times 18{,}0 + 8{,}0\,\rho = 36 + 8\,\rho$$

Dos dados da questão, e considerando-se que o elemento a 2 m de profundidade seja representativo da camada, tem-se: tensão vertical efetiva inicial: 2 x 4 = 8 kPa; tensão de pré-adensamento: 3 x 8 = 24 kPa; tensão vertical efetiva final: 8 + 36 + 8 ρ. O recalque pode ser calculado pela Equação (9.6):

$$\rho = \frac{4}{1+3}\left(0{,}15 \log \frac{24}{8} + 1{,}4 \log \frac{44 + 8\rho}{24}\right)$$

Essa equação é resolvida por tentativas:

Espessura estimada (m)	Recalque assumido (m)	Recalque calculado (m)	Erro da estimativa (m)
2,4	0,40	0,482	- 0,082
2,5	0,50	0,493	- 0,007
2,6	0,60	0,503	+ 0,097

Conclui-se que, com 2,5 m de altura, o aterro recalcará cerca de 50 cm; portanto estará na cota desejada.

Note-se que se não se considerasse que parte do aterro ficaria submersa, como se faz com frequência, a equação de recalque ficaria:

$$\rho = \frac{4}{1+3}\left(0{,}15 \log \frac{24}{8} + 1{,}4 \log \frac{44 + 18\rho}{24}\right)$$

A solução para essa equação indica uma altura do aterro de 2,57 m. A consideração ou não da submersão do aterro depende da precisão com que se queira o resultado.

Exercício 9.6 Uma camada de argila saturada, com 10 m de espessura, tem as seguintes características: peso específico dos grãos = 26,4 kN/m^3, umidade = 106,1%, índice de vazios = 2,8 e peso específico natural de 14,32 kN/m^3. A contribuição de seu peso à tensão vertical efetiva inicial no meio da camada, calculada pelo específico submerso, é de 5 x 4,32 = 21,6 kPa. Ao ser carregada, sofre um recalque de 1 m. Com isto, seu peso específico natural se altera. Como se altera a contribuição do peso dessa camada na tensão efetiva, no elemento do meio de sua espessura?

Solução: O recalque específico $\varepsilon = 1/10 = 0{,}1$ corresponde a uma redução do índice de vazios de: $\Delta e = (1+e)\,\varepsilon = (1+2{,}8)\,0{,}1 = 0{,}38$

O índice de vazios ao final do adensamento fica $e = 2{,}8 - 0{,}38 = 2{,}42$

Com esse índice de vazios, a umidade se reduz a:

$w = e\,\gamma_w / \gamma_s = 2{,}42 \times 10 / 26{,}4 = 0{,}917 = 91{,}7\%$

O peso específico natural passa a ser:

$\gamma_n = \gamma_s\,(1+w)/(1+e) = 26{,}4\,(1+0{,}917)/(1+2{,}42) = 14{,}8$ kN/m^3.

O meio da camada encontra-se, agora, na profundidade de 4,5 m. A tensão efetiva nessa profundidade, correspondente ao peso do solo, passa a ser:

$\sigma' = 4{,}5 \times 4{,}8 = 21{,}6$ kPa.

Mecânica dos Solos

Conclui-se que não ocorre variação da tensão efetiva. O solo fica mais denso, mas a espessura fica menor. O que importa é que o peso efetivo dos grãos permanece o mesmo.

Exercício 9.7 No Exercício 8.3, foi apresentado o perfil do subsolo num local da cidade de Santos, próximo à praia, no qual se projeta construir um ou dois prédios, cujas características estão lá apresentadas.

Nesse exercício, foram calculados os acréscimos de tensão que um prédio provocava na cota -14 m, correspondente ao centro da camada de argila mole, bem como os devidos ao prédio no terreno vizinho, ou seja, os acréscimos de tensão devidos à construção simultânea dos dois prédios.

Para a estimativa dos recalques desses prédios, uma amostra da argila orgânica mole foi retirada da profundidade de 14 m e dos ensaios feitos resultaram os dados indicados na Fig. 8.14. Admite-se que a argila seja normalmente adensada.

a) Calcule os recalques de um prédio construído isoladamente.
b) Calcule os recalques dos dois prédios se eles forem construídos simultaneamente.

Solução: Inicialmente, para o cálculo do recalque, deve-se determinar a tensão vertical efetiva que ocorre na profundidade de 14 m, antes das construções. Consideram-se o peso específico natural acima do nível d'água e os pesos específicos submersos abaixo do nível d'água:

$$\sigma'_i = 2 \times 17,5 + 6 \times 7,5 + 6 \times 5,0 = 110 \text{ kPa}.$$

Admitindo-se que o solo é normalmente adensado, os recalques podem ser determinados pela equação:

$$\rho = \frac{C_C \cdot H_1}{1 + e_1} \log\left(\frac{\sigma'_2}{\sigma'_1}\right) = \frac{1,0 \times 12}{(1 + 2,08)} \log\left(\frac{\sigma'_2}{\sigma'_1}\right) = 3,9 \log\left(\frac{\sigma'_2}{\sigma'_1}\right)$$

onde σ'_2 é a tensão resultante da soma da tensão inicial σ'_1 com o acréscimo de tensão devida à construção. Com os acréscimos de tensão determinados no Exercício 8.3, obtêm-se os recalques apresentados na tabela abaixo, para os diversos pontos do prédio.

	Construção isolada do prédio Alfa			Construção simultânea dos dois prédios		
Ponto	Tensão inicial (kPa)	Tensão final (kPa)	Recalque (cm)	Tensão inicial (kPa)	Tensão final (kPa)	Recalque (cm)
A	110,0	159,8	63,3	110,0	165,5	69,2
B	110,0	136,0	35,9	110,0	139,3	40,0
C	110,0	146,7	48,8	110,0	162,7	66,3
D	110,0	129,3	27,4	110,0	137,9	38,3
E	110,0	146,7	48,8	110,0	148,8	51,2
F	110,0	129,3	27,4	110,0	130,6	29,1

Observa-se que, para a construção isolada, os recalques nos pontos C e E são iguais, assim como os recalques nos pontos D e F, o que seria de se esperar devido à simetria da área carregada. O prédio recalca mais no centro do que nas bordas, mas se mantém no prumo.

Para a construção simultânea, os recalques nos pontos C e D são maiores do que os recalques devidos aos respectivos pontos simétricos, os pontos E e F. Isto faz com que os dois prédios se inclinem, um em relação ao outro, como se mostra na Fig. 9.18 (a).

Exercício 9.8 A rigidez dos prédios terá algum efeito no valor dos recalques que os prédios efetivamente apresentarão?

Solução: Sim. O cálculo feito pressupõe que a estrutura seja flexível. Para que a estrutura suporte as tensões induzidas pelos recalques diferenciais, vigas para aumentar a rigidez ligam os diversos elementos das fundações, porque a estrutura não suportaria os elevados deslocamentos provocados pelos recalques. Existe uma redistribuição das pressões e os recalque nas bordas são maiores do que os calculados, enquanto os recalques na parte central são menores. Mas a ordem de grandeza dos recalques é mantida. O eng. José Machado, do IPT, mediu recalques de prédios nessa região, mostrando a ocorrência desse fato. Seus dados foram publicados nos Anais do 2º Congresso Brasileiro de Mecânica dos Solos, de 1958.

Exercício 9.9 Com os dados do Exercício 9.7, calcule os recalques que o prédio Alfa sofreria se, tendo ele sido construído isoladamente, o prédio Beta viesse a ser construído muito tempo depois.

Solução: Com o Prédio Beta construído muito tempo depois do Prédio Alfa, este sofrerá os recalques correspondentes ao carregamento feito do terreno vizinho, atingindo, ao final, os mesmos valores provocados pela construção simultânea, conforme calculado no Exercício 9.5. Ou seja, o Prédio Alfa, que após o desenvolvimento dos recalques devidos à sua própria construção se encontrava no prumo, inclinar-se-ia em relação ao Prédio Beta se este viesse a ser construído, como mostra a Fig. 9.18(b).

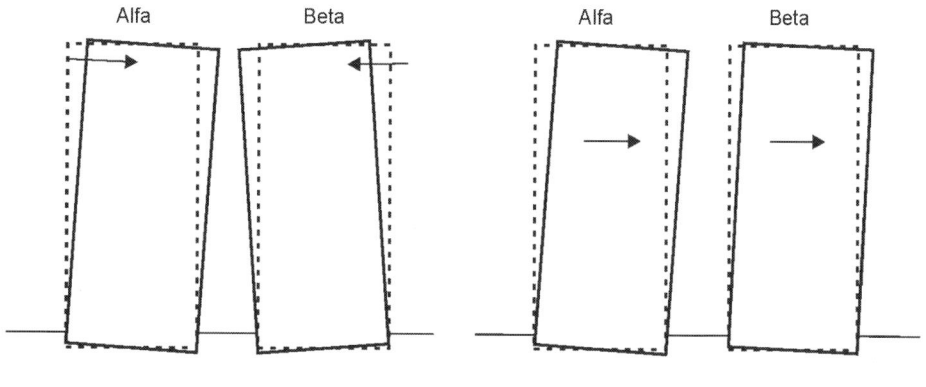

Aula 9
Deformações por Carregamentos Verticais

Fig. 9.18

a) Construção simultânea

b) Beta construído depois de Alfa

Exercício 9.10 Ainda com referência ao Exercício 9.7, calcule os recalques que o prédio Beta sofrerá se ele for construído muito tempo depois do prédio Alfa, levando em consideração o efeito do prédio Alfa no seu terreno.

Solução: Quando o Prédio Beta for construído, o seu terreno já terá sofrido recalques sob o efeito da construção do Prédio Alfa. Na tabela a seguir, na coluna (b) está indicada a tensão na cota - 14 m devida ao peso próprio do terreno; na coluna (c) a tensão devida ao peso próprio mais a ação do prédio Alfa; na coluna (d), o recalque que cada ponto do terreno do prédio Beta teria sofrido devido ao prédio Alfa, antes da construção do prédio Beta; na coluna (e), as tensões, em cada ponto do prédio, devidas ao peso próprio do terreno, mais a ação do prédio Alfa; na coluna (f), as tensões finais, com a construção do prédio Beta. Desses valores, calculam-se os recalques, que estão na coluna (g).

	Recalque do terreno de Beta pela construção do Prédio Alfa			Recalques do Prédio Beta pela sua própria construção		
a	b	c	d	e	f	g
	Tensão inicial (kPa)	Tensão final (kPa)	Recalque (cm)	Tensão inicial (kPa)	Tensão final (kPa)	Recalque (cm)
A'	110,0	115,7	8,6	115,7	165,5	60,6
B'	110,0	113,3	5,0	113,3	139,3	35,0
C'	110,0	126,0	23,0	126,0	162,7	43,3
D'	110,0	118,6	12,8	118,6	137,9	25,5
E'	110,0	112,1	3,2	112,1	148,8	48,0
F'	110,0	111,3	2,0	111,3	130,3	26,7

Como se observa, o lado externo do Prédio Beta sofrerá maiores recalques, ainda que os carregamentos sejam os mesmos, pois o terreno no lado interno encontra-se mais sobreadensado. O Prédio B inclina-se para o lado externo, como mostra a Fig. 9.18 (b).

AULA 10

TEORIA DO ADENSAMENTO – EVOLUÇÃO DOS RECALQUES COM O TEMPO

10.1 *O processo do adensamento*

Na Aula 9, verificou-se que o adensamento é o fenômeno pelo qual os recalques ocorrem com expulsão da água do interior dos vazios do solo. A presente aula estuda como ocorre essa expulsão no decorrer do tempo após o carregamento e como variam as tensões no solo durante o processo.

Muito útil para o entendimento desse fenômeno é a analogia mecânica de Terzaghi, conforme apresentada por Taylor. Consideremos que a estrutura sólida do solo seja semelhante a uma mola, cuja deformação é proporcional à carga sobre ela aplicada, como mostrado na Fig. 10.1. O solo saturado seria representado por uma mola dentro de um pistão cheio de água, no êmbolo do qual existe um orifício de reduzida dimensão pelo qual a água só passa lentamente (a pequena dimensão do orifício representa a baixa permeabilidade do solo).

Ao se aplicar uma carga sobre o pistão, no instante imediatamente seguinte, a mola não se deforma, pois ainda não terá ocorrido qualquer saída de água, que é muito menos compressível do que a mola. Neste caso, toda a carga aplicada será suportada pela água. Com a água em carga, ela procura sair do pistão, pois o exterior está sob a pressão atmosférica. Num instante qualquer, a quantidade de água expulsa terá provocado

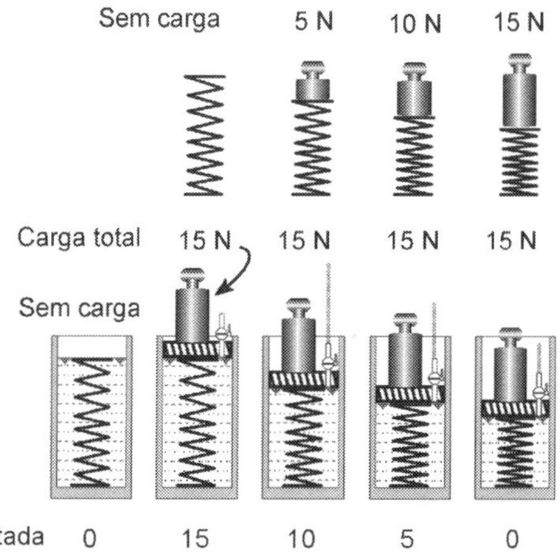

	Sem carga	5 N	10 N	15 N
Carga total	15 N	15 N	15 N	15 N
Sem carga				
Carga suportada pela água	0	15	10	5	0
Carga suportada pela mola	0	0	5	10	15
Porcentagem de adensamento		0	33	67	100

Fig. 10.1

Analogia mecânica para o processo de adensamento, segundo Terzaghi (Taylor, 1948)

uma deformação da mola que corresponde a uma certa carga (por exemplo de 5 N). Nesse instante, a carga total (de 15 N, no exemplo) será parcialmente suportada pela água (10 N) e parcialmente pela mola (5 N) (como mostrado na Fig. 10.1). A água, ainda em carga, continuará a sair do pistão; simultaneamente, a mola irá se comprimir e, assim, suportará cargas cada vez maiores. O processo continua até que toda a carga seja suportada pela mola. Quando não houver mais sobrecarga na água, cessará sua saída pelo êmbolo.

No solo, no anel de adensamento ou no campo, sucede algo semelhante. Quando um acréscimo de pressão é aplicado, a água nos vazios suporta toda a pressão. Ou seja, a pressão neutra aumenta de um valor igual ao acréscimo de pressão aplicada, enquanto a tensão efetiva não se altera. A esse aumento de pressão neutra dá-se o nome de sobrepressão, por ser a parcela da pressão neutra acima da pressão neutra preexistente, devido à profundidade em relação ao lençol freático. Nesse instante, não há deformação do solo, pois só variações de tensões efetivas provocam deformações do solo (como só cargas suportadas pela mola, na analogia, provocam deformações da mola).

Com a água em carga superior à que estabeleceria equilíbrio com o meio externo, ocorre percolação da água em direção às áreas mais permeáveis (pedra porosa, no ensaio, ou camadas de areia, no solo). A saída da água indica uma redução do índice de vazios, ou seja, uma deformação da estrutura sólida do solo. Consequentemente, parte da pressão aplicada passa a ser suportada pelo solo; logo, há um aumento da tensão efetiva. Em qualquer instante, a soma do acréscimo de tensão efetiva com a sobrepressão neutra é igual ao acréscimo de pressão total aplicada. Como na analogia mecânica, o processo continua até que toda a pressão aplicada tenha se tornado acréscimo de tensão efetiva e a sobrepressão neutra tenha se dissipado.

A maneira como ocorre essa transferência de pressão neutra para a estrutura sólida do solo, com a consequente redução de volume, constitui a Teoria do Adensamento, desenvolvida por Terzaghi.

10.2 *A Teoria de Adensamento Unidimensional de Terzaghi*

Hipóteses da Teoria do Adensamento

O desenvolvimento da Teoria do Adensamento baseia-se nas seguintes hipóteses:

1) O solo é totalmente saturado.
2) A compressão é unidimensional.
3) O fluxo d'água é unidimensional.
4) O solo é homogêneo.

5) As partículas sólidas e a água são praticamente incompressíveis perante a compressibilidade do solo.

6) O solo pode ser estudado como elementos infinitesimais, apesar de ser constituído de partículas e vazios.

7) O fluxo é governado pela Lei de Darcy.

8) As propriedades do solo não variam no processo de adensamento.

9) O índice de vazios varia linearmente com o aumento da tensão efetiva durante o processo de adensamento.

As três primeiras hipóteses indicam que a teoria se restringe ao caso de compressão edométrica, com fluxo unidimensional, e a solos saturados. As hipóteses (4) a (7) são perfeitamente aceitáveis, como já considerado nas aulas anteriores. Merecem uma análise mais detalhada as hipóteses (8) e (9).

A hipótese (8), a rigor, não se verifica, pois, à medida que o solo se adensa, muitas de suas propriedades variam. A permeabilidade, por exemplo, diminui quando o índice de vazios diminui. Como se verá na seção 11.4, o resultado final das variações de cada um dos parâmetros envolvidos não é muito grande, pois seus efeitos se compensam.

A hipótese (9) também é uma aproximação da realidade, pois, como mostrado na Fig. 9.4, o índice de vazios varia não linearmente com as tensões efetivas. Ocorre uma variação linear, para tensões acima da tensão de pré-adensamento, mas com o logaritmo da tensão efetiva. A hipótese (9) foi introduzida para permitir a solução matemática do problema, pois, sem ela, a solução é muito complexa. Para pequenos acréscimos de tensão, como a análise da Fig. 9.4 indica, a consideração de linearidade não se afasta muito da realidade.

A hipótese (9) permite que se associe o aumento da tensão efetiva, e a correspondente dissipação de pressão neutra, com o desenvolvimento dos recalques de maneira simples, por um parâmetro fundamental no desenvolvimento da teoria, que é o *grau de adensamento*.

Grau de adensamento

Grau de adensamento define-se como a relação entre a deformação ocorrida num elemento, numa certa posição, caracterizada pela sua profundidade z, num determinado tempo (ε) e a deformação desse elemento quando todo o processo de adensamento tiver ocorrido (ε_f):

$$U_z = \frac{\varepsilon}{\varepsilon_f}$$

A deformação final devida ao acréscimo de tensão é dada pela expressão (Equação 9.2):

$$\varepsilon = \frac{e_1 - e_2}{1 + e_1}$$

Mecânica dos Solos

Num instante t qualquer, o índice de vazios será e, e a deformação ocorrida até esse instante será:

$$\varepsilon = \frac{e_1 - e}{1 + e_1}$$

Das relações apresentadas, tem-se:

$$U_z = \frac{\frac{e_1 - e}{1 + e_1}}{\frac{e_1 - e_2}{1 + e_1}} = \frac{e_1 - e}{e_1 - e_2}$$

Portanto, pode-se dizer que o Grau de Adensamento é a relação entre a variação do índice de vazios até o instante t e a variação total do índice de vazios devida ao carregamento.

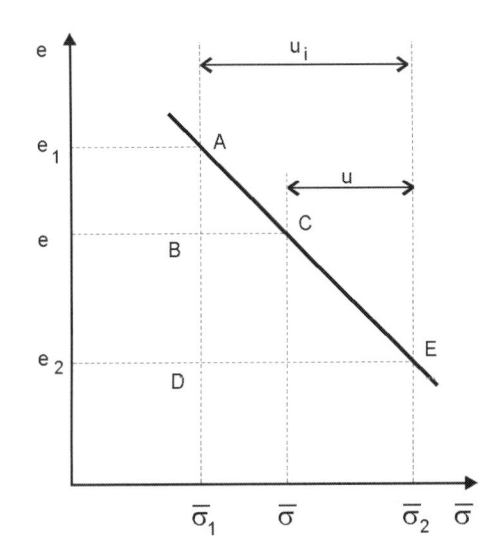

Considere-se, agora, a hipótese de variação linear entre as tensões efetivas e os índices de vazios, representada na Fig. 10.2.

Um elemento de solo está submetido à tensão efetiva $\overline{\sigma}_1$ com um índice de vazios e_1. Ao ser aplicado um acréscimo de pressão total $\Delta\sigma$, surge instantaneamente uma pressão neutra de igual valor, u_i, e não há variação de índice de vazios. Progressivamente, a pressão neutra se dissipa, até que todo o acréscimo de pressão aplicado seja suportado pela estrutura sólida do solo (tensão efetiva $\overline{\sigma}_2 = \overline{\sigma}_1 + \Delta\overline{\sigma}$) e o índice de vazios se reduz a e_2.

Fig. 10.2
Variação linear do índice de vazios com a pressão efetiva

Por semelhança dos triângulos ABC e ADE na Fig. 10.2, obtém-se:

$$U_z = \frac{e_1 - e}{e_1 - e_2} = \frac{AB}{AD} = \frac{BC}{DE} = \frac{\overline{\sigma} - \overline{\sigma}_1}{\overline{\sigma}_2 - \overline{\sigma}_1}$$

Donde se pode afirmar que o Grau de Adensamento é equivalente ao *Grau de Acréscimo de Tensão Efetiva*, que é a relação entre o acréscimo de tensão efetiva ocorrido até o instante t e o acréscimo total de tensão efetiva no final do adensamento, que corresponde ao acréscimo total de tensão aplicada.

Podemos também expressar a porcentagem de adensamento em função das pressões neutras. No instante de carregamento:

$$\overline{\sigma}_2 - \overline{\sigma}_1 = u_i$$

No instante t:

$$\bar{\sigma}_2 - \bar{\sigma} = u \quad e \quad \bar{\sigma} - \bar{\sigma}_1 = u_i - u$$

Se tomarmos a expressão de Uz em função das pressões efetivas, temos:

$$U_z = \frac{\bar{\sigma} - \bar{\sigma}_1}{\bar{\sigma}_2 - \bar{\sigma}_1} = \frac{u_i - u}{u_i}$$

Ou seja, o *Grau de Adensamento* é igual ao *Grau de Dissipação da Pressão Neutra*, a saber, a relação entre a pressão neutra dissipada até o instante t e a pressão neutra total que foi provocada pelo carregamento e que vai se dissipar durante o adensamento.

Em resumo, o grau de adensamento pode ser dado pelas quatro expressões abaixo, as duas primeiras decorrentes de sua definição e as duas últimas resultantes da hipótese simplificadora de Terzaghi.

$$U_z = \frac{\varepsilon}{\varepsilon_t} = \frac{e_1 - e}{e_1 - e_2} = \frac{\bar{\sigma} - \bar{\sigma}_1}{\bar{\sigma}_2 - \bar{\sigma}_1} = \frac{u_i - u}{u_i} \qquad (10.1)$$

Coeficiente de compressibilidade

Admitida a variação linear entre as tensões efetivas e os índices de vazios, pode-se definir a inclinação da reta como um coeficiente indicador da compressibilidade do solo. É o denominado *coeficiente de compressibilidade*, a_v, definido pela expressão:

$$a_V = \frac{e_1 - e_2}{\bar{\sigma}_2 - \bar{\sigma}_1} = -\frac{e_2 - e_1}{\bar{\sigma}_2 - \bar{\sigma}_1} = -\frac{de}{d\bar{\sigma}} \qquad (10.2)$$

Como a cada variação da tensão efetiva corresponde uma variação de pressão neutra, de igual valor mas de sentido contrário, pode-se afirmar que:

$$a_V = \frac{de}{du} \qquad (10.3)$$

Essa expressão será usada no desenvolvimento da teoria do adensamento.

10.3 *Dedução da teoria*

O objetivo da teoria é determinar, para qualquer instante e em qualquer posição da camada que se adensa, o grau de adensamento, ou seja, as deformações, os índices de vazios, as tensões efetivas e as pressões neutras correspondentes.

Consideremos um elemento do solo submetido ao processo de adensamento conforme indicado na Fig. 10.3. Em virtude das condições do ensaio, o fluxo só ocorre na direção vertical.

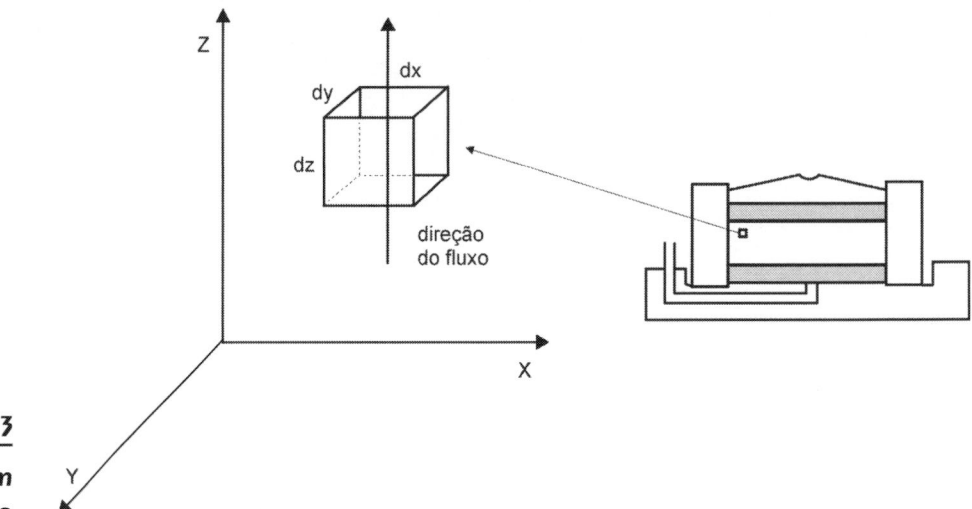

Fig. 10.3
Fluxo através de um elemento do solo

Na Aula 7 (seção 7.8), determinou-se a equação de fluxo num solo saturado, que indica a variação de volume pelo tempo:

$$\frac{\partial V}{\partial t} = \left(k_x \frac{\partial^2 h}{\partial x^2} + k_y \frac{\partial^2 h}{\partial y^2} + k_z \frac{\partial^2 h}{\partial z^2} \right) dxdydz = 0$$

Naquela ocasião, estudam-se as condições de percolação tridimensional, sem a ocorrência de variação de volume. Por esta razão, a expressão era igualada a zero, dela determinando-se a equação de Laplace.

No estudo do adensamento, o fluxo ocorre só na direção vertical, razão pela qual os dois primeiros termos dentro do parêntese se tornam nulos. Por outro lado, a variação de volume não é nula. A quantidade de água que sai do elemento é maior do que a que entra. A equação de fluxo, nesse caso, reduz-se a:

$$\frac{\partial V}{\partial t} = k \frac{\partial^2 h}{\partial z^2} dxdydz$$

A variação de volume do solo é a variação de seus índices de vazios, pois consideramos a água e os grãos sólidos praticamente incompressíveis em relação à estrutura sólida do solo.

Pelo esquema da Fig. 10.4, pode-se recordar que:

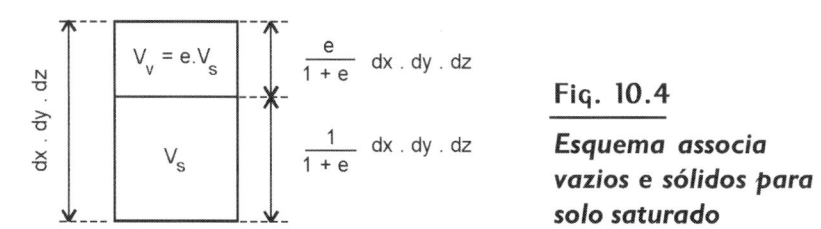

Fig. 10.4
Esquema associa vazios e sólidos para solo saturado

Volume dos sólidos = $\dfrac{1}{1+e}$ dxdydz

Volume de vazios = $\dfrac{e}{1+e}$ dxdydz

Volume total = $\dfrac{1+e}{1+e}$ dxdydz

A variação de volume com o tempo é dada pela expressão:

$$\frac{\partial V}{\partial t} = \frac{\partial}{\partial t}\left(\frac{e}{1+e}\,dxdydz\right) \quad \text{ou}$$

$$\frac{\partial V}{\partial t} = \frac{\partial e}{\partial t} \cdot \frac{dxdydz}{1+e}$$

uma vez que $\dfrac{dxdydz}{1+e}$ é o volume dos sólidos e, portanto, invariável com o tempo.

Ao igualar-se essa expressão com a que considerava a percolação, e simplificando o fator comum dxdydz, tem-se:

$$k\,\frac{\partial^2 h}{\partial z^2} = \frac{\partial e}{\partial t} \cdot \frac{1}{1+e}$$

Só a carga em excesso à hidrostática provoca fluxo. Portanto, a carga h, na expressão acima, pode ser substituída pela pressão na água, u, dividida pelo peso específico da água, γ_o. Na seção anterior, vimos que de = a_v·du. Ao introduzir-se esses dois fatores na equação acima, chega-se à expressão:

$$\frac{k(1+e)}{a_v \cdot \gamma_o} \cdot \frac{\partial^2 u}{\partial z^2} = \frac{\partial u}{\partial t}$$

Aula 10

Teoria do Adensamento

Mecânica dos Solos

O coeficiente do primeiro membro reflete características do solo (permeabilidade, porosidade e compressibilidade) e é denominado *coeficiente de adensamento*, c_v. A adoção desse coeficiente como uma constante do solo constitui a hipótese (8), previamente referida. Tem-se, pois, por definição:

$$c_V = \frac{k(1+e)}{a_v \cdot \gamma_o} \quad (10.4)$$

A equação diferencial do adensamento assume a expressão:

$$c_V \frac{\partial^2 u}{\partial z^2} = \frac{\partial u}{\partial t} \quad (10.5)$$

Esta equação diferencial indica a variação da pressão ao longo da profundidade, através do tempo. A variação da pressão neutra é, como demonstrado, a indicação da própria variação das deformações.

Para o problema de adensamento unidimensional que se está estudando, as condições-limite são as seguintes:

1) Existe completa drenagem nas duas extremidades da amostra; logo, para t = 0, a sobrepressão neutra nessas extremidades é nula (numa extremidade z = 0 e na outra z = 2·H_d), sendo H_d, portanto, a metade da espessura da amostra H. H_d indica a maior distância de percolação da água, pois a água que se encontra na metade superior da amostra percola para a face superior, enquanto que a água da metade inferior percola no sentido contrário.

2) A sobrepressão neutra inicial, constante ao longo de toda a altura, é igual ao acréscimo de pressão aplicada.

Na integração dessa equação, muito trabalhosa, a variável tempo aparece sempre associada ao coeficiente de adensamento e à maior distância de percolação, pela expressão:

$$\frac{c_V \cdot t}{H_d^2} = T \quad (10.6)$$

O símbolo T é denominado *Fator Tempo*, e é adimensional (note-se que c_v é expresso em cm^2/s, t em s e H_d em cm). Ele correlaciona os tempos de recalque às características do solo, através do c_v, e às condições de drenagem do solo, através do H_d.

O resultado da integração da equação, para as condições-limite acima definidas é expresso pela equação:

$$U_z = 1 - \sum_{m=0}^{\infty} \frac{2}{M} \left(\operatorname{sen} \frac{M \cdot z}{H_d} \right) \cdot e^{-M^2 T}, \text{ com } M = \frac{\pi}{2}(2 \cdot m + 1) \quad (10.7)$$

onde U_z é o grau de adensamento ao longo da profundidade, pois a dissipação da pressão neutra (e, portanto, o desenvolvimento das deformações) não se dá uniformemente ao longo de toda a profundidade. Na realidade, quanto mais próximo um elemento se encontra das faces de drenagem, tanto mais rapidamente as pressões neutras se dissipam.

A solução da equação para diversos tempos após o carregamento está na Fig. 10.5. Ela indica, de uma maneira muito expressiva, como a pressão neutra se apresenta ao longo da espessura, para diversos instantes após o carregamento, através de curvas correspondentes a diversos valores do fator tempo. Essas curvas são chamadas de *isócronas* (ao mesmo tempo).

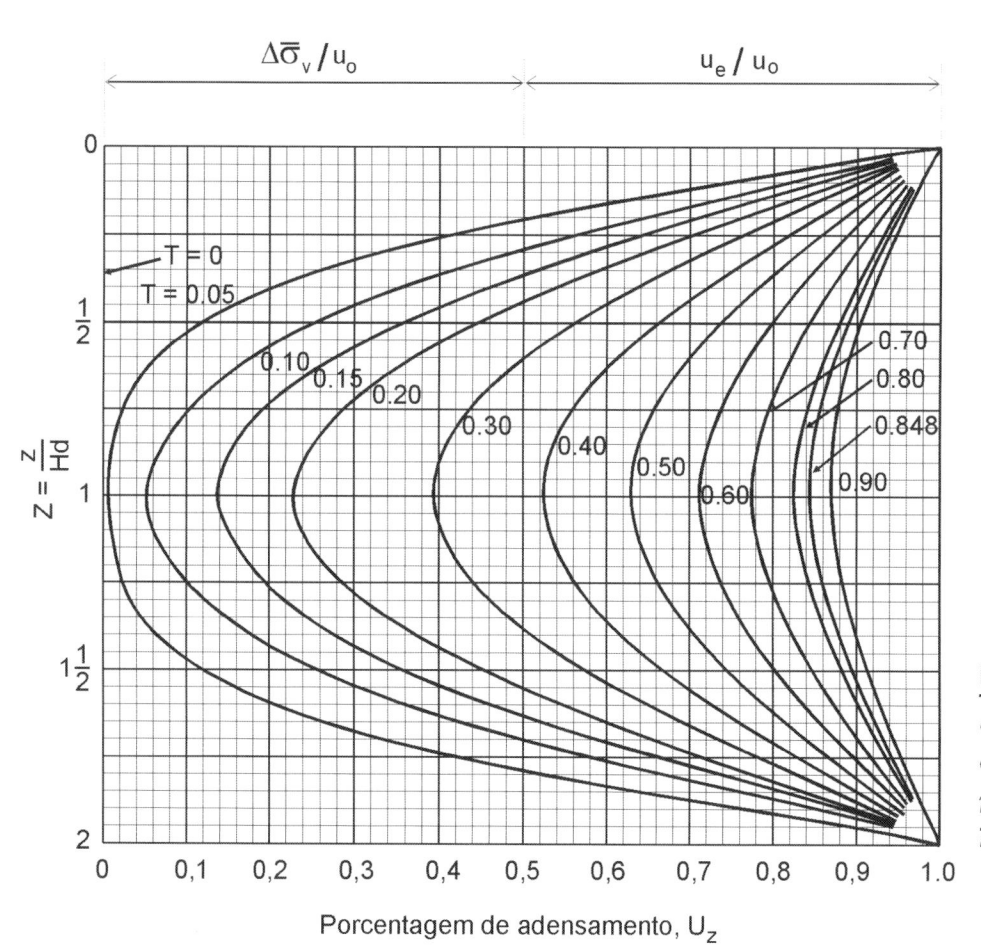

Aula 10

Teoria do Adensamento

213

Fig. 10.5
Grau de adensamento em função da profundidade e do fator tempo

Cada uma das isócronas indica como se desenvolve o adensamento em profundidade para um certo fator tempo. Elas mostram como a dissipação da pressão neutra e as deformações ocorrem mais rapidamente nas proximidades das faces de drenagem do que no interior da camada, como, aliás, se poderia estimar, pois as deformações correspondem à saída de água, o que ocorre mais facilmente nas extremidades. O fenômeno é semelhante ao resfriamento de uma chapa metálica aquecida, ou a um bolo retirado do forno e colocado na temperatura ambiente.

Tomemos, por exemplo, a curva correspondente ao fator tempo igual a 0,3. Ela está indicando que, para o fator tempo, no centro da camada o grau de adensamento será de 40%, enquanto que a um quarto da profundidade o grau de adensamento será de 57% e, a um oitavo da profundidade, de 77%.

Note-se que o fenômeno é semelhante para todos os solos. O tempo em que ocorrerá uma determinada distribuição de deformações ao longo da profundidade é que variará de solo para solo, dependendo de suas características, representadas pelo coeficiente de adensamento, e das condições geométricas do problema, expressas pela distância de percolação H_d, conforme a Equação (10.6).

O recalque que se observa na superfície do terreno resulta da somatória das deformações dos diversos elementos ao longo da profundidade. A média dos graus de adensamento, ao longo da profundidade, dá origem ao grau de adensamento médio, que é expresso pela equação:

$$U = 1 - \sum_{m=0}^{\infty} \frac{2}{M^2} e^{-M^2 T} \qquad (10.8)$$

O grau de adensamento médio, U, é denominado *Porcentagem de Recalque*, pois indica a relação entre o recalque sofrido até o instante considerado e o recalque total correspondente ao carregamento. A expressão (10.8) está representada graficamente na Fig. 10.6, e valores de U para diversos valores de T estão na Tab. 10.1.

A curva da Fig. 10.6 indica como os recalques se desenvolvem ao longo do tempo. Todos os recalques por adensamento seguem a mesma evolução. Se o solo for mais deformável, os recalques serão maiores, e a curva indica a porcentagem de recalque. Se o solo for mais impermeável, ou a distância de drenagem for maior, os recalques serão mais lentos, e a curva refere-se ao fator tempo, que se liga ao tempo real pelo coeficiente de adensamento e pelas condições de drenagem de cada situação prática.

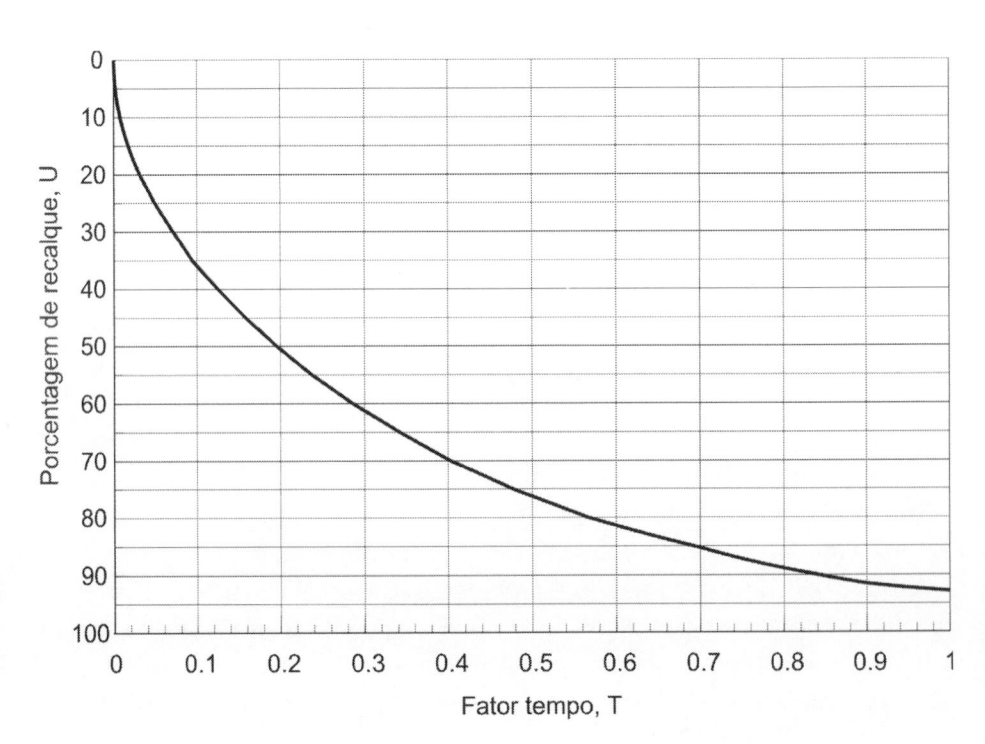

Fig. 10.6
Curva de adensamento (porcentagem de recalque em função do fator tempo)

Tab. 10.1 *Fator Tempo em função da Porcentagem de Recalque para adensamento pela Teoria de Terzaghi*

U (%)	T	U (%)	T	U (%)	T	U (%)	T	U (%)	T
1	0,0001	21	0,0346	41	0,132	61	0,297	81	0,588
2	0,0003	22	0,0380	42	0,138	62	0,307	82	0,610
3	0,0007	23	0,0415	43	0,145	63	0,318	83	0,633
4	0,0013	24	0,0452	44	0,152	64	0,329	84	0,658
5	0,0020	25	0,0491	45	0,159	65	0,340	85	0,684
6	0,0028	26	0,0531	46	0,166	66	0,351	86	0,712
7	0,0038	27	0,0572	47	0,173	67	0,364	87	0,742
8	0,0050	28	0,0616	48	0,181	68	0,377	88	0,774
9	0,0064	29	0,0660	49	0,189	69	0,389	89	0,809
10	0.0078	30	0,0707	50	0,197	70	0,403	90	0,848
11	0.0095	31	0,0755	51	0,204	71	0,416	91	0,891
12	0,0113	32	0,0804	52	0,212	72	0,431	92	0,938
13	0,0133	33	0,0855	53	0,221	73	0,445	93	0,992
14	0,0154	34	0,0908	54	0,230	74	0,461	94	1,054
15	0,0177	35	0,0962	55	0,239	75	0,477	95	1,128
16	0,0201	36	0,102	56	0,248	76	0,493	96	1,219
17	0,0227	37	0,108	57	0,257	77	0,510	97	1,335
18	0,0254	38	0,113	58	0,266	78	0,528	98	1,500
19	0,0283	39	0,119	59	0,276	79	0,547	99	1,781
20	0,0314	40	0,126	60	0,287	80	0,567	100	∞

Drenagem por uma só face

Pela dedução teórica feita, havia a possibilidade de drenagem pelas duas faces do corpo de prova, o que corresponde ao ensaio normal e às situações de campo em que o solo deformável se encontra entre dois solos de alta permeabilidade. Entretanto, pode ocorrer que só uma das faces da camada seja de alta permeabilidade, enquanto a outra pode ser de uma argila rija ou de uma rocha impermeável.

A solução para esse caso é igual à da situação anterior: é necessário considerar só a metade do gráfico da Fig. 10.5, pois, na solução original, a linha intermediária delimitava as regiões de fluxo d'água. Acima dela a água percolava para cima e, abaixo dela, para baixo, e a espessura da camada era definida como $2H_d$. Com drenagem só para um lado, H_d passa a ser a espessura da camada e corresponde, também, à máxima distância de percolação.

Como o recalque total resulta da integração das deformações ao longo da altura, é fácil verificar que a curva da porcentagem do recalque, em função do fator tempo, indicada na Fig. 10.6, é válida tanto para duas quanto para uma face de drenagem.

Ao comparar-se duas situações com a mesma espessura de camada, em que só variam as condições de drenagem, conclui-se que o valor total do recalque é o mesmo, mas quando existe uma só face de drenagem, o tempo em que ocorre qualquer valor de recalque é quatro vezes maior do que quando a drenagem se faz nos dois sentidos, pois H_d é o dobro e os tempos de recalque variam com o quadrado de H_d (Equação 10.6).

10.4 Exemplo de aplicação da Teoria do Adensamento

Consideremos o problema proposto na seção 9.4 da Aula 9, no qual calculou-se o recalque total devido a um carregamento. Apliquemos a teoria do adensamento para determinar como esse recalque se desenvolverá através do tempo. Considere-se que o coeficiente de permeabilidade da argila mole seja de 10^{-6} cm/s.

Cálculo do coeficiente de adensamento

Para o cálculo do coeficiente de adensamento da argila, inicialmente, deve-se determinar o coeficiente de compressibilidade. Consideremos o ponto central B. Ao aumentar-se a pressão efetiva de 40 kPa, houve um recalque específico de $\rho/H = (0,54 / 9,0) = 0,06$. Aplicando-se a Equação (9.2), obtém-se a variação do índice de vazios:

$$e_1 - e_2 = \frac{(1+e_1)\cdot \rho}{H} = (1+2,4) \cdot 0,06 = 0,20$$

O coeficiente de compressibilidade é, portanto:

$$a_v = \frac{de}{d\sigma} = \frac{0,2}{40} = 0,005 \text{ m}^2/\text{kN}$$

Ao aplicar-se a Equação (10.4), obtém-se o coeficiente de adensamento:

$$c_v = \frac{k_o \cdot (1+e)}{a_v \cdot \gamma_o} = \frac{3,4 \times 10^{-8}}{0,005 \times 10} = 6,8 \times 10^{-7} \text{ m}^2/\text{s}$$

$$c_v = 5,9 \times 10^{-2} \text{ m}^2/\text{dia}$$

Cálculo das relações entre recalques e tempo

Pode-se, agora, determinar a evolução do adensamento, respondendo, por exemplo, às seguintes perguntas:

a) Que recalque terá ocorrido em 100 dias?

- da Equação (10.6): $T = \dfrac{5,9 \times 10^{-2} \times 100}{4,5^2} = 0,29$

- da Fig. 10.6 ou da Tab. 10.1, para $T = 0,29$, $U = 60\%$

- recalque em 100 dias: $0,60 \times 54 = 32,4$ cm

b) Em que tempo ocorrerá um recalque de 15 cm?

- recalque de 15 cm significa: $U = \dfrac{15}{54} \cong 0{,}28$

- da Fig. 10.6 ou da Tab. 10.1, para U = 0,28, T = 0,0616

- da Equação (10.6): $t = \dfrac{0{,}0616 \times 4{,}5^2}{5{,}9 \times 10^{-2}} \cong 21 \text{ dias}$

- tempo para o recalque de 15 cm: 21 dias

c) Quando o recalque for de 32,4 cm, qual será a pressão neutra no centro da camada?

- na Fig. 10.5, para T = 0,29, no centro da camada: Uz = 0,38

Isso significa que, quando a porcentagem de recalque era de 60% (item a), o grau de dissipação da pressão neutra no meio da camada era de 38%.

- sobrepressão neutra inicial: 40 kPa
- parcela da sobrepressão já dissipada: 0,38 x 40 = 15,2 kPa
- parcela ainda não dissipada: 40 - 15,2 = 24,8 kPa
- pressão neutra anterior ao carregamento: 7 x 10 = 70 kPa
- pressão neutra no centro da camada depois de 100 dias, quando o recalque era de 32,4 cm: 70 + 24,8 = 94,8 kPa

d) Qual é o diagrama de pressões neutras e de tensões efetivas depois de ocorridos 50% do recalque por adensamento?

Para 50% de recalque, o fator tempo, fornecido pela Tab. 10.1 ou pela Fig. 10.6, é 0,197, aproximadamente 0,2. Para esse fator tempo, obtém-se, da Fig. 10.5, a porcentagem de dissipação de pressão neutra ao longo da profundidade. Os dados obtidos na figura permitem traçar os diagramas de pressão neutra e de tensão efetiva, ao longo da profundidade, como se mostra na Fig. 10.7.

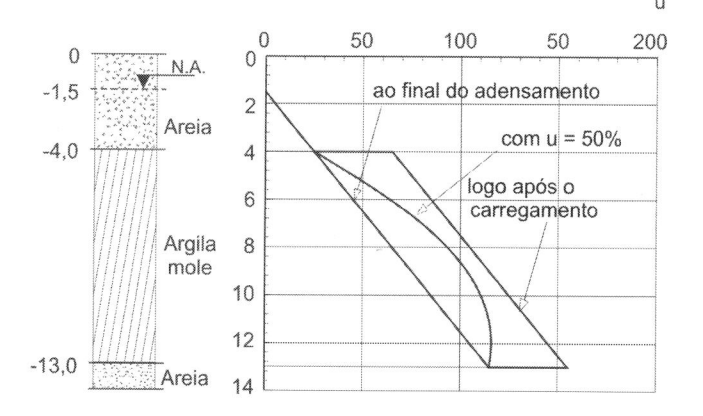

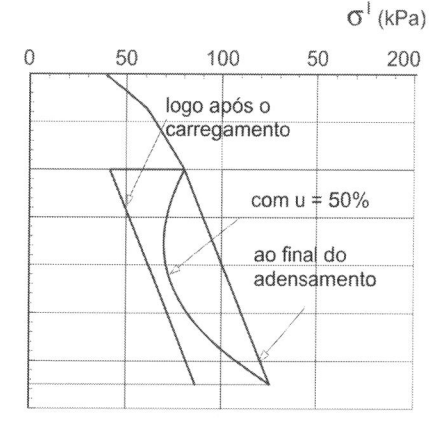

Aula 10

Teoria do Adensamento

Fig. 10.7 *Pressões neutras e tensões efetivas, para 50% de adensamento*

Mecânica dos Solos

e) Como o problema se alteraria, se a camada abaixo da argila mole fosse impermeável?

Inicialmente, deve-se lembrar que a existência de apenas uma face drenante não altera o valor do recalque total devido ao carregamento. As condições de drenagem só interferem no desenvolvimento do recalque com o tempo.

Se houver apenas uma face drenante, H_d será a altura total da camada H. As diversas questões respondidas se alteram da seguinte maneira:

O fator tempo, T, correspondente ao recalque de 100 dias, passaria a ser igual a 0,0725, ao qual corresponde U = 30,5%.

O tempo requerido para que ocorra o recalque de 15 cm seria 4 vezes maior: 84 dias.

Para a análise das pressões neutras ao longo da profundidade, usa-se só a metade superior das isócronas da Fig. 10.5, como se representa na Fig. 10.8.

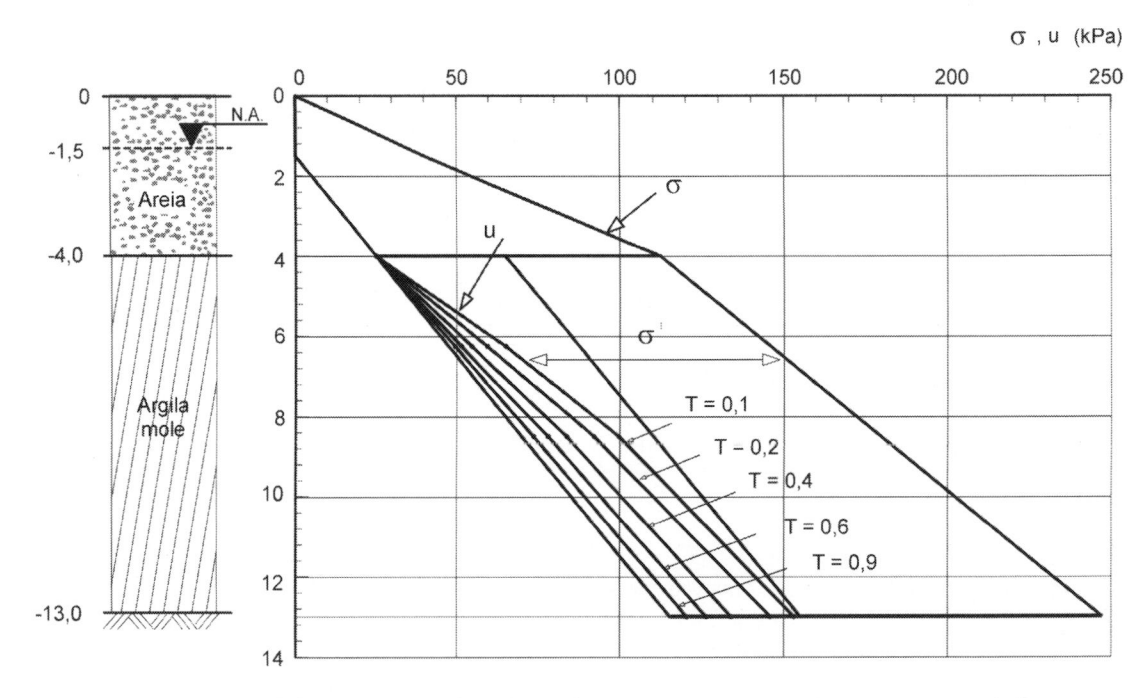

Fig. 10.8 *Isócronas de adensamento para exemplo com uma só face de drenagem*

Exercícios resolvidos

Aula 10
Teoria do Adensamento

Exercício 10.1 No Exercício 9.5, determinou-se que a construção de um aterro com 2,5 m de altura sobre um terreno constituído de uma camada de 4 m de argila mole, sobre areia, apresentaria um recalque de 50 cm (vide Fig. 9.17). Para se estudar a evolução dos recalques com o tempo, precisa-se do coeficiente de adensamento, c_v. Ele pode ser calculado ao estimar-se o coeficiente de compressibilidade $a_v = 0{,}06$ kPa^{-1} e o coeficiente de permeabilidade $k = 3 \times 10^{-6}$ cm/s $= 3 \times 10^{-8}$ m/s, sendo o índice de vazios igual a 3. Qual é o valor do c_v?

Solução: o coeficiente de adensamento é definido pela expressão (10.4):

$$c_v = \frac{k(1+e)}{a_v \cdot \gamma_o} = \frac{3 \times 10^{-8}(1+3)}{0{,}06 \times 10} = 2 \times 10^{-7} \text{ m}^2/\text{s} = 2 \times 10^{-3} \text{ cm}^2/\text{s}$$

Exercício 10.2 Com o coeficiente de adensamento do solo obtido no Exercício 10.1, e admitindo que o aterro seja de areia portanto, permeável –, determine:

a) o tempo para que ocorram 50% de recalque;

b) que recalque que terá ocorrido 90 dias depois da construção;

c) a pressão neutra no meio da camada quando tiverem ocorrido 50% de recalque.

Solução: Relatórios de ensaios de laboratório geralmente indicam o coeficiente de adensamento em cm^2/s. Para a solução de problemas práticos, é conveniente transformá-lo em m^2/dia. No caso:

$$c_v = 2 \times 10^{-3} \times 10^{-4} \times 86.400 = 0{,}0173 \text{ m}^2/\text{dia}$$

a) Com drenagem pelas duas faces, $H_d = 2$ m. 50% de recalque correspondem a um fator tempo, T, igual a 0,2 (Fig. 10.6 ou Tab. 10.1). Portanto,

$$t_{50} = \frac{T H_d^2}{c_v} = \frac{0{,}2 \times 4}{0{,}0173} = 46{,}25 \text{ dias}$$

b) Pode-se calcular o fator tempo correspondente a 90 dias:

$$T = t_{90}\, c_v / H_d^2 = 90 \times 0{,}0173 / 4 = 0{,}389$$

A esse fator tempo, corresponde $U = 69\%$ (Fig. 10.6 ou Tab. 10.1). Portanto, em 90 dias, terão ocorrido $0{,}69 \times 50 = 34{,}5$ cm de recalque.

c) No meio da camada, depois de ocorridos 50% de recalque, que correspondem a $T = 0,2$, tem-se uma porcentagem de adensamento de 0,23 (Fig. 10.5). No meio da camada, antes da construção do aterro, havia uma pressão neutra, devido ao nível d'água, de 20 kPa. O aterro com 2,5 m de altura provocou um aumento de 18 x 2,5 = 45 kPa, dos quais, 23% dissiparam-se até o 46º dia (50% de recalque). Ainda permaneceram 77%: 0,77 x 45 = 35 kPa. Ao somar-se a pressão inicial, conclui-se que a pressão neutra será de 55 kPa.

Exercício 10.3 No caso do exercício anterior, se o aterro for de solo argiloso, como se modificam os prazos de evolução dos recalques?

Solução: Se o aterro for de solo argiloso, de baixa permeabilidade, a dissipação de pressão neutra só se fará pela face inferior, onde existe uma camada de areia. A distância de percolação será de 4 m.

Em consequência, 50% de recalque só ocorrerão em 185 dias e após 90 dias só terão ocorrido 35% dos recalques (17,5 cm). Para se saber a pressão neutra no meio da camada, deve-se empregar somente a metade inferior da Fig. 10.5, onde se determina que, para o fator tempo 0,2 ($U = 50\%$) no meio da camada, a porcentagem de adensamento é 44%; a pressão neutra será: 20 + 0,55 x 45 = 45,2 kPa. É menor do que no caso anterior, de duas faces de drenagem, mas, note-se que agora 50% de recalque ocorrem num tempo 4 vezes maior. Aos mesmos 46,2 dias, com drenagem só por uma face, o fator tempo seria 0,05, e a porcentagem de adensamento, no meio da camada, seria de 12%; portanto, a pressão neutra é: 20 + 0,88 x 45 = 59,6 kPa.

Exercício 10.4 Nos exercícios anteriores, tomou-se como espessura da camada de argila mole a sua espessura inicial, de 4 m. Entretanto, com o adensamento, a espessura da camada diminui e, consequentemente, também a distância de percolação. Não seria mais adequado considerar a espessura média da camada durante o processo de percolação? Como isso afetaria os resultados?

Solução: Quando se calcula o coeficiente de adensamento pela interpretação de ensaios, como se verá no Exercício 11.1, adota-se a espessura média. Para os problemas práticos, os livros clássicos sempre adotaram a espessura inicial, talvez por simplificação. No caso do Exercício 10.2, em que a camada tinha originalmente 4 m e ocorreria um recalque de 0,5 m, a espessura média da camada seria de 3,75 m e a distância de percolação, de 1,875 m. Ao recalcular-se o tempo para ocorrerem 50% de recalques, obtém-se $t_{50} = 41$ dias.

Exercício 10.5 Um aterro foi construído sobre uma argila mole saturada, e previu-se um recalque total de 50 cm. Logo após a construção, um piezômetro colocado no centro da camada indicou uma sobrepressão neutra de 30 kPa (3 m de coluna d'água), que correspondia ao peso transmitido pelo aterro (1,5 m com $\gamma_n = 20$ kPa). Sabia-se que a drenagem seria tanto pela face inferior quanto pela face superior da argila mole. Quinze dias depois da construção do aterro, o piezômetro indicava uma sobrepressão de 20 kPa

(2 m de coluna d'água). Em que data pode-se prever que os recalques atingirão 45 cm?

Solução: Se a sobrepressão caiu de 30 kPa para 20 kPa, sabe-se que a porcentagem de adensamento no ponto médio da camada era de 33%. Com o ábaco da Fig. 10.5, verifica-se, para essa porcentagem de adensamento no meio da camada, um fator tempo $T = 0,25$. Isso ocorreu em 15 dias. Então, com a Equação (10.6), pode-se estimar a relação:

$$\frac{c_v}{H_d^2} = \frac{T}{t} = \frac{0,25}{15} = 0,0167$$

Os 45 cm de recalque em questão correspondem a 90% de recalque ($U = 0,9$). Para esse valor, a Fig. 10.6 indica um fator tempo de 0,848. Então o tempo para que ocorram 45 cm de recalque é: $t = 0,848/0,0167 = 51$ dias.

Exercício 10.6 Um aterro foi construído sobre uma argila mole saturada, e previu-se que o recalque total seria de 50 cm. Dez dias após a construção, havia ocorrido um recalque de 15 cm. Que recalque deverá ocorrer até três meses após a construção?

Solução: Em 10 dias ocorreram 30% do recalque previsto ($U = 15/50 = 0,3$). Para $U = 0.3$, a Fig. 10.6 e a Tab. 10.1 indicam $T = 0,0707$. Três meses (ou 90 dias) correspondem a um prazo 9 vezes maior do que os 10 dias transcorridos até a observação do recalque. Como os fatores tempo são diretamente proporcionais aos tempos físicos, o fator tempo, para 90 dias, deverá ser de $T = 9 \times 0,0707 = 0,636$. Para este fator tempo, a Fig. 10.6 indica uma porcentagem de recalque de 83%. Portanto, aos três meses deverão ter ocorrido $0,83 \times 50 = 41,5$ cm de recalque.

Exercício 10.7 Um aterro deve ser construído sobre o terreno cujo perfil é mostrado na Fig. 10.9. O aterro aplica uma pressão de 40 kPa sobre o terreno e o recalque previsto é de 80 cm. O coeficiente de adensamento do solo é de 0,04 m²/dia. Represente, graficamente, a evolução da porcentagem de recalque com o tempo, bem como a porcentagem de adensamento com o tempo para os pontos situados nas cotas -2 m, -3 m, -4 m, -5 m e no meio da camada (cota -6 m).

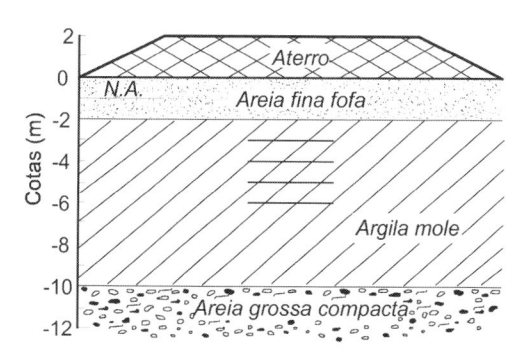

Fig. 10.9

Solução: Com os dados conhecidos, os tempos podem ser associados ao fator tempo pela expressão: $T = t\, c_v / H_d^2 = (0,04 / 4^2)\, t = 0,0025\, t$.

Mecânica dos Solos

A evolução dos recalques com o tempo é obtida diretamente da Fig. 10.6. A evolução das porcentagens de adensamento é obtida, para cada cota, da Fig. 10.5, determinando-se o valor de U_z para os respectivos fatores tempo, interpolando quando necessário. Na cota -2 m, a porcentagem de adensamento é de 100% desde o instante do carregamento, uma das condições limites do problema. Alguns dos valores assim determinados estão apresentados na tabela abaixo e representados na Fig. 10.10.

Tempo (dias)	Fator tempo	U (%)	U_z (%)				
			-2 m	-3 m	-4 m	-5 m	-6 m
30	0,075	31	100	49	19	6	3
60	0,150	44	100	64	36	19	14
90	0,225	53	100	72	48	33	27
120	0,300	61	100	76	56	44	39
180	0,450	73	100	84	70	61	58
240	0,600	81	100	89	80	74	71

A porcentagem de adensamento nas cotas abaixo do centro da camada evoluem, em função do tempo, de maneira semelhante, condicionada à distância da face de drenagem.

A Fig. 10.10 realça como a dissipação da pressão neutra é mais rápida próxima às superfícies de drenagem do que no interior da camada de solos de baixa permeabilidade.

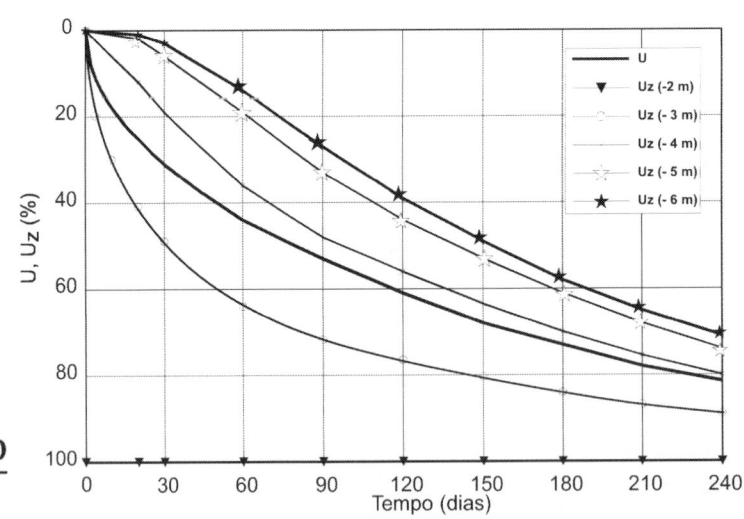

Fig. 10.10

AULA 11

TEORIA DO ADENSAMENTO – TÓPICOS COMPLEMENTARES

A presente aula apresenta temas adicionais relacionados ao adensamento dos solos, em nível de um curso de graduação, e está muito longe de esgotar o tema, objeto permanente de investigações da Engenharia de Solos.

11.1 *Fórmulas aproximadas relacionando recalques com fator tempo*

A evolução das porcentagens de recalque em função do fator tempo, resultante da Teoria do Adensamento, é dada pela Equação 10.8, que não é usada na prática em virtude de sua complexidade. Empregam-se as soluções dessa equação representadas graficamente ou em tabelas (Fig. 10.6 e Tab. 10.1). Duas equações empíricas, entretanto, ajustam-se muito bem à equação teórica, cada uma a um trecho dela:

$$T = \left(\frac{\pi}{4}\right) \cdot U^2, \text{ válida para } U \leq 0,6 \ (60\%); \text{ e}$$

$$T = -0,933 \cdot \log(1-U) - 0,085, \text{ válida para } U > 0,6 \ (60\%)$$

A primeira equação mostra que o trecho inicial da curva de recalques, em função do tempo, é parabólica. Esta propriedade é usada com frequência na interpretação de dados de campo e de laboratório, como na obtenção do coeficiente de adensamento, a partir de resultados de ensaios. Essa equação justifica a seguinte afirmativa, muito utilizada tanto no tratamento de dados como em aplicações práticas: *Para recalques inferiores a 60% do total, se um*

Mecânica dos Solos

certo valor de recalque ocorreu num tempo t, o dobro deste valor será atingido num tempo quatro vezes maior ou *se para ocorrer um certo recalque é necessário um tempo t, para ocorrer o dobro deste recalque o tempo necessário é quatro vezes maior.*

Outro procedimento aproximado, empregado quando não se dispõe dos ábacos gerais, consiste na consideração das isócronas, que indicam o grau de adensamento ao longo da profundidade, como parábolas. De fato, elas têm um aspecto semelhante a parábolas, como se observa na Fig. 10.5, pelo menos para valores de T > 0,1 (embora os formatos se ajustem ainda melhor a senoides, mas trabalhar com senoides seria mais difícil).

A representação de U em função de T como parábola, para um fator tempo, está na Fig. 11.1. Uma vez que a porcentagem de recalque total para um determinado fator tempo é a média do grau de adensamento ao longo da profundidade, a porcentagem de recalque total é a relação entre a área hachurada e a área total do retângulo. Como a área contida por uma parábola é igual a dois terços do produto A x B, com A e B definidos na Fig. 11.1, a representação parabólica torna-se muito prática.

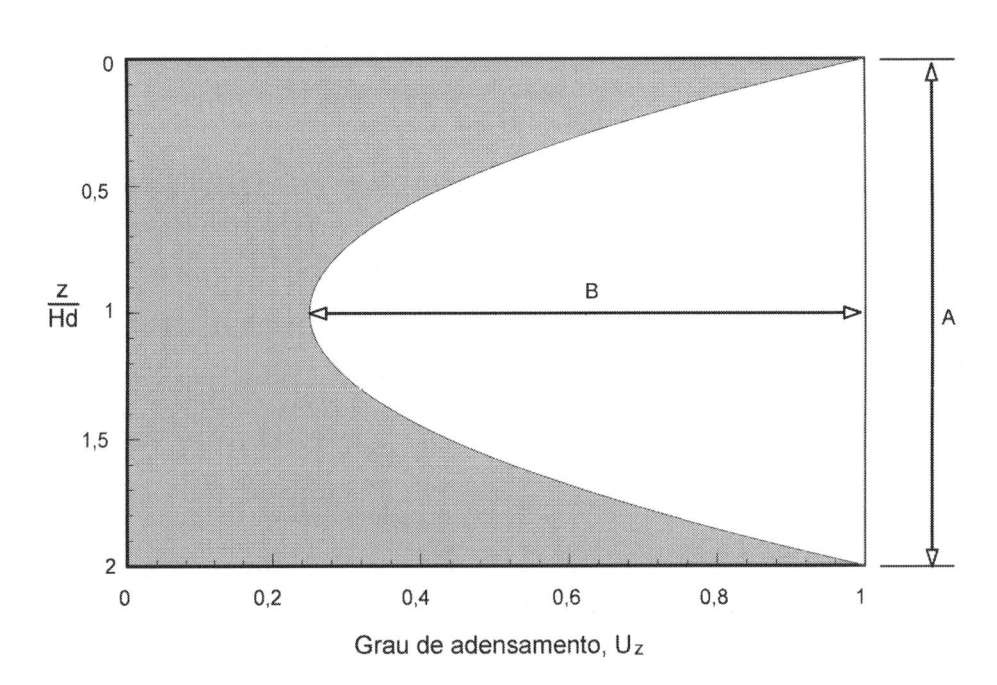

Fig. 11.1
Representação das isócronas por meio de parábola

Na situação correspondente a 50% de recalque, por exemplo, para o qual T = 0,2, a área externa à parábola deve ser igual a 50% da área total do retângulo. A área do retângulo é 1.A; a área da parábola é (2/3)A.B; a área externa à parábola, dividida pela área da parábola, vale [1-(2/3)B]. Para que essa relação seja igual a 0,5, B = 0,75. Portanto, para que a porcentagem de recalque seja 0,5, a porcentagem de adensamento no centro da camada deve ser 0,25. Ao comparar-se o valor assim determinado com a solução exata, apresentada na Fig. 10.5 e que é de 0,23, vê-se que o procedimento empírico é razoavelmente bom.

11.2 Obtenção do coeficiente de adensamento a partir do ensaio

Na Aula 10, definiu-se o coeficiente de adensamento em função da compressibilidade e da permeabilidade do solo, c_v, como foi calculado no exemplo da seção 10.3. O valor do c_v pode ser também determinado diretamente do ensaio de adensamento, e isto é feito correntemente, como parte integrante da interpretação do ensaio.

Em cada estágio de carregamento do ensaio, obtém-se a evolução dos recalques em função do tempo. Essa evolução segue a própria teoria do adensamento; portanto, a curva obtida é semelhante a todas as curvas de recalque. O ajuste desta curva à curva teórica permite determinar o coeficiente de adensamento, aplicando-se o tempo real em que ocorreu um certo recalque e o fator tempo correspondente à respectiva porcentagem de recalque, na Equação (10.6), reformulada:

$$c_v = \frac{T \cdot H_d^2}{t}$$

O ajuste dos dados experimentais seria simples se ocorresse apenas o adensamento previsto pela teoria. Entretanto, não é o que acontece na prática. Quando um corpo de prova é carregado, existe uma *compressão inicial*, pequena deformação imediata que não segue a teoria, resultante da possível compressão de bolhas de ar que a amostra possa ter e a ajustes nas interfaces do corpo de prova com as pedras porosas. Inicia-se, então, a expulsão da água, devida à carga a que ficou submetida, tratada pela teoria do adensamento, e que recebe o nome de *adensamento primário*. Antes que o adensamento primário termine, mas já com valores elevados, inicia-se uma deformação lenta residual, que ocorre naturalmente com expulsão de água dos vazios, sob gradientes bem baixos, e que recebe o nome de *adensamento secundário*. Este último será estudado na seção 11.5, mas interessa no momento, dado que, por iniciar-se antes do término do adensamento primário, impede a determinação simples do seu final.

Se não existissem a compressão inicial e o adensamento secundário, a determinação do coeficiente de adensamento seria simples. Para vencer essa dificuldade, recorre-se a métodos mais elaborados, que permitem estimar os índices de vazios correspondentes ao início e ao fim do adensamento primário, possibilitando, desta forma, o cálculo do coeficiente. Dois métodos mais conhecidos são explicados a seguir.

Método de Casagrande (logaritmo do tempo)

Esse método, devido ao Prof. Arthur Casagrande, da Universidade de Harvard, baseia-se no formato da curva de porcentagem de recalque, U, em função do fator tempo, T, lançada em escala semilogarítmica, como mostrado

Mecânica dos Solos

na Fig. 11.2, do lado esquerdo. Os dados do ensaio, quando colocados em função do logaritmo do tempo, realçam o trecho de adensamento primário, como é mostrado no lado direito da Fig. 11.2.

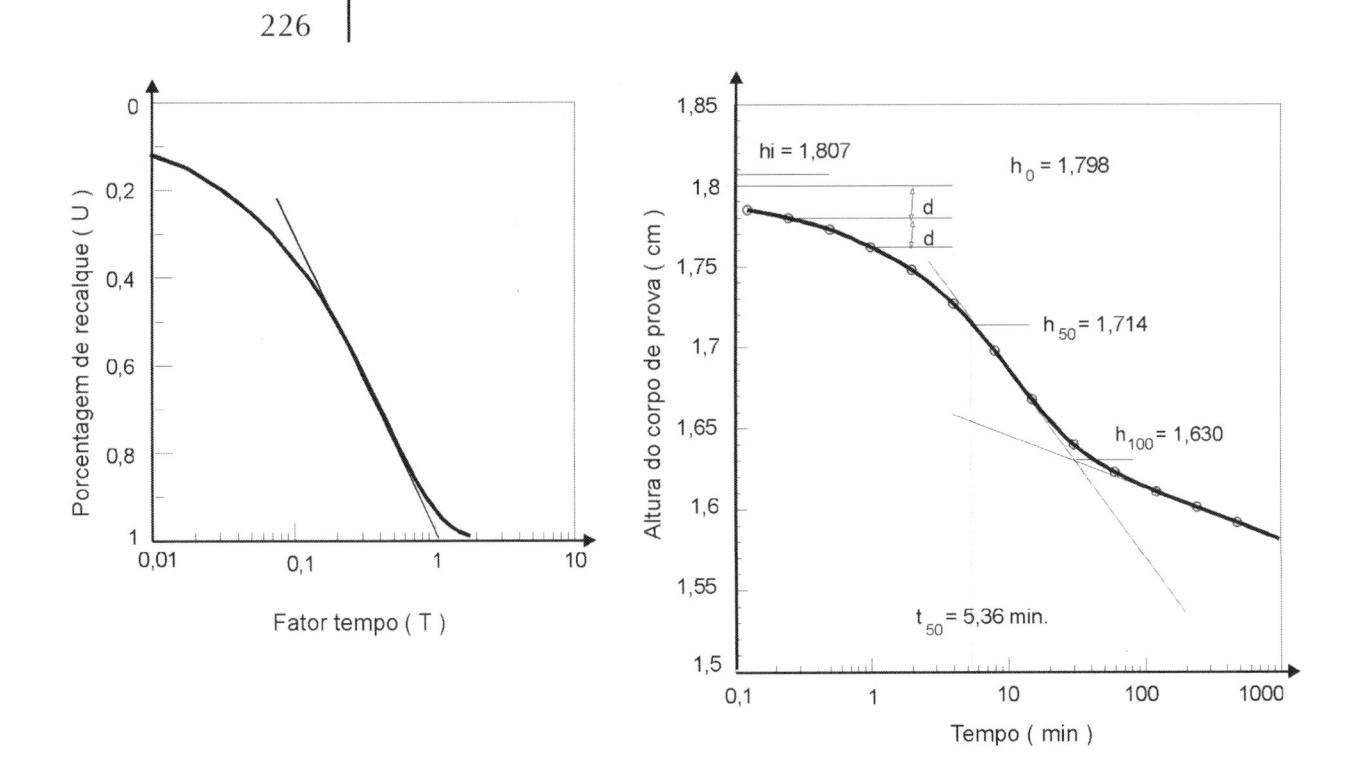

Fig. 11.2 *Determinação de c_v pelo método de Casagrande*

As operações são as seguintes:

1) Determina-se a altura do corpo de prova correspondente ao início do adensamento primário, que não é necessariamente a altura antes da aplicação da carga, em virtude da compressão inicial. Como a parte inicial da curva é parabólica, conforme visto anteriormente, toma-se a ordenada para um tempo qualquer no trecho inicial, *t*, verifica-se sua diferença com a ordenada para um tempo *4t* e soma-se a diferença à ordenada do tempo *t*, obtendo-se assim a ordenada correspondente ao início do adensamento primário. O procedimento pode ser verificado ao se repetir o procedimento para dois ou mais tempos *t* na parte inicial da curva e comparando-se os resultados.

2) Estima-se a altura do corpo de prova correspondente ao final do adensamento primário pela ordenada da intersecção da tangente ao ponto de inflexão da curva com a assíntota ao trecho final da curva que, na escala logarítmica, é linear e corresponde ao adensamento secundário.

3) Determina-se a altura do corpo de prova quando 50% do adensamento tiver ocorrido, que é a média dos dois valores obtidos anteriormente.

4) Verifica-se, pela curva, o tempo em que teriam ocorrido 50% dos recalques por adensamento primário.

5) Calcula-se o coeficiente de adensamento pela fórmula:

$$c_v = \frac{0{,}197 \cdot H_d^2}{t_{50}}$$

onde 0,197 é o fator tempo correspondente a 50% de adensamento; t_{50} é o tempo em que ocorreram 50% de recalque; e H_d é a metade da altura média do corpo de prova.

Método de Taylor (raiz quadrada do tempo)

Esse método, devido ao Prof. Donald Taylor, do MIT (Massachusetts Institute of Technology), baseia-se no formato da curva de U em função de T, quando a raiz quadrada do fator tempo é colocada em abscissas, como mostrado na Fig. 11.3, do lado esquerdo. A representação realça o trecho inicial da curva que, por ser parabólico, parece uma reta.

Os dados do ensaio são colocados em função da raiz quadrada do tempo, como se mostra do lado direito da Fig. 11.3. O trecho inicial é aproximadamente uma reta, como o trecho correspondente da curva teórica. A intersecção da reta com o eixo das ordenadas indica a altura do corpo de prova no início do adensamento. A diferença entre esse ponto e a altura do corpo de prova antes do carregamento indica a compressão inicial.

Aula 11

Teoria do Adensamento

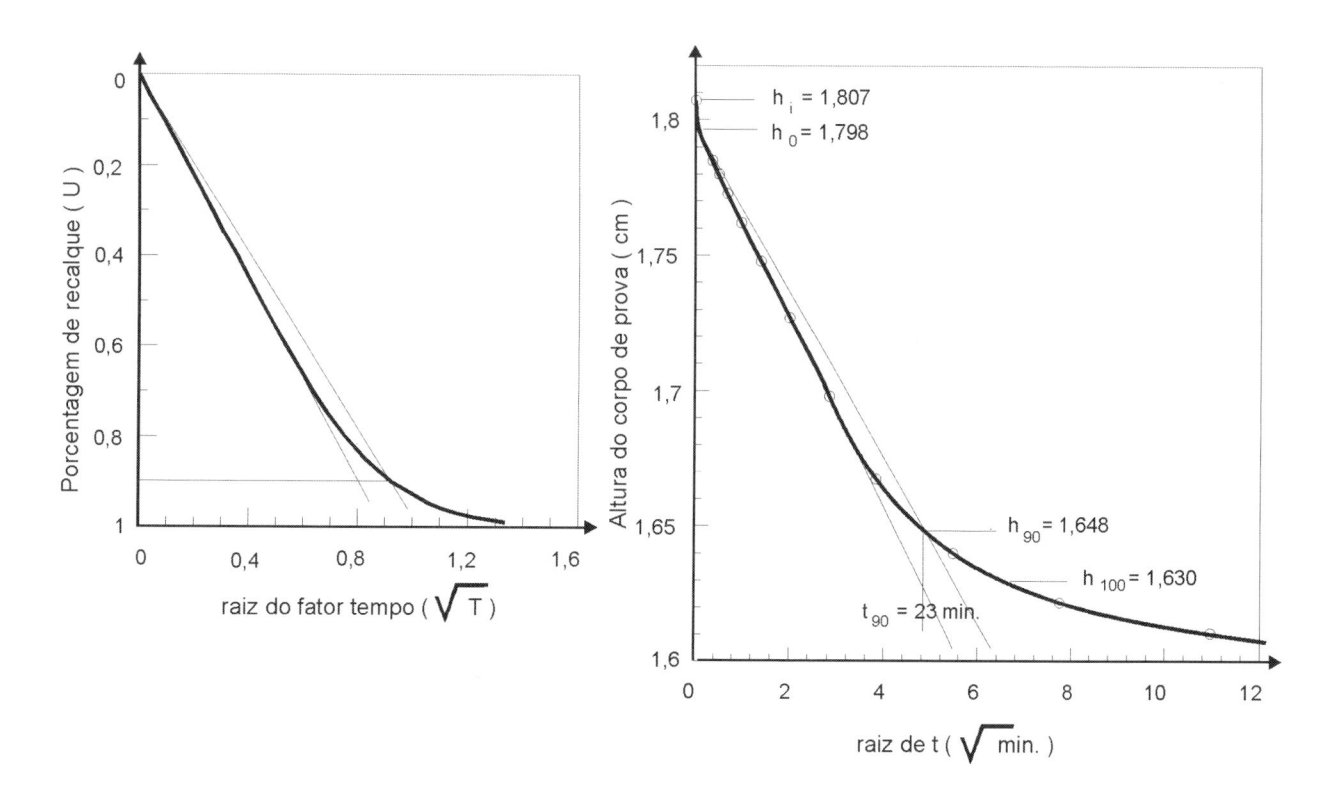

Fig. 11.3 Determinação de cv pelo método de Taylor

Do início do adensamento primário, traça-se uma reta com abscissas iguais a 1,15 vezes as abscissas correspondentes da reta inicial. A intersecção da reta com a curva do ensaio indica o ponto em que teriam ocorrido 90% do adensamento, uma vez que, pela equação parabólica da parte inicial da curva de adensamento (representada pela reta na escala de raiz de T), para U = 0,9, T = 0,64, cuja raiz quadrada é 0,80. Pela solução da teoria do adensamento, para U = 0,9, T= 0,848, cuja raiz quadrada é 0,92, ou seja, 15% maior do que 0,80.

Definido o ponto correspondente a 90% de recalque, o tempo em que isso ocorreu, t_{90}, é determinado, e pode-se calcular o coeficiente de adensamento pela fórmula:

$$c_v = \frac{0{,}848 \cdot H_d^2}{t_{90}}$$

Os dois processos dão resultados muito próximos, mas há solos em que os resultados não definem convenientemente o trecho retilíneo do processo de Taylor, enquanto outros, com acentuado adensamento secundário, tornam difícil a aplicação do processo de Casagrande.

O coeficiente de adensamento varia para os diversos incrementos de carga. Seu cálculo é feito para cada estágio do carregamento e os resultados são apresentados em função do intervalo de pressões a que correspondem. Na aplicação a problemas reais, adotam-se os coeficientes correspondentes às tensões envolvidas.

11.3 Condições de campo que influenciam o adensamento

Na aplicação da teoria do adensamento a problemas reais, duas hipóteses que são satisfeitas nos ensaios de adensamento não o são nas situações reais de campo: de um lado, a compressão e o fluxo d'água unidimensionais (hipóteses 2 e 3), e de outro, a homogeneidade do solo (hipótese 4). Analisam-se, a seguir, as consequências destes desvios.

Fluxo lateral no adensamento

No ensaio de adensamento, com a amostra contida num cilindro rígido, a compressão é unidimensional e a água percola na direção vertical. No campo, tal fato ocorre, também, quando se faz um carregamento numa área muito grande, por exemplo, pela construção de um aterro de grande largura.

Em muitos casos reais, entretanto, como nos aterros rodoviários, em que uma faixa do terreno é carregada, ou nas fundações de edifícios, essa condição não é atendida. Nesses casos, como se ilustra na Fig. 11.4, existe uma pequena contribuição nos recalques da deformação lateral do terreno.

Mais importante é a possibilidade de drenagem da água pelas laterais das áreas carregadas, e quando ocorre, a dissipação da pressão neutra se faz mais depressa do que previsto pela teoria, e mais rapidamente nos lados do que no centro. A aceleração dos recalques pela percolação lateral é, ainda, maximizada pelo fato de ser o coeficiente de permeabilidade maior na direção horizontal do que na vertical, como se estudou na Aula 6.

O afastamento das condições previstas na teoria é tanto maior quanto mais espessa a camada de solo recalcável e quanto menor a largura da área carregada na superfície. Existem soluções matemáticas que consideram o adensamento bi ou tridimensional, mas elas apenas são usadas em condições muito especiais.

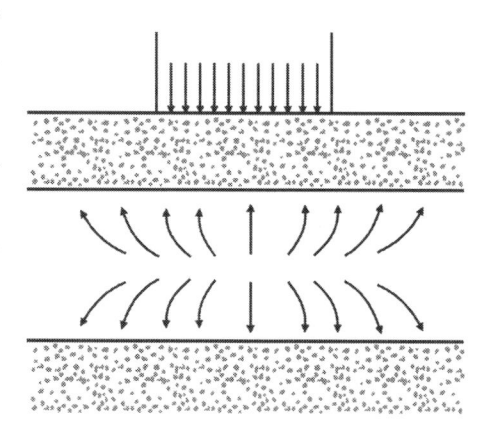

Fig. 11.4
Efeito da largura da área carregada e da espessura da camada deformável

Influência de lentes de areia

Os depósitos naturais não são homogêneos. Nos solos sedimentares, por exemplo, é frequente a ocorrência de camadas mais ou menos arenosas, eventualmente até de lentes de areia bastante puras, cuja existência no interior da camada argilosa mole evidentemente reduz, e muito, os tempos de recalque. Considere-se a presença de duas lentes de areia que separam uma camada em partes iguais, como ilustrado na Fig. 11.5. A distância de percolação é reduzida para um terço do seu valor sem as lentes. Como o tempo de recalque é função do quadrado de H_d, os recalques ocorrem em tempos 9 vezes menores.

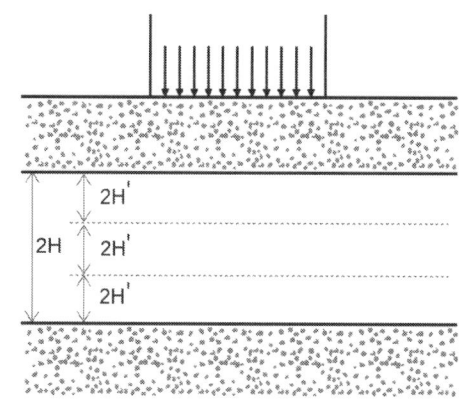

Fig. 11.5
Efeito de lentes de areia no subsolo argiloso

A existência de lentes de areia parece ser comum nos sedimentos marinhos da costa brasileira, bem como nas várzeas dos rios. Para que elas interfiram nos tempos de recalques, não é preciso que sejam espessas; basta que se prolonguem ao lado das áreas carregadas.

Obtenção do Coeficiente de Adensamento a partir de retroanálise de casos reais

A experiência mostra que os recalques reais, ainda que apresentem um desenvolvimento com o tempo qualitativamente semelhante ao indicado pela teoria, ocorrem de maneira muito mais rápida do que previsto, quando se aplicam os coeficientes de adensamento obtidos em ensaios sobre amostras indeformadas. As diferenças constatadas são, em alguns casos, extremamente sensíveis, por causa dos dois fatores já referidos – a drenagem lateral e a existência de lentes de areia –, bem como outros fatores, como o pré-adensamento decorrente de um adensamento secundário anterior e a passagem do estado de ligeiramente sobreadensado para normalmente adensado, muito comum nos casos reais, dificultando a escolha do coeficiente de adensamento representativo dessa condição de carregamento.

Diante dessa constatação, a melhor maneira de se estimar o coeficiente de adensamento de um solo argiloso passa a ser a retroanálise de carregamentos feitos nesse solo. Para isto, medem-se os recalques de aterros construídos e determinam-se os valores de c_v, utilizando-se os princípios dos métodos de Casagrande ou de Taylor. Nessas análises, é necessário levar em consideração o tempo de carregamento que, ao contrário do que ocorre nos ensaios, não é instantâneo. Um exemplo de obtenção de c_v por retroanálise é apresentado na seção 11.8.

Retroanálises de recalques observados em aterros construídos na Baixada Santista indicam valores de aproximadamente 0,1 a 0,5 m²/dia, para aterros em áreas limitadas ou de largura limitada. Esses valores são cerca de 30 a 100 vezes maiores do que os obtidos em ensaios de laboratório sobre amostras indeformadas. Para aterros de grande largura, retroanálises indicam valores menores, da ordem de 0,03 m²/dia, por não apresentarem a mesma facilidade de percolação lateral que ocorre nos aterros de pequena largura.

Efeito de amolgamento do solo

As amostras para ensaios de adensamento devem ser indeformadas, com a mínima perturbação mecânica possível. A perturbação da amostra, também chamada de amolgamento, por destruir parcialmente sua estrutura, torna o solo mais deformável. Em consequência, num ensaio de adensamento, obtém-se o comportamento esquematicamente mostrado na Fig. 11.6.

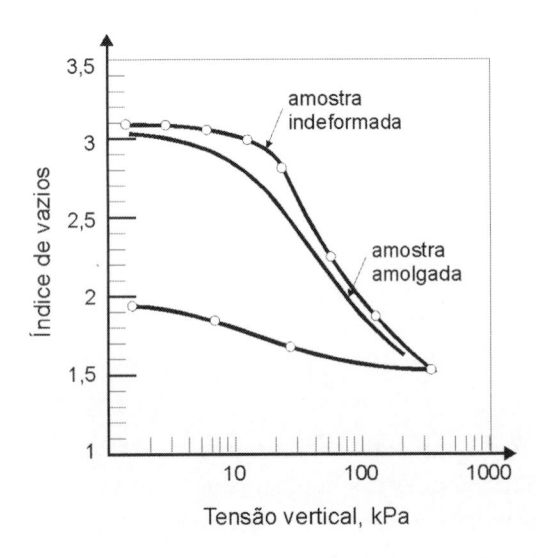

Fig. 11.6
Efeito de amolgamento no resultado de ensaio de adensamento

Em ensaio de adensamento, o amolgamento altera a curva de índice de vazios em função da tensão aplicada, como se mostra na Fig. 11.6. Curiosamente, o índice de compressão indicado pela curva de ensaio da amostra amolgada é menor do que o indicado pelo ensaio da amostra indeformada. Na realidade, para qualquer tensão, a deformação da amostra amolgada é maior, conforme se deduz da avaliação das duas curvas apresentadas na

Fig. 11.6: o índice de vazios da amostra amolgada é sempre menor do que o da amostra indeformada. A aplicação do índice de compressão de um ensaio com amostra de qualidade duvidosa, se feita automaticamente pelas equações que indicam o recalque, sem levar em consideração toda a informação disponível, pode levar à subestimativa dos valores de recalque.

O efeito do amolgamento também se faz sentir no campo. A construção de drenos verticais, que serão descritos na seção 11.6, pode amolgar o solo de tal forma que os recalques sejam muito aumentados.

11.4 *Análise da influência de hipóteses referentes ao comportamento dos solos na teoria do adensamento*

Propriedades dos solos constantes: constância de c_v

A oitava hipótese da Teoria do Adensamento (seção 10.2) admite que as propriedades do solo não variam durante o processo de adensamento, o que se reflete na adoção do coeficiente de adensamento constante. Sabe-se, porém, que as propriedades que definem o coeficiente de adensamento – o coeficiente de permeabilidade, o índice de vazios e o coeficiente de compressibilidade – variam durante a compressão. Admitiu-se que, para os cálculos convencionais, a variação desses parâmetros não seria de monta a prejudicar demasiadamente os resultados.

Da definição de c_v (Equação 10.4) e da correlação entre o coeficiente de compressibilidade, a_v, e o coeficiente de variação volumétrica, m_v, pode-se expressar c_v da seguinte forma:

$$c_V = \frac{k}{m_v \cdot \gamma_o}$$

Os ensaios de laboratório mostram que, para carregamentos ao longo da reta virgem, o coeficiente de permeabilidade diminui, pois diminuem o índice de vazios e o coeficiente de variação volumétrica, uma vez que o solo se torna mais rígido. Como o coeficiente de adensamento resulta da divisão desses parâmetros, ele varia pouco. No trecho abaixo da tensão de pré-adensamento, o m_v varia bastante, o k muito menos e o c_v cresce, e, nas proximidades da tensão de pré-adensamento, é nitidamente maior do que o c_v ao longo da reta virgem.

Em geral, considera-se que a variação de c_v não impede a aplicação da teoria em problemas correntes de engenharia. O aspecto mais relevante é a adoção de um c_v que represente bem o solo e as condições de carregamento, daí a importância da obtenção de valores pela retroanálise de casos reais.

Os problemas de adensamento que envolvem grandes deformações como, por exemplo, o adensamento de resíduos de beneficiamento de minérios transportados hidraulicamente e lançados em reservatórios, são tratados por meio de modelos que se resolvem pela aplicação de métodos numéricos, nos

Mecânica dos Solos

quais a não constância dos parâmetros de permeabilidade e compressibilidade é levada em consideração.

Variação linear de e com a tensão efetiva: constância de a_v

Conforme já discutido, Terzaghi adotou a hipótese de variação linear do índice de vazios com a tensão efetiva para simplificar os cálculos, o que se afasta da realidade, como se sabe. A consequência do comportamento do solo se desviar dessa hipótese pode ser ilustrada pela análise de dois casos simplificados, feita a seguir. Tome-se, por exemplo, um solo cuja relação tensão-deformação se expresse pelo resultado do ensaio de adensamento mostrado na Fig. 11.7. O solo tem uma tensão de pré-adensamento de 100 kPa, para a qual corresponde um índice de vazios igual a 2 e os coeficientes: Cc = 1 e Cr = 0,2.

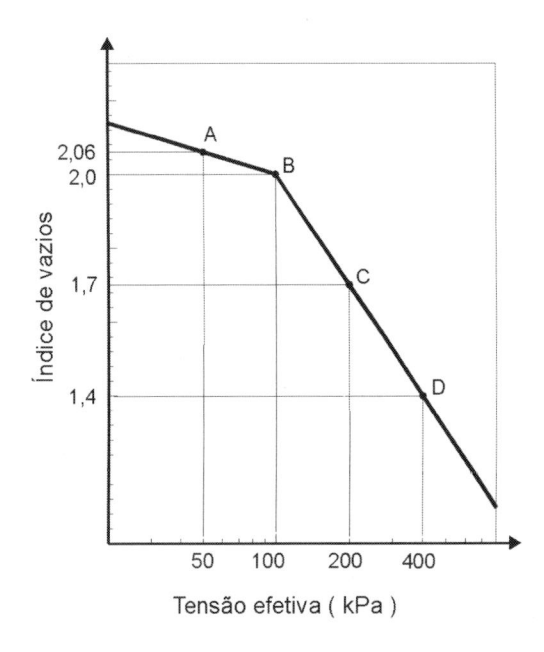

Fig. 11.7
Exemplo para estudo da diferença entre grau de deformação e grau de dissipação de pressão neutra

Considere-se, inicialmente, que o solo seja normalmente adensado (ponto B), e que a ele se tenha aplicado um acréscimo de tensão de 300 kPa (que o levará à posição D). Quando o índice de vazios tiver diminuído para 1,7, terão ocorrido 50% de deformação (ponto C, $U_{z\varepsilon}$ = 50%). Nesse momento, a tensão efetiva será de 200 kPa. A sobrepressão neutra, que era de 300 kPa no instante do carregamento, será reduzida para 200 kPa, e a porcentagem de dissipação de pressão neutra ficará em 33% (U_{zu} = 100/300 = 0,33). No caso de solo normalmente adensado, a dissipação da pressão neutra se faz mais lentamente do que o desenvolvimento das deformações. O mesmo ocorreria se a compressão se fizesse toda no trecho de recompressão do solo.

Considere-se, agora, que o solo esteja um pouco sobreadensado e que, estando na tensão de 50 kPa (ponto A), se tenha aplicado um acréscimo de tensão de 150 kPa (que o levará à posição C). Quando a tensão efetiva chegar a 100 kPa, terá ocorrido uma dissipação de 50 kPa da pressão neutra induzida pelo carregamento (150 kPa), e o grau de dissipação de pressão neutra será de 33% (U_{zu} = 50/150 = 0,33), posição B. Nesse momento, o índice de vazios terá variado de 0,06 (2,06-2,00). Este valor, relacionado a toda a variação de índice de vazios a ser provocada pelo carregamento, 0,36 (2,06-1,70), indica uma porcentagem de deformação de 17% ($U_{z\varepsilon}$ = 0,06/0,36 = 0,17). Com o solo sobreadensado, portanto, a dissipação da pressão neutra ocorre mais rapidamente do que o desenvolvimento das deformações.

Portanto, a dissipação da pressão neutra pode ser mais rápida ou mais lenta do que o desenvolvimento das deformações. Tal fato tem pouca influência na análise dos recalques. Como o coeficiente de adensamento é determinado por retroanálise de recalques observados em casos reais, em ensaios ou no campo, o estudo da evolução dos recalques, em casos semelhantes, ocorre corretamente. Na estimativa da dissipação das pressões neutras e do desenvolvimento das tensões efetivas, porém, existe uma incorreção, cuja intensidade depende das tensões envolvidas em cada caso.

Aula 11
Teoria do Adensamento

Soluções para outras hipóteses de carregamento

A solução apresentada na Aula 8 correspondia a um acréscimo de pressão constante ao longo de toda a altura da camada, uma das condições iniciais para a integração da equação diferencial (10.5). Quando se faz um carregamento em toda a área, os acréscimos de tensão, e, portanto, de pressão neutra, são de fato iguais ao longo de toda a espessura da camada de argila mole. Se a área carregada for limitada, sabe-se que o acréscimo de tensão na face superior da camada será maior do que na face inferior, como se estudou na Aula 8. Veja-se, por exemplo, as Figs. 8.1 ou 8.6. Para levar em conta esse fato, diversas outras soluções foram desenvolvidas.

Para a hipótese de sobrepressão que varia linearmente ao longo da espessura da camada, o resultado teórico, curiosamente, se expressa pela mesma Equação 10.8, deduzida para sobrepressão constante. Desta forma, a relação entre T e U, para esse caso, é indicada na Tab. 10.1, e a curva apresentada na Fig. 10.6 aplica-se com igual correção. A coincidência de resultados só se dá quando há drenagem pelas duas faces. É fácil aceitar que, no caso de variação linear da sobrepressão, com drenagem apenas por uma face, se nesta a sobrepressão for a maior, o recalque será mais rápido do que se na face drenante estiver ocorrendo a sobrepressão menor.

Para outras hipóteses de diagrama de sobrepressão estabelecidas pelo carregamento (por exemplo, as Figs. 8.1 ou 8.7 indicam que a variação com a profundidade não é linear), soluções rigorosas são disponíveis. A consideração desses detalhes não produz resultados mais representativos da realidade, principalmente levando-se em conta os fatores anteriormente indicados. Em consequência, a solução apresentada na Fig. 10.6 é considerada uma representação adequada para os casos típicos de carregamentos em engenharia.

11.5 *Adensamento secundário*

Na representação da relação teórica $U \times T$, apresentada na Fig. 11.2, a curva tende para uma assíntota horizontal. Nos resultados experimentais, isso não ocorre; os dados definem uma curva que apresenta uma assíntota inclinada (Fig. 11.2).

Mecânica dos Solos

A compressão lenta que continua após o desenvolvimento dos recalques previstos na teoria do adensamento é chamada de *adensamento secundário*. Teoricamente, as pressões neutras teriam praticamente se dissipado, mas alguma pressão neutra deve estar ocorrendo, justificando a saída de água do interior do solo.

Esse fenômeno indica que pode ocorrer deformação do solo mesmo com tensão efetiva constante, o que contradiz o Princípio das Tensões Efetivas, que considera a tensão efetiva a única responsável pelas deformações, como visto na seção 5.3. Deformação lenta ocorre em todos os materiais, mas nos solos ela é mais notável, em virtude das transmissões de forças pelos contatos entre partículas. Parte das forças é transmitida pelos contatos entre minerais-argila, que se dão pela água adsorvida, conforme descrito em 1.3. Com o tempo, alguns desses numerosíssimos contatos se desfazem e descarregam as forças para contatos vizinhos, com pequenos deslocamentos, repetindo-se o fenômeno por longo tempo, em virtude do elevadíssimo número de partículas.

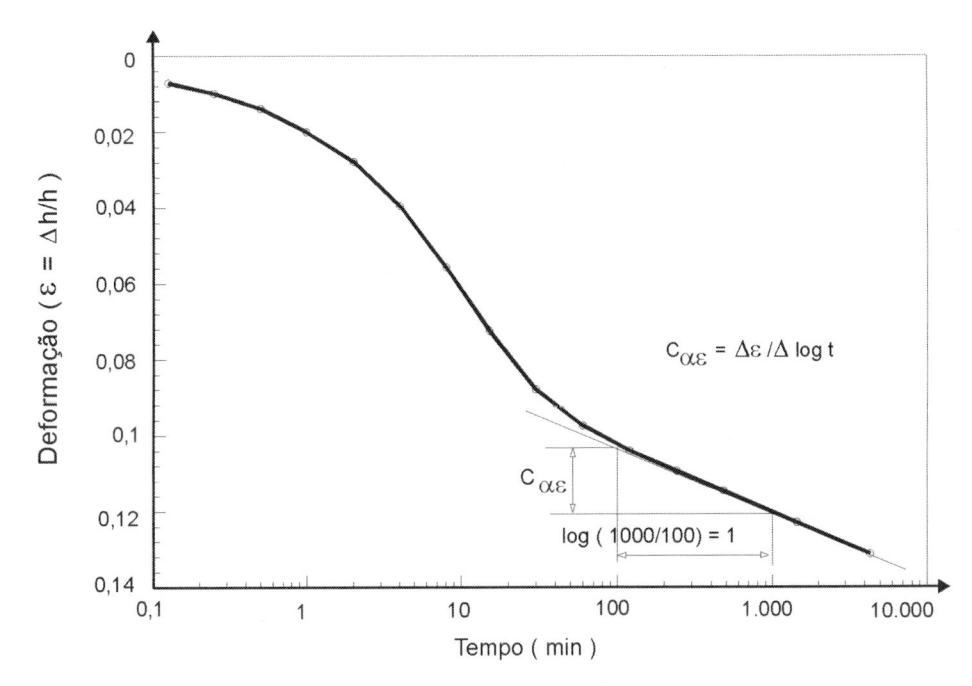

Fig. 11.8
Deformações em função do logaritmo do tempo, de ensaio de adensamento

Os resultados do ensaio analisado na Fig. 11.2 são reapresentados na Fig. 11.8, que mostra as deformações em função do logaritmo do tempo. O adensamento secundário de um solo é expresso pelo *coeficiente de adensamento secundário*, C_α, que indica a inclinação do trecho retilíneo final da curva de variação da deformação ou do índice de vazios, nesse tipo de representação.

Infelizmente, duas definições são usadas por autores diferentes:
em função da deformação específica:

$$C_{\alpha\varepsilon} = \frac{\Delta\varepsilon}{\Delta \log_{10} t} = \frac{\Delta H / H_0}{\Delta \log_{10} t}$$

ou em função do índice de vazios:

$$C_{\alpha e} = \frac{\Delta e}{\Delta \log_{10} t}$$

existindo entre as duas a correlação:

$$C_{\alpha \varepsilon} = \frac{C_{\alpha e}}{1 + e_o}$$

Os valores de coeficientes de adensamento secundário, em função da deformação específica, variam de 0,5% a 2%, para argilas normalmente adensadas e podem atingir valores de 3% ou mais para argilas muito plásticas e argilas orgânicas. Um coeficiente de adensamento secundário igual a 1% significa que, se a camada de argila tiver 10 m de espessura e seu adensamento primário praticamente terminar em 2 anos, 20 anos após a construção deverá ocorrer um recalque adicional de 10 cm (1% de 10 m), dos 20 aos 200 anos, mais 10 cm etc. Para argilas sobreadensadas, o efeito do adensamento secundário depende do nível de tensões atingido pelo carregamento, o qual é pequeno desde que a tensão de pré-adensamento não seja ultrapassada.

Didaticamente, o fenômeno de deformação das argilas costuma ser dividido em duas fases, como se elas fossem bem distintas: o adensamento primário, durante o qual as pressões neutras se dissipam, e o adensamento secundário, que ocorre sem pressão neutra, ou com pressão neutra muito pequena, para justificar a saída da água. Embora essa dicotomia seja sustentada por alguns pesquisadores, acumulam-se evidências de que o adensamento secundário inicia-se durante o processo de dissipação de pressões neutras. De fato, é difícil imaginar que não seja assim. Na Fig. 10.5, percebe-se que os elementos mais próximos das faces drenantes têm sua dissipação de pressão neutra quase total em tempos muito inferiores aos elementos internos. Para o adensamento secundário ocorrer, se fosse necessário que a pressão neutra se dissipasse, isto aconteceria nas faces próximas à superfície de drenagem, antes de acontecer na parte central da camada; portanto, antes que o adensamento primário estivesse concluído.

Influência do adensamento secundário na tensão de pré--adensamento

O adensamento secundário constitui uma redução do índice de vazios, enquanto a tensão efetiva se mantém constante. Dessa forma, se o coeficiente de adensamento secundário for constante para todas as tensões efetivas, pode-se representar no gráfico de índice de vazios, em função do logaritmo das tensões, curvas correspondentes a diversos tempos de adensamento secundário, paralelas à reta virgem, como se mostra na Fig. 11.9.

Fig. 11.9
Efeito do adensamento secundário na relação índice de vazios, em função da tensão efetiva

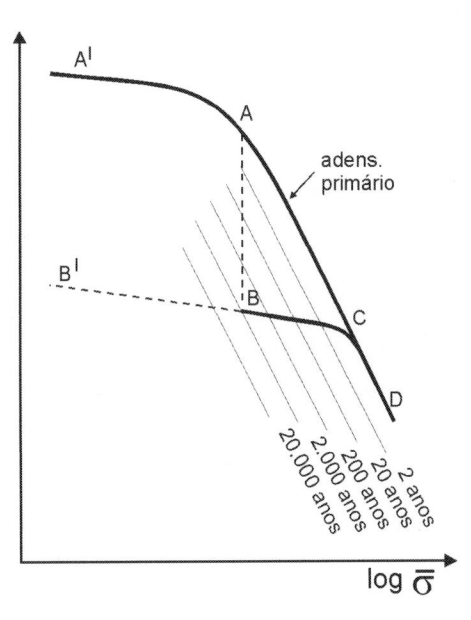

Consideremos um solo que tenha sido carregado à situação indicada pelo ponto A na Fig. 11.9. Transcorridos 2.000 anos, por exemplo, o índice de vazios terá se reduzido para a situação indicada pelo ponto B, sem que tenha havido aumento da tensão efetiva, mas só pela ação do adensamento secundário.

Se esse solo for submetido a um carregamento (ou se uma amostra dele for submetida a um ensaio de adensamento), a variação de índice de vazios ocorrerá segundo a curva BCD (ou B'BCD no caso do ensaio). Tanto no campo como no ensaio, esse solo se comporta como um solo sobreadensado para a situação indicada pelo ponto C. Portanto, a tensão de pré-adensamento determinada nos ensaios não é, na realidade, a máxima tensão efetiva a que o solo foi submetido no passado, como é considerado na prática. Para levar esse aspecto em consideração, a tensão correspondente é, por alguns autores, denominada "pseudotensão de pré-adensamento".

Sob o ponto de vista de cálculo dos recalques, tudo se passa como se o solo fosse sobreadensado, pois, num carregamento que ele venha a sofrer, as deformações ocorrem pela curva de recompressão até ser atingida a tensão de pré-adensamento. Toma-se a pseudotensão de pré-adensamento como tensão de préadensamento e aplica-se a Equação 9.6. Ou seja, um solo envelhecido, que apresenta adensamento secundário, tem sempre um comportamento correspondente a um solo sobreadensado, e o ponto representativo do pré-adensamento obtido no ensaio não indica a tensão a que o solo esteve submetido no passado, mas o índice de vazios correspondente ao efeito da tensão no passado e ao adensamento secundário.

Uma característica importante que decorre do que foi apresentado anteriormente *é que não existem argilas sedimentares normalmente adensadas sob o ponto de vista de comportamento tensão-deformação*, a não ser argilas que tenham sido carregadas muito recentemente, por exemplo, pela construção de um aterro, e que não tiveram ainda tempo de desenvolver seus recalques por adensamento secundário.

A razão de sobreadensamento por efeito do adensamento secundário, como se depreende da Fig. 11.9, depende dos índices de recompressão e de compressão e do coeficiente de adensamento secundário dos solos e do tempo decorrido desde a sua deposição. Correlações empíricas mostram que a razão de sobreadensamento dos solos sedimentares é tanto maior quanto mais plástico o solo, da ordem de 1,4 para argilas com IP = 20 e de 1,7 para argilas com IP = 60, para solos que tenham permanecido em repouso por um período de alguns milhares de anos.

11.6 Emprego de pré-carregamento para reduzir recalques futuros

Uma técnica muito interessante para reduzir os efeitos de recalques provocados por um determinado carregamento que se pretende fazer é o pré-carregamento da área. Analisemo-lo por meio de um exemplo, ao se construir um aterro, com 3 m de altura, de acesso a uma ponte, sobre um terreno mole que apresenta um recalque de cerca de 30 cm ao longo de dois anos, com um desenvolvimento através do tempo mostrado na Fig. 11.10. A obra deverá ser entregue ao tráfego seis meses após a construção do aterro. A curva de recalque indica que, nessa época, terão ocorrido 22 cm de recalque, restando 8 cm para ocorrer posteriormente. O recalque complementar provocaria um desnivelamento do aterro em relação ao tabuleiro da ponte, que não recalca por estar fundada em estacas. O desnivelamento é prejudicial, não só à segurança do tráfego, como pelas despesas de reparação. Após a inauguração da obra, para que não existam mais recalques de monta, pode-se construir um aterro de maior altura (5 m, no exemplo) para o qual os recalques são os indicados pela curva B da Fig. 11.10. O aterro de 5 m provoca, em um pouco mais de 4 meses, um recalque de 30 cm. A sobrecarga, então, pode ser removida, e os recalques cessarão, pois, para a altura remanescente, todo o recalque já terá ocorrido.

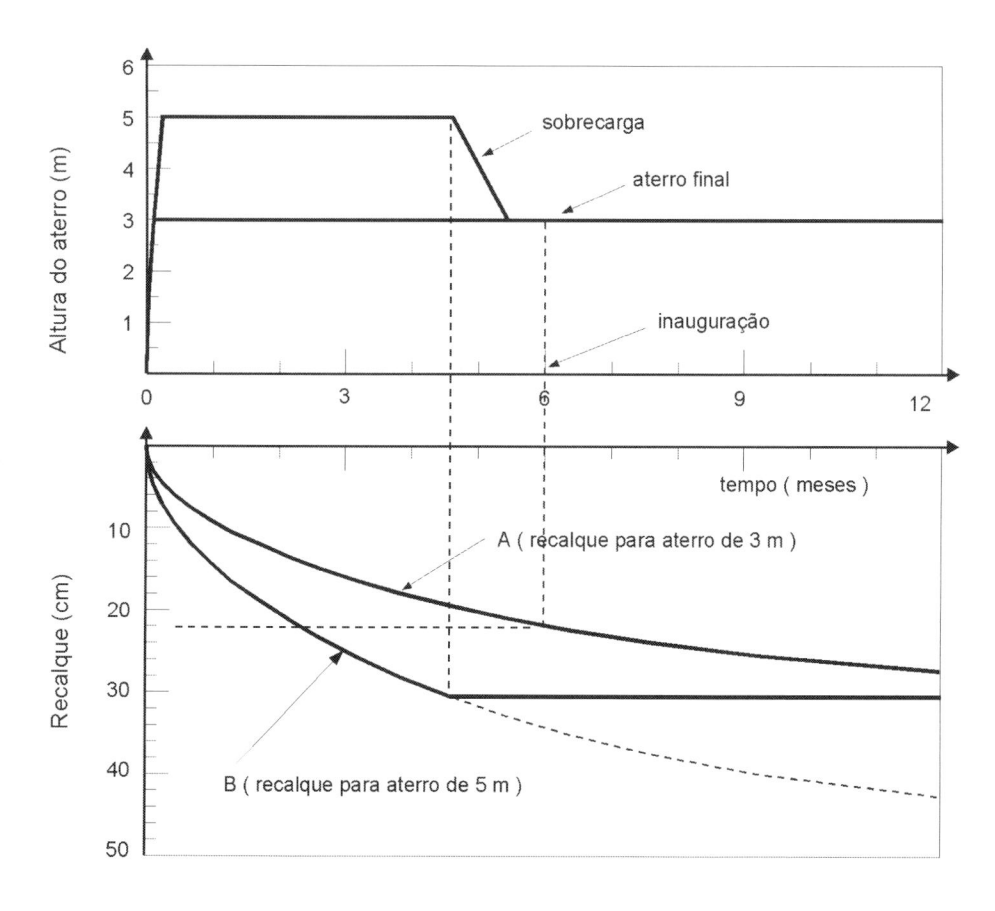

Fig. 11.10

Exemplo de emprego de pré-carregamento

O pré-carregamento também é usado para permitir a eventual construção de edificações sobre o aterro, com fundação direta no próprio aterro, sem que elas sofram recalques de monta. Neste caso, a altura da sobrecarga e o seu tempo de permanência devem ser calculados de maneira que o pré-carregamento provoque os recalques devidos à carga do aterro que permanecerá e à construção futura. Em outras palavras, o pré-carregamento consiste em pré-adensar o terreno, de maneira que todo o carregamento futuro seja feito no trecho de recompressão da curva índice de vazios, em função do logaritmo das tensões.

O exemplo apresentado é simplificado, pois não considera o adensamento secundário, que é inevitável. A adição do efeito do adensamento secundário no problema só o torna um pouco mais trabalhoso, mas segue o mesmo princípio.

Quando o aterro é construído diretamente sobre a argila mole, deve-se sempre providenciar a construção de um tapete drenante arenoso entre esta e o aterro, para conduzir a água expelida pelo adensamento da argila mole. Os aterros argilosos são, em geral, muito impermeáveis, e não facilitam o escoamento da água.

Aplicação de drenos verticais

Algumas vezes, para acelerar os recalques, constroem-se drenos verticais na camada argilosa responsável pelos recalques. Esses drenos podem ser perfurações preenchidas com areia, como estacas, ou fibras sintéticas com características apropriadas, dispostas em planta, como se mostra na Fig. 11.11 (a). Ao aplicar-se uma carga na superfície, a água sob pressão pode percolar tanto diretamente para as camadas drenantes como pelos drenos. Os recalques se desenvolvem muito mais rapidamente, pois as distâncias de percolação são menores, e os coeficientes de permeabilidade são maiores na direção horizontal (que agora predomina) do que na direção vertical. Naturalmente, é necessário um tapete drenante na superfície para conduzir a água coletada pelos drenos.

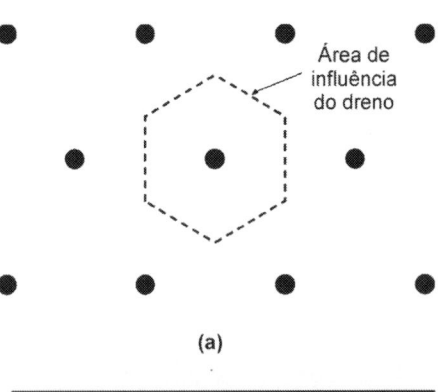

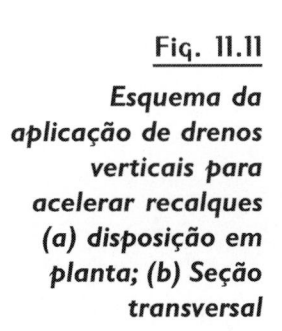

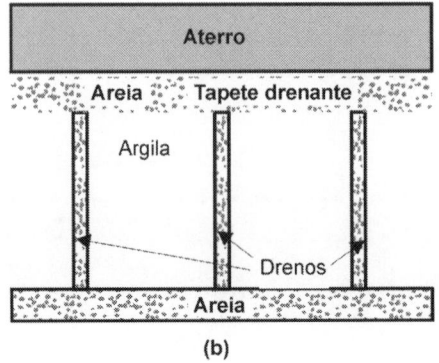

Uma teoria de adensamento para fluxos radiais encontra-se disponível para o cálculo da evolução dos recalques com o tempo, bastante semelhante à teoria unidimensional. O coeficiente de adensamento radial é definido e as curvas de porcentagem de recalque em função do

Fig. 11.11
Esquema da aplicação de drenos verticais para acelerar recalques (a) disposição em planta; (b) Seção transversal

fator tempo são disponibilizadas para diversas relações entre os diâmetros e os espaçamentos dos drenos.

Os drenos verticais de areia são geralmente empregados em conjunto com pré-carregamentos. Deve-se realçar que eles não interferem no valor do recalque total, pois sua influência se limita à antecipação dos recalques em função do tempo.

A eficácia dos drenos verticais de areia depende, muito do processo construtivo, e é fundamental que a sua construção provoque a menor perturbação possível. O amolgamento da argila em torno dos drenos não só aumenta o valor dos recalques como ainda torna a argila mais impermeável, dificultando a percolação que se tem como objetivo.

11.7 *Recalques durante o período construtivo*

Para todas as curvas de recalque em função do tempo consideradas até aqui, admitia-se um carregamento instantâneo, como se faz, de fato, no ensaio de adensamento. Na prática, porém, não é o que ocorre. Um aterro de 2 a 3 m de altura se constrói em uma semana, enquanto um prédio pode requerer um ano para a sua construção. Como analisar os recalques nesses casos? Embora modelos matemáticos possam ser desenvolvidos, e realmente existam, ainda se aplica na prática uma solução aproximada, proposta por Terzaghi e descrita a seguir.

A solução de Terzaghi baseia-se em duas hipóteses simplificadoras: (1) se o carregamento ocorreu de maneira aproximadamente linear com o tempo, após sua conclusão, os recalques serão iguais aos que corresponderiam ao carregamento total feito no instante médio do período construtivo; (2) os recalques são admitidos como proporcionais aos carregamentos.

Com essas hipóteses, a evolução dos recalques durante e após o período construtivo pode ser determinada como se mostra com o auxílio da Fig. 11.12. Nesse exemplo, admitindo-se que o carregamento real evoluiu de maneira aproximadamente linear ao longo do período PQ, considera-se que esse carregamento pode ser representado pela reta PR.

Traça-se a curva de recalque (curva ρ na figura), considerando que o carregamento total tenha sido realizado instantaneamente no tempo zero. No final do período construtivo, o recalque será aquele que a curva ρ indica para um tempo PM (metade do período construtivo). Desta forma, o recalque no final do período construtivo é obtido com o deslocamento do valor do recalque EF para o tempo H (HK). Para tempos maiores do que o do final da construção, a curva é obtida sempre pelo deslocamento da curva ρ de um tempo igual à metade do período construtivo ($t_c/2$).

Para qualquer instante durante o período construtivo, considera-se que o recalque corresponde à metade do tempo decorrido e seja proporcional à carga já aplicada. Isso é feito graficamente da seguinte maneira: (a) escolhe-se um tempo *t* (por exemplo, o representado pelo ponto A na Fig. 11.12);

Mecânica dos Solos

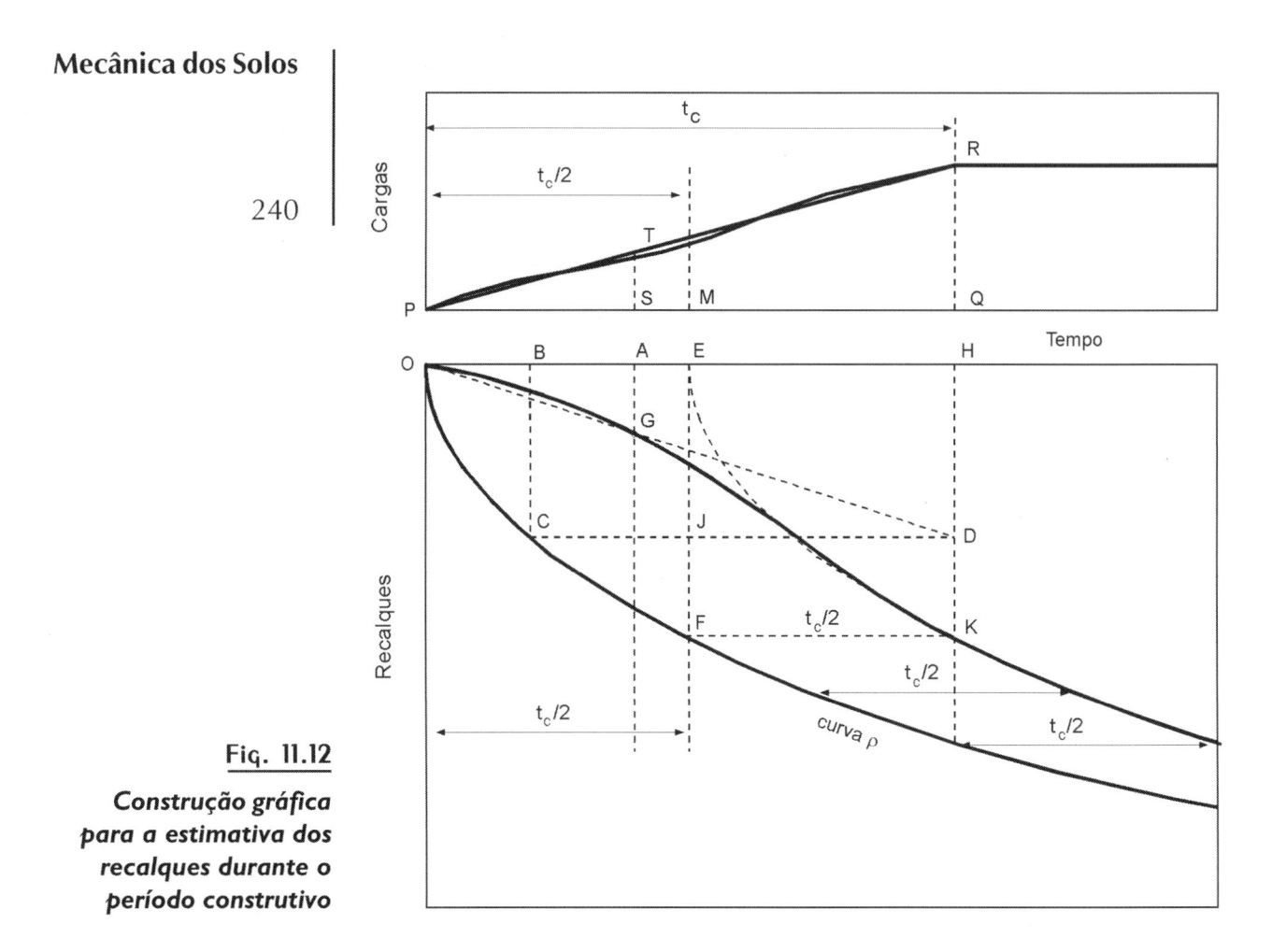

Fig. 11.12
Construção gráfica para a estimativa dos recalques durante o período construtivo

(b) verifica-se o recalque que corresponde a um tempo $t/2$ (linha BC), com B a meia distância OA (este é o recalque que ocorreria no ponto A se, na ocasião, já tivesse sido feito todo o carregamento QR). Resta, agora, calcular o recalque proporcional ao carregamento que aconteceu no tempo A (carga ST), que é feito pela construção seguinte: (c) traça-se a horizontal CD e une-se D à origem O. A interseção de OD com AG (ponto G) é o recalque no tempo t. Essa construção gráfica está de acordo com as hipóteses adotadas, dada a semelhança dos triângulos OAG com OHD e PST com PQR, do que se conclui que AG (recalque no tempo A para a carga ST) está para HD (recalque no tempo A para uma carga hipotética QR), assim como ST (carga no tempo A) está para QR (carga total para a qual foi construída a curva ρ).

11.8 Interpretação de dados de um aterro instrumentado

Quando se constrói um aterro e se medem os recalques para a análise dos resultados, é necessário levar em consideração o tempo de construção, a fim de evitar erro de interpretação. Os recalques são medidos pelo nivelamento de uma placa quadrada de aço com 1 m de lado, soldada a hastes que se prolongam através do aterro e colocada no terreno antes do início da construção, ou pelo nivelamento de marcos de concreto colocados no aterro concluído. As origens das medidas são, então, o início da construção ou o final da construção. Para a interpretação dos resultados, é necessário referir as leituras de recalques à data correspondente ao meio do período construtivo.

Considere-se um aterro que foi construído de maneira progressiva, no decorrer de 7 dias. No dia seguinte ao término da construção, instalou-se o marco de referência para a medida de recalques, fazendo-se o primeiro nivelamento. Os recalques medidos em dias posteriores estão na Tab. 11.1.

Aula 11
Teoria do Adensamento

Dia	Evento	Recalque medido (cm)	Dias desde a instalação da placa	Dias a partir do dia médio	Raiz quadrada do tempo	Recalque total estimado (cm)
1	Início da construção					
7	Final da construção					
8	Instalação da placa de recalque	0	0	4	2,00	6,2
10	Medida de recalque	1,5	2	6	2,45	7,7
14	Medida de recalque	3,7	6	10	3,16	9,9
18	Medida de recalque	5,6	10	14	3,74	11,6
22	Medida de recalque	7,0	14	18	4,24	13,2

Tab. 11.1
Dados para a análise e interpretação de recalques medidos no aterro

Durante o período construtivo, ocorreu um certo recalque, cujo valor deve ser estimado. Para isso, emprega-se a hipótese de que, tendo o carregamento ocorrido de maneira aproximadamente linear com o tempo, para datas posteriores à construção, os recalques são iguais aos que corresponderiam ao carregamento total feito no instante médio do período construtivo. Como a construção levou 7 dias, nas datas posteriores à conclusão, tudo se passa como se o carregamento tivesse sido feito instantaneamente ao meio-dia do dia 4. O dia 4 é, então, considerado o dia do carregamento. Normalmente, não se registram as horas em que os nivelamentos são executados, e a unidade de tempo adotada é o dia, admitindo-se que tudo que ocorre num dia tenha ocorrido ao meio-dia desse dia.

Que recalque, então, teria havido entre o dia 4 e o dia 8? Como o trecho inicial da curva dos recalques em função do tempo é parabólico e portanto, o recalque que ocorre entre o tempo t e o tempo 4t é igual ao recalque que ocorre do início ao tempo t, pode-se estimar que no período do 4º ao 8º dia (4 dias), teria havido um recalque da ordem de grandeza do recalque ocorrido entre os dias 8 e 20 (12 dias). Dos recalques apresentados na Tab. 11.1, coluna (a), estima-se, numa primeira avaliação, que recalque foi da ordem de 6,3 cm (média entre os dados dos dias 18 e 22). Ao levar-se em consideração todos os dados disponíveis, obtém-se uma melhor estimativa com os recalques medidos em função da raiz quadrada dos tempos, a partir do dia médio. Os dados definem uma reta, como se mostra na Fig. 11.13. O prolongamento da

Mecânica dos Solos

reta determina, no eixo das ordenadas, o recalque que ocorreu antes do início das leituras, e, nesse caso, obtêm-se 6,2 cm.

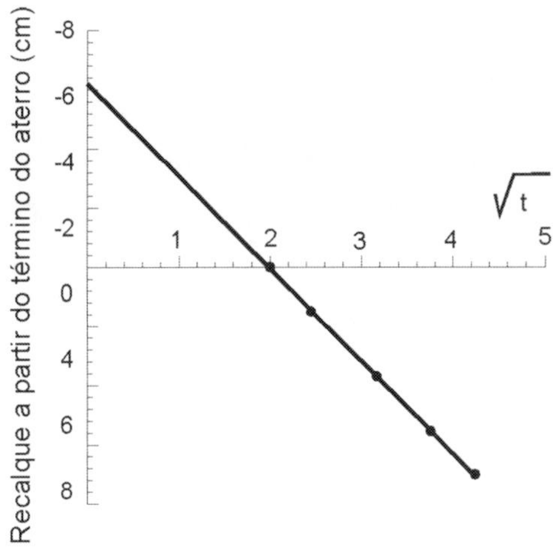

Fig. 11.13
Construção gráfica para a estimativa do recalque antes do início das medidas de recalque

Se houver o conhecimento prévio do valor do recalque, por exemplo, de 30 cm, comprova-se que os dados estavam abaixo de 60% do total, o que justifica a consideração da proporcionalidade de recalques com a raiz quadrada dos tempos. Por outro lado, sabendo-se a espessura da camada, por exemplo, 6 m, com drenagem pelas duas faces, e tendo-se identificado que no período de 18 dias ocorreram 44% de recalque (13,2/30 = 0,44) e que para U = 0,44, T = 0,152 (Tab. 10.1), o coeficiente de adensamento da camada pode ser calculado:

$$c_v = \frac{0,152 \times 3^2}{18} = 0,076 \, m^2/dia$$

Valores obtidos desta maneira são muito mais representativos do comportamento das camadas de solos moles do que os determinados em ensaios de laboratório, como se verificou no decorrer da aula.

Exercícios resolvidos

Exercício 11.1 No ensaio relatado no Exercício 10.1, para todos os estágios de carregamento, foram feitos os registros da altura do corpo de prova no decorrer do tempo. Para o estágio de 160 a 320 kPa, foram obtidos os seguintes dados:

Tempo (min)	Altura (mm)	Tempo (min)	Altura (mm)	Tempo (min)	Altura (mm)
0	35,866	2	35,612	60	34,297
0,125	35,843	4	35,492	120	33,800
0,25	35,821	8	35,304	240	33,416
0,5	35,782	15	35,095	480	33,120
1	35,715	30	34,742	1.440	32,786

Determine o coeficiente de adensamento desse solo para o estágio de carregamento registrado.

Solução: Para a determinação do coeficiente de adensamento, dois procedimentos podem ser empregados:

a) Método de Casagrande: as alturas do corpo de prova são representadas graficamente em função do logaritmo dos tempos, como se mostra na Fig. 11.14 (a). Aplica-se o procedimento descrito na seção 11.2 e os seguintes dados são obtidos:

Altura do corpo de prova correspondente ao início do adensamento primário: $h_0 = 35,930$ mm.

Altura do corpo de prova correspondente ao final do adensamento primário: $h_{100} = 33,286$ mm.

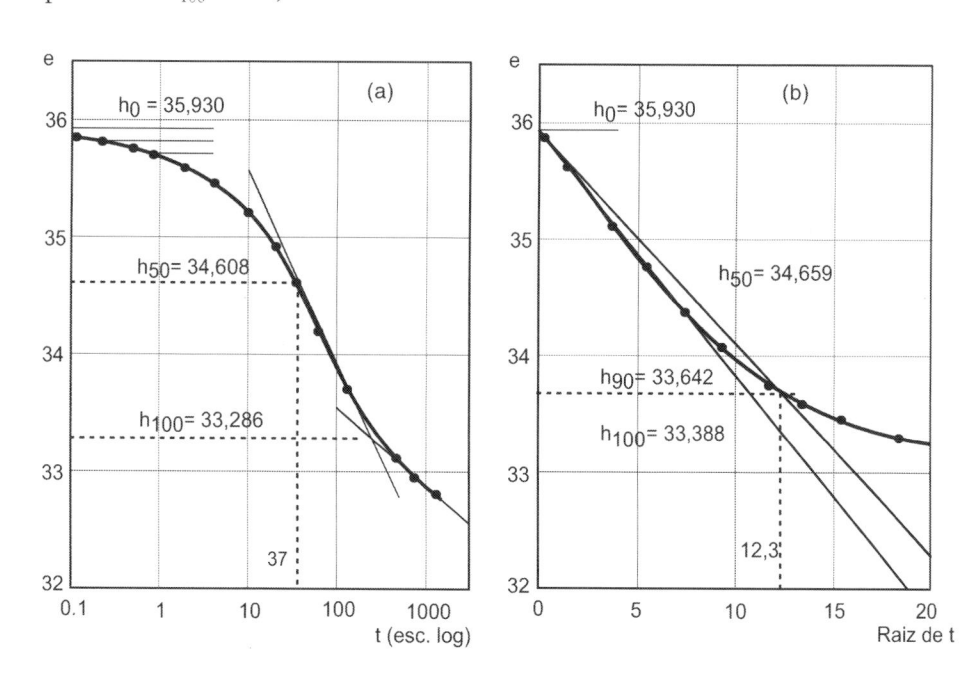

Fig. 11.14

Altura média do corpo de prova: 34,608 mm.

Tempo decorrido até ser atingida a altura média (50% de adensamento primário) = 37 min.

Com esses dados, o coeficiente de adensamento primário é calculado pela expressão:

$$c_v = \frac{0,197 \times 1,7304^2}{37 \times 60} = 2,6 \times 10^{-4} \text{ cm}^2/\text{s}$$

b) Para a estimativa do coeficiente de adensamento pelo Método de Taylor, os resultados estão representados em função da raiz quadrada dos tempos, como se mostra na Fig. 11.14 (b). Com o procedimento indicado na seção 11.2, obtêm-se:

Altura do corpo de prova correspondente ao início do adensamento primário: 35,930 mm.

Altura do corpo de prova correspondente a 90% do adensamento primário: 33,642 mm.

Altura do corpo de prova ao final do adensamento primário: 33,388 mm.

Altura média do corpo de prova durante o adensamento primário: 34,659 mm.

Tempo correspondente a 90% do adensamento primário: $12,3^2$ = 151,29 min.

Com esses dados, o coeficiente de adensamento primário é calculado pela expressão:

$$c_v = \frac{0,848 \times 1,733^2}{151,29 \times 60} = 2,8 \times 10^{-4} \text{ cm}^2/\text{s}$$

Observa-se que os dois métodos conduzem a valores ligeiramente diferentes, o que normalmente ocorre, devido à influência do adensamento secundário, que perturba a análise e é considerada de maneira diferente em cada um dos casos.

Para o cálculo do coeficiente de adensamento, toma-se a altura média da camada. Tal procedimento justifica-se quando se considera que o c_v é uma característica do solo, variável com o nível de tensão (ou o índice de vazios), e, portanto, o valor calculado é representativo do solo para os valores médios do estágio de carregamento. Estranhamente, quando se aplica o coeficiente de adensamento a problemas práticos, toma-se a espessura inicial da camada de solo, como se comenta na solução do Exercício 10.4. Isso, evidentemente, é incoerente, mas é assim que todos os livros clássicos de Mecânica dos Solos apresentam o assunto, e é essa a prática normalmente adotada nos projetos de Engenharia.

Exercício 11.2 Num terreno argiloso, em que havia drenagem pelas duas faces, calculou-se que o recalque total seria de 50 cm. Transcorridos 20 dias, haviam ocorrido 40 cm de recalque. Admitindo como válida a Teoria de Adensamento de Terzaghi, determine a porcentagem de adensamento no meio da camada, nesta ocasião, aplicando as fórmulas aproximadas, e compare o resultado com a solução teórica.

Solução: O recalque total resulta do adensamento do solo, cujo desenvolvimento é variável ao longo da distância às faces de drenagem. Uma maneira aproximada é considerar que a sobrepressão neutra, num instante qualquer, apresenta-se com um aspecto semelhante ao de uma parábola, como se mostra na Fig. 11.1. No caso, em 20 dias teriam ocorrido 80% (40/50) de recalque. Isso significa que a área correspondente à sobrepressão neutra não dissipada é 20% da área de sobrepressão inicial, que é igual a 1.A, enquanto a área contida pela parábola é (2/3)AB, com os símbolos mostrados na Fig. 11.1. Essa área é 20% daquela, donde: (2/3)AB = 0,2A, e, B = 0,3. Portanto, a sobrepressão neutra no meio da camada é 30% da sobrepressão induzida pelo carregamento, e a porcentagem de adensamento no meio da camada é 70%.

Considerando-se a solução teórica, tem-se que, para 80% de recalque, o fator tempo, T, é igual a 0,567 (Fig. 10.6 ou Tab. 10.1). Com este fator tempo, na Fig. 10.5, determina-se que, no meio da camada (drenagem pelas duas faces), a porcentagem de adensamento é 68%, valor muito próximo ao determinado pelo método aproximado.

Exercício 11.3 Um aterro foi construído sobre um terreno argiloso mole. Estudos baseados em ensaios de laboratório indicaram que o recalque total por adensamento primário deve ser de 60 cm. Se o carregamento for feito num só dia e observar-se que, após dois dias, o recalque foi de 15 cm, quando deverá ser atingido um recalque de 30 cm?

Solução: Como a curva de recalque, até 60%, é uma parábola, se em 2 dias ocorreu um recalque de 15 cm, em 8 dias o recalque será de 30 cm. Esse valor corresponde a 50% do recalque total, portanto, a aplicação da equação parabólica é adequada.

Exercício 11.4 Para o mesmo aterro do Exercício 11.3, noutra posição, também com 60 cm de recalque total, a construção do aterro demorou cinco dias. Quando o aterro ficou pronto, as placas de recalque instaladas antes do início da construção mostravam um recalque de 15 cm. Em quanto tempo o recalque deve atingir 30 cm?

Solução: Como a construção do aterro demoro cinco dias, os recalques após a construção são semelhantes aos recalques que ocorreriam se todo o aterro tivesse sido construído no terceiro dia. Deste, até o quinto dia, ocorreram 15 cm de recalque. Se 15 cm ocorrem em 2 dias, 30 cm ocorrem em 8 dias. Portanto, 30 cm de recalque devem ocorrer seis dias após a conclusão do aterro.

Exercício 11.5 No Exercício 9.7 referente à construção de dois Edifícios, Alfa e Beta, num local da cidade de Santos, calculou-se que os recalques finais, por adensamento, se um dos prédios fosse construído isoladamente, seriam de 63,3 cm no centro do edifício, e de 27,4 cm no canto, sem levar em consideração a influência da rigidez da estrutura

Experiências anteriores de comportamento de prédios na região indicam que o coeficiente de adensamento representativo desse solo é de 0,01 m²/dia (0,3 m²/mês). Considere que o prédio levará 18 meses para ser construído e estime os valores para as seguintes questões:

a) Que recalque o centro do prédio deverá apresentar ao ser concluído?
b) Que recalque o centro do prédio apresentará dois anos após sua conclusão?
c) Que recalque o centro do prédio apresentará seis meses após o início da construção?
d) Que recalque o centro do prédio apresentará doze meses após o início da construção?

e) De posse das informações anteriores, represente graficamente a evolução do recalque com o tempo, durante e após o período construtivo.

f) Quando o centro do prédio tiver recalcado 20 cm, que recalque deverá ocorrer no canto do prédio?

Solução:

a) O recalque ao final da construção é igual ao recalque que nessa ocasião ocorreria se todo o carregamento fosse feito na data média do período construtivo. Portanto, o recalque ao final da construção é igual ao recalque correspondente a 9 meses (18/2) após a aplicação instantânea de todo o carregamento. Pode-se calcular o fator tempo, T, para essa situação:

$$T = \frac{c_v t}{H_d^2} = \frac{0,3 \times 9}{6^2} = 0,075$$

Na Fig. 10.6 ou na Tab. 10.1, verifica-se que, a esse fator tempo, corresponde $U = 31\%$. Portanto, o recalque será $(0,31 \times 63,3)$ da ordem de 19,6 cm.

b) Dois anos após a construção, o recalque corresponderá a um período de dois anos somado à metade do período construtivo $(24 + 9) = 33$ meses. Com esse valor, calcula-se um fator tempo, $T = 0,275$, ao qual corresponde uma porcentagem de recalque de 60%. Portanto, o recalque será $(0,60 \times 63,3)$ da ordem de 38 cm.

c) Seis meses após o início da construção, considera-se o recalque equivalente a uma construção instantânea de três meses antes, mas, no período de seis meses, o carregamento feito foi só um terço (6/18) do carregamento total da construção. Pela sugestão de Terzaghi, o recalque final devido a esse carregamento será equivalente a um terço do recalque correspondente a todo o prédio 21,1 cm (63,3/3). Para o período de 3 meses, tem-se $T = 0,025$, ao qual corresponde $U = 18\%$. Aos seis meses, portanto, o recalque será de $(0,18 \times 21,1) = 3,8$ cm.

d) Para a data de um ano do início da construção, a raciocínio é o mesmo. Recalque total devido à carga de 12 meses $(2 \times 63,3/3)$ de 42,2 cm; fator tempo para o período de 6 meses, $T = 0,05$; porcentagem de recalque correspondente, $U = 25\%$; recalque da ordem de $(0,25 \times 42,2) = 10,5$ cm.

e) Com os dados calculados, pode-se representar a evolução dos recalques com o tempo, como se mostra na Fig. 11.15, que representa, também, as curvas de recalque para construção instantânea, partindo da origem do tempo e do meio do período construtivo. Observa-se que a curva dos recalques para a construção é semelhante à apresentada na Fig. 11.12. De fato, a curva de recalque com o tempo, considerando o período construtivo, poderia ser traçada graficamente, de acordo com o procedimento de Terzaghi, descrito na seção 11.7.

f) Quando o centro do prédio tiver recalcado 20 cm, a porcentagem de recalque é de 31,6%. Igual porcentagem ocorreria em qualquer posição do prédio. Logo, no canto, o recalque seria de 8,7 cm (0,316 x 27,4).

Exercício 11.6. Que importância tem calcular antecipadamente os recalques esperados e medir os recalques durante a construção de um edifício, como apresentado no Exercício 11.5?

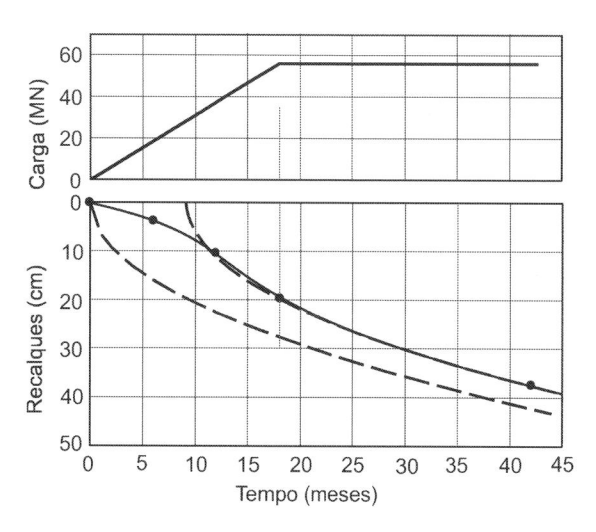

Fig. 11.15

Solução: Os recalques do edifício estarão entre os valores máximo e mínimo calculados, em virtude da rigidez da estrutura, como visto no Exercício 9.8, e serão, em média, da mesma ordem de grandeza. O levantamento dos recalques reais durante a construção e a comparação desses dados com os previstos pelo cálculo permitem verificar se o comportamento está dentro das previsões e tomar providências se isto não ocorrer.

Exercício 11.7 Estabeleça um conjunto de equações para os recalques em função do tempo, levando em conta o período construtivo e a proposta de Terzaghi, com as fórmulas aproximadas apresentadas na seção 11.1.

Solução: Identificam-se três períodos distintos: durante a construção, após a construção com $U < 60\%$ e após a construção, com $U > 60\%$.

Para o período de construção, conhecidos os parâmetros que comandam o desenvolvimento dos recalques com o tempo, que são o coeficiente de adensamento, c_v, e a distância de percolação H_d, e considerando-se que os recalques correspondem à metade do período construtivo, tem-se:

$$T = \frac{c_v}{H_d^2} \frac{t}{2}$$

Aplicando-se a fórmula simplificada correspondente a $U < 0,6$, pois geralmente até o final do período construtivo não ocorrem mais do que 60% do recalque total, tem-se:

$$U = \sqrt{\frac{4}{\pi} T} = \sqrt{\frac{2 c_v}{\pi H_d^2} t}$$

Essa porcentagem de recalque corresponde a uma carga σ_t, aplicada até o tempo t, que é uma fração da carga total, proporcional à relação t/t_c sendo

t_c o tempo de construção. Admitindo-se que os recalques sejam proporcionais às cargas, tem-se:

$$\rho = U \frac{t}{t_c} \rho_t$$

sendo ρ_t o recalque total devido à construção. Substituindo-se nesta equação a expressão de U acima deduzida, tem-se:

$$\rho = \frac{\rho_t}{t_c} \sqrt{\frac{2 c_v}{\pi H_d^2}} \, t^{3/2} \quad \text{(Equação A)}$$

Para o período imediatamente após a construção, com os recalques abaixo de 60% do total, um desenvolvimento análogo conduz à seguinte expressão:

$$\rho = \sqrt{\frac{4 c_v}{\pi H_d^2}} \, \rho_t \left(t - \frac{t_c}{2} \right)^{1/2} \quad \text{(Equação B)}$$

Para recalques acima de 60%, é válida a equação logarítmica apresentada na seção 11.1. Dela se deduz:

$$1 - U = 10^{-\frac{T + 0{,}0851}{0{,}9332}}$$

Substitui-se U pelo fator tempo, e como os tempos decorrem a partir da metade do período construtivo, tem-se:

$$\rho = \left[1 - 10^{-\frac{(c_v/H_d^2)(t - t_c) + 0{,}0851}{0{,}933}} \right] \rho_t \quad \text{(Equação C)}$$

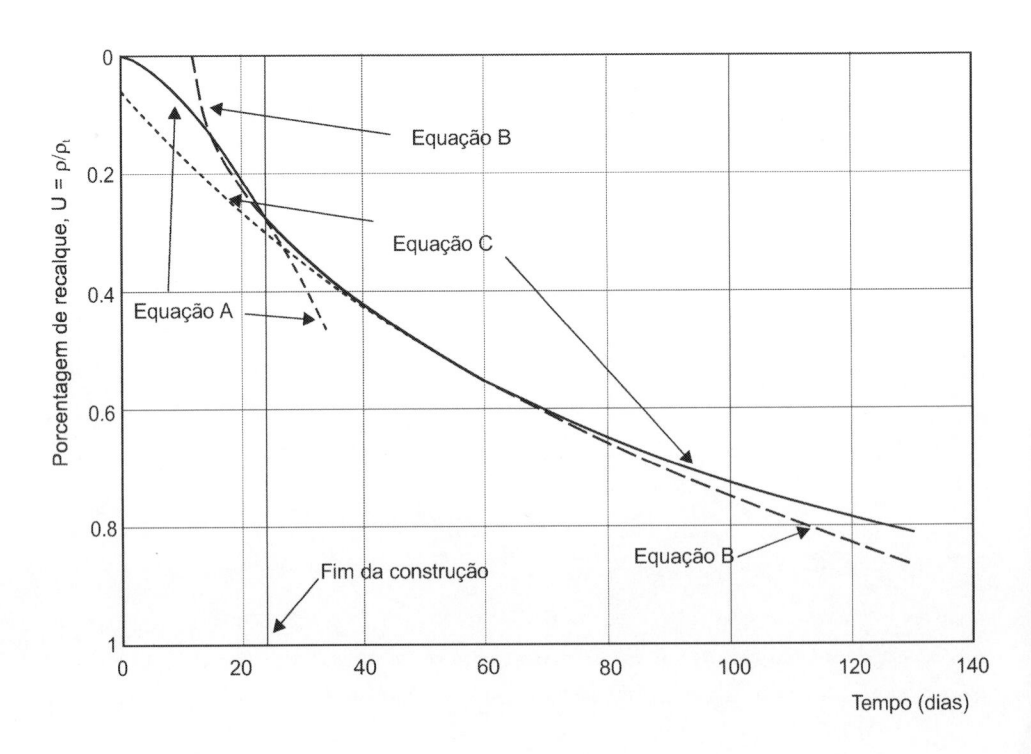

Fig. 11.16

A *Equação A* vale até o término da construção, quando é substituída pela *Equação B*, que representa o fenômeno até cerca de 60% do recalque, e a equação logarítmica (*Equação C*) passa a representar a solução do problema dentro das hipóteses admitidas.

As três equações são apresentadas, num exemplo em que $t_c = 24$ dias e $c_v/H_d^2 = 0{,}005$, na Fig. 11.16.

Exercício 11.8 Num terreno às margens do rio Tietê, deseja-se construir um conjunto habitacional com edificações de dois pavimentos. Uma seção típica do terreno, determinada por sondagens de reconhecimento, é apresentada na Fig. 11.17. A superfície do terreno está na cota + 0,5 m, o nível d'água está na cota 0, e a camada de argila mole tem uma espessura de 4,5 m. Como as edificações devem ser construídas na cota + 2 m, em virtude da necessidade de declividade para o sistema de esgotos, deverá ser feito um aterro. O peso do aterro, mais o das edificações, provocarão recalques importantes, que não podem deixar de ser considerados. Por esse motivo, decidiu-se construir um aterro de sobrecarga que, ao permanecer no terreno durante dois meses, provoque os recalques devidos ao aterro definitivo, mais os recalques devidos às próprias edificações, e, ainda, uma margem de 10 cm para os recalques por adensamento secundário que devam ocorrer nesse material.

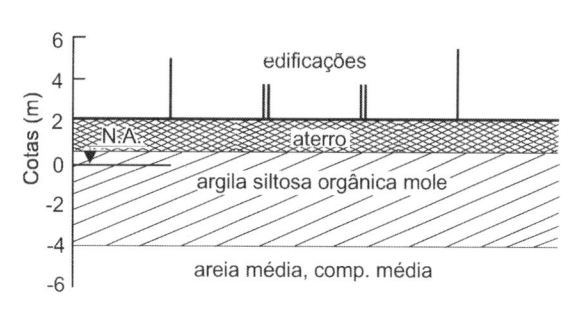

Fig. 11.17

O material disponível para construir o aterro, quando compactado, apresenta um peso específico natural de 18,5 kN/m³. Considera-se que as edificações aplicarão no terreno cerca de 18 kN/m², mas como ocupam só parte da área, admitiu-se que seu efeito possa ser considerado equivalente a 12 kN/m², uniformemente distribuído em toda a superfície.

Experiências anteriores em regiões semelhantes indicam que a argila mole apresenta as seguintes características: umidade natural, $w = 75\%$; $LL = 80\%$; $IP = 48\%$, índice de vazios $e = 1{,}95$; peso específico natural $\gamma_n = 15{,}9$ kN/m³; razão de sobreadensamento RSA = 2; índice de compressão $C_c = 1{,}2$; índice de recompressão $C_r = 0{,}15$; coeficiente de adensamento $c_v = 0{,}04$ m²/dia. Determinar que altura deve ter o aterro de sobrecarga para satisfazer as condições de projeto descritas.

Solução: Inicialmente, determina-se o recalque total que o aterro definitivo mais as edificações deverão provocar. Consideremos o elemento a uma profundidade de 2,25 m (cota = –1,75 m), ponto médio da camada, como representativo de toda a camada. Calculam-se, então:

Tensão efetiva inicial: $\sigma'_v = 15{,}9 \times 0{,}5 + 5{,}9 \times 1{,}75 = 18{,}3$ kPa

Tensão de pré-adensamento (RSA=2): $\sigma_{vm} = 2 \times 18,3 = 36,6$ kPa

Acréscimo de tensão devido a um aterro de 1,5 m mais o carregamento do edifício: $\Delta\sigma_v = 1,5 \times 18,5 + 12 = 39,75$ kPa

Recalque final: $\rho = [4,5/(1+1,95)] \cdot [0,15 \log (36,6/18,3) + 1,2 \log (58,05/36,6)] = 0,43$ m

Se ocorrer esse recalque de 43 cm, as casas não ficarão mais na cota + 2 m, como era desejável. Então, o aterro definitivo deve ter 1,5 m pela diferença de cota, mais 0,43 m para o recalque que deve ocorrer, mais 0,10 m para o recalque por adensamento secundário previsto, mais o valor do recalque que esses adicionamentos devem provocar.

Pode-se trabalhar por tentativas. Se o aterro definitivo tiver 2,2 m, os cálculos conduzem a:

acréscimo de tensão devido a um aterro de 2,2 m mais o carregamento do edifício: $\Delta\sigma_v = 2,2 \times 18,5 + 12 = 52,7$ kPa

recalque final: $\rho = [4,5/(1+1,95)] \cdot [0,15 \log (36,6/18,3) + 1,2 \log (71,0/36,6)] = 0,60$ m.

Portanto, se for colocado um aterro de 2,2 m, ele atingirá a cota 2,7 m, e como o carregamento resultante desse aterro e das edificações apresentará um recalque de 60 cm, o terreno ficará na cota desejada de 2,1 m.

Em seguida, verifica-se que altura de aterro produz um recalque de 60 cm em dois meses. Se for colocada sobre o terreno natural uma camada de areia que possibilite a drenagem da argila, a distância de percolação será de 2,25 m. Para o período de dois meses, o fator tempo vale: $T = c_v t/H_d^2 = 0,04 \times 60 / (2,25)^2 = 0,47$. A esse valor corresponde uma porcentagem de recalque de 75%. O aterro de sobrecarga deve, portanto, provocar um recalque total de $60/0,75 = 80$ cm, 75% dos quais (60 cm) em 60 dias.

Calcule-se, então, que carregamento provoca um recalque total de 80 cm, com a equação de recalque: $\rho = [4,5/(1+1,95)] \cdot [0,15 \log (36,6/18,3) + 1,2 \log (\sigma_f/36,6)] = 0,80$ m. Dessa equação, conclui-se que $\sigma_f = 92$ kPa. Descontando-se a tensão vertical efetiva previamente existente, 18,3 kPa, tem-se 73,7 kPa, que corresponde a um aterro de 4 m de altura.

Portanto, se for construído um aterro com 4 m de espessura (até a cota + 4,5 m), ele provocaria um recalque de 80 cm se fosse deixado permanentemente sobre o terreno. Em dois meses, o recalque será de 60 cm. Nessa ocasião, pode-se remover 1,8 m da sobrecarga, de forma que o aterro fique na cota + 2,1 m, e se construir as edificações sem que ocorram recalques de monta, a não ser o recalque secundário previsto.

Exercício 11.9 No caso do Exercício 11.8, ao se fazer o aterro, se não fosse colocada uma camada de areia sobre o terreno natural, mas diretamente um aterro pouco permeável, quais seriam as consequências?

Solução: Haveria somente uma face de drenagem, a distância de percolação seria de 4,5 m, o fator tempo correspondente a 60 dias seria $T = 0,12$, valor ao qual corresponde uma porcentagem de recalque de 40%. O aterro de sobrecarga teria de ser o que produziria um recalque total de $60/0,4 = 150$ cm, para que os 60 cm ocorressem em 60 dias. Verifica-se que isso ocorreria para um aterro de mais de 10 m de altura, o que tornaria a solução totalmente inviável.

AULA 12

ESTADO DE TENSÕES E CRITÉRIOS DE RUPTURA

12.1 *Coeficiente de empuxo em repouso*

Na Aula 5, foram vistos os conceitos de tensões no solo e o cálculo das tensões verticais num plano horizontal, em uma posição qualquer no interior de um subsolo, com superfície horizontal. Essas tensões são verticais e, portanto, normais ao plano, pois não há qualquer razão para que elas tenham uma inclinação para qualquer lado.

Assim como se definiram as tensões num plano horizontal, elas poderiam ser consideradas em qualquer outro plano no interior do solo. De particular interesse, são as tensões nos planos verticais, nos quais também não ocorrem tensões de cisalhamento, devido à simetria. As tensões principais são as indicadas na Fig. 12.1. A tensão normal no plano vertical depende da constituição do solo e do histórico de tensões a que ele esteve submetido anteriormente. Normalmente, ele é referido à tensão vertical, e a relação entre tensão horizontal efetiva e a tensão vertical efetiva é denominada coeficiente de empuxo em repouso e indicada pelo símbolo K_o.

Se um solo é formado pela sedimentação livre dos grãos, ao se acrescentar uma nova camada de material, a tensão vertical num plano horizontal aumenta em um valor igual ao produto do peso específico pela espessura da camada. As tensões horizontais também aumentam, mas não com o mesmo valor, em virtude do atrito entre as partículas. O valor de K_o é menor do que a unidade e situa-se entre 0,4 e 0,5 para areias entre 0,5 e 0,7 para as argilas. Os

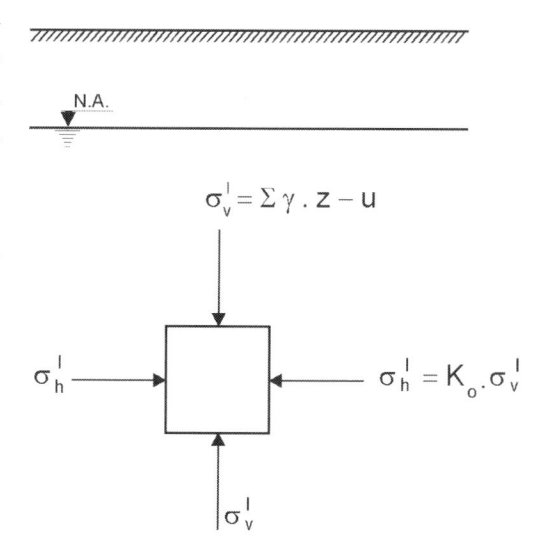

Fig. 12.1

Tensões verticais e horizontais num elemento do solo, com superfície horizontal

$\sigma'_v = \Sigma \gamma \cdot z - u$

$\sigma'_h = K_o \cdot \sigma'_v$

resultados de laboratório indicam que ele é tanto maior quanto maior o índice de plasticidade do solo.

O efeito da formação de um solo sedimentar, num elemento, é bem representado pelo ensaio de compressão edométrica. Nos dois casos, carregamentos verticais são feitos sem que haja possibilidade de deformação lateral. Ensaios de compressão edométrica num solo colocado inicialmente com elevado teor de umidade, com um dispositivo que permita determinar as tensões horizontais devidas a carregamentos verticais, apresentam um resultado como o mostrado na Fig. 12.2. Nota-se que a relação entre as duas tensões é constante e, portanto, o K_0 é constante durante o carregamento.

Com base em considerações teóricas e também em dados experimentais, um professor húngaro propôs a seguinte fórmula empírica para a previsão de K_0, que foi confirmada por vários pesquisadores e é conhecida pelo nome de seu autor, a "fórmula de Jaki":

$$K_0 = 1 - \text{sen } \varphi' \qquad (12.1)$$

onde φ' é o ângulo de atrito interno efetivo do solo. Existe uma explicação física para que o K_0 seja dependente do φ': as duas propriedades dependem do atrito entre as partículas. Como se verá adiante, o φ' dos solos costuma ser tanto menor quanto mais argiloso for o solo, confirmando a tendência do K_0 ser tanto maior quanto mais plástico o solo.

Deve-se chamar a atenção para o fato de que o K_0 é definido em termos de tensões efetivas. As pressões neutras são iguais em qualquer direção, pois a água não apresenta qualquer resistência ao cisalhamento. As tensões totais, são a soma das tensões efetivas (horizontal diferente da vertical) e das pressões neutras (horizontal e vertical iguais).

Para argilas sobreadensadas, o atrito entre as partículas age para impedir o alívio da tensão horizontal quando as tensões verticais são reduzidas. Tal fato se manifesta nos resultados do ensaio de compressão edométrica mostrado na Fig. 12.2, na fase de descarregamento. Em consequência, o coeficiente de empuxo em repouso é tanto maior quanto maior for a razão de sobreadensamento (RSA), e pode ser superior a um. Dados de diversos pesquisadores permitiram a extensão da fórmula de Jaki para essa situação, que pode ser apresentada da seguinte forma:

$$K_0 = (1 - \text{sen } \varphi')(RSA)^{\text{sen}\varphi'} \qquad (12.2)$$

Como φ' geralmente é próximo de 30°, é muito comum que o valor de K_0 seja estimado pela equação:

$$K_0 = 0{,}5(RSA)^{0,5}$$

Da equação acima, verifica-se que K_0 está próximo à unidade para RSA = 4, e passa a ser maior do que um quando a razão de sobreadensamento é superior a quatro.

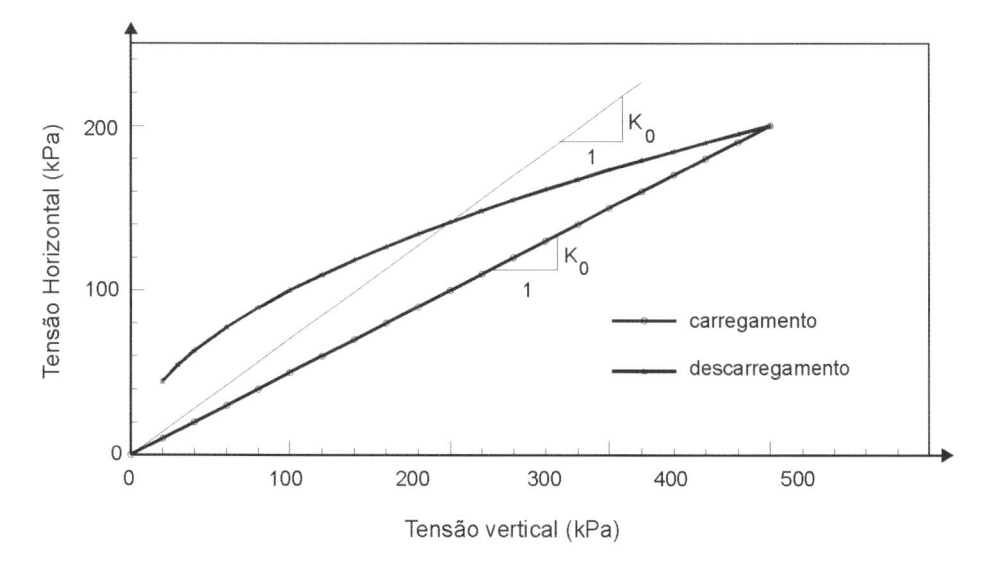

Fig. 12.2
Relação entre as tensões horizontais e verticais num ensaio de compressão edométrica

Os comentários quanto à influência da formação do solo e às fórmulas empíricas apresentadas aplicam-se apenas a solos sedimentares. Solos residuais e solos que sofreram transformações pedológicas posteriores apresentam tensões horizontais que dependem das tensões internas originais da rocha ou do processo de evolução que sofreram. O valor de K_0 desses solos é muito difícil de avaliar.

12.2 Tensões num plano genérico

Num plano genérico no interior do subsolo, a tensão atuante não é necessariamente normal ao plano. Para efeito de análises, ela pode ser decomposta numa componente normal e noutra paralela ao plano, como se mostra na Fig. 12.3. A componente normal é chamada *tensão normal*, σ, e a componente tangencial, *tensão cisalhante*, τ, embora elas não sejam tensões que possam existir individualmente.

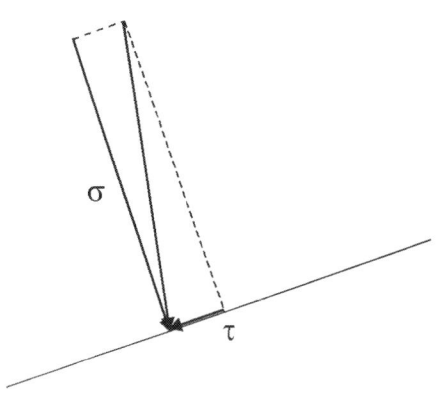

Em Mecânica dos Solos, as tensões normais são consideradas positivas quando são de compressão, e as tensões de cisalhamento são positivas quando atuam no sentido anti-horário, e consideram-se os ângulos positivos quando no sentido anti-horário.

Fig. 12.3
Decomposição da tensão num plano genérico

Em qualquer ponto do solo, a tensão atuante e a sua inclinação em relação à normal ao plano (e, consequentemente, suas tensões normal e cisalhante) variam conforme o plano considerado. Demonstra-se que sempre existem três planos em que a tensão atuante é normal ao próprio plano, não existindo a componente de cisalhamento. Demonstra-se, ainda, que esses

Mecânica dos Solos

planos, em qualquer situação, são ortogonais entre si e recebem o nome de planos de tensão principal ou planos principais, e as tensões neles atuantes são chamadas tensões principais. A maior delas é a tensão principal maior, σ_1, a menor é a tensão principal menor, σ_3, e a outra é chamada de tensão principal intermediária, σ_2.

Em casos especiais, $\sigma_2 = \sigma_3$, situação que ocorre, por exemplo, no caso das tensões num solo normalmente adensado, quando a superfície é horizontal: a tensão vertical é a tensão principal maior e as tensões horizontais são todas iguais. Também pode ocorrer que todas as tensões principais sejam iguais; é o caso do estado hidrostático de tensões, comum em ensaios de laboratório quando corpos de prova são submetidos a confinamento.

Nos problemas de Engenharia de Solos, que envolvem a resistência do solo, interessam σ_1 e σ_3, pois a resistência depende das tensões de cisalhamento, e estas, como se verá, são fruto das diferenças entre as tensões principais, e a maior diferença ocorre quando estas são σ_1 e σ_3. De maneira

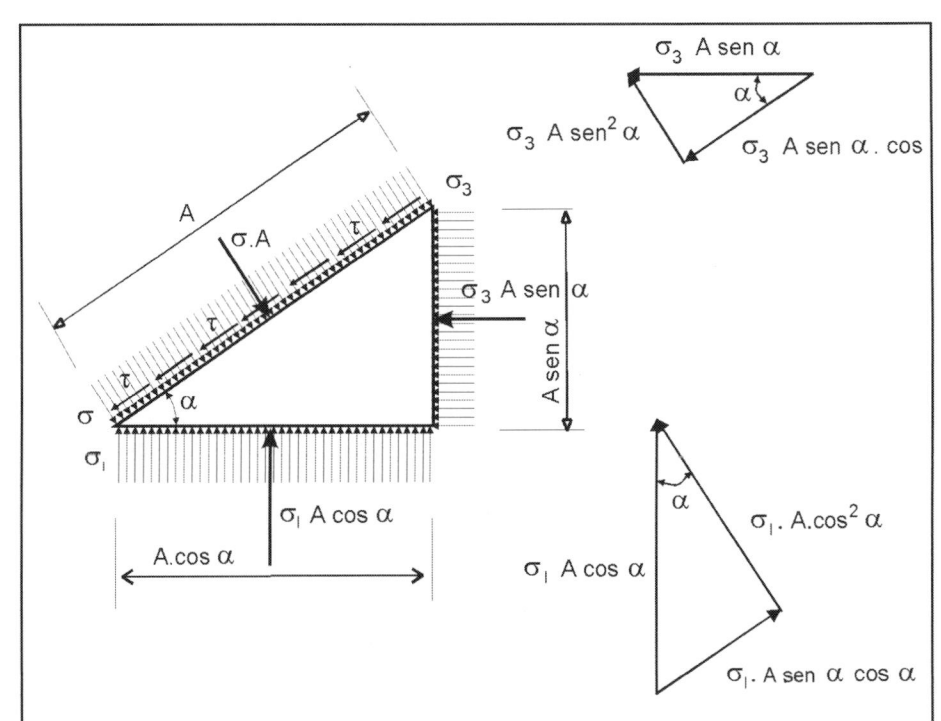

Forças na direção normal ao plano considerado:

$$\sigma_\alpha \cdot A = \sigma_1 \cdot A \cdot \cos^2 \alpha + \sigma_3 \cdot A \cdot \operatorname{sen}^2 \alpha$$

Forças na direção tangencial ao plano considerado:

$$\tau_\alpha \cdot A = \sigma_1 \cdot A \cdot \operatorname{sen}\alpha \cdot \cos\alpha - \sigma_3 \cdot A \cdot \operatorname{sen}\alpha \cdot \cos\alpha$$

Transformações geométricas:

$$\sigma_\alpha = \sigma_1 \cdot \cos^2 \alpha + \sigma_3 \cdot \operatorname{sen}^2 \alpha$$

$$\sigma_\alpha = \frac{\sigma_1}{2} \cdot (1 + \cos 2\alpha) + \frac{\sigma_3}{2} \cdot (1 - \cos 2\alpha) \qquad \tau_\alpha = (\sigma_1 - \sigma_3) \cdot \operatorname{sen}\alpha \cdot \cos\alpha$$

$$\sigma_\alpha = \frac{\sigma_1 + \sigma_3}{2} + \frac{\sigma_1 - \sigma_3}{2} \cdot \cos 2\alpha \qquad \tau_\alpha = \frac{\sigma_1 - \sigma_3}{2} \cdot \operatorname{sen} 2\alpha$$

Fig. 12.4
Determinação das tensões num plano genérico, a partir das tensões principais

geral, portanto, estuda-se o estado de tensões no plano principal intermediário (em que ocorrem σ_1 e σ_3), caso da seção transversal de uma fundação corrida, de uma vala escavada, de um aterro rodoviário ou da seção transversal de uma barragem de terra. As tensões principais intermediárias são consideradas apenas em problemas especiais.

No estado plano de deformações, quando se conhecem os planos e as tensões principais num ponto, pode-se determinar as tensões em qualquer plano que passa por esse ponto. O cálculo é feito pelas equações de equilíbrio dos esforços aplicadas a um prisma triangular definido pelos dois planos principais e o plano considerado, como se indica na Fig. 12.4. Dessas equações, obtêm-se as seguintes expressões, que indicam a tensão normal, σ, e a tensão cisalhante, τ, em função das tensões atuantes nos planos principais σ_1 e σ_3 e do ângulo α que o plano considerado determina com o plano principal maior:

$$\sigma = \frac{\sigma_1 + \sigma_3}{2} + \frac{\sigma_1 - \sigma_3}{2} \cos(2\alpha) \quad (12.3)$$

$$\tau = \frac{\sigma_1 - \sigma_3}{2} \operatorname{sen}(2\alpha) \quad (12.4)$$

Círculo de Mohr

O estado de tensões atuantes em todos os planos que passam por um ponto pode ser representado graficamente num sistema de coordenadas em que as abscissas são as tensões normais e as ordenadas são as tensões cisalhantes. Nesse sistema, as Equações (12.3) e (12.4) definem um círculo, como representado na Fig. 12.5, que é o círculo de Mohr. Ele é facilmente construído quando são conhecidas as duas tensões principais (como as tensões vertical e horizontal num terreno com superfície horizontal) ou as tensões normais e de cisalhamento em dois planos quaisquer (desde que nesses dois planos as tensões normais não sejam iguais, o que tornaria o problema indefinido). Construído o círculo de Mohr, ficam facilmente determinadas as tensões em qualquer plano.

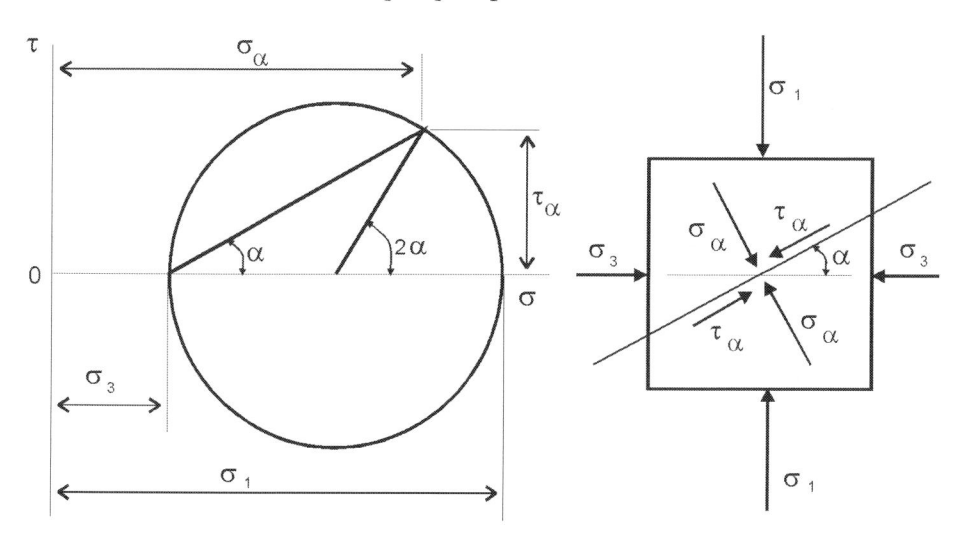

Aula 12

Estado de Tensões

Fig. 12.5

Determinação das tensões num plano genérico por meio do círculo de Mohr

Mecânica dos Solos

Identificado um plano pelo ângulo α que forma com o plano principal maior, as componentes da tensão atuante nesse plano são determinadas pela interseção da reta que passa pelo centro do círculo e forma um ângulo 2α com o eixo das abscissas, com a própria circunferência, como se deduz das Equações (12.3) e (12.4). O mesmo ponto pode ser obtido pela intersecção com a circunferência da reta que, partindo do ponto representativo da tensão principal menor, forma um ângulo α com o eixo das abscissas.

Da análise do círculo de Mohr, chega-se a diversas conclusões, como as seguintes:

1) A máxima tensão de cisalhamento em módulo ocorre em planos que formam 45° com os planos principais.

2) A máxima tensão de cisalhamento é igual à semidiferença das tensões principais $(\sigma_1 - \sigma_3)/2$.

3) As tensões de cisalhamento em planos ortogonais são numericamente iguais, mas de sinal contrário.

4) Em dois planos que formam o mesmo ângulo com o plano principal maior, de sentido contrário, ocorrem tensões normais iguais e tensões de cisalhamento numericamente iguais, mas de sentido contrário.

Com frequência, na Mecânica dos Solos, não se considera o sinal das tensões de cisalhamento, pois, na maioria dos problemas de engenharia de solos, o sentido das tensões é intuitivamente conhecido. Isso é verdadeiro quando se analisam ensaios de compressão triaxial em que o plano horizontal é o plano principal maior. Por isso, representa-se apenas um semicírculo.

Determinação das tensões a partir do polo

A Fig. 12.5 mostra como determinar o estado de tensões a partir do ângulo que o plano considerado faz com o plano principal maior. Algumas vezes, entretanto, é mais prático trabalhar com o ângulo que o plano considerado faz com a horizontal.

Consideremos o estado de tensões no elemento indicado na Fig. 12.6, em que se conhecem as tensões normal e de cisalhamento em dois planos

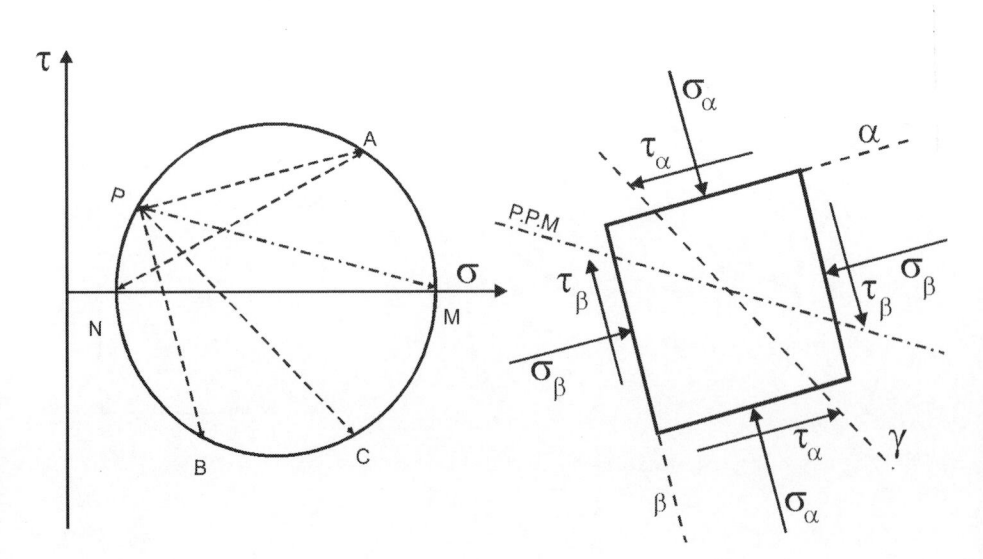

Fig. 12.6
Determinação do estado de tensões por meio do polo

que não coincidem com o horizontal e o vertical. Com esses dados, é possível representar o círculo de Mohr correspondente. Se pelo ponto indicativo do estado de tensões no plano α (ponto A) se passar uma reta paralela à direção desse plano, essa reta interceptará o círculo no ponto P. Por outro lado, se pelo ponto representativo do estado de tensões no plano β (ponto B) se passar uma reta paralela à direção desse plano, essa reta também interceptará o círculo no ponto P, denominado *polo*.

A característica do polo é que uma reta, ao partir dele com uma determinada inclinação, interceptará o círculo de Mohr num ponto que indica as tensões num plano paralelo a essa reta. Na Fig. 12.6, a reta PC determina o ponto C, que indica as tensões no plano γ. Por outro lado, ao se ligar o polo ao ponto indicativo da tensão principal maior (ponto M), tem-se a direção do plano principal maior. Aliás, é porque os ângulos ANM e APM são ângulos inscritos e compreendem o mesmo arco AM que se demonstra que o ponto P tem a propriedade que se descreveu.

A determinação das tensões a partir do ângulo formado com o plano principal maior, como mostrado na Fig. 12.5, é um caso particular desse outro sistema. De fato, o ponto representativo do plano principal menor é o polo para o plano principal maior que, no caso, era horizontal. A situação representada na Fig. 12.6 poderia ser resolvida pelo esquema mostrado na Fig. 12.5, desde que o eixo das abscissas fosse inclinado, de maneira a coincidir com a direção do plano principal maior.

Note-se que, numa situação como a representada na Fig. 12.6, é importante o sinal da tensão de cisalhamento. Se o sinal não fosse considerado, representando-se apenas a metade superior do círculo, determinar-se-ia o valor do ângulo do plano principal maior com o plano cujas tensões eram conhecidas. Dois planos satisfariam essa condição, um para cada lado. O plano em que realmente atua a tensão principal maior só fica definido quando se considera o sinal da tensão de cisalhamento.

Estado de tensões efetivas

O estado de tensões pode ser determinado tanto em termos de tensões totais como de tensões efetivas. Ao considerar-se as tensões principais σ_1 e σ_3 e a pressão neutra, u, num solo, os dois círculos indicados na Fig. 12.7 podem ser construídos. Dois pontos fundamentais, ilustrados por essa figura, são:

1) o círculo de tensões efetivas está deslocado para a esquerda, em relação ao círculo de tensões totais, de um valor igual à pressão neutra. Tal fato decorre do fato de a pressão neutra atuar hidrostaticamente, reduzindo, em igual valor, as tensões normais em todos os planos. No caso de pressões neutras negativas, o deslocamento do círculo é, pela mesma razão, para a direita;

2) as tensões de cisalhamento em qualquer plano são independentes da pressão neutra, pois a água não transmite esforços de cisalhamento. As tensões de cisalhamento devem-se à diferença entre as tensões principais, a qual é a mesma, tanto em tensões totais como em tensões efetivas.

Aula 12

Estado de Tensões

Fig. 12.7
Efeito da pressão neutra no estado de tensões em um elemento de solo

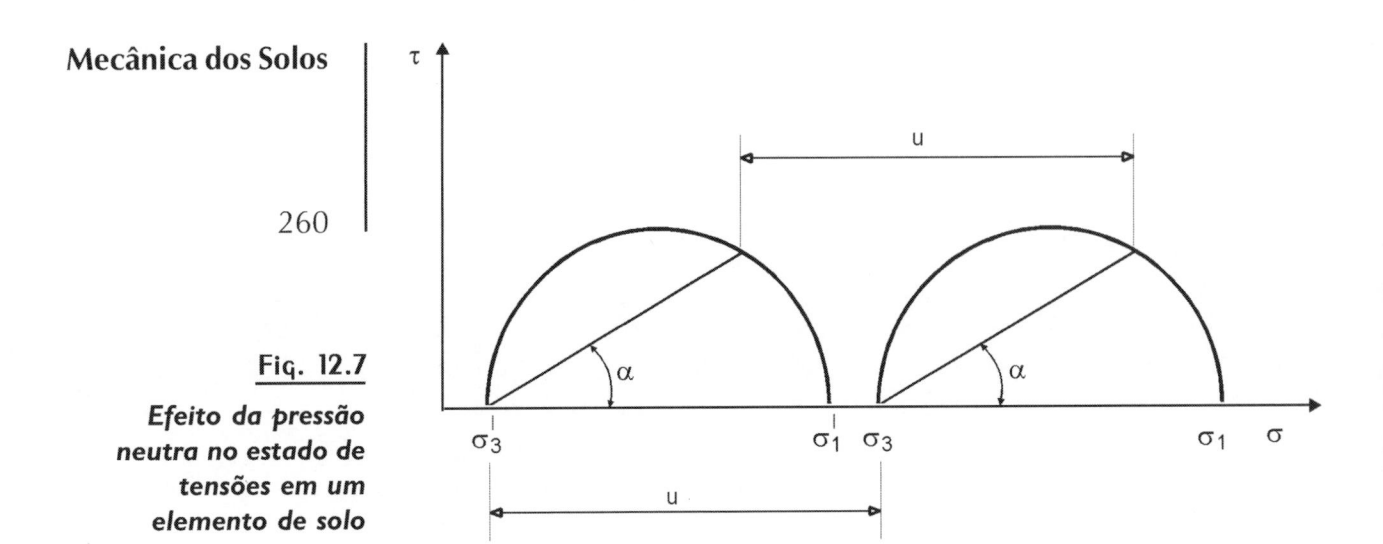

12.3 A Resistência dos Solos

A ruptura dos solos é quase sempre um fenômeno de cisalhamento, que acontece, por exemplo, quando uma sapata de fundação é carregada até a ruptura ou quando ocorre o escorregamento de um talude. Só em condições especiais ocorrem rupturas por tensões de tração. A resistência ao cisalhamento de um solo define-se como a máxima tensão de cisalhamento que o solo pode suportar sem sofrer ruptura, ou a tensão de cisalhamento do solo no plano em que a ruptura ocorrer.

Antes de analisar o que se passa no interior do solo no processo de cisalhamento, vejamos algumas ideias sobre o mecanismo de deslizamento entre corpos sólidos e, por extensão, entre as partículas do solo. Em particular, analisemos os fenômenos de atrito e de coesão.

Atrito

A resistência por atrito entre partículas pode ser demonstrada por analogia com o problema de deslizamento de um corpo sobre uma superfície plana horizontal, esquematizado na Fig. 12.8 (a).

Se N é a força vertical transmitida pelo corpo, a força horizontal T necessária para fazer o corpo deslizar deve ser superior a $f \cdot N$, e f é o coeficiente de atrito entre os dois materiais. Existe, portanto, proporcionalidade entre a força tangencial e a força normal. Essa relação também se escreve da seguinte forma:

$$T = N \cdot \text{tg}\,\varphi \qquad (12.5)$$

φ, chamado ângulo de atrito, é o ângulo formado pela resultante das duas forças com a força normal.

O ângulo de atrito também pode ser entendido como o ângulo máximo que a força transmitida pelo corpo à superfície pode fazer com a normal ao plano de contato sem que ocorra deslizamento. Atingido esse ângulo, a

Fig. 12.8
Esquemas do atrito entre dois corpos

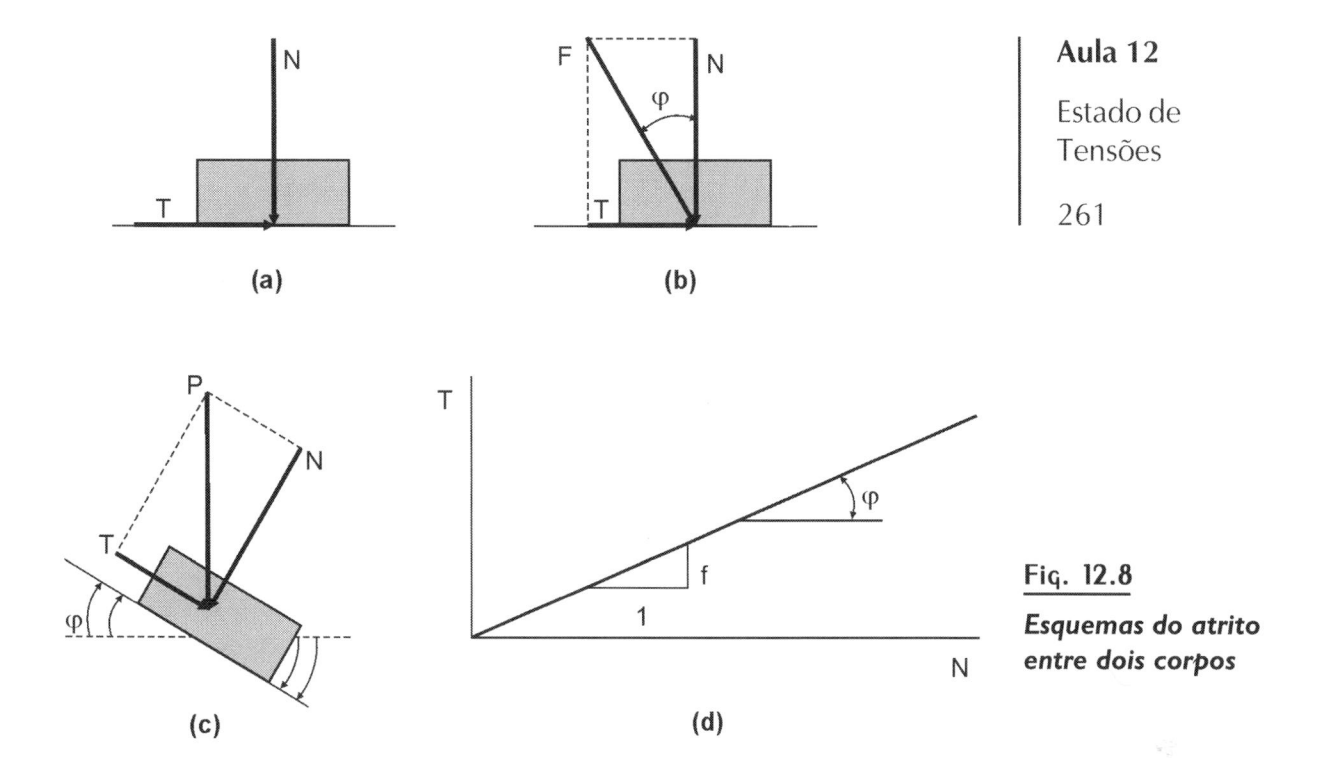

componente tangencial é maior do que a resistência ao deslizamento, que depende da componente normal, como esquematizado na Fig. 12.8 (b).

O deslizamento também pode ser provocado pela inclinação do plano de contato, que altera as componentes normal e tangencial ao plano do peso próprio, atingindo, na situação-limite, a relação expressa pela Equação (12.5), como se mostra na Fig. 12.8 (c).

As experiências feitas com corpos sólidos mostram que o coeficiente de atrito independe da área de contato e da força (ou componente) normal aplicada. Assim, a resistência ao deslizamento é diretamente proporcional à tensão normal e pode ser representada por uma linha reta, como na Fig. 12.8 (d).

O fenômeno de atrito nos solos diferencia-se do fenômeno de atrito entre dois corpos, porque o deslocamento envolve um grande número de grãos, que podem deslizar entre si ou rolar uns sobre os outros, acomodando-se em vazios que encontram no percurso.

Existe também uma diferença entre as forças transmitidas nos contatos entre os grãos de areia e os grãos de argila. Nos contatos entre grãos de areia, geralmente as forças transmitidas são suficientemente grandes para expulsar a água da superfície, de forma que os contatos ocorrem realmente entre os dois minerais.

No caso de argilas, o número de partículas é muitíssimo maior, e a parcela de força transmitida em cada contato é extremamente reduzida. Como visto na Aula 1, as partículas de argila são envolvidas por moléculas de água quimicamente adsorvidas a elas. As forças de contato não são suficientes para remover essas moléculas de água, e são elas as responsáveis pela transmissão das forças. Essa característica, responsável pelo adensamento secundário, também provoca uma dependência da resistência das argilas à velocidade de carregamento a que são submetidas. A Fig. 12.9 mostra, comparativamente, a diferença dos contatos entre os grãos de areia e os grãos de argila.

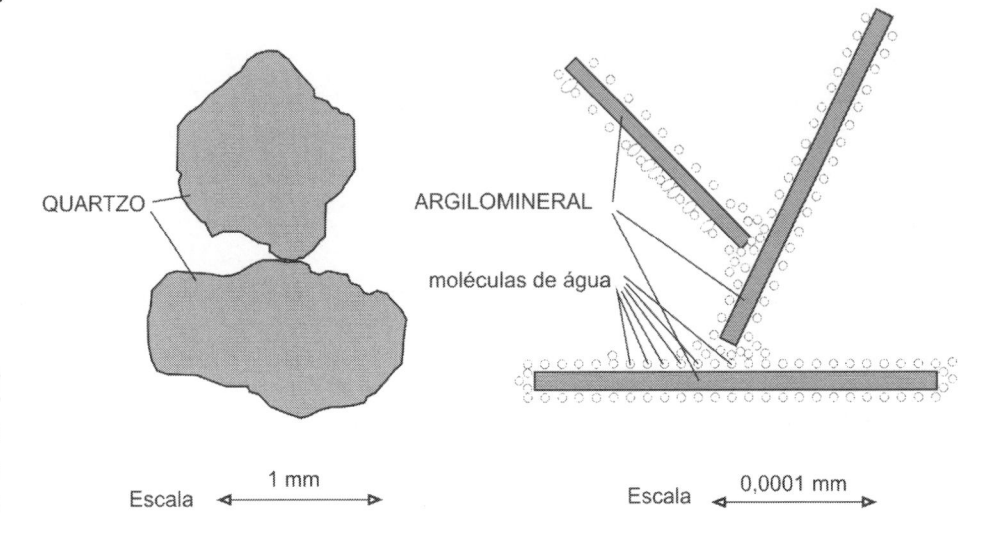

Fig. 12.9
Transmissão de forças entre partículas de areias e de argilas

Coesão

A resistência ao cisalhamento dos solos deve-se essencialmente ao atrito entre as partículas. Entretanto, a atração química entre essas partículas pode provocar uma resistência independente da tensão normal atuante no plano e constitui uma coesão real, como se uma cola tivesse sido aplicada entre os dois corpos mostrados na Fig. 12.9.

Em geral, a parcela de coesão em solos sedimentares é muito pequena perante a resistência devida ao atrito entre os grãos. Entretanto, existem solos naturalmente cimentados por agentes diversos, entre os quais os solos evoluídos pedologicamente, que apresentam parcelas de coesão real de significativo valor.

A coesão real deve ser bem diferenciada da coesão aparente: a real é uma parcela da resistência ao cisalhamento de solos úmidos, não saturados, devida à tensão entre partículas resultante da pressão capilar da água, e a aparente é, na realidade, um fenômeno de atrito, no qual a tensão normal que a determina é consequente da pressão capilar. Com a saturação do solo, a parcela da resistência desaparece, daí chamar-se aparente. Embora mais visível nas areias, com o exemplo das esculturas de areia feitas nas praias, é nos solos argilosos que a coesão aparente adquire maiores valores.

O fenômeno físico de coesão não deve ser confundido com a coesão correspondente a uma equação de resistência ao cisalhamento. Embora leve o mesmo nome, esta indica simplesmente o intersepto de uma equação linear de resistência válida para uma faixa de tensões mais elevada e não para tensão normal nula ou próxima de zero.

12.4 Critérios de ruptura

Critérios de ruptura são formulações que procuram refletir as condições em que ocorre a ruptura dos materiais. Existem critérios que estabelecem máximas tensões de compressão, de tração ou de cisalhamento. Outros se referem a máximas deformações. Outros, ainda, consideram a energia de deformação. Um critério é satisfatório na medida em que reflete o comportamento do material em consideração.

A análise do estado de tensões que provoca a ruptura é o estudo da resistência ao cisalhamento dos solos. Os critérios de ruptura que melhor representam o comportamento dos solos são os de Coulomb e de Mohr.

O critério de Coulomb pode ser expresso como: *não há ruptura se a tensão de cisalhamento não ultrapassar um valor dado pela expressão $c + f \cdot \sigma$, sendo c e f constantes do material e σ a tensão normal existente no plano de cisalhamento*. Os parâmetros c e f são denominados, respectivamente, *coesão* e *coeficiente de atrito interno*, que é expresso como a tangente de um ângulo, denominado *ângulo de atrito interno*. Esses parâmetros estão representados na Fig. 12.10 (a).

O critério de Mohr pode ser expresso como: *não há ruptura enquanto o círculo representativo do estado de tensões se encontrar no interior de uma curva, que é a envoltória dos círculos relativos a estados de ruptura, observados experimentalmente para o material*. A Fig. 12.10 (b) representa a envoltória de Mohr, o círculo B representa um estado de tensões em que não há ruptura, e o círculo A, tangente à envoltória, indica um estado de tensões na ruptura.

Envoltórias curvas são de difícil aplicação. Por essa razão, as envoltórias de Mohr são frequentemente substituídas por retas que melhor se ajustam à envoltória. Naturalmente, várias opções de retas podem ser adotadas, devendo a escolha levar em consideração o nível de tensões do projeto em análise. Definida uma reta, seu coeficiente linear, *c*, não tem mais o sentido de coesão, que seria a parcela de resistência independente da existência de tensão normal. Ele é somente um coeficiente da equação que expressa a resistência em função da tensão normal, razão pela qual é referido como *intercepto de coesão*.

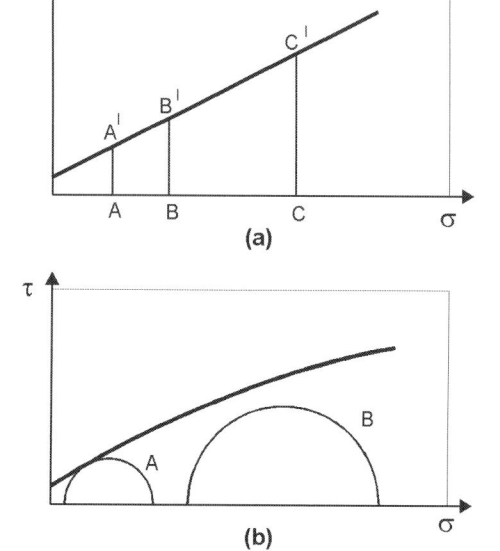

Fig. 12.10

Representação dos critérios de ruptura: (a) de Coulomb; e (b) de Mohr

Ao se fazer uma reta como a envoltória de Mohr, seu critério de resistência fica análogo ao de Coulomb, justificando a expressão *critério de Mohr-Coulomb*, costumeiramente empregada na Mecânica dos Solos.

Mecânica dos Solos

Esses critérios não levam em conta a tensão principal intermediária. Ainda assim, eles refletem bem o comportamento dos solos, pois a experiência mostra que, de fato, a tensão principal intermediária tem pequena influência na resistência dos solos. Critérios mais modernos, em que as três tensões principais são consideradas, têm sido desenvolvidos e aplicados a problemas especiais.

Os dois critérios apontam para a importância da tensão normal no plano de ruptura. Observe-se a Fig. 12.11, na qual um círculo de Mohr tangencia a envoltória. Em que plano se dará a ruptura? Ela ocorre no plano em que age a tensão normal indicada pelo segmento AB e a tensão cisalhante BC, que é menor do que a tensão cisalhante máxima, indicada pelo segmento DE. No plano de máxima tensão cisalhante, a tensão normal AD proporciona uma resistência ao cisalhamento maior do que a tensão cisalhante atuante.

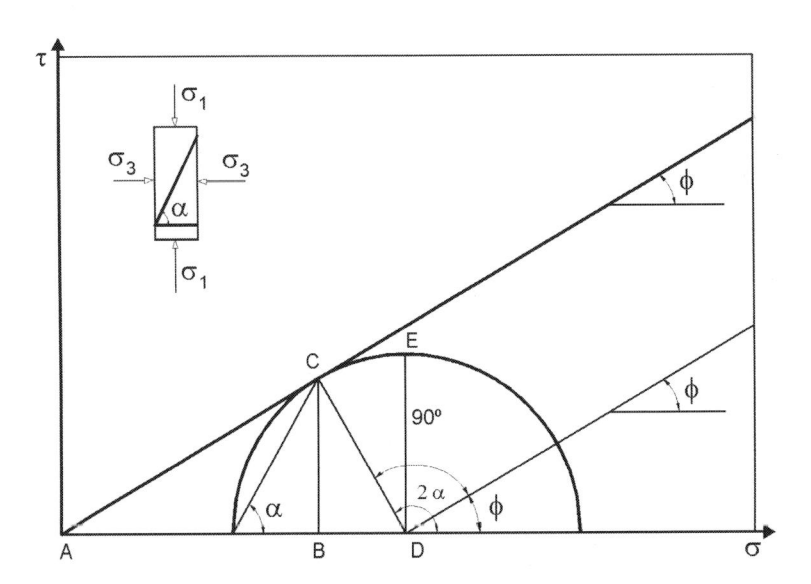

Fig. 12.11
Análise do estado de tensões no plano de ruptura

O plano de ruptura forma o ângulo α com o plano principal maior. Do centro do círculo de Mohr (ponto D), ao se traçar uma paralela à envoltória de resistência, constata-se que o ângulo 2α é igual ao ângulo ϕ mais 90°. Geometricamente, chega-se à expressão:

$$\alpha = 45° + \phi/2 \tag{12.6}$$

A partir do triângulo ACD da Fig. 12.11, extraem-se também as seguintes expressões, que são muito úteis:

$$\sen\phi = \frac{\sigma_1 - \sigma_3}{\sigma_1 + \sigma_3} \tag{12.7}$$

$$\sigma_1 = \sigma_3 \frac{1 + \sen\phi}{1 - \sen\phi} \tag{12.8}$$

$$(\sigma_1 - \sigma_3) = \sigma_3 \frac{2\sen\phi}{1 - \sen\phi} \tag{12.9}$$

12.5 Ensaios para determinar a resistência de solos

Dois tipos de ensaios são costumeiramente empregados para a determinação da resistência ao cisalhamento dos solos: o ensaio de cisalhamento direto e o ensaio de compressão triaxial.

Ensaio de cisalhamento direto

O ensaio de cisalhamento direto é o mais antigo procedimento para a determinação da resistência ao cisalhamento e se baseia diretamente no critério de Coulomb. Aplica-se uma tensão normal num plano e verifica-se a tensão cisalhante que provoca a ruptura.

Para o ensaio, um corpo de prova do solo é colocado parcialmente numa caixa de cisalhamento, com sua metade superior dentro de um anel, como se mostra, esquematicamente, na Fig. 12.12 (a).

Aplica-se inicialmente uma força vertical N. Uma força tangencial T é aplicada ao anel que contém a parte superior do corpo de prova, e provoca seu deslocamento, ou um deslocamento é provocado ao se medir a força suportada pelo solo. As forças T e N, divididas pela área da seção transversal do corpo de prova, indicam as tensões σ e τ que nele ocorrem. A tensão τ pode ser representada em função do deslocamento no sentido do cisalhamento, como se mostra na Fig. 12.12 (b), na qual se identificam a tensão de ruptura, $\tau_{máx}$, e a tensão residual que o corpo de prova ainda sustenta, após ultrapassada a situação de ruptura, τ_{res}. O deslocamento vertical durante o ensaio também é registrado, indicando se houve diminuição ou aumento de volume durante o cisalhamento.

Por meio da realização de ensaios com diversas tensões normais, obtém-se a envoltória de resistência, como apresentado na Fig. 12.10.

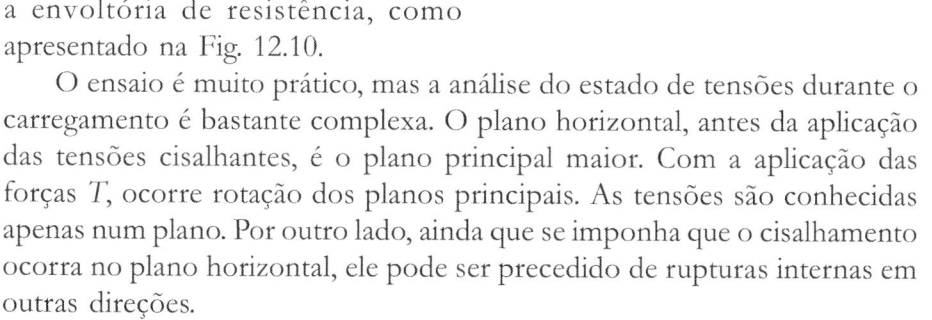

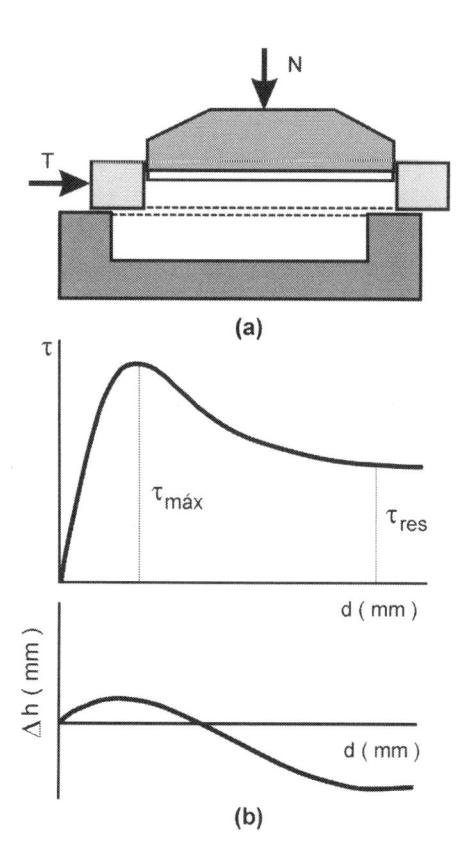

Fig. 12.12

Ensaio de cisalhamento direto: (a) esquema do equipamento; (b) representação de resultado típico de ensaio.

O ensaio é muito prático, mas a análise do estado de tensões durante o carregamento é bastante complexa. O plano horizontal, antes da aplicação das tensões cisalhantes, é o plano principal maior. Com a aplicação das forças T, ocorre rotação dos planos principais. As tensões são conhecidas apenas num plano. Por outro lado, ainda que se imponha que o cisalhamento ocorra no plano horizontal, ele pode ser precedido de rupturas internas em outras direções.

Mecânica dos Solos

O ensaio de cisalhamento direto não permite a determinação de parâmetros de deformabilidade do solo, nem mesmo do módulo de cisalhamento, pois não é conhecida a distorção. Para isto, seria necessária a realização de ensaios de cisalhamento simples, que são de difícil execução.

O controle das condições de drenagem é difícil, pois não há como impedi-la. Ensaios em areias são feitos sempre de forma a que as pressões neutras se dissipem, e os resultados são considerados em termos de tensões efetivas. No caso de argilas, pode-se realizar ensaios drenados, que são lentos, ou não drenados. Neste caso, os carregamentos devem ser muito rápidos, para impossibilitar a saída da água.

Pelas restrições anteriormente descritas, o ensaio de cisalhamento direto é considerado menos interessante do que o ensaio de compressão triaxial. Entretanto, pela sua simplicidade, ele é muito útil quando se deseja medir apenas a resistência, e, principalmente, quando se deseja conhecer a resistência residual. Neste caso, o sentido do deslocamento da parte superior do corpo de prova pode ser invertido diversas vezes, até que a tensão cisalhante se estabilize num valor aproximadamente constante. Com esse procedimento, consegue-se provocar um deslocamento relativo de uma parte do solo sobre a outra, muito maior do que se pode atingir em ensaios de compressão triaxial.

Ensaio de compressão triaxial

O ensaio de compressão triaxial convencional consiste na aplicação de um estado hidrostático de tensões e de um carregamento axial sobre um corpo de prova cilíndrico do solo. Para isto, o corpo de prova é colocado dentro de uma câmara de ensaio, cujo esquema é mostrado na Fig. 12.13, e envolto por uma membrana de borracha. A câmara é enchida com água, à qual se aplica uma pressão chamada *pressão confinante* ou *pressão de confinamento* do ensaio. A pressão confinante atua em todas as direções, inclusive na direção vertical. O corpo de prova fica sob um estado hidrostático de tensões.

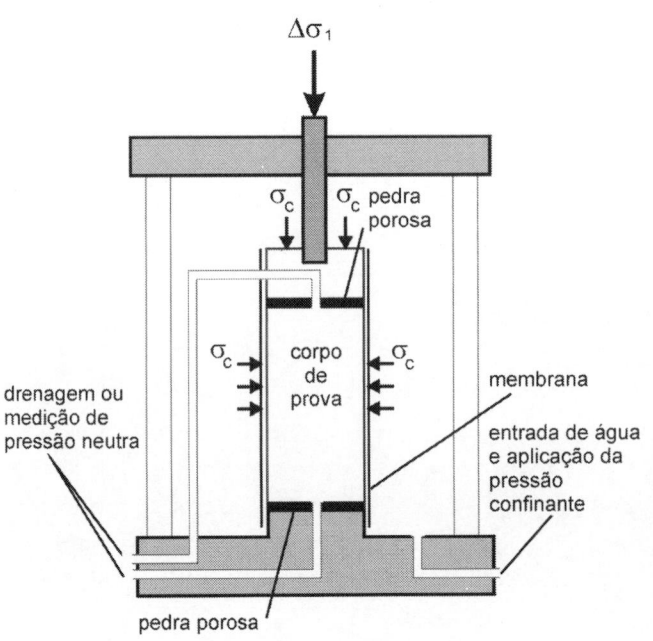

O carregamento axial é feito por meio da aplicação de forças no pistão que penetra na câmara, caso em que o ensaio é chamado de *ensaio com carga controlada*, ou coloca-se a câmara numa prensa que a desloca para cima e pressiona o pistão, tendo-se o *ensaio de deformação controlada*. A carga é medida por meio de um anel dinamométrico exter-

Fig. 12.13
Esquema da câmara de ensaio triaxial

no, ou por uma célula de carga intercalada no pistão. Esse procedimento tem a vantagem de medir a carga efetivamente aplicada ao corpo de prova, eliminando o efeito do atrito do pistão na passagem para a câmara.

Como não existem tensões de cisalhamento nas bases e nas geratrizes do corpo de prova, os planos horizontais e verticais são os planos principais. Se o ensaio é de carregamento, o plano horizontal é o plano principal maior. No plano vertical, o plano principal menor, atua a pressão confinante. A tensão devida ao carregamento axial é denominada *acréscimo de tensão axial* (σ_1-σ_3) ou *tensão desviadora*.

Durante o carregamento, em diversos intervalos de tempo, medem-se o acréscimo de tensão axial que está atuando e a deformação vertical do corpo de prova. A deformação vertical é dividida pela altura inicial do corpo de prova, dando origem à *deformação vertical específica*, em função da qual se expressam as tensões desviadoras, bem como as variações de volume ou de pressão neutra. As tensões desviadoras durante o carregamento axial permitem o traçado dos círculos de Mohr correspondentes, como é mostrado, para um dos ensaios, na Fig. 12.14.

A tensão desviadora é representada em função da deformação específica, indicando o valor máximo, que corresponde à ruptura, a partir do qual fica definido o círculo de Mohr, correspondente à situação de ruptura. círculos de Mohr de ensaios feitos em outros corpos de prova permitem a determinação da envoltória de resistência conforme o critério de Mohr, como se mostra na Fig. 12.14.

Na base do corpo de prova e no cabeçote superior, são colocadas pedras porosas, o que permite a drenagem através dessas peças, que são permeáveis. A drenagem pode ser impedida com registros apropriados.

Se a drenagem for permitida e o corpo de prova estiver saturado ou com elevado grau de saturação, a variação de volume do solo durante o ensaio pode ser determinada pela medida do volume de água que sai ou entra no

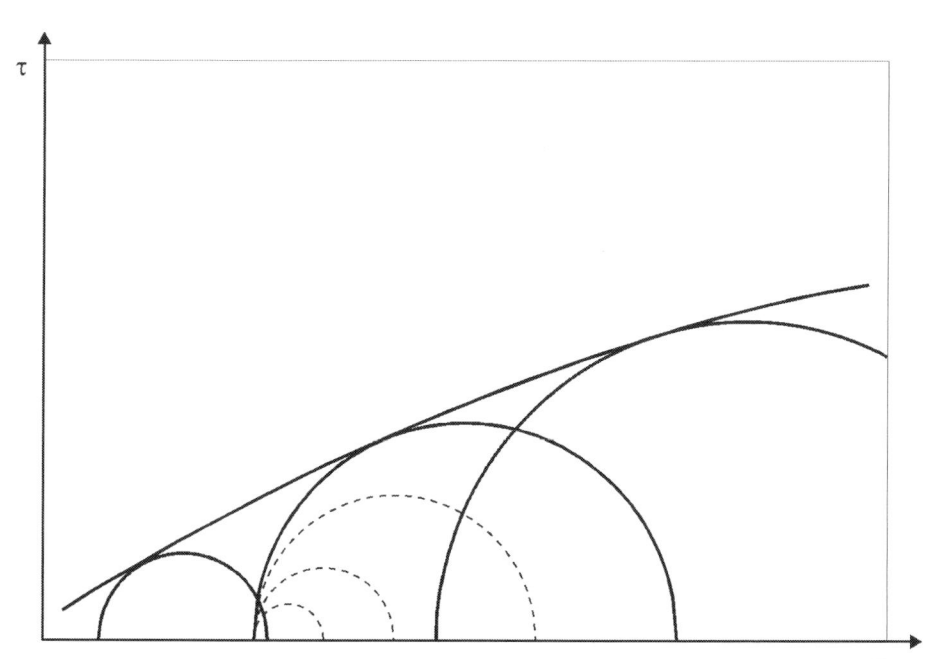

Fig. 12.14
Envoltória de resistência obtida com resultados de ensaios de compressão triaxial

corpo de prova. Para isto, as saídas de água são acopladas a buretas graduadas. No caso de solos secos, a medida de variação de volume só é possível com a colocação de sensores no corpo de prova, internamente à câmara. Sensores internos, em qualquer caso, são mais precisos, mas não são empregados em ensaios de rotina.

Se a drenagem não for permitida, em qualquer fase do ensaio, a água ficará sob pressão. As pressões neutras induzidas pelo carregamento podem ser medidas por meio de transdutores conectados aos tubos de drenagem.

Os resultados típicos de ensaios triaxiais serão apresentados nas próximas aulas.

Ensaios triaxiais convencionais

No que se refere às condições de drenagem, os três tipos descritos a seguir são básicos.

Ensaio adensado drenado (CD): ensaio em que há permanente drenagem do corpo de prova. Aplica-se a pressão confinante e espera-se que o corpo de prova adense, ou seja, que a pressão neutra se dissipe. A seguir, a tensão axial é aumentada lentamente, para que a água sob pressão possa sair. Desta forma, a pressão neutra durante todo o carregamento é praticamente nula, e as tensões totais aplicadas indicam as tensões efetivas que estavam ocorrendo. A quantidade de água que sai do corpo de prova durante o carregamento axial pode ser medida e, se o corpo de prova estiver saturado, indica a variação de volume. O símbolo CD origina-se da expressão *consolidated drained*. Este ensaio é também conhecido como *ensaio lento* (S, de *slow*), expressão que não se refere à velocidade de carregamento, mas à condição de ser tão lento quanto necessário para a dissipação das pressões neutras; se o solo for muito permeável, o ensaio pode ser realizado em poucos minutos, mas, para argilas, o carregamento axial requer 20 dias ou mais.

Ensaio adensado não drenado (CU): ensaio no qual se aplica a pressão confinante e deixa-se dissipar a pressão neutra correspondente. Assim, o corpo de prova adensa sob a pressão confinante. A seguir, carrega-se axialmente sem drenagem. Ele é chamado também de *ensaio rápido pré-adensado* (R) e indica a resistência não drenada em função da tensão de adensamento. Se as pressões neutras forem medidas, a resistência em termos de tensões efetivas também é determinada, razão pela qual ele é muito empregado, pois permite determinar a envoltória de resistência em termos de tensão efetiva num prazo muito menor do que no ensaio *CD*.

Ensaio não adensado não drenado (UU): ensaio em que o corpo de prova é submetido à pressão confinante e, a seguir, ao carregamento axial, sem que se permita qualquer drenagem. O teor de umidade permanece constante, e, se o corpo de prova estiver saturado, não haverá variação de volume. O ensaio é geralmente interpretado em termos de tensões totais. O símbolo UU origina-se de *unconsolidated undrained*. O ensaio é também chamado de *ensaio rápido* (Q de *quick*), por não requerer tempo para a drenagem. Como se verá adiante, a velocidade de carregamento pode ter influência muito grande no resultado.

Exercícios resolvidos

Aula 12

Estado de Tensões

Exercício 12.1 As tensões principais de um elemento de solo são 100 kPa e 240 kPa. Determine:

a) as tensões que atuam num plano que determina um ângulo de 30° com o plano principal maior;
b) a inclinação do plano em que a tensão normal é de 200 kPa, e a tensão de cisalhamento nesse plano;
c) os planos em que ocorre a tensão cisalhante de 35 kPa e as tensões normais nesses planos;
d) a máxima tensão de cisalhamento, o plano em que ela ocorre e a tensão normal neste plano;
e) o plano de máxima obliquidade e as tensões que nele atuam.

Solução: Essas questões podem ser totalmente resolvidas com as equações apresentadas na Fig. 12.4. Entretanto, a solução pelo círculo de Mohr é mais prática, porque ele serve para as diversas questões propostas, assim como para outras que se apresentem. O círculo de Mohr resulta das tensões principais, como se mostra na Fig. 12.15.

Na Fig. 12.15 (a), está determinado o ponto do círculo que corresponde ao plano de 30° com o plano principal maior, definido por um ângulo inscrito de 30° a partir do valor da tensão principal menor, ou pelo ângulo central de 60°. Graficamente, tem-se: $\sigma = 205$ kPa e $\tau = 60$ kPa.

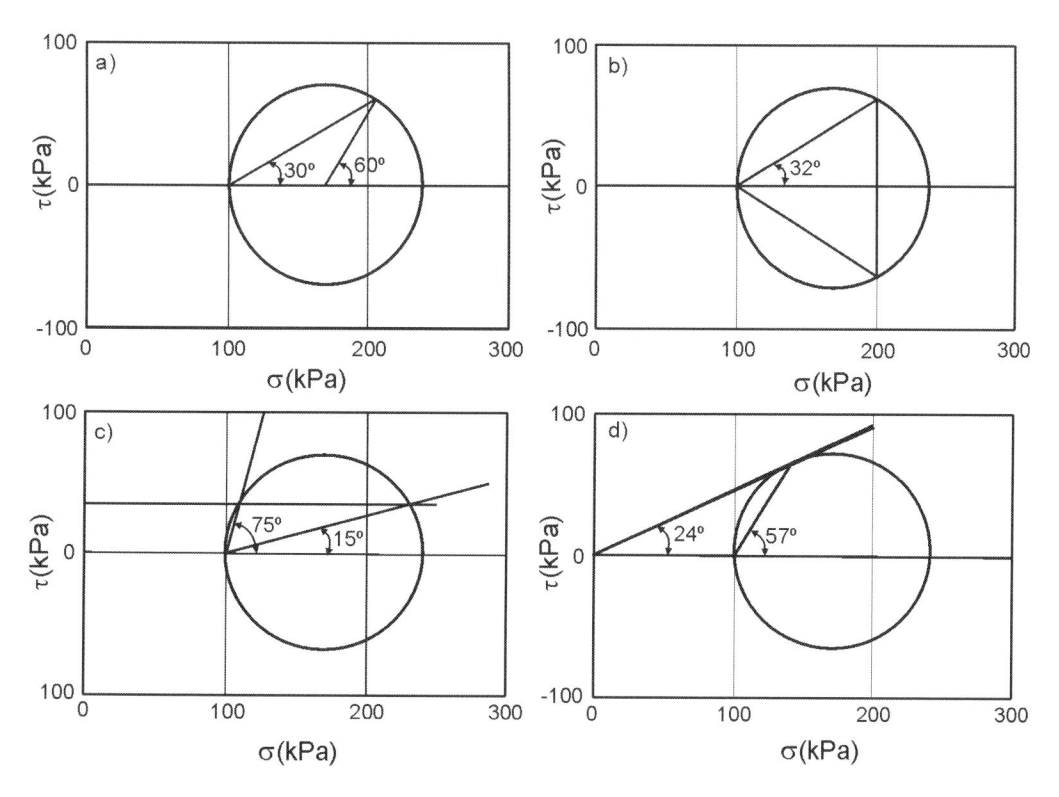

Fig. 12.15

Mecânica dos Solos

Na Fig. 12.15 (b), estão indicados os pontos em que a tensão normal é de 200 kPa. Observa-se que a tensão cisalhante nesses planos é de 63 kPa, positivo ou negativo conforme o plano considerado esteja inclinado de 32° no sentido anti-horário ou horário.

Na Fig. 12.15 (c), estão apresentados os pontos em que a tensão cisalhante é de 35 kPa. Como se observa, essa tensão ocorre em dois planos. Em um deles, o plano que faz 15° com o plano principal maior, a tensão normal é de 230 kPa; no outro, inclinado de 75° com o plano principal maior, a tensão normal é de 110 kPa.

A máxima obliquidade corresponde à maior razão entre a tensão cisalhante e a tensão normal. Essa situação é determinada pela tangente ao círculo de Mohr, passando pela origem das coordenadas, como se mostra na Fig. 12.15 (d). A obliquidade máxima é de 24,3° e corresponde ao plano que faz 57° com o plano principal. Nesse plano, a tensão normal é de 141 kPa e a tensão cisalhante é de 64 kPa. A obliquidade máxima ocorre, também, no plano que faz um ângulo de -57° com o plano principal maior

Em qualquer dos círculos observa-se que a maior tensão de cisalhamento é de 70 kPa e corresponde ao plano de 45°, com o plano principal maior, no qual ocorre a tensão normal de 170 kPa.

Exercício 12.2 No plano horizontal de um elemento do solo atuam uma tensão normal de 400 kPa e uma tensão cisalhante positiva de 80 kPa. No plano vertical, a tensão normal é de 200 kPa. Determinar:

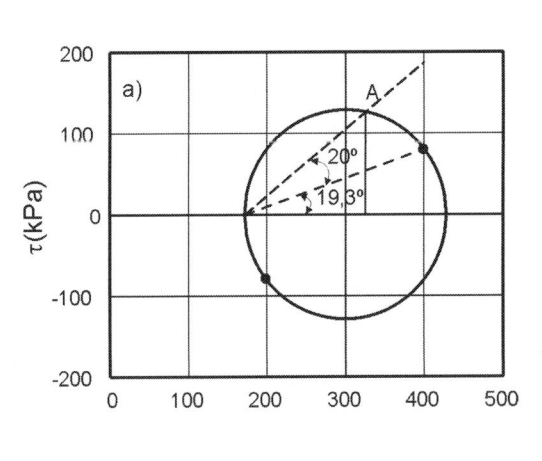

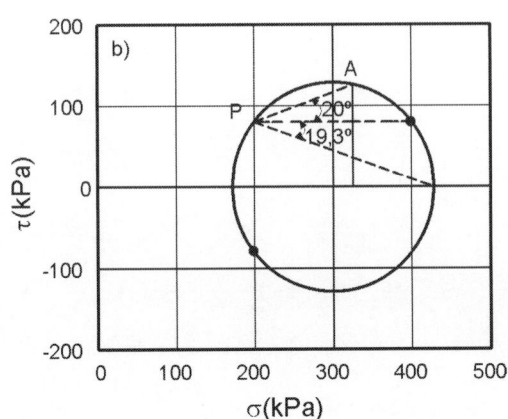

a) a inclinação do plano principal maior;

b) as tensões num plano que forma um ângulo de $20°$ com a horizontal.

Solução: No plano vertical, a tensão de cisalhamento é também de 80 kPa, mas negativa, pois em planos ortogonais as tensões de cisalhamento são iguais e de sentido contrário. O círculo de Mohr correspondente ao estado de tensão descrito está na Fig. 12.16 (a).

Observa-se que o plano horizontal faz um ângulo de 19,3° com o plano principal maior. Portanto, o plano principal maior encontra-se inclinado em -19,3° com o plano horizontal (o sinal menos indica o sentido horário). As tensões principais são:

$\sigma_3 = 172$ kPa e $\sigma_1 = 428$ kPa.

Fig. 12.16

Se, do ponto correspondente à tensão principal menor, for traçado um ângulo de 19,3 + 20 = 39,3°, obtém-se o ponto A, cujas coordenadas são as tensões no plano que faz 20° com a horizontal, que são σ = 325 kPa e τ = 125 kPa.

A questão também pode ser resolvida por meio do polo, como se mostra na Fig. 12.16 (b). Do ponto correspondente às tensões no plano horizontal, traça-se uma reta paralela ao plano, portanto, horizontal. A intersecção dessa reta com o círculo é o polo. A reta que liga o polo ao ponto correspondente à tensão principal maior apresenta a inclinação do plano principal maior: –19,3°. Uma reta que parte do polo, com uma inclinação de 20°, determina, no círculo, o ponto A, cujas coordenadas são as mesmas do ponto A na construção da Fig. 12.16 (a).

Exercício 12.3 São conhecidas as tensões em dois planos ortogonais, como indicado na Fig. 12.17. Determinar as tensões principais e a orientação dos planos principais (unidade: kPa).

Solução: A construção é semelhante à do Exercício 12.2, exceto a determinação do polo, que é obtido por paralelas aos planos correspondentes a partir dos pontos indicativos das tensões nesses planos.

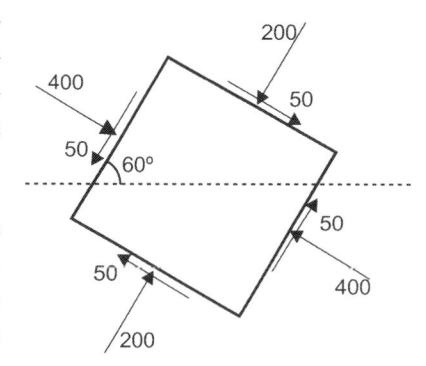

Fig. 12.17

Obtêm-se: σ_3 = 188 kPa e σ_1 = 412 kPa. O plano principal maior faz um ângulo de 47° (sentido horário) com o plano horizontal e o plano principal menor, um ângulo de –43°.

Exercício 12.4 No exercício anterior, suponha que ocorra uma pressão neutra de 40 kPa e determine:

a) a tensão normal efetiva no plano a 60° com o plano horizontal;

b) a tensão de cisalhamento no plano a 60° com o plano horizontal;

c) a tensão principal maior efetiva.

Solução: A pressão neutra atua igualmente em todas as direções; portanto, a tensão efetiva no plano a 60° com o horizontal é igual à tensão normal nesse plano menos a pressão neutra: 360 kPa; a pressão neutra não afeta as tensões de cisalhamento, portanto, a tensão de cisalhamento que ocorre é a mesma: 50 kPa; a tensão principal maior efetiva vale 412 - 40 = 372 kPa.

Exercício 12.5 Um elemento do subsolo apresentava inicialmente as seguintes tensões principais:

    no plano horizontal: 1000 kPa
    no plano vertical: 600 kPa

Um carregamento feito na superfície provocou nesse elemento, que se encontrava fora do eixo da área carregada, as seguintes alterações de tensões, determinadas pela teoria da elasticidade:

acréscimo de tensão total no plano horizontal: 600 kPa

acréscimo de tensão total no plano vertical: 200 kPa

máximo acréscimo de tensão de cisalhamento: 300 kPa

Determinar o estado de tensões devido à ação conjunta do peso próprio e do carregamento.

Solução: Pode-se traçar um círculo de Mohr correspondente aos acréscimos de tensão devidos ao carregamento feito no elemento considerado. O círculo de Mohr tem seu centro no eixo das abscissas, correspondente a 400 kPa, pois os pontos indicativos das tensões em dois planos ortogonais são diametralmente opostos no círculo e, portanto, o centro do círculo corresponde à média das tensões normais de dois pontos ortogonais. Por outro lado, o círculo tem um raio de 300 kPa, que é a máxima tensão de cisalhamento. As tensões principais são: $\sigma_3 = 100$ kPa e $\sigma_1 = 700$ kPa. Com base nesse círculo, pode-se determinar as tensões de cisalhamento nos planos horizontal e vertical. Tem-se $\tau = 224$ kPa e $\tau = -224$ kPa.

Para o círculo de Mohr correspondente ao peso próprio, não se pode somar as tensões principais, pois elas atuam em planos diferentes. Deve-se somar as tensões nos mesmos planos. Assim, tem-se no plano horizontal: tensão normal = 1.000 + 600 = 1.600 kPa e tensão de cisalhamento = 224 kPa; no plano vertical: tensão normal = 600 + 200 = 800 kPa e tensão de cisalhamento = − 224 kPa. Com esses dados, pode-se traçar o círculo correspondente à soma das duas parcelas e determinar todas as características que se queira.

Exercício 12.6 Num terreno arenoso, cujo peso específico natural é de 19 kN/m^3, o nível d'água encontra-se a 2 m de profundidade. Deseja-se estudar o estado de tensões a 6 m de profundidade. Estima-se que essa areia tenha um ângulo de atrito interno de 35°. Calcular as tensões principais, totais e efetivas.

Solução: O coeficiente de empuxo em repouso pode ser estimado pelo ângulo de atrito:

$$K_0 = 1 - \text{sen } \phi' = 1 - \text{sen } 35° = 1 - 0,57 = 0,43$$

Calculam-se: tensão vertical total: 19 x 6 = 114 kPa; tensão vertical efetiva: 114 − 40 = 74 kPa; tensão horizontal efetiva: 0,43 x 74 = 32 kPa; tensão horizontal total: 32 + 40 = 72 kPa.

Exercício 12.7 No terreno do Exercício 12.6, fez-se um carregamento na superfície, que provocou os seguintes acréscimos de tensão num ponto a 6 m de profundidade:

no plano horizontal: $\Delta\sigma = 81$ kPa; $\Delta\tau = 25$ kPa;

no plano vertical: $\Delta\sigma = 43$ kPa; $\Delta\tau = -25$ kPa; e

pressão neutra: $\Delta u = 30$ kPa.

Determine o estado de tensões efetivas devido ao peso próprio e ao carregamento feito, imediatamente após o carregamento e depois que a sobrepressão neutra se dissipou, e compare esse estado de tensões com a resistência ao cisalhamento da areia.

Aula 12
Estado de Tensões

Solução: Como foram fornecidos os acréscimos de tensão nos planos horizontal e vertical, que deixam de ser os planos principais após o carregamento, pode-se somar as tensões nos mesmos planos. Logo após o carregamento, a pressão neutra decorrente está atuante; tempos depois, a sobrepressão se dissipa e todo o acréscimo de tensão é efetivo. Tem-se, então:

logo após o carregamento:
no plano horizontal: $\sigma' = 74 + 81 - 30 = 125$ kPa; $\tau = 25$ kPa
no plano vertical: $\sigma' = 32 + 43 - 30 = 45$ kPa; $\tau = -25$ kPa.

após a dissipação da pressão neutra induzida pelo carregamento:
no plano horizontal: $\sigma' = 74 + 81 = 155$ kPa; $\tau = 25$ kPa
no plano vertical: $\sigma' = 32 + 43 = 75$ kPa; $\tau = -25$ kPa

Com esses dados, determinam-se os círculos de Mohr nas duas situações, como se mostra na Fig. 12.18. Logo após o carregamento, observa-se que o círculo de Mohr está muito próximo da envoltória de ruptura, indicando iminência de ruptura. A dissipação da pressão neutra provoca um afastamento do círculo para a direita, o que representa um aumento do coeficiente de segurança.

Exercício 12.8
Os solos argilosos do litoral brasileiro formaram-se por sedimentação. Num desses locais, tendo ele ficado na cota zero, onde está também o nível d'água, posteriormente se formou um depósito de areia eólica com 3 m de espessura, e essa areia, muitos anos depois, foi removida por erosão. Estimar as tensões vertical e horizontal num ponto do solo, a 2 m de profundidade: (a) imediatamente após sua formação; (b) após a remoção da camada de areia. Admitir que o peso específico da argila seja de 14,5 kN/m³, que o ângulo de atrito interno efetivo da argila seja de 23° e que o peso específico da areia seja de 17 kN/m³.

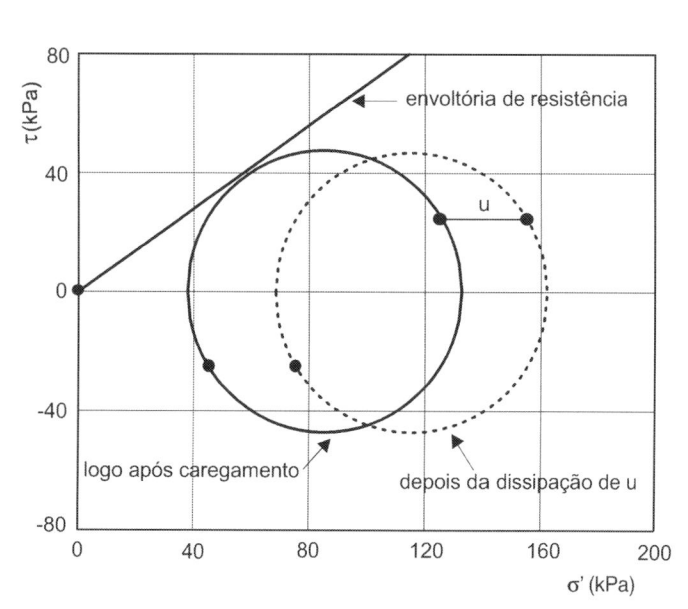

Fig. 12.18

Solução: Logo após a formação do solo, a tensão vertical efetiva, a 2 m de profundidade, é de 2 x 4,5 = 9 kPa. Para a estimativa da tensão horizon-

Mecânica dos Solos

tal, deve-se conhecer o coeficiente de empuxo em repouso, K_0. Quando o solo se encontra normalmente adensado, o K_0 pode ser estimado pela equação de Jaki (Equação 12.1):

$$K_0 = 1 - \text{sen } \phi' = 1 - \text{sen } 23° = 1 - 0{,}39 = 0{,}61.$$

A tensão horizontal efetiva deve ser da ordem de 0,61 x 9 = 5,5 kPa.

O depósito de areia sobre a argila provocou um sobreadensamento dela. A tensão vertical efetiva ficou, por longo tempo, igual a 3 x 17 + 2 x 4,5 = 60 kPa. Com a remoção da areia, a tensão vertical efetiva voltou a ser de 9 kPa. O solo ficou sobreadensado, com razão de sobreadensamento $RSA = 60/9 = 6{,}7$. O coeficiente de empuxo em repouso pode ser estimado pela fórmula de Jaki estendida:

$$K_0 = (1 - \text{sen } \phi')(RSA)^{\text{sen } \phi'} = 0{,}61 \times 6{,}7^{0{,}39} = 0{,}61 \times 2{,}1 = 1{,}28$$

Portanto, após a remoção da camada de areia, a tensão vertical efetiva voltou a ser de 9 kPa, e a tensão horizontal efetiva passou a ser 1,28 x 9 = 11,5 kPa.

Exercício 12.9 Num elemento do solo, as tensões num plano horizontal são: tensão normal, 30 kPa e tensão de cisalhamento, -10 kPa.

Noutro plano ($\alpha\alpha$), cuja posição é inicialmente desconhecida, tem-se: tensão normal, 65 kPa e tensão de cisalhamento, + 25 kPa.

Qual deve ser a direção do plano ($\alpha\alpha$)? Apresente o encaminhamento da solução por meio de círculo de Mohr.

Solução: Para se construir o círculo de Mohr, a partir dos pontos representativos do estado de tensão em planos não ortogonais, deve-se inicialmente encontrar o centro do círculo. O centro deve estar, naturalmente, no eixo das abscissas, e deve ser equidistante dos dois pontos conhecidos. Unindo-se os dois pontos e traçando-se sua mediatriz, como se mostra na Fig. 12.19 (a), encontra-se o centro. A partir daí, o círculo está determinado.

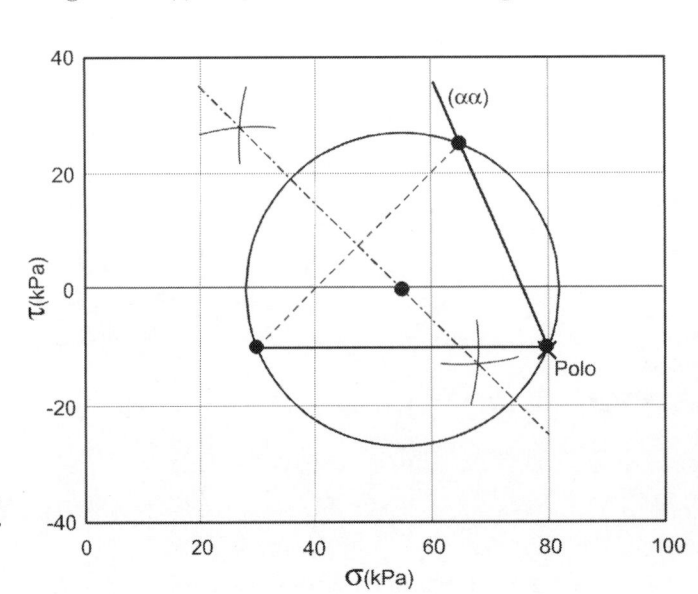

A partir do ponto de coordenadas (30, -10), que corresponde ao plano horizontal, traça-se uma reta horizontal que intercepta o círculo no polo. Liga-se o polo ao ponto correspondente ao plano ($\alpha\alpha$) e tem-se a direção do plano. Ele forma um ângulo de 113° com o plano horizontal.

Fig. 12.19

AULA 13

RESISTÊNCIA DAS AREIAS

13.1 *Comportamento típico das areias*

Nesta aula será estudada a resistência de areias puras ou com teor de finos muito pequeno (menos de 12%), cujo comportamento é determinado pelo contato entre os grãos minerais, geralmente quartzo, de diâmetro superior a 0,05 mm. Na Engenharia Geotécnica, principalmente de fundações, a palavra areia é empregada para designar solos em que a fração areia é superior a 50%, como mostram os sistemas de classificação vistos na Aula 2. Areias com 20, 30 ou 40% de finos têm um comportamento muito influenciado pela fração argila e o seu modelo de comportamento é mais semelhante ao das argilas, que serão estudadas na Aula 14, do que ao das areias puras, objeto da presente aula. Na Mecânica dos Solos, areia refere-se a materiais granulares com reduzida porcentagem de finos que não interferem significativamente no comportamento do conjunto.

Como as areias são bastante permeáveis, nos carregamentos a que elas ficam submetidas em obras de engenharia, há tempo suficiente para que as pressões neutras devidas ao carregamento se dissipem. Por esta razão, a resistência das areias é quase sempre definida em termos de tensões efetivas.

A resistência ao cisalhamento das areias pode ser determinada tanto em ensaios de cisalhamento direto como em ensaios de compressão triaxial. Na presente aula, estudar-se-á o comportamento das areias em ensaios de compressão triaxial, do tipo adensado drenado, CD, com os corpos de prova previamente saturados. Isso permite que se obtenha a variação de volume do corpo de prova durante o carregamento, pois ela corresponde ao volume de água que entra ou sai do corpo de prova e que é medida numa bureta graduada, acoplada à tubulação de drenagem.

Areias fofas

Inicialmente, analisa-se o comportamento das areias fofas. Ao ser feito o carregamento axial, o corpo de prova apresenta uma tensão desviadora que cresce lentamente com a deformação, atingindo um valor máximo, só

Mecânica dos Solos

para deformações relativamente altas, da ordem de 6 a 8%. Aspectos típicos de curvas tensão-deformação são mostrados na Fig. 13.1 (a), que mostra também que ensaios realizados com tensões confinantes diferentes apresentam curvas com aproximadamente o mesmo aspecto, e pode-se admitir, numa primeira aproximação, que as tensões sejam proporcionais à tensão confinante do ensaio.

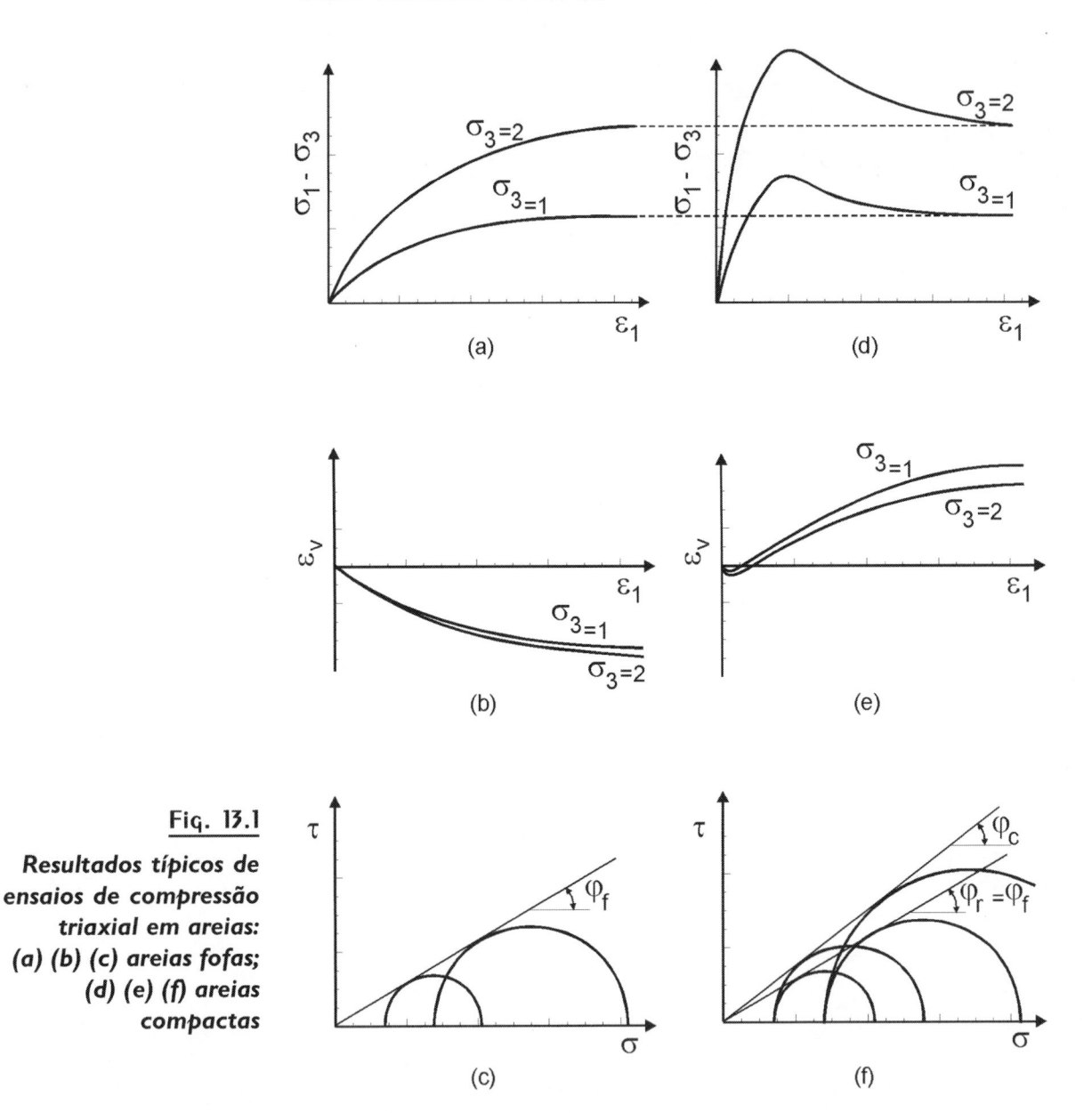

Fig. 13.1
Resultados típicos de ensaios de compressão triaxial em areias:
(a) (b) (c) areias fofas;
(d) (e) (f) areias compactas

Ao se traçarem os círculos de Mohr correspondentes às máximas tensões desviatórias (que correspondem à ruptura), obtêm-se círculos cuja envoltória é uma reta passando pela origem, pois as tensões de ruptura foram admitidas proporcionais às tensões confinantes. A resistência da areia é definida pelo ângulo de atrito interno efetivo, como se mostra na Fig. 13.1 (c).

A areia é, então, definida como um material não coesivo, como, aliás, constata-se pela impossibilidade de se moldar um corpo de prova de areia seca ou saturada. A moldagem eventual de um corpo de prova de areia úmida é devida à tensão capilar provocada pelas interfaces água-ar. Essa tensão capilar é neutra e negativa. Sendo nula a tensão total aplicada (caso do corpo de prova não confinado), a tensão efetiva é positiva e numericamente igual à tensão capilar; daí a sua resistência e o nome de coesão aparente. Uma escultura de areia na praia mantém-se enquanto a areia estiver úmida; se seca ou saturada, ela desmorona por não suportar o próprio peso.

As medidas de variação de volume durante o carregamento axial indicam uma redução de volume, como apresenta a Fig. 13.1(b), sendo que, para pressões confinantes maiores, as diminuições de volume são um pouco maiores.

Areias compactas

Resultados típicos de ensaios drenados de compressão triaxial de areias compactas são apresentados na Fig. 13.1 (d), (e) e (f).

A tensão desviadora cresce muito mais rapidamente com as deformações, até atingir um valor máximo, considerado como a resistência máxima ou resistência de pico. Nota-se que, atingida essa resistência máxima, ao continuar a deformação do corpo de prova, a tensão desviadora decresce lentamente até se estabilizar em torno de um valor que é definido como a resistência residual.

Os círculos representativos do estado de tensões máximas definem a envoltória de resistência. Como, em primeira aproximação, as resistências de pico são proporcionais às tensões de confinamento dos ensaios, a envoltória a esses círculos é uma reta que passa pela origem, e a resistência de pico das areias compactas se expressa pelo ângulo de atrito interno correspondente.

Por outro lado, pode-se representar também os círculos correspondentes ao estado de tensões na condição residual. Esses círculos definem uma envoltória retilínea passando pela origem. O ângulo de atrito correspondente, chamado ângulo de atrito residual, é muito semelhante ao ângulo de atrito da areia no estado fofo, pois as resistências residuais são da ordem de grandeza das resistências máximas da mesma areia no estado fofo.

Com relação à variação de volume, observa-se que os corpos de prova apresentam, inicialmente, uma redução de volume, mas, antes de ser atingida a resistência máxima, o volume do corpo de prova começa a crescer, e, na ruptura, o corpo de prova apresenta maior volume do que no início do carregamento. Tal comportamento, se analisado sob o ponto de vista dos parâmetros da Teoria da Elasticidade, corresponderia a um Coeficiente de Poisson maior do que 0,5. A Teoria da Elasticidade não aceita tal comportamento e, portanto, ela não pode ser utilizada para os solos nessas condições. Nota-se, porém, que durante o início do carregamento axial, as deformações específicas são pequenas, os acréscimos de tensões axiais são consideráveis e o corpo de prova ainda não se dilatou (o coeficiente de Poisson é menor do que 0,5). Nota-se também que esse estágio de carregamento corresponde ao nível de tensões frequente em obras de engenharia, onde o coeficiente de segurança à ruptura é da ordem de 2 ou 3.

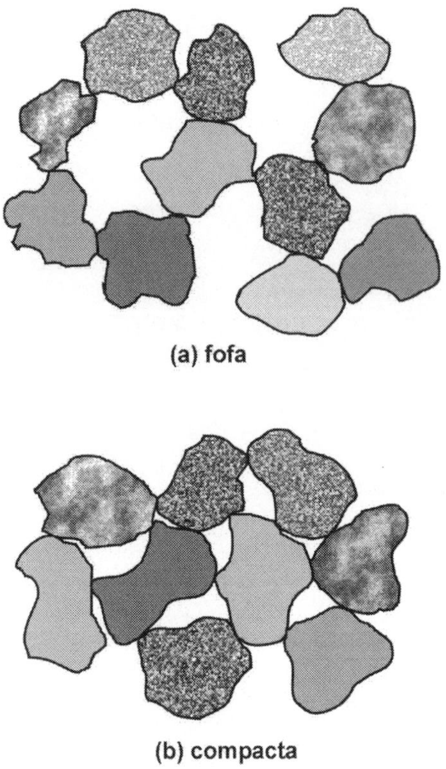

O entrosamento dos grãos nas areias compactas

A resistência de pico das areias compactas é justificada pelo entrosamento entre as partículas, como se mostra na Fig. 13.2, embora a representação seja imperfeita, pois procura representar no plano uma posição relativa de partículas que ocorre no espaço. Nas areias fofas, o processo de cisalhamento provoca uma reacomodação das partículas, que se dá com uma redução do volume. Nas areias compactas, as tensões de cisalhamento devem ser suficientes para vencer os obstáculos representados pelos outros grãos na sua trajetória. Vencidos esses obstáculos, o que exige um aumento de volume, a resistência cai ao valor da areia no estado fofo.

Fig. 13.2
Posição relativa das partículas nas areias fofas e compactas

(a) fofa
(b) compacta

13.2 Índice de vazios crítico das areias

Viu-se que uma areia diminui de volume ao ser carregada axialmente quando se encontra fofa, e se dilata, nas mesmas condições, quando se encontra no estado compacto. A Fig. 13.3 apresenta resultados de ensaios de compressão triaxial sobre corpos de prova de uma areia moldada com quatro índices de vazios diferentes, com a mesma tensão confinante. Observando-se o ponto de resistência máxima de cada ensaio na parte (a) da Fig. 13.3, pode-se determinar a variação de volume correspondente à deformação específica em que ocorreu a ruptura, na parte (b) da figura. Esses valores podem ser representados em função do índice de vazios inicial dos corpos de prova, como se faz na parte (c) da figura.

No exemplo considerado, dois corpos de prova apresentavam contração e dois apresentavam dilatação na ruptura. Deve existir um índice de vazios no qual o corpo de prova não apresenta nem diminuição nem aumento de volume por ocasião da ruptura. Esse índice de vazios é definido como *índice de vazios crítico* da areia. Se a areia estiver com um índice de vazios menor do que o crítico, ela precisará se dilatar para romper; se o índice de vazios for maior do que o crítico, a areia romperá ao se comprimir. O índice de vazios crítico é obtido por interpolação dos resultados, como mostra a Fig. 13.3 (c).

Também por interpolação, pode-se avaliar o comportamento da areia ensaiada no índice de vazios crítico, como se mostra pelas curvas tracejadas na Fig. 13.3 (a) e (b). Note-se que uma areia, ao ser carregada axialmente, no

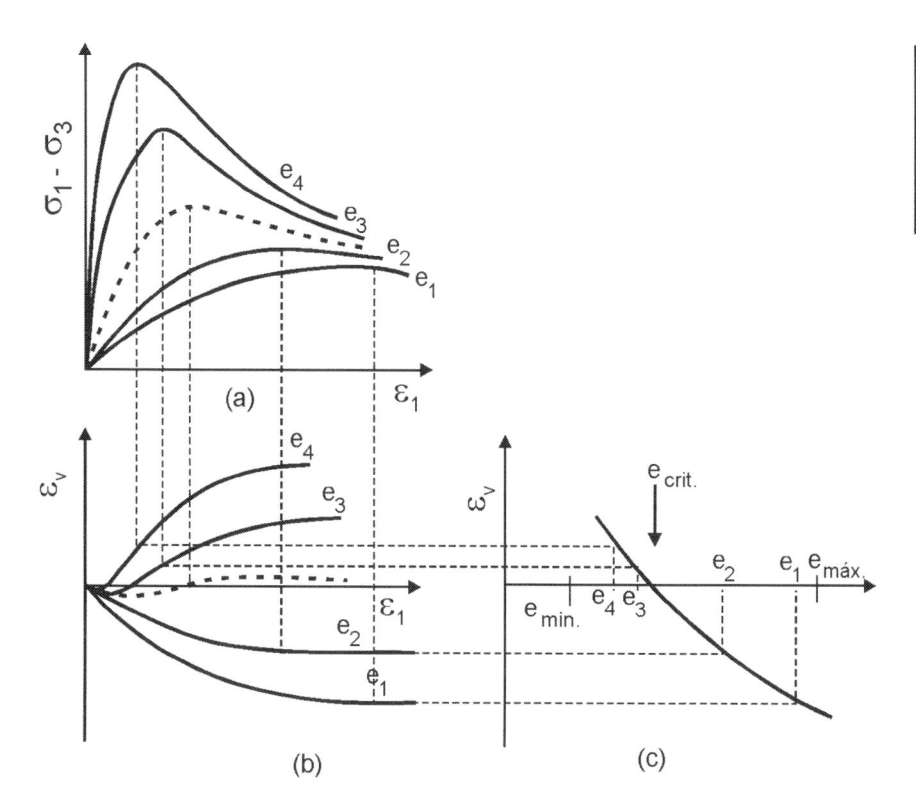

Aula 13

Resistências das Areias

Fig. 13.3
Obtenção do índice de vazios crítico a partir de resultados de ensaios triaxiais com mesma pressão confinante

índice de vazios crítico, apresenta inicialmente uma ligeira diminuição de volume, seguida de um aumento de volume; a variação de volume no momento de ruptura é nula.

As areias fofas apresentam elevados índices de vazios antes de serem carregadas axialmente, os quais diminuem com o carregamento, pois há contração. De outra parte, as areias compactas apresentam, inicialmente, baixos índices de vazios, que aumentam com o carregamento, já que há dilatação. Na Fig. 13.4, está indicada a variação do índice de vazios dos ensaios da Fig. 13.3. Nota-se que, após a ruptura, todos os corpos de prova tendem ao mesmo índice de vazios, que é o crítico. As partículas de areia fofa se alojaram em vazios existentes (reduzindo-se o índice de vazios) e passaram a escorregar e rolar entre si, mantendo, na média, o mesmo índice de vazios. Nas areias compactas, vencido o entrosamento, e com a criação de maior volume de vazios, a situação passa a ser semelhante à das fofas. Numa outra conceituação, o índice de vazios crítico é considerado como o índice de vazios em que a areia sofre deformação sem variação de volume, que é o estágio para o qual a areia tende ao ser rompida, independentemente do índice de vazios inicial.

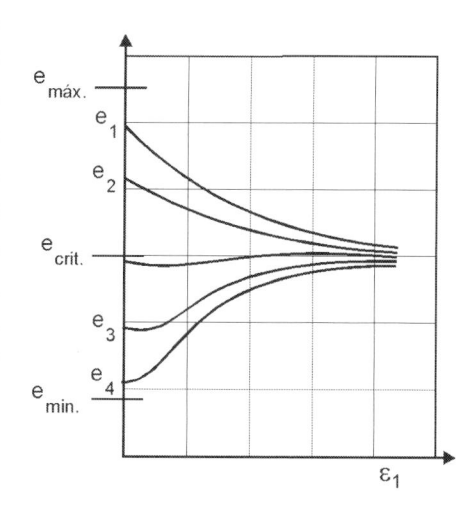

Fig. 13.4
Variação do índice de vazios de areias em compressão triaxial, a partir de índices de vazios iniciais diferentes

A importância da definição do índice de vazios crítico vem do fato de que o comportamento das areias, se saturadas e eventualmente carregadas sem possibilidade de drenagem, é extremamente diferente, conforme a areia esteja com índice de vazios abaixo ou acima do índice de vazios crítico. Carregamentos sem possibilidade de drenagem podem ocorrer, principalmente em areias finas, de menor coeficiente de permeabilidade, quando a solicitação é dinâmica, como, por exemplo, as devidas a tremores de terra ou ao impacto da queda de um avião nas proximidades de uma edificação (hipótese obrigatória no projeto de fundações de usinas nucleares).

Quando uma areia se encontra com índice de vazios inferior ao índice de vazios crítico, ao ser solicitada, ela tende a se dilatar. A dilatação, no caso de haver drenagem, é acompanhada de penetração de água nos vazios. Se não houver tempo para que isto ocorra, a água fica sob uma sobrepressão negativa (de sucção), e resulta um aumento da tensão efetiva e, consequentemente, um aumento de resistência. Entretanto, se a areia se encontrar com um índice de vazios maior do que o crítico, ao ser carregada, ela tenderá a se comprimir, expulsando água de seus vazios. Não havendo tempo para que isso ocorra, a água fica sob pressão positiva, diminuindo a tensão efetiva e, consequentemente, reduzindo significativamente a resistência. As rupturas de areias nessas condições costumam ser drásticas, pois as pressões neutras podem atingir valores tão elevados que a areia se liquefaz.

Quando uma areia está com seu índice de vazios acima do índice de vazios crítico, diz-se que ela é uma *areia fofa*; quando o índice de vazios é inferior ao crítico, é considerada uma *areia compacta*. Essas expressões, da ciência da Mecânica dos Solos, diferenciam-se conceitualmente das expressões referentes à compacidade das areias, vistas na Aula 2, correntemente empregadas na prática da Engenharia de Fundações. Neste caso os termos *fofa* e *compacta* apenas indicam a deformabilidade: areias fofas apresentam maiores deformações e areias compactas sofrem menores recalques.

O índice de vazios crítico de uma areia não é uma característica do material, mas depende da pressão confinante a que ela está submetida. Quando se estudou o comportamento em ensaios triaxiais, verificou-se que, quando se aumenta a pressão confinante, no caso de areias fofas, a diminuição de volume é maior e, no caso de areias compactas, o aumento de volume não é tão grande. Essas informações, expressas na Fig. 13.5 (a), indicam que a pressões confinantes diferentes correspondem diferentes índices de vazios críticos. Quanto maior a pressão confinante, menor o índice de vazios crítico.

A Fig. 13.5 (b) representa a variação do índice de vazios crítico em função da pressão confinante. Nota-se que, uma areia com um determinado índice de vazios, quando ensaiada sob uma pressão confinante baixa, encontra-se abaixo do índice de vazios crítico correspondente a essa pressão; portanto, no estado compacto. Se essa mesma areia for ensaiada sob uma pressão confinante alta, ela pode estar com um índice de vazios superior ao crítico correspondente a essa pressão; portanto, no estado fofo. Assim, conclui-se que, para uma areia com um determinado índice de vazios, existe uma *tensão confinante crítica*, e a relação entre esses dois parâmetros é a mesma indicada na Fig. 13.5 (b).

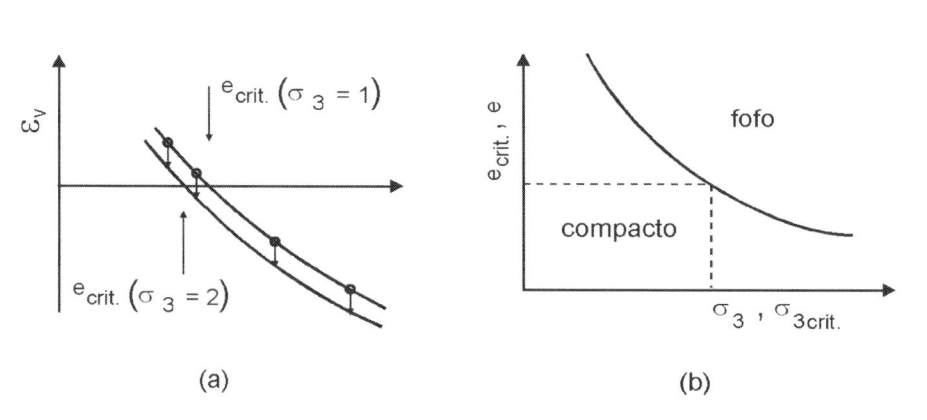

Fig 13.5
Relação do índice de vazios crítico com a tensão confinante

13.3 Variação do ângulo de atrito com a pressão confinante

Na apresentação da resistência das areias sob pressões confinantes diferentes, afirmou-se que a máxima tensão desviadora é proporcional à tensão confinante de ensaio. Disso resulta que a envoltória aos círculos representativos do estado de tensões na ruptura é uma reta que passa pela origem. Tal afirmativa é, na realidade, uma aproximação empregada na prática e devida, em parte, à própria dispersão dos ensaios realizados sobre corpos de prova diferentes para cada pressão confinante. Ensaios realizados com bastante precisão revelam que os diversos círculos de Mohr na ruptura conduzem a envoltórias de resistência curvas, como se mostra na Fig. 13.6.

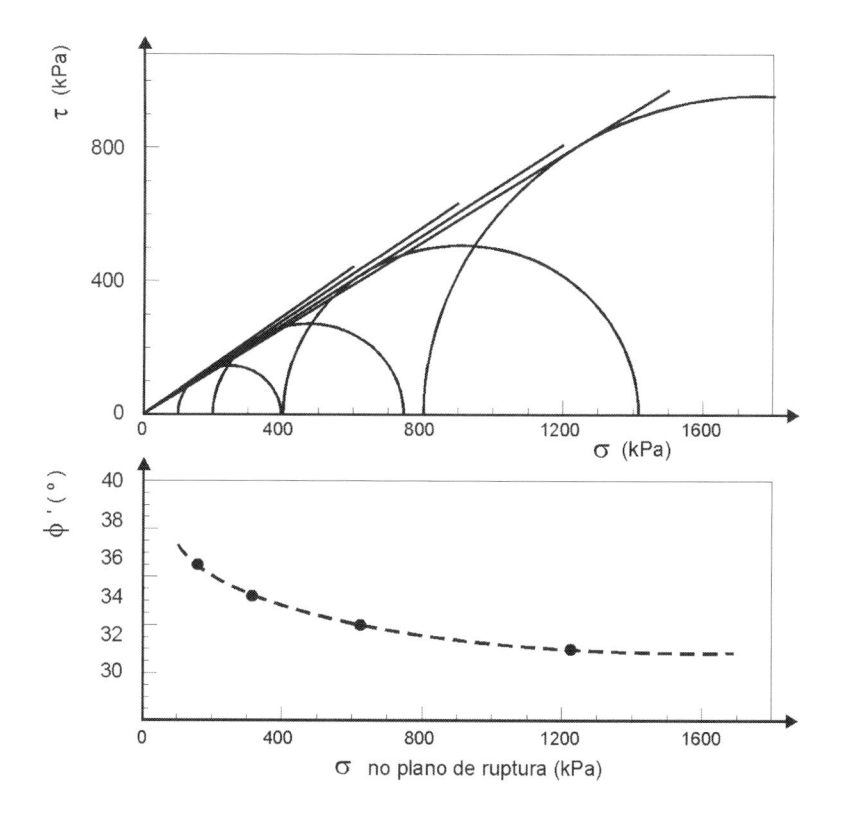

Fig. 13.6
Variação do ângulo de atrito interno de uma areia com a tensão confinante

Como as areias não apresentam coesão, sob pressão confinante nula, um corpo de prova de areia não se mantém. Por isso, ao invés de procurar ajustar uma reta à envoltória curva, prefere-se considerar que o ângulo de atrito interno varia com a pressão confinante, como se apresenta na parte superior da Fig. 13.6. A variação do ângulo de atrito com a pressão confinante é tanto mais sensível quanto mais compacta estiver a areia e quanto menos resistentes forem os grãos. Isso ocorre em virtude das forças transmitidas pelos grãos, como se estudará adiante. Quando se expressa de uma maneira genérica o ângulo de atrito de uma areia, pressupõe-se que o valor se refere aos níveis de tensão mais comuns em obras de engenharia, correspondentes a tensões confinantes da ordem de 100 a 400 kPa.

13.4 Ângulos de atrito típicos de areias

Para a mesma tensão confinante, o ângulo de atrito depende da compacidade da areia, pois é ela que governa o entrosamento entre as partículas. Como as areias têm intervalos de índices de vazios bem distintos, os ângulos de atrito são geralmente referidos à compacidade relativa das areias. Resultados experimentais mostram que o ângulo de atrito de uma areia, no seu estado mais compacto, é da ordem de 7 a 10 graus maior do que o seu ângulo de atrito no estado mais fofo.

Apresenta-se, a seguir, como as características que diferenciam as diversas areias influem na sua resistência ao cisalhamento.

Distribuição granulométrica

Quanto mais bem distribuída granulometricamente é uma areia, melhor o entrosamento entre as partículas e, consequentemente, maior o ângulo de atrito.

No que se refere ao entrosamento, o papel dos grãos grossos é diferente do desempenhado pelos finos. Consideremos, por exemplo, uma areia que contenha 20% de grãos grossos e 80% de grãos finos. O comportamento dessa areia é determinado principalmente pelas partículas finas, pois as partículas grossas ficam envolvidas pela massa de partículas finas, pouco colaborando no entrosamento. A Fig. 13.7 ilustra esta situação.

Consideremos, de outra parte, uma areia com 80% de grãos grossos e 20% de grãos finos. Neste caso, os grãos finos tenderão a ocupar os vazios entre os grossos, aumentando o entrosamento e, conse-

Fig. 13.7
Entrosamento de areias:
(a) predominantemente finas;
(b) predominantemente grossas;

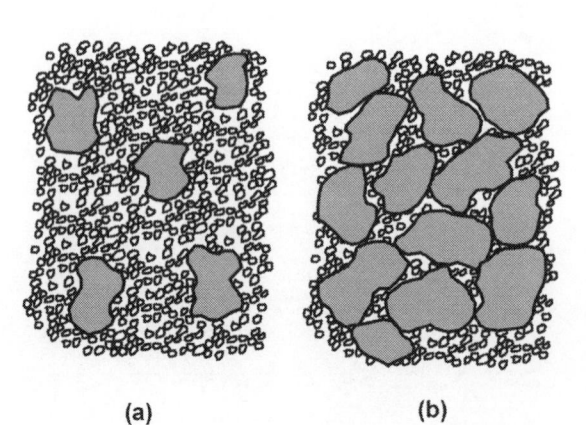

quentemente, o ângulo de atrito. Note-se que, coerentemente com esse aspecto, o coeficiente de não uniformidade das areias é definido pela relação entre os diâmetros correspondentes a 60% e 10% na curva granulométrica, e não a duas porcentagens igualmente distantes dos extremos, pois pequena porcentagem de finos interfere mais na 'não uniformidade' do que pequena porcentagem de grossos.

Formato dos grãos

Areias constituídas de partículas esféricas e arredondadas têm ângulos de atrito sensivelmente menores do que as areias constituídas de grãos angulares, devido ao maior entrosamento entre as partículas quando elas são irregulares, como se mostra esquematicamente na Fig. 13.8.

Tamanho dos grãos

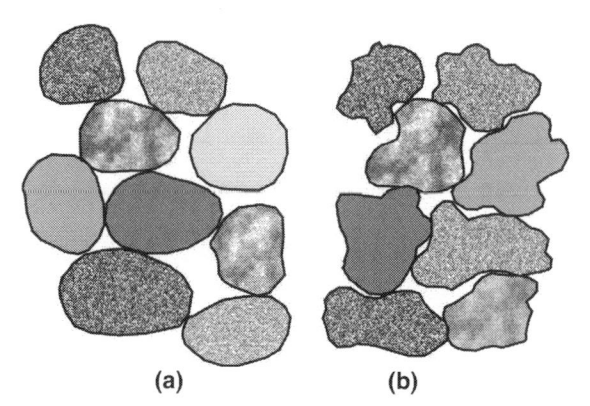

Ao contrário do que se julga comumente, o tamanho das partículas, se forem constantes as outras características, tem pouca influência na resistência das areias.

A impressão generalizada de que as areias grossas devam ter maiores ângulos de atrito do que as areias finas deve-se a dois fatores. Primeiro, chamadas areias grossas são aquelas em que predominam grãos grossos; nelas, a pequena quantidade de finos presente aumenta o entrosamento. Por sua vez, as chamadas areias finas são aquelas em que predominam os grãos finos; nelas, a pequena quantidade de grossos não aumenta o entrosamento, como ilustrado na Fig. 13.7. Então, as areias predominantemente grossas tendem a ser bem-graduadas, enquanto as areias predominantemente finas tendem a ser malgraduadas.

O segundo fator refere-se à compacidade: na natureza, em virtude da massa das partículas e das forças superficiais, as areias grossas tendem a se apresentar muito mais compactas do que as areias finas.

Fig. 13.8

Entrosamento de areias: (a) de grãos arredondados; (b) de grãos angulares

Resistência dos grãos

A resistência das partículas que constituem a areia interfere na resistência, pois, embora o processo de cisalhamento da areia seja um processo predominantemente de escorregamento e rolagem dos grãos entre si, se os grãos não resistirem às forças a que estão submetidos e se quebrarem, isso se refletirá no comportamento global da areia.

Não é fácil quantificar a influência da resistência dos grãos. Ela é função da composição mineralógica da partícula (grãos de quartzo são mais resistentes do que grãos de feldspato), do formato da partícula (é muito mais fácil um grão angular se quebrar do que um grão arredondado), da pressão confinante do ensaio (quanto maior a pressão, maiores são as forças transmitidas pelos grãos) e do tamanho das partículas (quanto maiores os grãos, maior a força transmitida de um a outro, para a mesma pressão confinante).

A quebra de partículas no processo de cisalhamento é a maior responsável pelas envoltórias de resistência curvas das areias (variação do ângulo de atrito com a pressão confinante) e pela variação do índice de vazios crítico com a pressão confinante (maior compressão ou menor dilatação para maiores pressões confinantes).

Composição mineralógica

Embora existam poucas investigações sobre o assunto, pouca influência é atribuída à composição mineralógica dos grãos, além de sua influência na resistência dos grãos.

Presença de água

De um modo geral, o ângulo de atrito de uma areia saturada é aproximadamente igual ao da areia seca, ou só um pouco menor, com exceção do caso de areias com grãos muito irregulares e fissurados, nas quais a água reduz a resistência dos cantos da partícula, com os reflexos vistos ao se estudar o efeito da resistência dos grãos.

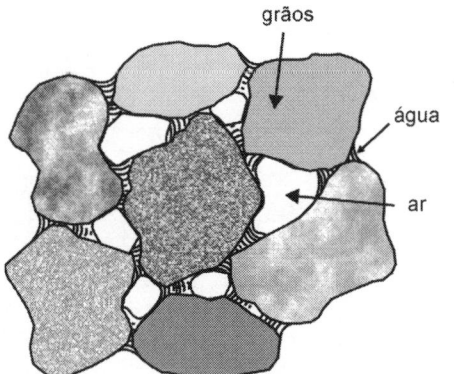

A presença de água, em condições de não saturação, cria uma situação em que os meniscos de interfaces ar-água provocam uma pressão neutra negativa na água: é a pressão de sucção. Essa tensão provoca uma tensão efetiva e a ela corresponde um ganho de resistência, não só temporário (desaparece com a saturação ou a secagem), como de pequeno valor e que pouco influi na resistência total, a não ser para pressões confinantes muito pequenas (ver Fig. 13.9).

Fig. 13.9
Efeito da sucção criando confinamento efetivo das areias

Estrutura da areia

A disposição relativa dos grãos de uma areia não é isotrópica e, em consequencia, seu comportamento não é o mesmo em todas as direções. Sob o ponto de vista do ângulo de atrito, a anisotropia é de pequeno valor. Por outro lado, podem existir dois corpos de prova com o mesmo índice de vazios, mas com as partículas dispostas de maneiras diferentes, às quais corresponderiam diferentes resistências, mas as diferenças só seriam sensíveis em casos especiais, de partículas muito alongadas.

Envelhecimento das areias

A experiência tem mostrado que uma areia que se encontra no seu estado natural por muitos anos ou séculos apresenta uma deformabilidade muito menor do que quando revolvida e recolocada no mesmo índice de vazios. Da mesma forma, um aterro de areia apresenta, após alguns anos, uma rigidez maior do que imediatamente ou pouco tempo depois de construído. O aumento de rigidez ocorre sem variação de volume e resulta da interação físico-química entre as partículas.

Esse fenômeno indica que ensaios de compressão triaxial com areias remoldadas (e é quase sempre assim que se ensaia, pois é extremamente difícil obter amostras indeformadas de areias) indicam módulos de elasticidade muito menores do que os correspondentes ao estado natural. Com o envelhecimento, aumenta a rigidez, mas não a resistência à ruptura, porque quando esta ocorre, as ligações entre partículas já se desfizeram.

Da análise feita, verifica-se que os fatores de maior influência na resistência ao cisalhamento das areias são a distribuição granulométrica, o formato dos grãos e a compacidade. Em função desses fatores, apresentam-se, na Tab. 13.1, valores típicos de ângulos de atrito, para tensões de 100 a 200 kPa, que é a ordem de grandeza das tensões que ocorrem em obras comuns de engenharia civil.

	Compacidade		
	fofo	a	compacto
Areias bem-graduadas			
de grãos angulares	37°	a	47°
de grãos arredondados	30°	a	40°
Areias malgraduadas			
de grãos angulares	35°	a	43°
de grãos arredondados	28°	a	35°

Tab. 13.1

Valores típicos de ângulos de atrito interno de areias

13.5 *Estudo da resistência das areias por meio de ensaios de cisalhamento direto*

A resistência ao cisalhamento das areias, em condições de total drenagem, foi estudada nesta aula em função de resultados de ensaios de compressão triaxial adensado drenado CD. Igual estudo poderia ser feito com os resultados de ensaios de cisalhamento direto, nas mesmas condições de drenagem. Os resultados seriam semelhantes, a ponto de se poder usar as mesmas figuras para descrever o comportamento das areias.

Seria suficiente substituir tensões desviadoras por tensões de cisalhamento, deformações axiais por deslocamentos horizontais da parte superior do corpo de prova e variações de volume por variações de altura do corpo de prova, nas Figs. 13.1, 13.3 e 13.6. Assim, todas as considerações feitas se mantêm, tanto em termos de resistência como de deformabilidade, inclusive as referentes ao índice de vazios crítico das areias.

Exercícios resolvidos

Exercício 13.1 Dois ensaios de compressão triaxial foram feitos com uma areia, com os seguintes resultados: ensaio 1: $\sigma_3 = 100$ kPa, $(\sigma_1 - \sigma_3)_r = 300$ kPa; ensaio 2: $\sigma_3 = 250$ kPa, $(\sigma_1 - \sigma_3)_r = 750$ kPa. Com que tensão de cisalhamento deve ocorrer a ruptura em um ensaio de cisalhamento direto nessa areia, com a mesma compacidade, e com uma tensão normal aplicada de 250 kPa?

Solução: Os dois círculos de Mohr (Fig. 13.10) correspondentes ao estado de tensões na ruptura indicam uma envoltória de resistência que passa pela origem e define um ângulo de atrito de 37°. Admitindo-se que a envoltória de resistência determinada em ensaios de cisalhamento direto seja igual à envoltória de resistência dos ensaios de compressão triaxial (o que é geralmente aceito, ainda que por motivos de distribuição de tensões e de detalhes operacionais dos ensaios, ocorram pequenas diferenças), da envoltória determinada constata-se que no ensaio de cisalhamento direto a ruptura deve ocorrer para uma tensão cisalhante de 188 kPa.

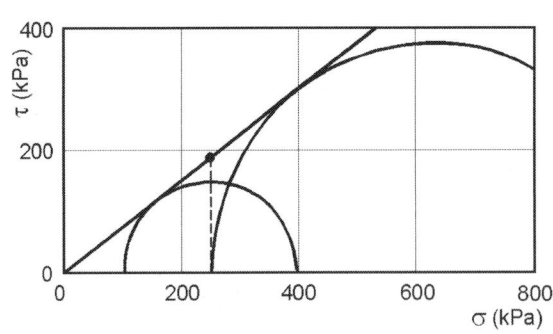

Fig. 13.10

O problema poderia ser resolvido analiticamente. Como nos dois ensaios a relação entre a tensão desviadora na ruptura e a tensão confinante é igual (300/100 = 750/250), conclui-se que a envoltória passa pela origem. O ângulo de atrito pode ser determinado pela Equação 12.7:

$$\varphi = \text{arc sen}\left(\frac{(\sigma_1 - \sigma_3)_r}{(\sigma_1 + \sigma_3)_r}\right) = \text{arc sen}\frac{300}{500} = 37°$$

No ensaio de cisalhamento direto, s'=σ'.tg φ'. No caso, $\tau = 250 \times \text{tg } 37° = 250 \times 0{,}75 = 188$ kPa.

Exercício 13.2 Dois ensaios de cisalhamento direto foram realizados com uma areia, obtendo-se os seguintes resultados: ensaio 1: tensão normal = 100 kPa; tensão cisalhante na ruptura = 65 kPa; ensaio 2: tensão normal = 250 kPa; tensão cisalhante na ruptura = 162,5 kPa. Em um ensaio de compressão triaxial drenado, com essa areia no mesmo estado de compacidade, e com pressão confinante de 100 kPa, com que tensão desviadora ocorrerá a ruptura?

Solução: Com os dados dos ensaios num gráfico $\tau \times \sigma$, observa-se que os pontos definem uma envoltória que passa pela origem, com a seguinte equação de resistência: s' = σ.tg 33°. Nesse gráfico, procura-se, por tentativas, o círculo de Mohr que, partindo de σ_3 = 100 kPa, tangencie a envoltória de resistência. Dele se determina a tensão axial na ruptura, como se mostra na Fig. 13.11: σ_{1r} = 340 kPa; donde $(\sigma_1 - \sigma_3)_r$ = 240 kPa.

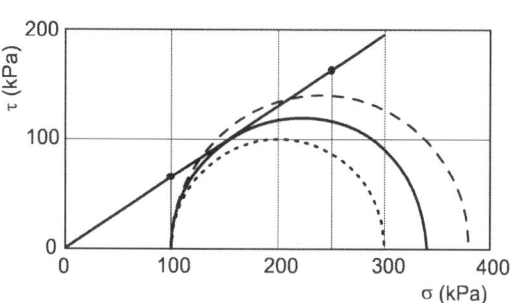

Fig. 13.11

A solução também pode ser obtida analiticamente. Observa-se que, nos dois ensaios, a relação τ_r/σ_r é constante e igual a 0,65. O ângulo cuja tangente é igual a 0,65 é 33°. A tensão desviadora na ruptura, num carregamento triaxial com σ_3 = 100 kPa, pode ser determinada pela Equação 12.9:

$$(\sigma_1 - \sigma_3)_r = \sigma_3 \frac{2 \operatorname{sen} \phi}{1 - \operatorname{sen} \phi} = 100 \frac{2 \times 0{,}545}{1 - 0{,}545} = 240 \text{ kPa}$$

Exercício 13.3 Uma areia média, de grãos angulares, de compacidade média, apresenta $e_{mín}$ = 0,67 e $e_{máx}$ = 1,03. Foi determinado, por uma série de ensaios triaxiais drenados, com pressão confinante de 200 kPa, um índice de vazios crítico de 0,82. Preparou-se, a seguir, outro corpo de prova, com índice de vazios igual a 0,77, e, com ele, será realizado um ensaio triaxial drenado, com pressão confinante de 100 kPa. Escolha uma das opções abaixo e justifique:

a) Pode-se afirmar que, na ruptura, o corpo de prova terá diminuído de volume.
b) Pode-se afirmar que, na ruptura, o corpo de prova terá se dilatado.
c) Com os dados disponíveis, não é possível afirmar se o corpo de prova irá se dilatar ou se comprimir durante o carregamento.

Solução: Se o novo corpo de prova fosse compactado com índice de vazios igual a 0,82 e ensaiado com a pressão confinante de 100 kPa, ele apresentaria dilatação no carregamento axial, pois estaria compacto por estar com pressão confinante menor do que a crítica. Por outro lado, como ele, na realidade, já se encontra com índice de vazios (e=0,77) abaixo do índice de vazios crítico, ele certamente apresentará dilatação para romper, ou seja, para a pressão confinante de 100 kPa, o índice de vazios crítico é maior do que 0,82. Nessa pressão confinante e com o índice de vazios de 0,77, certamente o comportamento é dilatante.

Mecânica dos Solos

O problema fica bem entendido pela análise da Fig. 13.5, que indica a relação entre o índice de vazios crítico e a tensão confinante. Se o corpo de prova com e = 0,77 fosse ensaiado com uma pressão confinante de 400 kPa, não seria possível, *a priori*, determinar se ele diminuiria ou aumentaria de volume, pois essa pressão confinante e_{crit} é menor do que 0,82, mas não se sabe se maior ou menor do que 0,77.

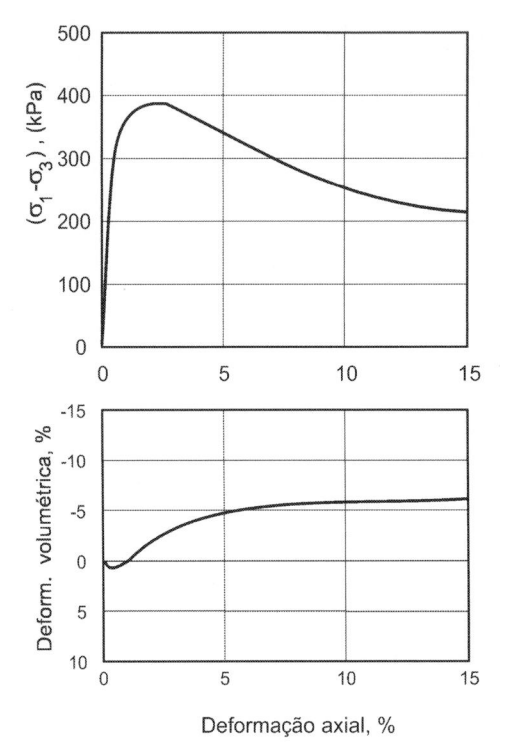

Fig. 13.12

Exercício 13.4 Uma areia tem $e_{min} = 0,62$ e $e_{máx} = 0,94$. Um corpo de prova moldado com $e = 0,67$ num ensaio CD com pressão confinante de 100 kPa apresentou o resultado mostrado na Fig. 13.12.

Outro ensaio será realizado em corpo de prova moldado com $e = 0,90$, com pressão confinante de 200 kPa. Represente nos gráficos apresentados na Fig. 13.12, as curvas dos resultados que seriam esperados deste ensaio.

Solução: O resultado do ensaio, em que há um nítido pico de resistência e um aumento de volume durante o carregamento, revela que a amostra estava compacta. Traçando-se os respectivos círculos de Mohr, ou calculando-se pela Equação 12.7, determina-se que o corpo de prova apresentava um ângulo de atrito de pico, $\phi_c = 41°$ e um ângulo de atrito residual $\phi_r = 31°$.

O corpo de prova para o segundo ensaio estará muito fofo, pois seu índice de vazios ($e = 0,90$) será muito próximo do índice de vazios máximo ($e_{max} = 0,94$). Seu ângulo de atrito deve ser da ordem de grandeza do ângulo de atrito residual da areia compacta, $\phi_f = 31°$. Se viesse a ser ensaiado com a mesma pressão confinante, a tensão desviadora na ruptura seria da ordem de 200 kPa, com um lento crescimento das tensões com as deformações. Como a pressão confinante é o dobro ($\sigma_c = 200$ kPa), a tensão desviadora na ruptura deve ser da

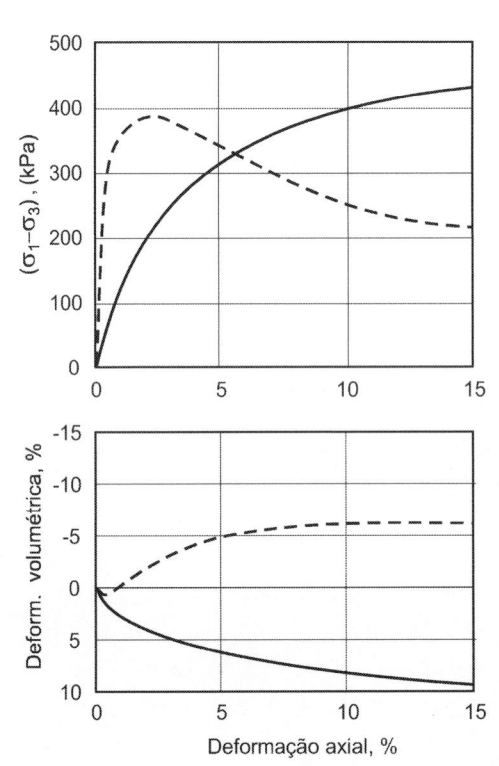

Fig. 13.13

ordem de 400 kPa, a tensão cresce lentamente com a deformação, como se mostra na Fig. 13.13.

Com a areia no estado fofo, é previsível que apresente contração durante o carregamento axial, como se mostra na Fig. 13.13, ainda que não se possa precisar o valor dessa contração.

Exercício 13.5 Duas areias apresentam partículas com igual formato. A areia A tem coeficiente de não uniformidade $CNU = 5,5$ e a areia B tem $CNU = 2,7$, ou seja, a areia A é mais bem-graduada que a areia B. Quando compactadas com a mesma energia:

a) qual das duas fica com maior peso específico?

b) qual das duas apresenta maior ângulo de atrito interno?

Solução: A areia A fica com maior peso específico do que a areia B, porque os grãos menores se encaixam nos vazios dos maiores, provocando um entrosamento, como se estudou na Aula 2 (vide seção 2.3 e Tab. 2.1). Por causa desse entrosamento, o ângulo de atrito das areias mais bem-graduadas é maior.

Exercício 13.6 Duas areias apresentam aproximadamente a mesma granulometria. A areia A tem grãos arredondados e a areia B tem grãos angulares. Quando compactadas com a mesma energia:

a) qual das duas fica com maior peso específico?

b) qual das duas apresenta maior ângulo de atrito interno?

Solução: As areias de grãos arredondados ficam com maior peso específico do que as areias de grãos angulares, pois o formato arredondado permite maior acomodação. Apesar disso, as areias de grãos arredondados apresentam menor ângulo de atrito interno, pois os grãos rolam, uns em relação aos outros, com maior facilidade (consulte as Tabs. 2.1 e 13.1, com as respectivas justificativas).

Exercício 13.7 Duas areias têm grãos de formato semelhante e CNU = 3,5. O D_{60} da areia A é igual a 1,2 mm, enquanto que o D_{60} da areia B é de 0,25 mm, ou seja, a areia A é mais grossa que a areia B. Quando compactadas com a mesma energia:

a) qual das duas fica com maior peso específico?

b) qual das duas apresenta maior ângulo de atrito interno?

Solução: Se houver o mesmo formato da curva granulométrica e o mesmo formato dos grãos, o fato de a areia A ter grãos maiores do que os da areia B não indica que o seu peso específico seja maior, pois os vazios também serão maiores, na mesma proporção. Da mesma forma, não há muita diferença no ângulo de atrito interno, pois o entrosamento relativo e a dificuldade de rolagem dos grãos são da mesma ordem.

Exercício 13.8. Por que, em geral, uma areia grossa tem maior ângulo de atrito interno do que uma areia fina?

Solução: Porque, geralmente, as areias grossas são mais bem-graduadas do que as areias finas, e também porque as areias grossas normalmente são mais compactas do que as areias finas.

Exercício 13.9 Em alguns parques de diversão, existem tanques com esferas de plástico, nos quais as crianças pulam e afundam. Considerando que é um sistema de grãos, como as areias ou pedregulhos, quais são as características que permitem que as crianças de fato afundem quando pulam nesses tanques?

Solução: As crianças afundam porque a capacidade de carga do sistema particulado é baixa e ele rompe com o peso das crianças. A capacidade de carga é baixa porque o ângulo de atrito é baixo, pois o sistema é malgraduado e os grãos são arredondados. Se existissem esferas de diversos diâmetros, ficando o sistema bem-graduado, o ângulo de atrito seria maior e haveria maior dificuldade para afundar. Se, em vez de esferas, os corpos fossem cúbicos ou prismáticos, o ângulo de atrito seria maior, e seria maior a dificuldade de romper. Se as esferas fossem de menor diâmetro, o ângulo de atrito seria de valor semelhante; a facilidade de afundar seria, provavelmente, a mesma, mas as crianças seriam tentadas a colocá-las na boca e engasgar, sendo talvez essa a razão das esferas serem grandes.

Se as esferas fossem de material mais pesado, é possível que o ângulo de atrito fosse o mesmo, mas maior peso específico dos corpos provocaria maiores tensões confinantes e, consequentemente, maior resistência.

Exercício 13.10 Como varia o ângulo de atrito de uma areia com o nível de tensão a que está submetida? Por que se emprega um ângulo de atrito interno constante para uma areia numa determinada compacidade?

Solução: O ângulo de atrito interno de uma areia diminui ligeiramente com o nível de tensão a que ela está submetida, entre outros motivos, porque as forças transmitidas em cada contato entre os grãos são maiores e a quebra de grãos é mais acentuada. Apesar disso, como se sabe que a resistência das areias é nula para pressões confinantes nulas, adota-se um ângulo de atrito interno único para projetos com areias, mesmo porque a natural dispersão dos ensaios nem sempre permite que se determine com precisão a variação de ϕ' com a pressão confinante.

Exercício 13.11 A Fig. 13.14 mostra um talude de uma pilha de areia seca que, sendo de grande altura, pode ter sua estabilidade analisada pelo equilíbrio das forças P, R, L_1 e L_2, num elemento ABCD, adotando-se o plano CD em qualquer profundidade z, como o plano de eventual ruptura. Considere que L_1 e L_2 sejam de igual valor e verifique as tensões normal e de cisalhamento no plano CD resultantes do peso próprio P, sendo de 20° a inclinação i do talude, e compare os resultados com o ângulo de atrito interno da areia de 30°.

Solução: O peso do elemento ABCD é: $P = \gamma_n \cdot z \cdot L \cdot \cos i$. Essa força pode ser decomposta em duas, uma normal e outra tangencial ao plano CD: $N = P \cos i = \gamma_n \cdot z \cdot L \cdot \cos i \cdot \cos i$ e $T = P \operatorname{sen} i = \gamma_n \cdot z \cdot L \cdot \cos i \cdot \operatorname{sen} i$. As forças estão representadas na Fig. 13.15 (a). As tensões correspondentes são iguais a essas forças divididas pela área L. Tem-se:

$$\sigma = \gamma_n \cdot z \cdot \cos^2 i \quad \text{e} \quad \tau = \gamma_n \cdot z \cdot \cos i \cdot \operatorname{sen} i$$

Esses valores, representados no gráfico $\sigma \times \tau$, como se mostra na Fig. 13.15 (b), indicam um ponto abaixo da envoltória de resistência. Não há, portanto, ruptura. Definindo-se como coeficiente de segurança a relação entre a resistência ao cisalhamento e a tensão de cisalhamento para a mesma tensão normal, e tem-se:

$$F = \operatorname{tg} \phi' / \operatorname{tg} i = \operatorname{tg} 30° / \operatorname{tg} 20° = 1,6$$

A ruptura ocorrerá quando i for igual a ϕ'. Portanto, nenhuma pilha de areia pode ter inclinação maior do que o ângulo de atrito interno da areia, bem como nenhum talude natural em areia seca pode ter uma inclinação maior do que ϕ'. Nota-se que a obliquidade das tensões no plano CD pode ser calculada:

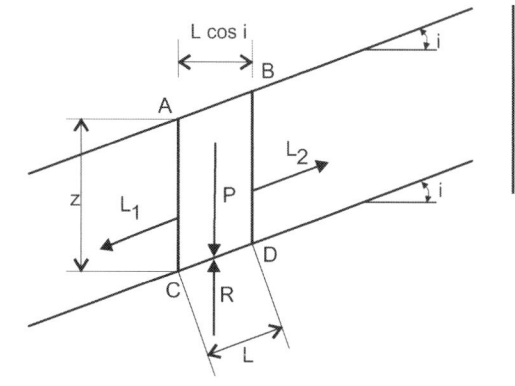

Aula 13

Resistências das Areias

Fig. 13.14

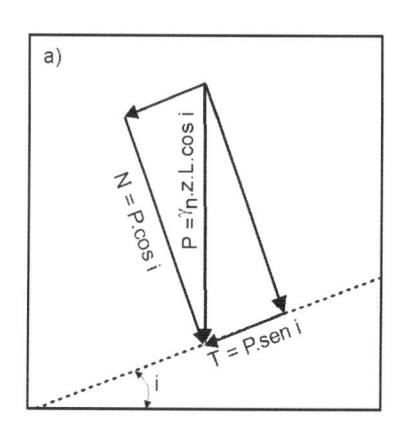

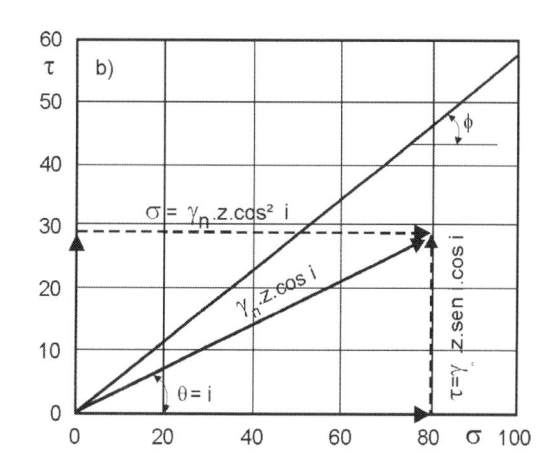

Fig. 13.15

$$\operatorname{tg} \theta = \frac{\gamma_n z \cdot \operatorname{sen} i \cdot \cos i}{\gamma_n z \cdot \cos^2 i} = \frac{\operatorname{sen} i}{\cos i} = \operatorname{tg} i$$

Portanto, a obliquidade das tensões é a própria obliquidade do talude: $\theta = i$.

Mecânica dos Solos

Exercício 13.12 Se uma areia seca não pode ser colocada numa pilha com inclinação maior do que o seu ângulo de atrito interno efetivo, como é que é possível moldar um castelo de areia na praia com taludes verticais?

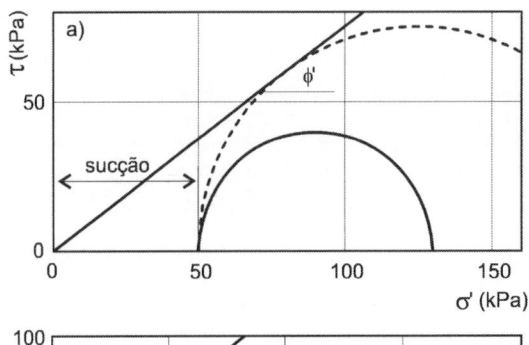

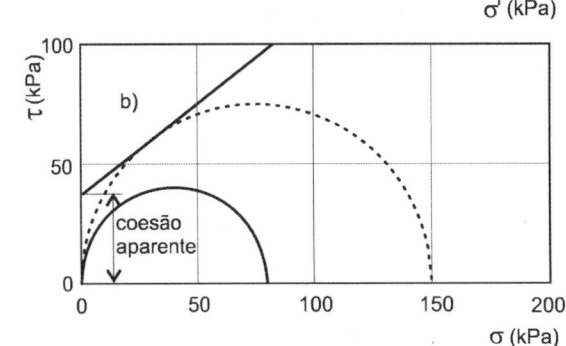

Fig. 13.16

Solução: Na praia, a areia costuma estar úmida. Nessa situação, a água é presente nos contactos entre as partículas. Em virtude da tensão superficial, a água encontra-se com pressão inferior à pressão atmosférica. A diferença de pressão entre a água e o ar, chamada de *tensão de sucção*, tende a aproximar as partículas. Quando a tensão total é nula e a pressão neutra é negativa, a tensão efetiva é positiva. Em termos de tensão efetiva, tem-se a situação mostrada na Fig. 13.16 (a), em que o círculo definido pelas tensões 50 e 130 kPa, corresponde ao estado em que as tensões totais eram de zero e 80 kPa, mas há uma tensão de sucção de 50 kPa. Para a tensão efetiva de 50 kPa, a tensão desviadora que provoca ruptura é de 150 kPa.

Em termos de tensões totais, o círculo de Mohr das tensões efetivas que provocariam a ruptura, deslocado para a posição de tensão confinante nula, define a envoltória mostrada na Fig. 13.16 (b), caracterizando uma *coesão aparente* de 40 kPa. O círculo de tensões totais atuantes situa-se abaixo dessa envoltória e justifica a estabilidade dos taludes verticais em areias úmidas.

Exercício 13.13 O muro de arrimo mostrado na Fig. 13.17 deveria suportar o empuxo provocado pela areia depositada ao seu lado. Entretanto, ele não suportou e passou a escorregar sobre a argila dura na qual se apoiava. Esse fato fez com que o empuxo da areia se reduzisse. Admitindo-se que na areia o plano principal maior seja sempre o plano horizontal, e que a areia tenha um ângulo de atrito interno de 36°, determine:

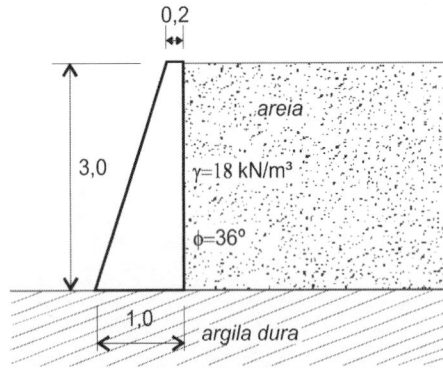

Fig. 13.17

a) o empuxo que a areia exerce sobre o muro, na sua situação de repouso;
b) o círculo de Mohr, correspondente a essa situação, para o ponto atrás do muro, na sua base;
c) por meio do círculo de Mohr, o menor valor do empuxo, quando o muro já se afastou, reduzindo as tensões horizontais ao mínimo possível;

d) nessa situação, que atrito deve estar mobilizado entre o muro e a argila dura da fundação? Considere que o concreto do muro tem um peso específico de 22 kN/m³.

Solução: Estuda-se a estabilidade do muro, considerando-se o equilíbrio das forças em uma seção do muro com 1 m de comprimento.

No estado de repouso, a areia deve apresentar um coeficiente de empuxo em repouso, K_0, que pode ser estimado pela equação de Jaky (Equação 12.1): $K_0 = 1 - \text{sen } \phi' = 1 - \text{sen } 36° = 1 - 0{,}59 = 0{,}41$. Num elemento na areia, junto à base do muro, a tensão vertical, devida ao peso próprio, é de: $\sigma_v = \gamma \cdot z = 18 \times 3 = 54$ kPa. A tensão horizontal vale $\sigma_h = K_0 \cdot \sigma_v = 0{,}41 \times 54 = 22$ kPa. O diagrama de empuxo é triangular, como se mostra na Fig. 13.18 (a), pois a tensão cresce proporcionalmente à profundidade. O empuxo total é de $E_0 = K_0 \cdot \gamma \cdot z^2/2 = 33$ kN.

No elemento junto à base do muro, o estado de tensões, definido por σ_h e por σ_v, é representado pelo círculo de Mohr na Fig. 13.18(b), e a envoltória de resistência corresponde a $\phi = 36°$.

Quando o muro se desloca, a tensão horizontal diminui. Em consequência, o círculo de Mohr aumenta de tamanho, até tangenciar a envoltória de resistência, não havendo variação da tensão vertical. Esse círculo indica o menor valor de tensão horizontal que o muro deve suportar. Se não suportar, o muro é deslocado indefinidamente e a areia se rompe segundo o plano de ruptura indicado na Fig. 13.18 (a). Da Fig. 13.18 (b) e da análise feita na seção 12.4, conclui-se que, nessa situação:

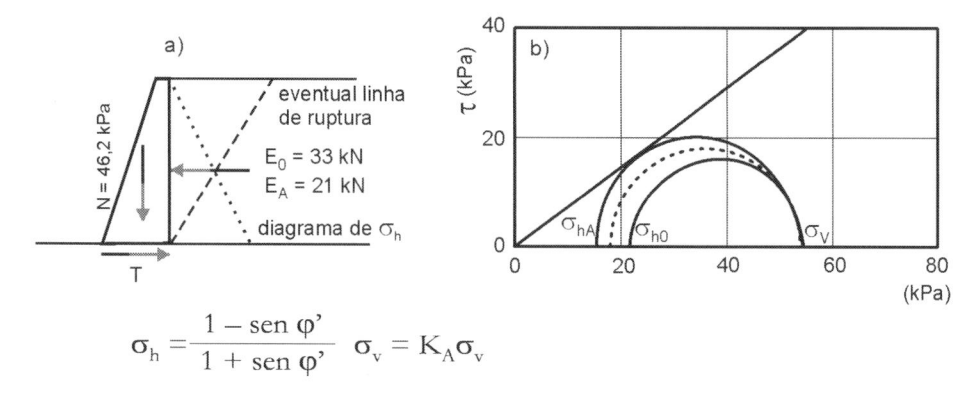

$$\sigma_h = \frac{1 - \text{sen } \varphi'}{1 + \text{sen } \varphi'} \sigma_v = K_A \sigma_v$$

Fig. 13.18

O símbolo K_A, chamado de coeficiente de empuxo ativo, corresponde a essa situação em que o solo atua ativamente contra o muro. A situação oposta corresponderia ao muro ser empurrado contra o solo, descrita como de empuxo passivo. No presente caso, tem-se $K_A = (1-\text{sen } \phi')/(1+ \text{sen } \phi) = 0{,}26$. Dessa forma, a tensão horizontal na base do muro vale $\sigma_h = K_A \cdot \sigma_v = 0{,}26 \times 54 = 14$ kPa, e o empuxo vale $E_A = (14 \times 3)/2 = 21$ kN.

Na base do muro, esse esforço horizontal deve ser equilibrado pelo atrito entre o muro e o solo na sua base, cuja resultante é a força T = 21kN. Sendo de 1 m a largura do muro na sua base, a tensão cisalhante é de $\tau = 21/1 = 21$ kPa. Por outro lado, o muro pesa $22 \times 3 \times (0{,}2 + 1)/2 = 39{,}6$ kN, sendo 22 kN/m³ o peso específico do muro. A tensão vertical na base é de $\sigma = 39{,}6/1{,}0 = 39{,}6$ kPa. O coeficiente de atrito na base deve ser $f = 21/39{,}6 = 0{,}53$, ao qual corresponde um ângulo de atrito de 28°.

AULA 14

RESISTÊNCIA DOS SOLOS ARGILOSOS

14.1 *Influência da tensão de pré-adensamento na resistência das argilas*

As argilas diferenciam-se das areias, por um lado, pela sua baixa permeabilidade, razão pela qual é importante o conhecimento de sua resistência tanto em termos de carregamento drenado como de carregamento não drenado.

Por outro lado, o comportamento tensão-deformação das argilas, quando submetidas a um carregamento hidrostático ou a um carregamento típico de adensamento edométrico, é bem distinto do comportamento das areias, que apresentam curvas tensão-deformação independentes para cada índice de vazios em que estejam originalmente, como se mostra na Fig. 14.1 (a). O índice de vazios de uma areia é consequente das condições de sua deposição na natureza. Carregamentos posteriores, que não criem tensões desviadoras elevadas, não produzem grandes reduções de índice de vazios. Uma areia fofa permanece fofa ainda que submetida a elevada sobrecarga. Para que uma areia esteja compacta, ela deve se formar compacta, ou ser levada a essa situação pelo efeito de vibrações, que provocam escorregamento das partículas.

As argilas sedimentares, ao contrário, formam-se sempre com elevados índices de vazios. Quando elas se apresentam com índices de vazios baixos, estes são consequentes de um pré-adensamento. Em virtude disto, diversos corpos de prova de uma argila, representativos de diferentes índices de vazios iniciais, apresentarão curvas tensão-deformação que, após atingir a pressão de pré-adensamento correspondente, fundem-se numa única reta virgem (Fig. 14.1 b).

A resistência de uma argila depende do índice de vazios em que ela se encontra, que é fruto das tensões atuais e passadas, e da estrutura da argila, conforme estudado na seção 2.4 da Aula 2. Para um bom desenvolvimento

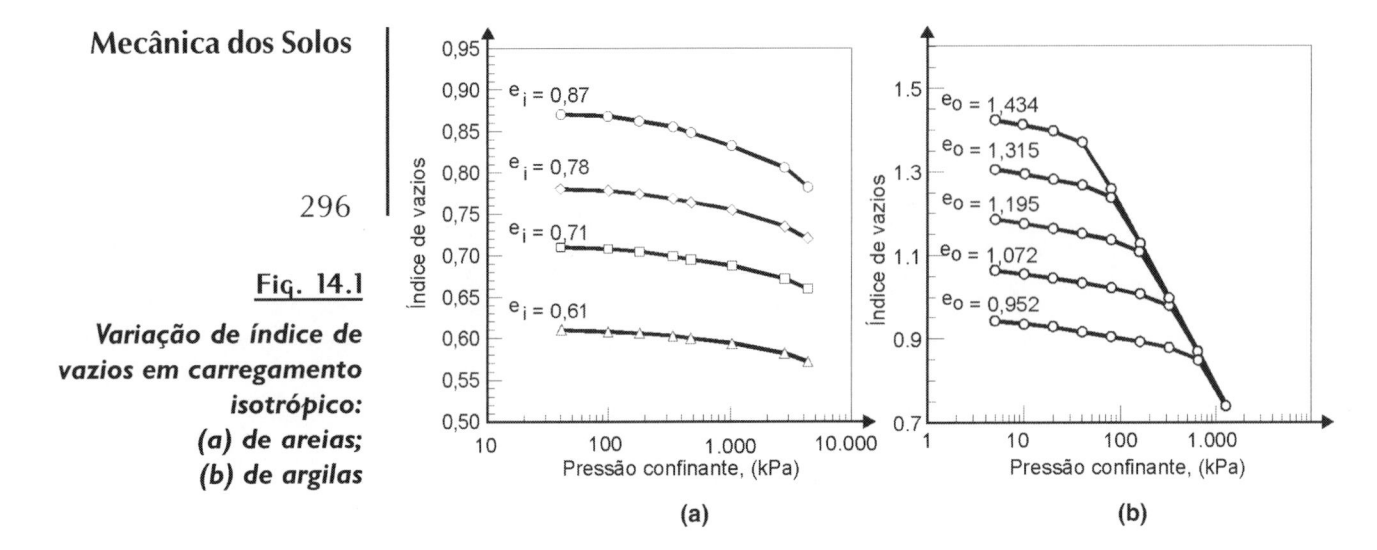

Fig. 14.1
Variação de índice de vazios em carregamento isotrópico:
(a) de areias;
(b) de argilas

do assunto, na presente aula, será estudado o comportamento de uma argila sem cimentação, sem levar em conta qualquer estrutura que ela possua.

O comportamento tensão-deformação no carregamento axial de uma argila dependerá da situação relativa da tensão confinante perante a sua tensão de pré-adensamento. Por esse motivo, serão analisados separadamente o comportamento para tensões confinantes acima da tensão de pré-adensamento (quando o corpo de prova está normalmente adensado na tensão de ensaio) e para tensões confinantes abaixo da tensão de pré-adensamento da amostra (quando o corpo de prova está sobreadensado).

14.2 Resistência das argilas em termos de tensões efetivas

A resistência ao cisalhamento das argilas, assim como a das areias, depende primordialmente do atrito entre as partículas, e, consequentemente, das tensões efetivas, ainda que na maioria dos casos a água dos poros possa estar sob pressão. O estudo da resistência das argilas deve se iniciar, portanto, pela análise de seu comportamento em ensaios drenados. São apresentados, a seguir, resultados típicos de argilas quando submetidas a ensaios triaxiais drenados, do tipo CD.

Argilas normalmente adensadas

Consideremos uma argila hipotética, cuja relação índice de vazios em função da pressão hidrostática de adensamento seja a indicada na Fig. 14.2 (a). Essa argila foi adensada, no passado, segundo a curva tracejada na figura, até uma tensão efetiva igual a 3 (as tensões estão indicadas por valores absolutos, independentes do sistema de unidades; 3 poderia ser 300 kPa, por exemplo). Essa argila apresenta, atualmente, a curva de índice de vazios em função da tensão confinante indicada pela linha contínua.

Durante a realização de dois ensaios, com tensões confinantes de 4 e de 8, ao se aplicar essas tensões, os corpos de prova adensam sob os seus efeitos, e estarão normalmente adensados sob esses valores. Ao se fazer o carregamento axial nesses ensaios, serão obtidas curvas com o aspecto indicado na parte (b) da Fig. 14.2. As tensões desviadoras crescem lentamente com as deformações verticais a que os corpos de prova são submetidos, e a máxima tensão desviadora ocorre para deformações específicas da ordem de 15 a 20%. Nota-se que as tensões desviadoras são proporcionais às tensões confinantes, de forma que, se os resultados forem como na Fig. 14.2 (f), na qual as ordenadas indicam as tensões desviadoras divididas pela tensão

Aula 14

Resistência dos Solos Argilosos

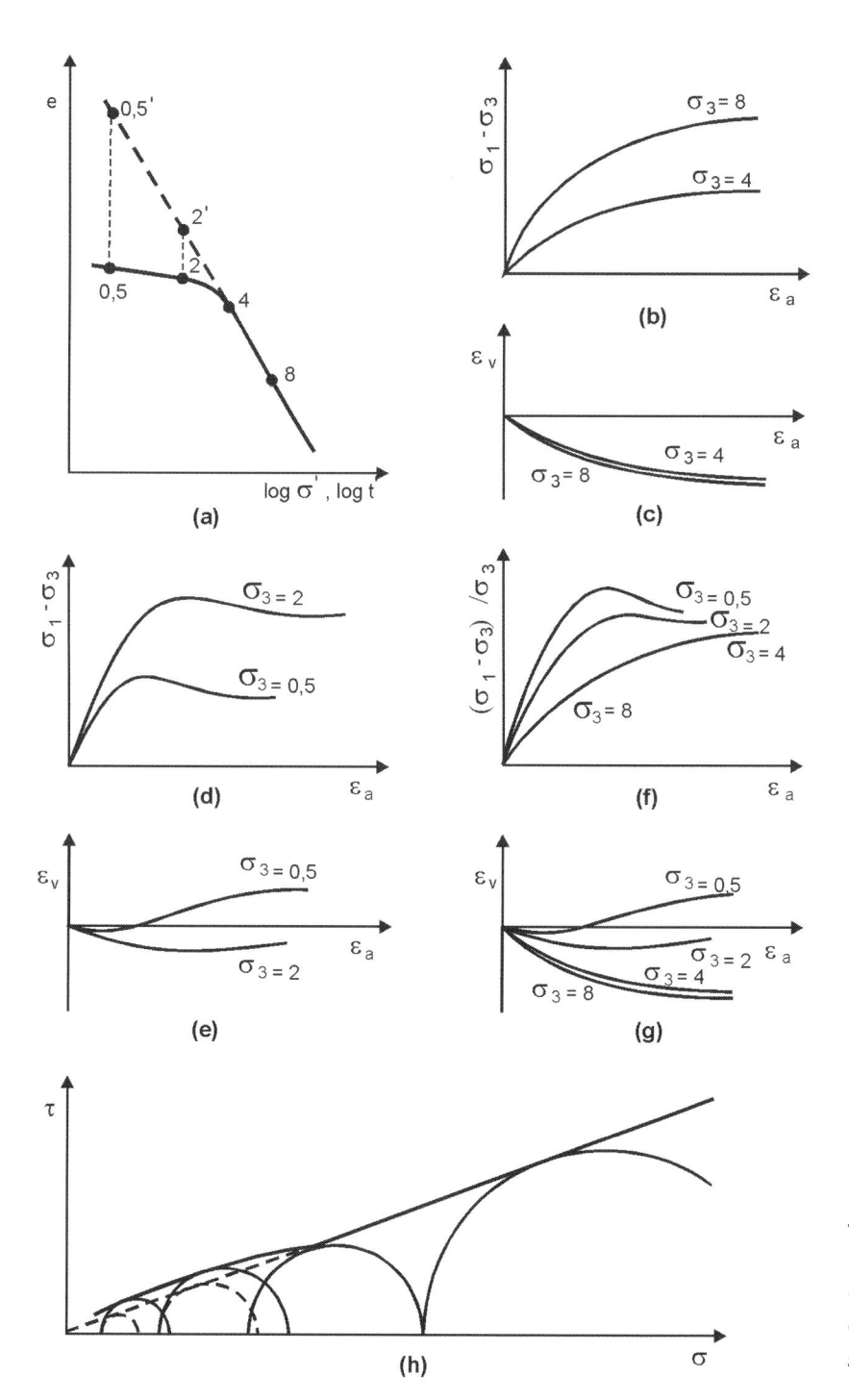

Fig. 14.2

Resultados de ensaios de compressão triaxial do tipo CD em argila saturada sem estrutura

confinante do ensaio, as duas curvas se confundem. Esse tipo de representação – parte (f) da Fig. 14.2 – é denominado *gráfico normalizado*.

Em consequência da proporcionalidade das tensões desviadoras máximas com a tensão confinante, os círculos de Mohr representativos do estado de tensões na ruptura são círculos que definem uma envoltória reta, cujo prolongamento passa pela origem, como indicado na Fig. 14.2 (h). A resistência de uma argila, nessas condições, caracteriza-se somente por um ângulo de atrito e é expressa pela equação:

$$\tau = \overline{\sigma} \cdot \text{tg } \varphi'$$

Observa-se que, durante o carregamento axial, o corpo de prova apresenta redução de volume, da mesma ordem de grandeza, ligeiramente maior apenas para confinantes maiores. Esse resultado está indicado nas Figs. 14.2 (c) 14.2 (g).

Resistência abaixo da tensão de pré-adensamento

Considere-se agora que, da amostra referida como exemplo no item anterior, com uma tensão de pré-adensamento igual a 3, moldem-se dois corpos de prova para ensaio triaxial drenado, com tensões confinantes iguais a 0,5 e a 2; portanto, abaixo da tensão de pré-adensamento.

Se esse solo não tivesse sido pré-adensado sob a tensão de 3, mas sob uma tensão menor do que 0,5, ao se fazerem os ensaios citados, os corpos de prova estariam, após adensamento sob a tensão confinante, nas posições indicadas pelos símbolos 0,5' e 2' da Fig. 14.2 (a). Nesse caso, esses corpos de prova estariam normalmente adensados e os resultados seriam semelhantes aos dos corpos de prova ensaiados nas condições indicadas pelas tensões confinantes 4 e 8, já estudados. Os resultados no gráfico normalizado (Fig. 14.2 f) seriam os mesmos, e os círculos de Mohr na ruptura tangenciariam a envoltória retilínea que passa pela origem.

Entretanto, o pré-adensamento sob a pressão 3 fez com que esses corpos de prova ficassem nas condições 0,5 e 2 na parte (a) da Fig. 14.2, ou seja, com índices de vazios menores do que os correspondentes aos corpos de prova nas condições 0,5' e 2'. Menor índice de vazios significa maior proximidade entre as partículas, donde um comportamento diferente que se manifesta pelos resultados indicados na Fig. 14.2 (d) e (e).

Esses resultados e a sua transposição para o gráfico normalizado da Fig. 14.2 (f) permitem as seguintes observações:

a) Quando o solo é ensaiado sob uma tensão confinante menor do que sua tensão de pré-adensamento, o crescimento da tensão axial em função da deformação se faz mais rapidamente, e o máximo acréscimo de tensão axial ocorre para menores deformações, tanto menores quanto maior a razão de sobreadensamento (no ensaio com confinante 0,5, RSA = 6, a deformação específica na ruptura é menor do que no ensaio com confinante 2, RSA = 1,5).

b) A máxima tensão desviadora suportada é maior do que a correspondente à mesma tensão confinante para o mesmo solo na situação de normalmente adensado, e a diferença é tanto maior quanto maior a razão de sobreadensamento.

c) A tensão desviadora máxima é bem distinta, com uma sensível redução da tensão axial para deformações maiores.

d) A diminuição de volume durante o carregamento axial é menos acentuada do que no caso do solo normalmente adensado, e pode ocorrer mesmo que o solo apresente um aumento de volume, após uma inicial redução, no caso de a razão de sobreadensamento ser elevada. Geralmente, aumentos de volume correspondem a razões de sobreadensamento maiores do que 4, o que é o caso do ensaio com a confinante 0,5, como se apresenta nas Figs. 14.2 (e) e 14.2 (g).

Envoltórias de resistência de argilas

Uma argila em estado natural sempre apresenta uma tensão de pré-adensamento. Portanto, ao ser submetida a ensaios de compressão triaxial, alguns ensaios poderão ser feitos com tensões confinantes abaixo e outros com tensões confinantes acima da tensão de pré-adensamento. O resultado final é aquele indicado na Fig. 14.2 (h). A envoltória de resistência é uma curva até a tensão de pré-adensamento, e uma reta, cujo prolongamento passa pela origem, acima desta tensão.

Por não ser prático trabalhar com envoltórias curvas, costuma-se substituir o trecho curvo da envoltória por uma reta que melhor a represente. Como há várias retas possíveis, deve-se procurar a reta que melhor se ajuste à envoltória, no nível das tensões do problema prático que se estiver estudando. Essa envoltória retilínea, como a indicada na Fig. 14.3, é definida pela equação:

$$\tau = c' + \sigma \cdot \text{tg } \varphi'$$

onde c' é chamado de *coesão efetiva*, ou, mais apropriadamente, *intercepto de coesão efetiva*.

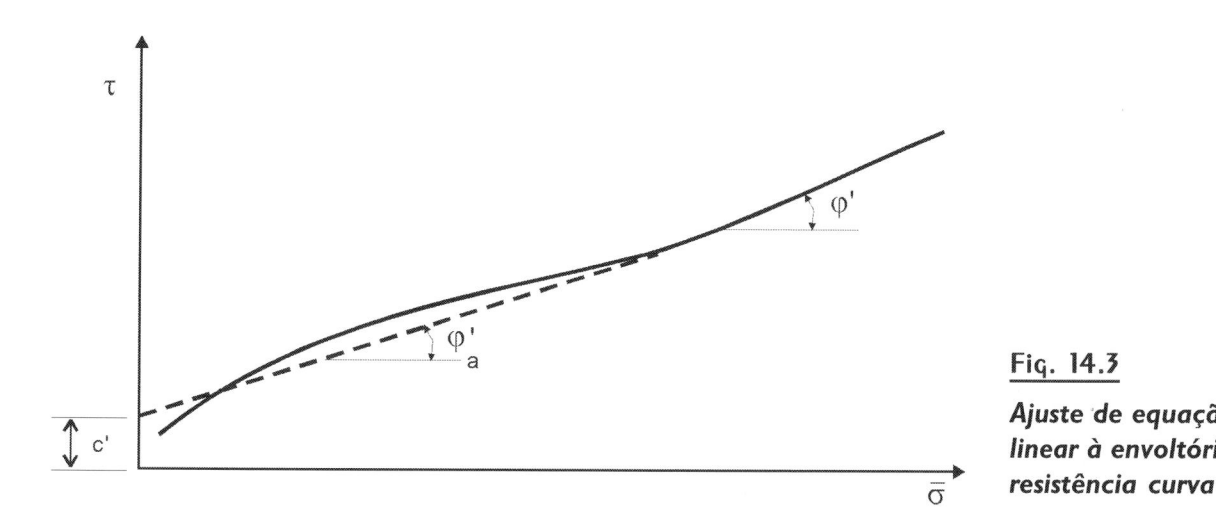

Fig. 14.3
Ajuste de equação linear à envoltória de resistência curva

Valores típicos de resistência de argilas

A resistência ao cisalhamento das argilas, acima da pressão de pré-adensamento, caracteriza-se pelo ângulo de atrito interno efetivo. O seu valor é variável conforme a constituição da argila, mas se observa que ele é tanto menor quanto mais argiloso é o solo. Apresentam-se, na Tab. 14.1, os valores obtidos em ensaios sobre argilas de diversas procedências e valores correspondentes às argilas variegadas da cidade de São Paulo, em função do índice de plasticidade das amostras.

Tab. 14.1
Valores típicos de ângulo de atrito interno de argilas, para tensões acima da tensão de pré-adensamento

Índice de Plasticidade	Ângulo de atrito interno efetivo (°)	
	Geral	São Paulo
10	30 a 38	30 a 35
20	26 a 34	27 a 32
40	20 a 29	20 a 25
60	18 a 25	15 a 17

Com relação ao trecho inicial da envoltória, os valores dependem da tensão de pré-adensamento do solo e do nível de tensões de interesse. Como se observa pelo aspecto da curva na Fig. 14.3, para tensões baixas, o intercepto de coesão é elevado e o ângulo de atrito é pequeno. Para tensões normais maiores, o intercepto de coesão é menor e o ângulo de atrito é maior. Por outro lado, o intercepto de coesão é tanto maior quanto maior a tensão de pré-adensamento do solo. Valores usuais de intercepto de coesão situam-se em torno de 5 a 50 kPa. Note-se que o intercepto de coesão não tem um significado físico de coesão, pois, na realidade, é somente o coeficiente linear da reta que se ajustou à envoltória curvilínea representativa da resistência do solo.

14.3 Comparação entre o comportamento das areias e das argilas

Com base nos resultados obtidos, observa-se que o comportamento das argilas normalmente adensadas é bastante semelhante ao das areias fofas: lento acréscimo de tensão axial com a deformação e diminuição de volume durante o carregamento.

Por outro lado, o comportamento de argilas confinadas a tensões significativamente menores do que a tensão de pré-adensamento (razões de sobreadensamento superiores a 4) é bastante semelhante ao das areias compactas: acréscimos mais rápidos da tensão axial, resistência de pico para pequenas deformações específicas, queda da resistência após atingir o valor máximo e aumento de volume durante o processo de cisalhamento.

Do mesmo modo que se identifica um índice de vazios crítico para as areias, pode-se identificar uma razão de sobreadensamento crítica para as argilas: é aquela com a qual o corpo de prova teria variação de volume zero quando a tensão axial de ruptura fosse atingida. Para uma tensão de pré-adensamento conhecida, a tensão confinante crítica seria aquela para a qual a variação de volume seria nula na ruptura; abaixo dela, o corpo de prova apresentaria dilatação na ruptura e, acima, o corpo de prova apresentaria diminuição de volume na ruptura. Não é costume se fazer referência a uma razão de sobreadensamento crítica, mas o conhecimento dessa característica é importante para a interpretação dos ensaios não drenados.

O que diferencia efetivamente o comportamento dos dois materiais é a compressibilidade perante as tensões confinantes. Enquanto as argilas sofrem sensíveis reduções de índice de vazios acima das tensões de pré-adensamento, isso não ocorre com as areias, como verificou pela comparação feita na Fig. 14.1. Por outro lado, enquanto a envoltória de resistência das areias passa pela origem, a envoltória das argilas apresenta um pequeno valor positivo para a tensão normal nula.

Essas pequenas diferenças seriam suficientes para se fazer uma distinção tão grande entre os dois materiais, a ponto de se chamarem as areias de *solos não coesivos* e as argilas de *solos coesivos*? Certamente que não. Essas expressões antecedem a própria ciência da Mecânica dos Solos, quando não havia o entendimento do efeito da pressão neutra no comportamento dos solos e se referem aos solos observados em termos de tensões totais. As areias geralmente têm condições de drenagem durante o carregamento e, portanto, quando se observa seu comportamento perante as tensões totais aplicadas, o que se verifica é, na realidade, o seu comportamento perante as tensões efetivas, pois as pressões neutras são nulas. Com relação às argilas, nos problemas de campo não há tempo para dissipação das pressões neutras e, embora fisicamente a resistência seja determinada pelas tensões efetivas, o comportamento visível, em termos de tensões totais, sugere que elas sejam material coesivo, cuja resistência independe da tensão normal. Esse comportamento será analisado nos itens que se seguem nesta e na próxima aula.

14.4 *Análises em termos de tensões totais*

O comportamento dos solos é determinado pelas tensões efetivas a que estiverem submetidos, as quais refletem as forças que se transmitem de grão a grão, das quais resultam as deformações do solo e a mobilização de sua resistência. Esta resulta, principalmente, do atrito entre as partículas e do seu rolamento e reacomodação, consequentes das forças transmitidas de partícula a partícula.

Na análise de um problema de estabilidade do solo, consequentemente, deve-se considerar as tensões efetivas atuantes no solo. As tensões totais aplicadas sempre são conhecidas. Para o conhecimento das tensões efetivas, é necessário o conhecimento das pressões neutras, não só as devidas ao nível d'água e a redes de percolação, como também as resultantes do próprio carregamento. Quando as pressões neutras podem ser conhecidas com razoável precisão, como, por exemplo, pela observação do comportamento de obra semelhante, a análise por tensões efetivas é sempre preferível. Entretanto, como a estimativa das pressões neutras pode ser muito difícil, realizam-se, com frequência, análises de estabilidade em termos das tensões totais atuantes.

Para a análise em termos de tensões totais, realizam-se ensaios não drenados e analisam-se os resultados em termos das tensões aplicadas. Admite-se, implicitamente, que as pressões neutras que surgem nesses ensaios são semelhantes às pressões neutras que surgiriam no carregamento real no campo. Se essa hipótese for verdadeira, a análise pelas tensões totais será semelhante à análise pelas tensões efetivas. Se a hipótese não for verdadeira, a análise será somente aproximada, assim como a análise pelas tensões efetivas, se não se conhecerem corretamente as pressões neutras atuantes. Aproximada por aproximada, empregam-se as soluções por tensões totais, que são mais fáceis.

Para a obtenção dos parâmetros de resistência em termos de tensões totais, é importante considerar a obra a que serão aplicados, conforme o ponto de vista apresentado. Um problema de escavação, por exemplo, em que há redução das tensões, não pode ser tratado da mesma maneira que um problema de fundações, onde haverá um carregamento. O desenvolvimento das tensões neutras em cada caso será diferente. O ensaio, em termos das tensões totais, deve representar o problema específico.

Entre os diversos procedimentos de carregamento, o mais comum consiste no ensaio em que a pressão confinante é mantida constante, enquanto a pressão axial é aumentada até a ruptura. Esse ensaio, evidentemente, aplica-se a problemas de carregamento.

14.5 *Resistência das argilas em ensaio adensado rápido*

No ensaio adensado rápido, representado pelos símbolos CU ou R, o corpo de prova é inicialmente submetido à pressão confinante e sob ela adensado. Isso pode requerer um, dois ou mais dias, dependendo da permeabilidade da argila. Ao final desse procedimento, a tensão efetiva de confinamento é igual à pressão confinante aplicada, e a pressão neutra é nula. A seguir, o sistema de drenagem é fechado e o carregamento axial aplicado. Em argilas saturadas, esse ensaio pode ser considerado como *ensaio sem variação de volume* ou *ensaio a volume constante*.

Consideremos, como foi feito para o estudo da resistência das argilas em ensaio drenado, uma argila saturada cuja relação do índice de vazios em função da pressão hidrostática de adensamento seja a indicada na Fig. 14.4 (a). O estudo do comportamento em ensaios CU será feito separadamente para pressões confinantes acima e abaixo da pressão de pré-adensamento.

Fig. 14.4

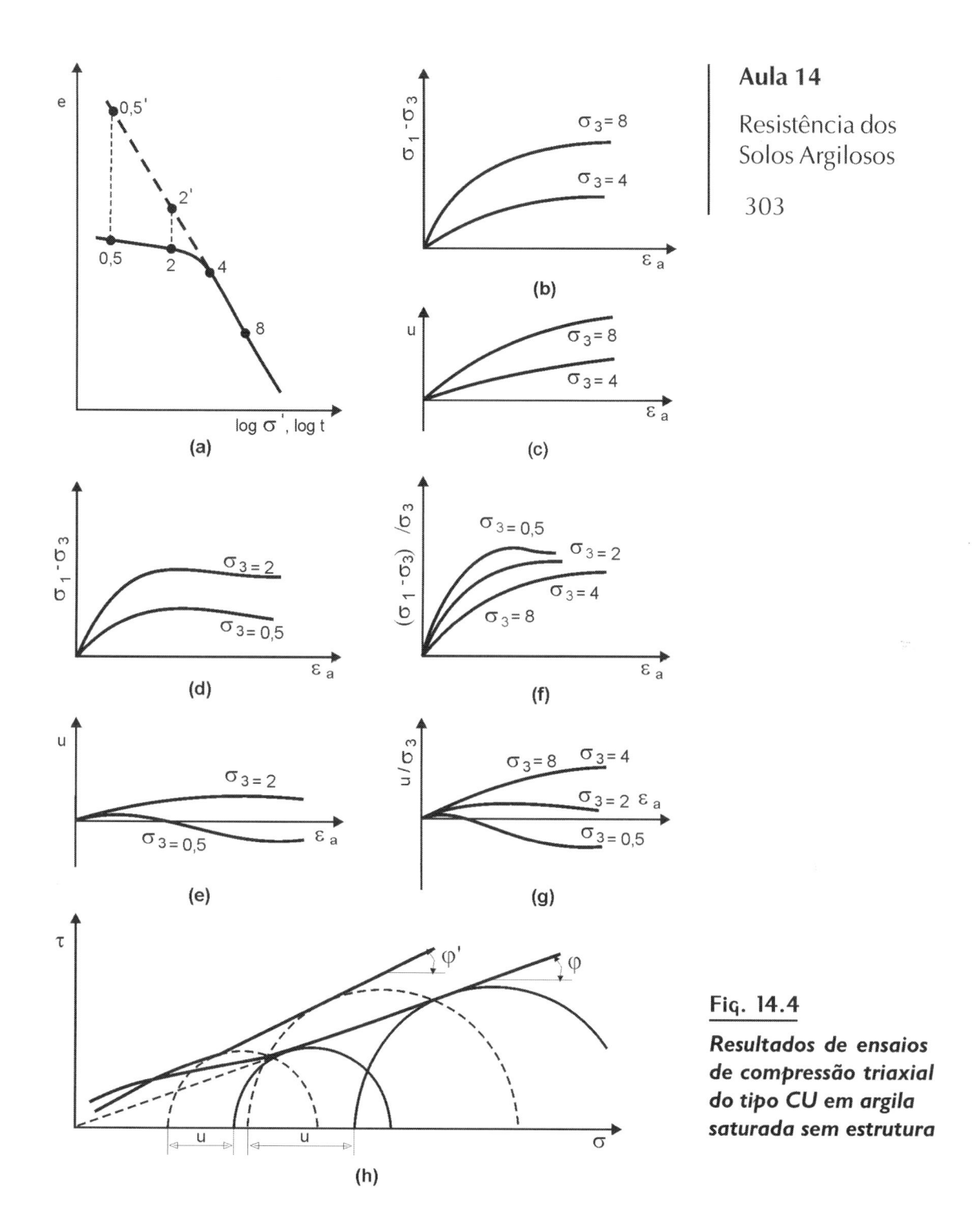

Resultados de ensaios de compressão triaxial do tipo CU em argila saturada sem estrutura

Argilas normalmente adensadas

Consideremos a realização de ensaio com pressão confinante 4 acima da tensão de pré-adensamento, a pressão 4, por exemplo, indicada na figura. Após a aplicação da pressão confinante e do adensamento correspondente, o corpo de prova encontra-se como se o ensaio fosse do tipo adensado drenado, CD. Nesse ensaio, o corpo de prova apresentaria o comportamento estudado na Aula 13, reproduzido na Fig. 14.5: diminuição de volume durante o carregamento axial e nenhuma tensão neutra, pois havia drenagem.

Fig. 14.5
Comparação entre carregamento axial drenado (ensaio CD) e não drenado (ensaio CU) de corpos de prova adensados sob a mesma tensão confinante, com o solo normalmente adensado

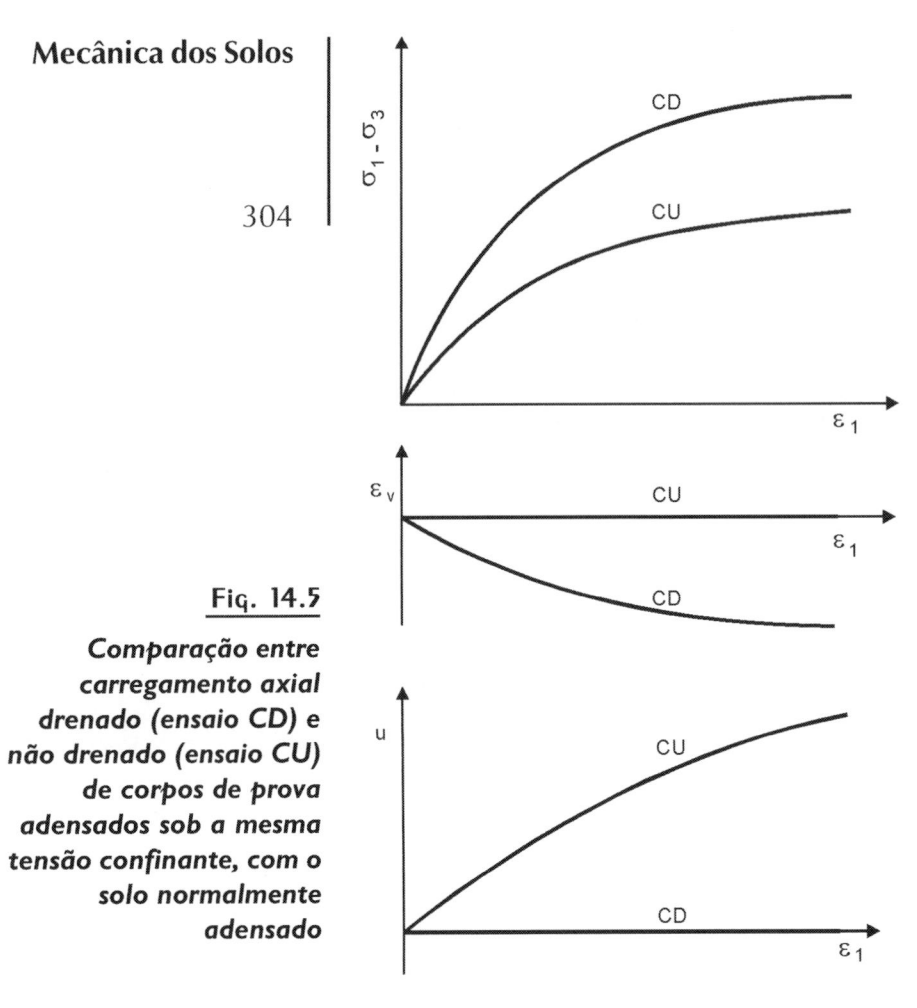

No ensaio *CU* agora considerado, não há drenagem. Em consequência, o carregamento axial provoca o aparecimento de uma pressão neutra, que reduz a tensão confinante efetiva sobre o corpo de prova, o que diminui a resistência da argila e, em consequência, a tensão desviadora suportada é menor do que seria no ensaio *CD* para as mesmas deformações específicas.

Esse comportamento mantém-se até que, na ruptura, o acréscimo de tensão axial seja menor do que o do ensaio *CD*, a pressão neutra é positiva e não há variação de volume.

Comportamento semelhante é observado em ensaios com outras tensões confinantes acima da tensão de pré-adensamento, como se mostra na Fig. 14.4 (b).

Tanto os máximos acréscimos de tensões axiais como as tensões neutras na ruptura são proporcionais às pressões confinantes. Dessa forma, se os resultados forem representados em gráficos normalizados (as tensões divididas pela pressão confinante), como na Fig. 14.4 (f), para ensaios com confinante 4 e 8, as curvas se confundem.

A interpretação correta desse ensaio é a caracterização da resistência não drenada em função da tensão de adensamento, que é a pressão confinante do ensaio. Nesse caso, pode-se dizer que, acima da tensão de pré-adensamento, a resistência não drenada é proporcional à tensão de adensamento. Entretanto, é comum interpretar os resultados dos ensaios *CU* em termos de círculos de Mohr, representativos do estado das tensões totais. A envoltória de resistência desses ensaios não tem muita aplicação prática, mas serve para o desenvolvimento de estudos de comportamento dos solos.

Da proporcionalidade entre o máximo acréscimo de tensão axial e a pressão confinante resulta que os círculos representativos do estado de tensões na ruptura determinam, como envoltória, uma reta cujo prolongamento passa pela origem, como se mostra na Fig. 14.4 (h). Portanto, a resistência acima da pressão de pré-adensamento caracteriza-se só por um ângulo de atrito interno, chamado de ângulo de atrito interno de ensaio CU, ϕ_{CU}.

Quando o ensaio é feito com medida das pressões neutras, ficam conhecidas as tensões efetivas na ruptura. Com os círculos de Mohr representados em termos das tensões efetivas (que são círculos de diâmetro igual aos das tensões totais deslocados para a esquerda do valor da tensão neutra), pode-se determinar a envoltória de resistência em termos de tensões efetivas, que é aproximadamente igual à envoltória obtida nos ensaios *CD*, como se mostra na Fig. 14.4 (h).

Deve ser notado que, na realidade, a ruptura ocorreu porque as tensões efetivas atingiram valores que determinaram sua ocorrência. Fisicamente, os círculos em termos de tensões totais é que resultam dos círculos em termos de tensões efetivas, e não o contrário.

Argilas sobreadensadas

Quando a tensão confinante de ensaio é menor do que a tensão de pré-adensamento do solo, após a primeira etapa do ensaio, quando o corpo de prova é adensado sob a tensão de confinamento, o solo encontra-se sobreadensado. Isso acontece quando, no exemplo apresentado na Fig. 14.4, a tensão confinante é igual a 2. A tensão confinante é a tensão de adensamento porque, sob ela, a pressão neutra foi reduzida a zero pela drenagem, e nessa operação tanto pode sair como entrar água no corpo de prova.

Após o adensamento, se o carregamento axial fosse feito com drenagem, o corpo de prova apresentaria uma diminuição de volume menor do que no caso do solo na condição de normalmente adensado, como visto na seção 14.2. Sem drenagem, ocorre um desenvolvimento de pressão neutra, que será menor do que a que se desenvolveria se a amostra estivesse normalmente adensada, pois menor é a tendência de redução de volume que foi impedida. O resultado típico, nessas condições, é indicado na Fig. 14.4 (e), para a situação correspondente à pressão igual a 2.

No ensaio *CD*, quando a tensão confinante é muito menor do que a tensão de pré-adensamento, ocorre um aumento de volume durante o carregamento axial, o que provoca a entrada de água no corpo de prova. No ensaio *CU*, não havendo drenagem, a água nos vazios do solo fica submetida a um estado de tensão de tração (da mesma maneira como ocorre numa seringa de injeção quando se puxa o êmbolo sem permitir a entrada de líquido). É o caso de um ensaio feito com tensão confinante igual a 0,5, no exemplo mostrado na Fig. 14.4, com o desenvolvimento da pressão neutra indicado nas Figs. 14.4 (e) e 14.4 (g).

Água sob pressão de tração significa pressão neutra negativa. Logo, a tensão confinante efetiva aumenta em igual valor. A esse aumento de tensão confinante efetiva corresponde um aumento de resistência e, em consequência, o acréscimo de tensão axial suportado é maior do que seria no ensaio *CD*, para as mesmas deformações específicas. Na ruptura, a tensão desviadora no ensaio *CU* é maior do que no ensaio *CD*, a pressão neutra é negativa e, naturalmente, não houve variação de volume. A comparação entre os dois ensaios para a mesma pressão confinante está na Fig. 14.6.

Se os resultados dos ensaios *CU* forem interpretados em termos de estados de tensões totais, como se mostra na Fig. 14.4 (h), constata-se que a envoltória de resistência apresenta-se como uma curva para tensões abaixo da pressão de pré-adensamento.

Mecânica dos Solos

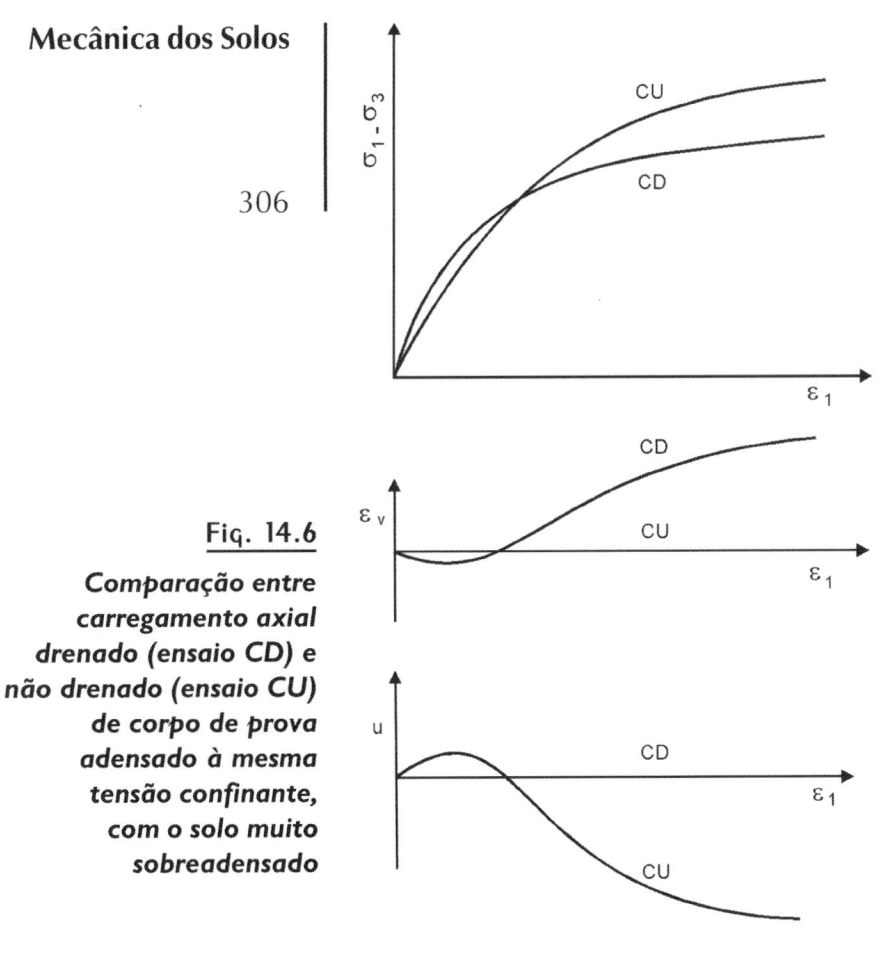

306

Fig. 14.6
Comparação entre carregamento axial drenado (ensaio CD) e não drenado (ensaio CU) de corpo de prova adensado à mesma tensão confinante, com o solo muito sobreadensado

Ao se comparar as duas envoltórias, observa-se que a envoltória em tensões totais de ensaios CU fica acima da envoltória em termos de tensões efetivas, para tensões normais pequenas, justamente no caso em que a pressão neutra é negativa no ensaio CU ou que a variação de volume é de dilatação no ensaio CD.

O ensaio CU, com medida de pressão neutra, é empregado com frequência para determinar a resistência em termos de tensões efetivas, pois é mais rápido e menos dispendioso do que o ensaio CD. É também muito empregado para determinar a resistência não drenada do solo, como se verá na Aula 15. A envoltória de resistência de ensaio CU justifica-se apenas para solos não saturados, como se verá na Aula 16.

14.6 Trajetória de tensões

Quando se representa o estado de tensões num solo em diversas fases de carregamento, num ensaio ou num problema prático, os círculos de Mohr podem ser desenhados, como se observa na Fig. 14.7. Num caso simples como o dessa figura, em que a tensão confinante se mantém constante enquanto a tensão axial aumenta, os círculos representam bem a evolução das tensões. Entretanto, quando as duas tensões principais variam simultaneamente, a representação gráfica pode se tornar confusa. Assim, criou-se a sistemática de representar as diversas fases de carregamento pela

Fig. 14.7
Evolução do estado de tensões representado por (a) círculos de Mohr; (b) pela trajetória das tensões

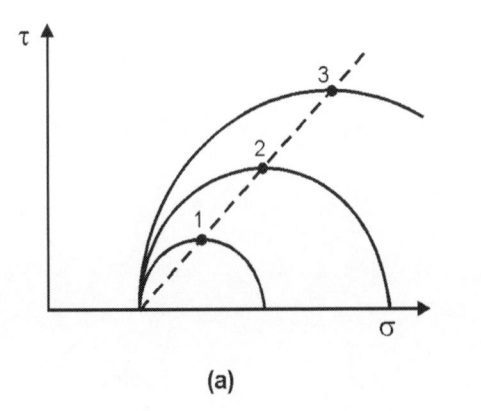

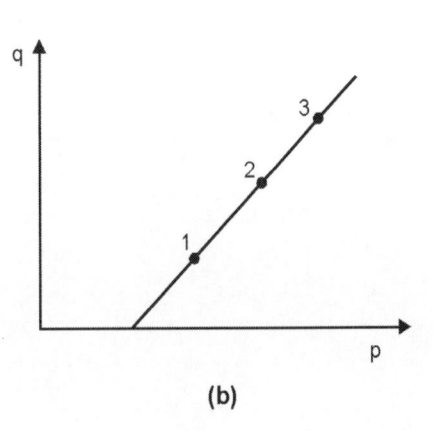

representação exclusiva dos pontos de maior ordenada de cada círculo, como os pontos 1, 2 e 3 da Fig. 14.7, ligados por uma curva que recebe o nome de *trajetória de tensões*.

Se p e q são as coordenadas dos pontos da trajetória, pela sua definição, tem-se:

$$p = \frac{\sigma_1 + \sigma_3}{2} \quad e \quad q = \frac{\sigma_1 - \sigma_3}{2}$$

Note-se que p é a média das tensões principais e q é a semidiferença das tensões principais, ou ainda, p e q são, respectivamente, a tensão normal e a tensão cisalhante no plano de máxima tensão cisalhante.

Na Fig. 14.8 estão representadas as trajetórias de tensões para os seguintes carregamentos:

Curva I: confinante constante e axial crescente.
Curva II: confinante decrescente e axial constante.
Curva III: confinante decrescente e axial crescente com iguais valores absolutos.
Curva IV: confinante e axial crescentes numa razão constante.
Curva V: confinante e axial variáveis em razões diversas.

Traçadas as trajetórias de tensões de uma série de ensaios, é possível determinar a envoltória a essas trajetórias. No caso da Fig. 14.9, essa envoltória é a reta FDI, que pode ser expressa pela equação:

$$q = d + p \cdot tg\beta$$

Os coeficientes desta reta, d e β, podem ser correlacionados com os coeficientes da envoltória de resistência, c e φ, como se demonstra geometricamente na Fig. 14.9. As retas FDI e GCH encontram-se no

Aula 14

Resistência dos Solos Argilosos

Fig. 14.8

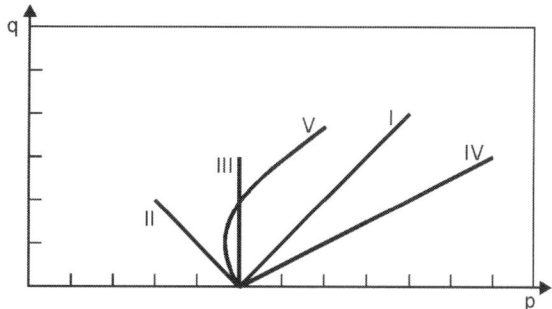

Representação de algumas trajetórias de tensão

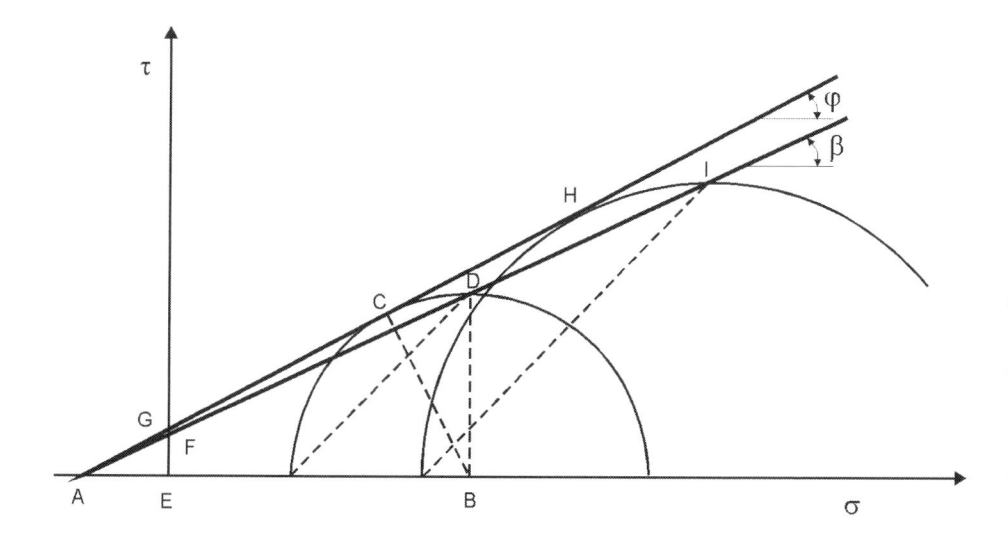

Fig. 14.9

Esquema para a correlação entre a envoltória aos círculos de Mohr e a envoltória às trajetórias de tensão

Mecânica dos Solos

ponto A, sobre o eixo das abscissas. Então, do triângulo ABD, tem-se BD = AB · tgβ. Do triângulo ABC, tem-se BC = AB · senφ. Sendo BC = BD, resulta:

$$\text{sen } \varphi = \tan \beta$$

Por outro lado, o intercepto c = EG = AE tgφ e o intercepto d = EF = AE tgβ. Ao se dividir essas duas expressões, tem-se:

$$\frac{c}{d} = \frac{tg\varphi}{tg\beta}$$

Como tgβ = senφ, resulta:

$$c = \frac{d}{\cos\varphi}$$

Essas expressões são muito úteis, por exemplo, para determinar a envoltória de resistência mais provável de um número muito grande de resultados. A representação de todos os círculos de Mohr tornaria o gráfico muito confuso. A representação só dos pontos finais das trajetórias de tensões, como mostra a Fig. 14.10, permite determinar a envoltória média mais provável, e, dela, a envoltória de resistência.

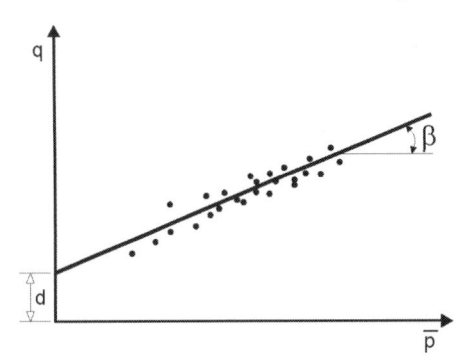

Fig. 14.10
Obtenção de envoltória de resistência para um número elevado de resultados

Trajetória de tensões efetivas

As trajetórias de tensões têm seu maior campo de aplicação nas solicitações não drenadas de laboratório ou de campo. Nesses casos, as tensões efetivas é que são geralmente representadas e mostram claramente o desenvolvimento das pressões neutras em função do carregamento, pois, na representação tradicional dos resultados dos ensaios, as pressões neutras são indicadas em função da deformação.

Consideremos um ensaio com manutenção da tensão confinante e acréscimo de tensão axial, representado na Fig. 14.11. A trajetória de tensões totais é uma linha reta, formando 45° com a horizontal. Consideremos que, com o acréscimo de tensão axial representado na figura tenha ocorrido uma pressão neutra igual a u. O círculo de tensões efetivas apresenta-se deslocado para a esquerda desse valor, assim como o ponto representativo do estado de tensões efetivas na respectiva trajetória.

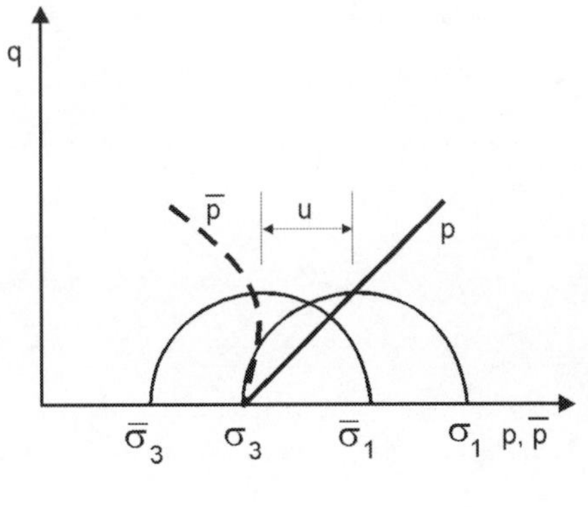

Fig. 14.11
Construção da trajetória de tensões efetivas, a partir da trajetória de tensões totais e da pressão neutra

Portanto, a diferença de abscissa de um ponto da trajetória de tensões efetivas ao correspondente ponto da trajetória de tensões totais indica a tensão neutra existente. Se a trajetória de tensões efetivas estiver para a esquerda, a tensão neutra é positiva; se para a direita, a tensão neutra é negativa. A trajetória de tensões totais geralmente não é representada, para maior clareza do gráfico. Sua direção é conhecida pelas condições do carregamento.

Aula 14
Resistência dos Solos Argilosos

14.7 Comparação entre os resultados de ensaios CD e CU

No decorrer desta aula, com frequência, foi feita uma comparação entre os resultados dos ensaios CD e CU. Com o auxílio das trajetórias de tensões efetivas dos ensaios CU, a comparação pode ser revista com proveito.

O primeiro ponto a recordar é que as rupturas ocorrem quando, qualquer que seja o carregamento ou as condições de drenagem, as tensões efetivas atingem os valores definidos pela envoltória de tensões efetivas.

Na Fig. 14.12, estão apresentadas as trajetórias de tensões efetivas determinadas em ensaios do tipo adensado rápido sobre argilas saturadas. Em virtude do carregamento e das pressões neutras consequentes, as tensões efetivas aproximam-se da envoltória efetiva, ocorrendo ruptura quando esta é atingida.

Três situações podem ser identificadas:

i) Quando a tensão confinante do ensaio é igual ou maior do que a tensão de pré-adensamento, em ensaios CD a compressão é da mesma ordem de grandeza. Nos ensaios CU, surgem pressões neutras, devido à impossibilidade de drenagem, proporcionais à tensão confinante, razão pela qual as trajetórias de tensão efetiva têm o mesmo aspecto, indicando um progressivo e crescente aumento das pressões neutras durante o carregamento;

ii) Quando a tensão confinante do ensaio é menor do que a tensão de pré-adensamento, mas não muito menor (RSA menor que mais ou menos quatro), em ensaios CD ocorre compressão, mas não tão grande quanto à dos ensaios com tensões confinantes maiores. Em consequência, surgem pressões neutras não tão acentuadas como no caso anterior. As trajetórias de tensão efetiva não se afastam tanto da trajetória de tensão total, tanto menos quanto maior a razão de sobreadensamento;

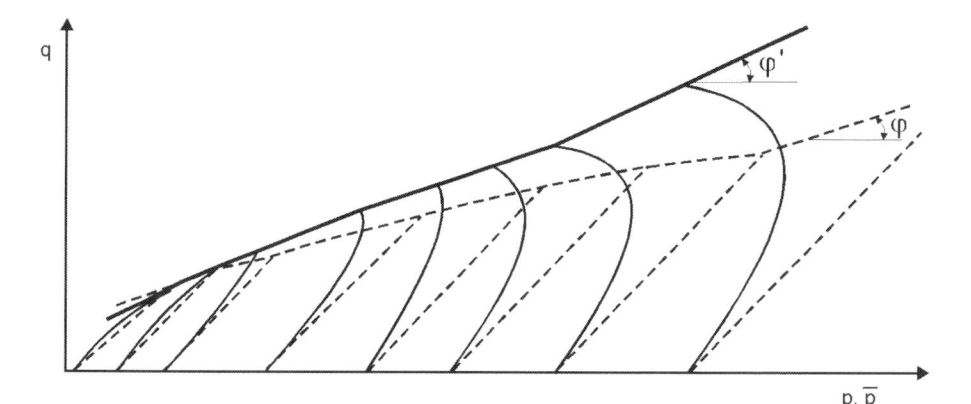

Fig. 14.12
Trajetórias de tensões totais e de tensões efetivas de argila abaixo e acima da tensão de pré-adensamento

iii) Quando a tensão confinante do ensaio é sensivelmente menor do que a tensão de pré-adensamento (RSA maior do que cerca de quatro), em ensaio CD ocorre dilatação. Para essas tensões de confinamento, nos ensaios CU surgem pressões neutras negativas. A trajetória de tensões efetivas passa para o lado direito da trajetória de tensões totais.

O ponto de cruzamento das duas envoltórias (como das envoltórias de resistência) correspondem à tensão de confinamento com a qual, se for feito um ensaio CD, não há variação de volume e, se for feito um ensaio CU, a pressão neutra na ruptura é nula.

Exercícios resolvidos

Exercício 14.1 Uma argila saturada, não estruturada, apresenta uma tensão de pré-adensamento, em compressão isotrópica, de 100 kPa, correspondente a um índice de vazios de 2. Seu índice de compressão é igual a 1 e seu índice de recompressão é igual a 0,1. Num ensaio CD convencional, com confinante igual a 100 kPa, essa argila apresentou tensão desviadora na ruptura igual a 180 kPa e variação de volume de 9%.

(a) Qual é a envoltória de resistência dessa argila para tensões acima da tensão de sobreadensamento?

(b) Outro ensaio CD foi realizado com a mesma argila, com confinante igual a 200 kPa. Pergunta-se: (1) qual é a tensão desviadora na ruptura? (2) qual é o índice de vazios do corpo de prova após a aplicação da pressão confinante? e (3) qual é o índice de vazios na ruptura?

Solução: (a) Para tensões acima da tensão de sobreadensamento, a envoltória é uma reta que passa pela origem. Com o círculo de Mohr correspondente à ruptura do primeiro ensaio, como se mostra na Fig. 14.13 (a), a envoltória de resistência fica definida. Graficamente, verifica-se que o ângulo de atrito interno é de 28,3°.

O ângulo de atrito também poderia ser obtido analiticamente, considerando-se a fórmula 12.7:

$$\varphi = \text{arc sen}\left(\frac{(\sigma_1 - \sigma_3)_r}{(\sigma_1 + \sigma_3)_r}\right) = \text{arc sen } \frac{180}{380} = 28{,}3°$$

(b.1) As tensões desviadoras na ruptura são proporcionais às tensões confinantes quando o solo está sob tensão confinante igual ou acima da tensão de pré-adensamento, como no caso (a envoltória é uma reta cujo prolongamento passa pela origem). Portanto, a tensão desviadora na ruptura é:

$$(\sigma_1 - \sigma_3)_r = \left[\frac{(\sigma_1 - \sigma_3)_r}{\sigma_{3r}}\right]_{Ens} \sigma_{3r}$$

$$(\sigma_1 - \sigma_3)_r = \frac{180}{100} \times \sigma'_3 = 1,8 \times 200 = 360 \text{ kPa}$$

Aula 14

Resistência dos Solos Argilosos

311

Graficamente, por tentativas, partindo-se da tensão principal menor de 200 kPa, traçam-se círculos de Mohr até se encontrar o que tangencia a envoltória. Verifica-se que isso ocorre para $\sigma'_1 = 560$ kPa, como se mostra na Fig. 14.13 (a).

(b.2) Quando o corpo de prova se adensa sob o efeito da passagem da pressão confinante de 100 para 200 kPa, ele sofre uma compressão indicada pelo seu índice de compressão, conforme definido em 9.3 (Equação 9.4): $(e_1 - e_2) = C_c \cdot (\log \sigma'_2 - \log \sigma'_1) = 1,0 \times (\log 200 - \log 100) = 0,3$.

Portanto, o corpo de prova fica com um índice de vazios igual a 2 - 0,3 = 1,7 após adensamento sob a confinante de 200 kPa.

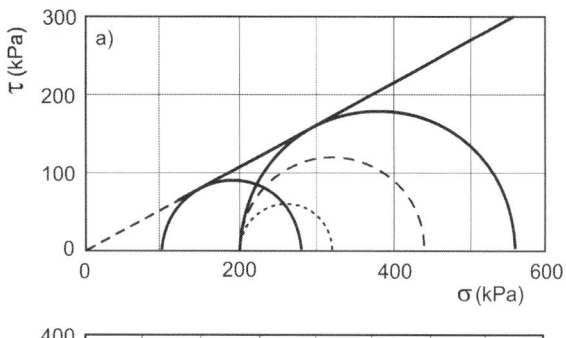

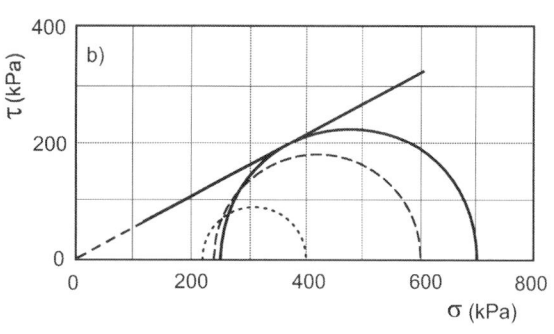

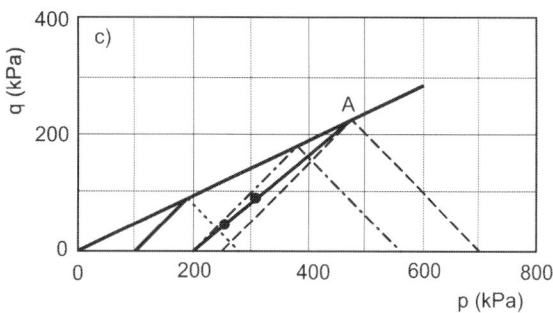

Fig. 14.13

(b.3) No ensaio feito com $\sigma_3 = 100$ kPa, houve uma variação de volume de 9%, que também ocorre nos ensaios feitos com pressões confinantes superiores (vide Fig. 14.2 c). A essa variação de volume corresponde uma variação de índice de vazios que pode ser calculada pela Equação (9.2):

$$(e_1 - e_2) = \varepsilon_v (1 + e_1) = 0,09 \times (1 + 1,7) = 0,24$$

Portanto, durante o carregamento axial, o corpo de prova se contrai, seu índice de vazios diminuem 0,24, ficando, ao final, com um índice de vazios da ordem de 1,7 - 0,24 = 1,46.

Exercício 14.2 Com o mesmo solo do Exercício 14.1, foi feito outro ensaio de compressão CD, com confinante de adensamento igual a 200 kPa. Na solicitação posterior, a pressão confinante é aumentada durante o carregamento axial em 10% dos acréscimos de tensão axial aplicados. Qual deve ser a pressão confinante e a tensão desviadora na ruptura? Lembrar que o comportamento do solo, durante o carregamento, é normalmente adensado, pois a pressão confinante, em qualquer instante, é a maior a que o solo esteve submetido.

Solução: Com o desenho do círculo de Mohr do primeiro ensaio e a envoltória de resistência para a condição normalmente adensado, pode-se encontrar, por tentativas, o círculo de Mohr que corresponda a um acréscimo de tensão confinante igual a 10% do acréscimo de tensão axial e tangencie a envoltória, como se mostra na Fig. 14.13 (b). A solução ocorre para $\sigma'_3 = 250$ kPa e $\sigma'_1 = 700$ kPa, donde $(\sigma_1 - \sigma_3)_r = 450$ kPa.

A solução para essa questão é bem mais facilmente obtida pelo emprego das trajetórias de tensão, como se mostra na Fig. 14.13 (c). Ao ângulo de atrito interno $\phi' = 28{,}3°$ corresponde um ângulo à envoltória das trajetórias $\beta = 25{,}3°$, pois, como visto na seção 14.6, sen ϕ' = tg β. A trajetória correspondente ao carregamento proposto é uma reta que parte da tensão normal de 200 kPa e passa por um ponto, por exemplo, correspondente a $\sigma'_3 = 210$ kPa e $\sigma'_1 = 300$ kPa ($p' = 255$ kPa e $q = 45$ kPa), pois esse estado satisfaz o carregamento proposto. A intersecção da trajetória com a envoltória (ponto A na figura) indica a ruptura. A ela corresponde $p' = 475$ kPa e $q = 225$ kPa, donde $\sigma'_3 = 250$ kPa e $(\sigma_1 - \sigma_3) = 450$ kPa.

Pode-se obter a solução analiticamente. Note-se que, na ruptura, como se determinou no Exercício 14.1, $(\sigma_1 - \sigma_3)_r = 1{,}8 \, \sigma'_{3r}$, o que indica que, na ruptura, $\sigma'_{1r} = 2{,}8 \, \sigma'_{3r}$. Por outro lado, denominando-se $\Delta\sigma_1$ o acréscimo de tensão axial aplicado, durante o carregamento, tem-se:

$$\sigma'_1 = 200 + \Delta\sigma'_1 \quad \text{e} \quad \sigma'_3 = 200 + 0{,}1.\Delta\sigma'_1$$

Ao substituir-se essas expressões na equação $\sigma'_{1r} = 2{,}8 \, \sigma'_{3r}$, determina-se que $\Delta\sigma'_1 = 500$ kPa. Consequentemente, na ruptura, tem-se $\sigma'_{3r} = 250$ kPa e $\sigma'_{1r} = 700$ kPa, como se havia determinado pelos dois procedimentos anteriores.

Neste exercício, a solução analítica é mais rigorosa, por independer de precisão gráfica; entretanto, a solução pela trajetória de tensões é mais prática e expressa bem o efeito do carregamento e a aproximação da situação de ruptura. As soluções por trajetórias de tensão são especialmente interessantes quando o carregamento é feito com qualquer trajetória de tensões (qualquer variação de tensão axial e de tensão confinante).

Exercício 14.3 Com a argila citada na questão anterior, fez-se um ensaio *CD* com pressão confinante de 50 kPa, observando-se ruptura para um acréscimo de tensão axial de 100 kPa e uma diminuição de volume igual a 5%.

Noutro ensaio *CD*, com confinante de 20 kPa, a ruptura ocorreu para um acréscimo de tensão axial de 46 kPa, observando-se um acréscimo de volume 0,6%.

Em outro ensaio *CD*, com confinante de 10 kPa, a ruptura ocorreu para um acréscimo de tensão axial de 25 kPa, observando-se um acréscimo de volume de 2,5%. Determine a envoltória de resistência desse solo.

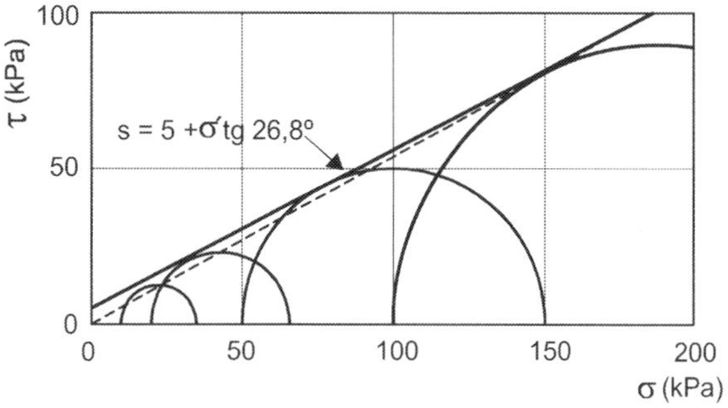

Aula 14
Resistência dos Solos Argilosos

313

Solução: Os ensaios foram feitos com tensões confinantes abaixo da tensão de pré-adensamento da amostra, citada como de 100 kPa. Representando-se os círculos de Mohr na ruptura para os ensaios citados, observa-se que

Fig. 14.14

eles ultrapassam a reta correspondente à envoltória de resistência desse solo no estado normalmente adensado. A envoltória correspondente a esse estado de sobreadensamento é, na realidade, uma curva. Para trabalhos de engenharia, entretanto, ajusta-se uma envoltória retilínea no trecho correspondente ao nível de tensão em que os resultados serão empregados. No caso em questão, a envoltória $s = 5 + \sigma'.\text{tg } 26,8°$ representa adequadamente a resistência para tensões entre 30 e 150 kPa (Fig. 14.14).

Exercício 14.4 Se um corpo de prova da amostra tratada nos exercícios anteriores for adensado sob a confinante de 200 kPa e depois descarregado com drenagem, até a confinante de 50 kPa e, a seguir, carregado axialmente com drenagem, estime a tensão desviadora na ruptura e o índice de vazios da amostra na ruptura.

Solução: Essa amostra estará sobreadensada, com razão de sobreadensamento de $RSA = 200/50 = 4$. Ao se analisar os resultados apresentados no Exercício 14.3, observa-se que a relação entre a tensão desviadora na ruptura e a tensão confinante depende da razão de sobreadensamento, como se mostra na Tab. 14.2.

Tab. 14.2 *Relação entre tensão desviadora na ruptura e tensão confiante*

Ensaio	Tensão de adensamento (σ'_{3m})	Tensão confinante de ensaio (σ'_3)	RSA razão de sobreadensamento (σ'_{3m}/σ'_3)	Tensão desviadora na ruptura $(\sigma_1-\sigma_3)_r$	RR, razão de resistência $(\sigma_1-\sigma_3)_r/\sigma'_3$	Variação de volume ε_v
1	100	100	1	180	1,8	9
2	100	50	2	100	2,0	5
3	100	20	5	46	2,3	-0,6
4	100	10	10	25	2,5	-2,5

Mecânica dos Solos

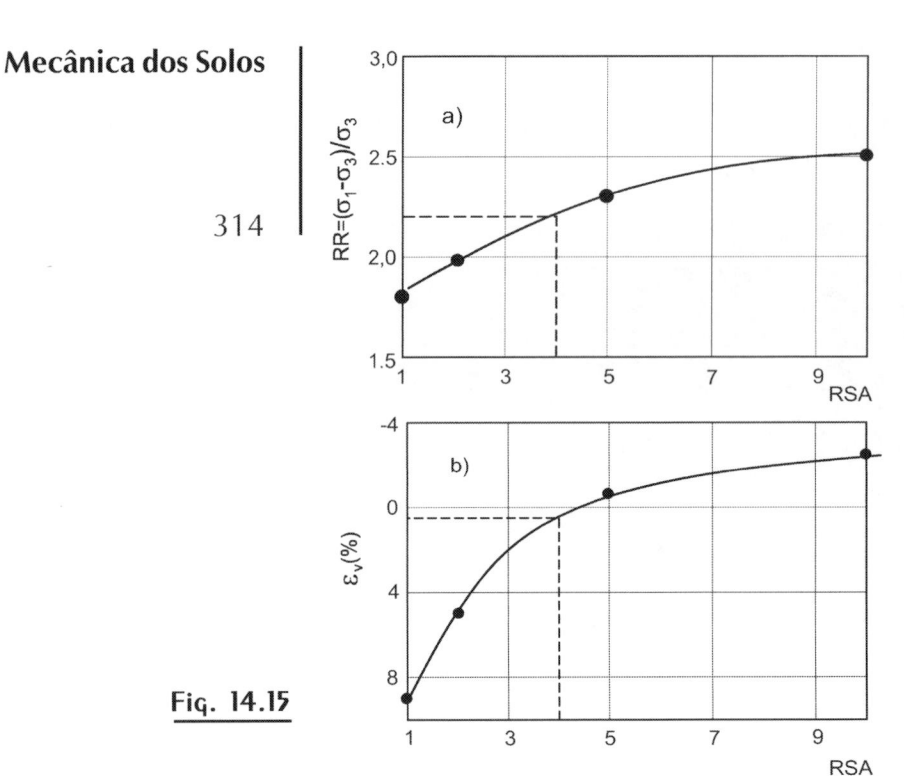

314

Fig. 14.15

Esses dados, colocados em gráfico na Fig. 14.15 (a), mostram a variação da razão de resistência, RR, com a razão de sobreadensamento, RSA. Do gráfico, verifica-se que, com $RSA = 4$, $RR = 2,2$. Estima-se, portanto, que, no ensaio proposto, a tensão desviadora na ruptura seja de $2,2 \times 50 = 110$ kPa.

Da mesma forma, a variação de volume é função da RSA, como os dados da Tab. 14.2 e da Fig. 14.15 (b) indicam. Por interpolação, conclui-se que, com $RSA = 4$, a variação de volume é muito pequena, da ordem de 0,5% em compressão.

Quando o corpo de prova foi adensado sob a pressão confinante de 200 kPa, ele teria ficado com $e = 1,7$, como se determinou no Exercício 14.1. Quando o corpo de prova teve sua tensão confinante reduzida para 50 kPa, ele apresentou uma dilatação, cujo valor pode ser estimado pelo índice de recompressão:

$$(e_1 - e_2) = C_r \cdot (\log \sigma'_2 - \log \sigma'_1) = 0,1 \times (\log 50 - \log 200) = -0,06$$

Então, ficou com $e = 1,76$. Para a variação de volume durante o carregamento axial acima determinada, $\varepsilon_v = 0,5$ %, a variação do índice de vazios é estimada pela Equação (9.2):

$$(e_1 - e_2) = \varepsilon_v (1 + e_1) = 0,005 \times (1 + 1,76) = 0,01$$

Na ruptura, o índice de vazios desse corpo de prova deve ser da ordem de 1,75.

Exercício 14.5 Com o solo citado no Exercício 14.1, que apresentou um ângulo de atrito interno efetivo de 28,3°, foi feito um ensaio de compressão triaxial do tipo adensado drenado, CU, em que não há drenagem durante o carregamento axial, com pressão confinante de 200 kPa, e ocorreu ruptura quando a tensão desviadora era de 190 kPa. Estimar: (a) a pressão neutra na ruptura; (b) a trajetória de tensões efetivas desse ensaio.

Solução: Adensado sob a pressão confinante de 200 kPa, e carregado axialmente com drenagem, o solo rompia com $(\sigma_1 - \sigma_3)_r = 360$ kPa, como se viu no Exercício 14.1. Sem drenagem, a ruptura ocorreu com $(\sigma_1 - \sigma_3)_r = 190$ kPa, porque a pressão neutra desenvolvida durante o carregamento axial diminuiu a tensão confinante efetiva. A Fig. 14.16 (a) apresenta o círculo de Mohr em termos de tensões totais. O círculo de tensões efetivas tem o mesmo diâmetro e está afastado para a esquerda, até tangenciar a envoltória de resistência efetiva. Constata-se que isso ocorre quando o afastamento é de 95 kPa, valor que indica a pressão neutra na ruptura.

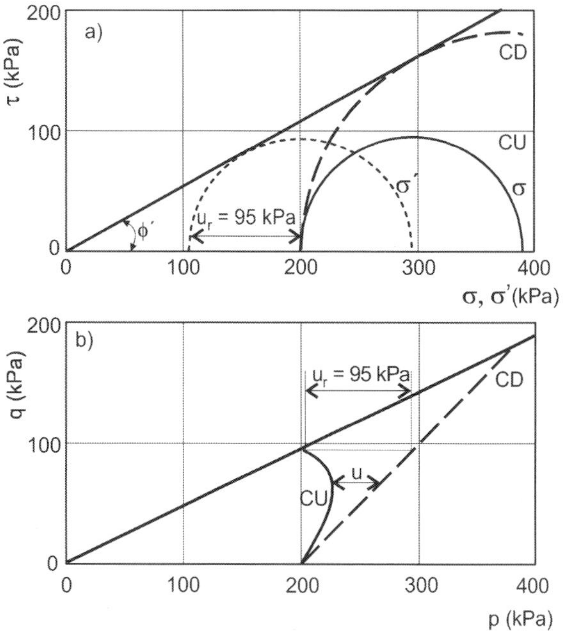

Na Fig. 14.16 (b) são apresentadas as trajetórias de tensões efetivas dos ensaios CD e CU com $\sigma_3 = 200$ kPa. A trajetória do ensaio CU é aproximada, e só é rigorosa no ponto de ruptura.

Aula 14

Resistência dos Solos Argilosos

Fig. 14.16

Exercício 14.6 Se com a mesma amostra dos exercícios anteriores for feito um ensaio CU com $\sigma_3 = 400$ kPa, quais seriam a tensão desviadora na ruptura e a pressão neutra na ruptura?

Solução: Com o solo normalmente adensado, a tensão desviadora e a pressão neutra na ruptura são proporcionais à tensão de adensamento da amostra. Tem-se, portanto:

$$(\sigma_1 - \sigma_2)_r = \frac{190}{200} \times 400 = 380$$

Exercício 14.7 Se um corpo de prova da mesma amostra for adensado sob $\sigma_3 = 400$ kPa e, a seguir, tiver a pressão confinante reduzida para 50 kPa, ainda ocorrendo drenagem, e, finalmente, for submetido a carregamento axial sem drenagem (ensaio CU), pode-se estimar se ele apresentará pressão neutra positiva ou negativa na ruptura? Pode-se estimar se a tensão desviadora na ruptura será maior ou menor do que num ensaio CD?

Solução: O corpo de prova estará sobreadensado antes do início do carregamento axial, com $RSA = 400/50 = 8$. Se fosse ensaiado com drenagem (ensaio CD), esse corpo de prova apresentaria aumento de volume na ruptura, como se verifica pelos dados da Tab. 14.2 e da Fig. 14.15. Portanto, sendo essa dilatação impedida, por não haver drenagem, a pressão neutra na ruptura será negativa.

Em razão disso, no ensaio CU a tensão confinante efetiva será maior do que a tensão confinante total aplicada, enquanto que no ensaio CD a tensão confinante efetiva é igual à tensão confinante total do ensaio. Para maior tensão confinante efetiva, maior resistência. Portanto, para o solo com RSA = 8, a resistência no ensaio CU é maior do que no ensaio CD.

Exercício 14.8 Para o solo em estudo, previamente adensado com σ_3 = 300 kPa, para que pressão de confinamento ele deve ser aliviado, com drenagem, para que apresente a mesma resistência tanto no ensaio CU como no ensaio CD?

Solução: Observa-se pela Fig. 14.15 que, quando a razão de sobreadensamento é de 4,3, o solo não apresenta contração ou dilatação na ruptura, quando submetido a um ensaio CD. Isso significa que, na ruptura, a quantidade de água no corpo de prova é igual à inicial, embora durante o carregamento possa ter ocorrido uma pequena saída de água seguida de entrada de água em igual quantidade. Não há drenagem, mesmo que os registros estejam abertos. Portanto, se ele for submetido a um carregamento sem drenagem (ensaio CU), a pressão neutra será nula, a tensão confinante efetiva será igual à confinante total, e o resultado será igual ao do ensaio CD.

Em consequência, se o corpo de prova tiver sido adensado com σ_3 = 300 kPa e depois tiver sua confinante abaixada para 300/4,3 = 70 kPa, num ensaio CD não haverá variação de volume e num ensaio CU não haverá desenvolvimento de pressão neutra. Os dois ensaios apresentarão a mesma resistência. Para pressões confinantes abaixo de 70 kPa, os ensaios CU apresentarão resistências superiores às dos ensaios CD, ocorrendo o inverso para pressões confinantes acima de 70 kPa.

Exercício 14.9 De uma amostra de argila saturada, com tensão de pré-adensamento de 125 kPa, foi realizado um ensaio de compressão triaxial CU, com pressão confinante de 150 kPa, ocorrendo ruptura quando a tensão desviadora era de 180 kPa, e a pressão neutra era de 60 kPa. Qual é a envoltória de resistência desse solo em termos de tensão efetiva? Que resistência apresentaria um corpo de prova submetido a um ensaio CD, com pressão confinante de 150 kPa?

Solução: Por ocasião da ruptura, a tensão confinante efetiva era de 150 - 60 = 90 kPa. O círculo de Mohr correspondente a σ'_3 = 90 e σ'_1 = 90+180 = 270, permite o traçado da envoltória de resistência que, para esse nível de tensão acima da tensão de pré-adensamento, passa pela origem. Essa envoltória define o ângulo de atrito interno, que também pode ser obtido analiticamente:

$$\varphi' = \text{arc sen}\left(\frac{(\sigma'_1 - \sigma'_3)_r}{(\sigma'_{1r} + \sigma'_{3r})}\right) = \text{arc sen}\frac{180}{360} = 30°$$

Para o ensaio CD, a tensão confinante efetiva na ruptura é a própria pressão confinante. Então, para $\sigma_3 = \sigma'_3$ = 150 kPa, tem-se:

$$(\sigma_1 - \sigma_3)_r = \frac{180}{90} \times 150 = 300 \text{ kPa}$$

Exercício 14.10 São apresentadas na Fig. 14.17 as trajetórias de tensão efetiva de 3 ensaios em corpos de prova de uma argila saturada.
a) Na trajetória I, de ensaio CD, quando as tensões eram as indicadas pelo ponto A, qual era a tensão axial atuante?

Aula 14
Resistência dos Solos Argilosos

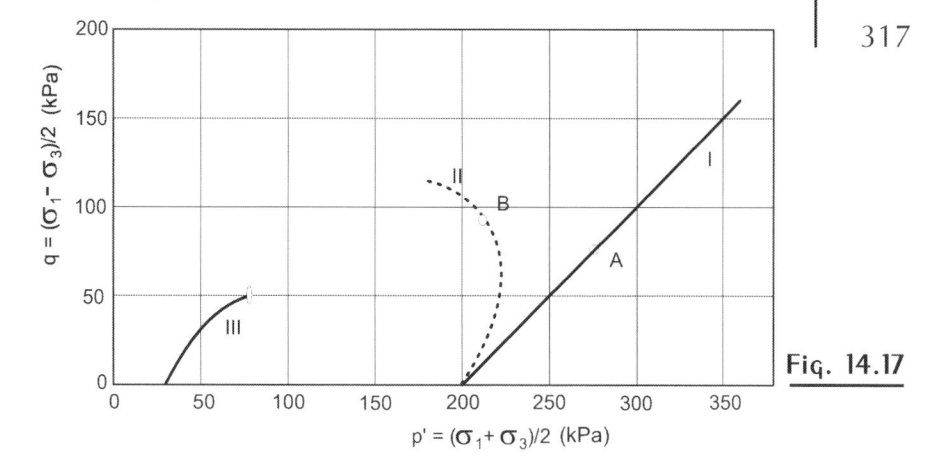

Fig. 14.17

b) Na trajetória II, de ensaio CU, determine, para o ponto B:
b1) a tensão principal efetiva menor;
b2) a tensão principal efetiva maior;
b3) a pressão confinante na câmara de ensaio triaxial;
b4) a pressão neutra atuante;
b5) a tensão efetiva normal e a tensão de cisalhamento no plano de máxima tensão de cisalhamento.
c) Na trajetória III, também de ensaio CU, qual era a pressão neutra na ruptura e por que ela é tão distinta da verificada na trajetória II?

Solução: a) Para o ponto A, $p' = 275$ e $q = 75$. A partir das definições de p' e de q, pode-se determinar σ'_1 e σ'_3, pois $p' - q = \sigma'_3$ e $p' + q = \sigma'_1$. Esses valores também podem ser obtidos traçando-se, a partir do ponto A, retas com inclinação de 45°, verificando-se suas intersecções com o eixo das abscissas. Para o caso, tem-se $\sigma'_1 = 350$ kPa e $\sigma'_3 = 200$ kPa.

b) Pelo mesmo procedimento, tem-se para o ponto B: $p' = 215$; $q = 90$; $\sigma'_3 = 125$ kPa e $\sigma'_1 = 305$ kPa. A pressão confinante na câmara de ensaio triaxial é de 200 kPa, pois é a partir desse valor que a trajetória de tensões efetivas se inicia. Como $\sigma_3 = 200$ e $\sigma'_3 = 125$, $u = 200 - 125 = 75$ kPa. Esse valor também pode ser determinado pela distância do ponto B até a trajetória de tensões totais, por uma reta horizontal. A tensão efetiva normal e a de cisalhamento, no plano de máxima tensão de cisalhamento, são as próprias coordenadas do ponto B: $\sigma' = 215$ kPa; $\tau = 90$ kPa.

c) Na trajetória III, a ruptura ocorreu para $p' = 80$; $q = 50$; portanto, $\sigma'_3 = 30$ kPa; $\sigma'_1 = 130$ kPa. A trajetória de tensões efetivas parte de $p' = 30$ para $q = 0$, sendo $\sigma'_3 = 30$. Portanto, na ruptura, a pressão neutra era nula. Pelo formato da trajetória, constata-se que a pressão neutra foi positiva durante um certo acréscimo de tensão axial, mas depois passou a diminuir. Esse comportamento é típico de solo sobreadensado, podendo, na ruptura, a pressão neutra ser um pouco positiva ou negativa, e é bem distinto da trajetória II porque esta corresponde a um solo normalmente adensado ou ligeiramente sobreadensado.

AULA 15

RESISTÊNCIA NÃO DRENADA DAS ARGILAS

15.1 *A resistência não drenada das argilas*

Os ensaios de compressão triaxial do tipo *CD* e *CU* mostram como varia a resistência dos solos argilosos em função da tensão efetiva. Eles fornecem as chamadas envoltórias de resistência que, na realidade, são equações que indicam como a tensão cisalhante de ruptura (ou a resistência) varia com a tensão efetiva (ensaio *CD*) ou como a resistência não drenada varia com a tensão efetiva de adensamento (ensaio *CU*). As equações de resistência são empregadas nas análises de estabilidade por equilíbrio-limite, em projetos de engenharia, nos quais a tensão efetiva no solo varia de ponto para ponto.

Existem situações em que se deseja conhecer a resistência do solo (a tensão cisalhante de ruptura) no estado em que o solo se encontra. É o caso, por exemplo, da análise da estabilidade de um aterro construído sobre uma argila mole. Como se mostra na Fig. 15.1, o problema é verificar se a resistência do solo ao longo de uma superfície hipotética de ruptura é suficiente para resistir à tendência de escorregamento provo-cada pelo peso do aterro. Uma eventual ruptura ocorreria antes de qualquer drenagem. Portanto, a resistência que interessa é aquela em cada ponto do terreno, da maneira como ele se encontra. É a *resistência não drenada* do solo.

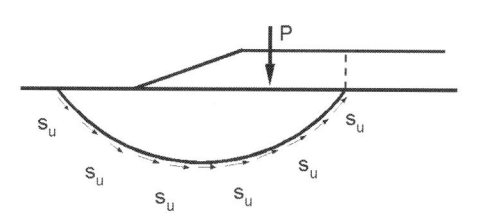

Fig. 15.1

Análise da estabilidade de um aterro sobre argila mole, em que interessa a resistência não drenada, S_u da argila

A argila no estado natural encontra-se sob uma tensão vertical efetiva que depende de sua profundidade, da posição do nível d'água e do peso específico dos materiais que estão acima dela. Seu índice de vazios depende da tensão vertical efetiva, das tensões efetivas que já atuaram sobre ela e também do adensamento secundário que o solo sofreu, como se estudou na seção 11.5 da Aula 11, quando se concluiu que não existem argilas sedimentares normalmente adensadas sob o ponto de vista de comportamento tensão-deformação, a não ser argilas que tenham sido carregadas muito recentemente, como por exemplo, pela construção de um aterro, e que não tiveram tempo de desenvolver seus recalques por adensamento secundário.

Para conhecer a resistência não drenada do solo, pode-se empregar três procedimentos, que serão apresentados no decorrer desta aula: (a) ensaios de laboratório; (b) ensaios de campo; (c) correlações.

15.2 *Resistência não drenada a partir de ensaios de laboratório*

Estado de tensões em amostras indeformadas

O solo, numa posição qualquer, está sob uma tensão vertical efetiva, σ_v', uma tensão horizontal efetiva $\sigma_h' = K_0\sigma_v'$, e uma pressão neutra, u. As tensões totais são iguais às tensões efetivas mais a pressão neutra. Quando uma amostra é retirada do terreno, as tensões totais caem a zero.

Convém lembrar que, quando se aplicam acréscimos de tensão isotrópicos (de igual valor nas três direções principais) num corpo de prova de solo saturado, sendo impedida a drenagem, surge uma pressão neutra de igual valor, em virtude da baixa compressibilidade da água perante a compressibilidade do solo. Este é um dos pontos básicos do estudo do adensamento. Da mesma forma, quando se reduzem tensões externas, ocorre uma redução de pressão neutra de igual valor.

Por ocasião da amostragem, a pressão externa deixa de atuar, e não há possibilidade de drenagem. Logo, na amostra ocorre uma redução da pressão neutra, que passa a ser negativa. Num terreno genérico, as três tensões principais não são iguais. Admite-se que o efeito da amostragem seja igual ao da redução de uma tensão isotrópica igual à média das três tensões principais, que é a tensão octaédrica, σ'_{oct}, o que é bastante aceitável, pois, nessa situação, o comportamento é próximo do comportamento elástico.

Um exemplo esclarece bem o efeito da amostragem: em uma posição no terreno em que a tensão vertical total é de 80 kPa, a tensão horizontal total é de 62 kPa, e a pressão neutra é igual a 30 kPa (Fig. 15.2). Quando se faz uma amostragem nessa posição, remove-se uma tensão total de 80 kPa e duas tensões totais de 62 kPa. Admite-se que o efeito é semelhante ao da redução de três tensões principais pelo valor médio: $(80 + 2 \times 62)/3 = 68$ kPa. Dessa forma, estima-se que a amostragem reduz a pressão neutra de 68 kPa. Sendo ela inicialmente de 30 kPa, passa a ser negativa e fica igual a − 38 kPa. Como a tensão total na amostra é nula, a sua tensão efetiva é de 38 kPa.

As tensões efetivas no terreno eram de 50 kPa (tensão principal maior) e de 32 kPa (tensões principais intermediária e menor). A tensão efetiva na amostra (38 kPa) é igual à média das três tensões efetivas de campo.

Aula 15

Resistência não drenada das argilas

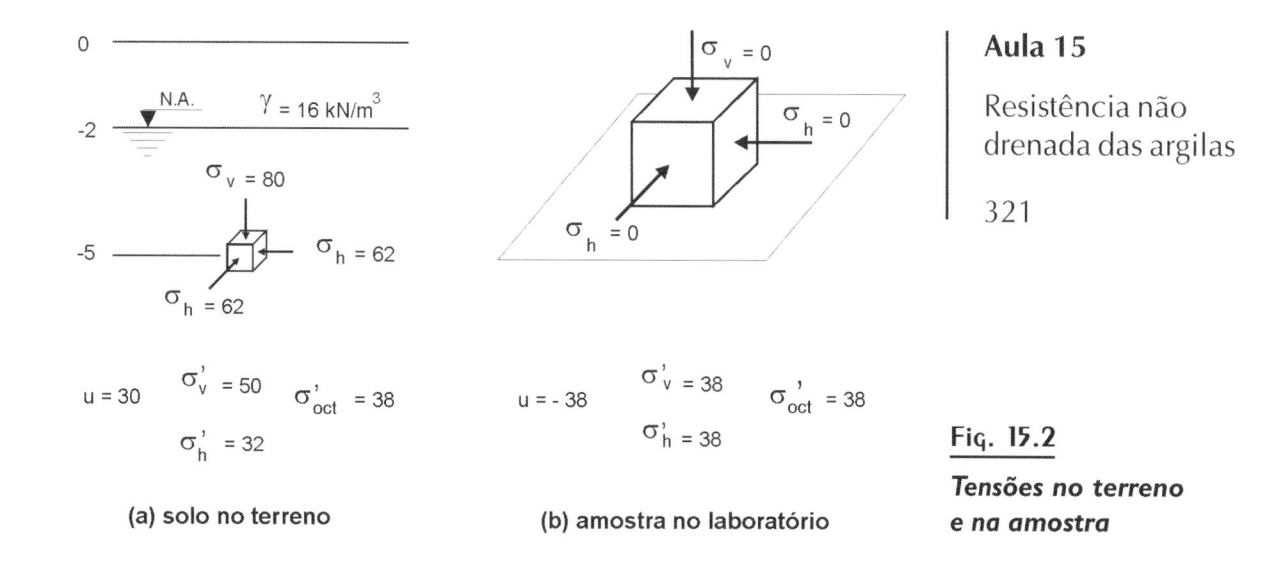

Fig. 15.2

Tensões no terreno e na amostra

(a) solo no terreno — $\gamma = 16\ kN/m^3$; $\sigma_v = 80$; $\sigma_h = 62$; $u = 30$; $\sigma'_v = 50$; $\sigma'_h = 32$; $\sigma'_{oct} = 38$

(b) amostra no laboratório — $\sigma_v = 0$; $\sigma_h = 0$; $u = -38$; $\sigma'_v = 38$; $\sigma'_h = 38$; $\sigma'_{oct} = 38$

Resistência não drenada a partir de ensaio UU

Quando se fazem ensaios do tipo *CD* ou *CU* em corpos de prova das amostras, ao se aplicar a pressão confinante de ensaio, a pressão neutra aumenta do valor aplicado. Mas, a seguir, como se deixa adensar a amostra, as pressões neutras se anulam (adensar significa deixar a pressão neutra cair a zero). A seguir, determina-se a resistência com drenagem (ensaio *CD*) ou sem drenagem (ensaio *CU*).

Em ensaios do tipo *UU*, não se permite qualquer drenagem. Então, quando se aplica a pressão confinante, surge uma pressão neutra de igual valor. Qualquer que seja a pressão confinante aplicada, a tensão confinante efetiva é a mesma. Veja-se a amostra indicada no exemplo da Fig. 15.2. Para a pressão confinante de ensaio de 100 kPa, o corpo de prova ficará com uma pressão neutra de -38 + 100 = 62 kPa, e a tensão confinante efetiva será 100 - 62 = 38 kPa; para a pressão confinante de ensaio de 150 kPa, o corpo de prova ficará com uma pressão neutra de -38 + 150 = 112 kPa, e a tensão confinante efetiva será 150 - 112 = 38 kPa. Conclui-se, portanto, *que em ensaios de compressão triaxial do tipo UU, com amostras saturadas, a tensão confinante efetiva, após a aplicação da pressão confinante, será sempre a mesma e igual à pressão confinante efetiva que existia na amostra, que é igual, em valor absoluto, à pressão neutra negativa da amostra, e que é igual, ainda, à média das tensões principais efetivas que existia no terreno na posição em que a amostra foi retirada.*

Após o confinamento, os corpos de prova são submetidos a carregamento axial, sem drenagem. Independentemente das pressões confinantes de ensaio, todos os corpos de prova estão sob a mesma tensão confinante efetiva, todos apresentarão o mesmo desempenho, e, consequentemente, a mesma resistência. Os círculos de Mohr em tensões totais terão os mesmos diâmetros, e a envoltória será uma reta horizontal, como se mostra na Fig. 15.3. A ordenada desta reta é a *resistência não drenada* da argila, que é uma constante, também chamada de *coesão* da argila.

O comportamento das argilas em ensaios não drenados justifica a denominação de solos coesivos tradicionalmente empregada para designar as argilas em contraposição às areias, chamadas de *solos não coesivos*. Como foi visto anteriormente, a resistência das argilas resulta de um fenômeno de atrito entre as partículas. A resistência que elas apresentam quando não confinadas é fruto da tensão confinante efetiva que existe. A impressão que se tem é a de um material que apresenta resistência mesmo que não submetido a qualquer confinamento e, portanto, de um material coesivo, ao contrário das areias. A denominação *solos coesivos* é anterior ao conceito de tensões efetivas formulado por Terzaghi.

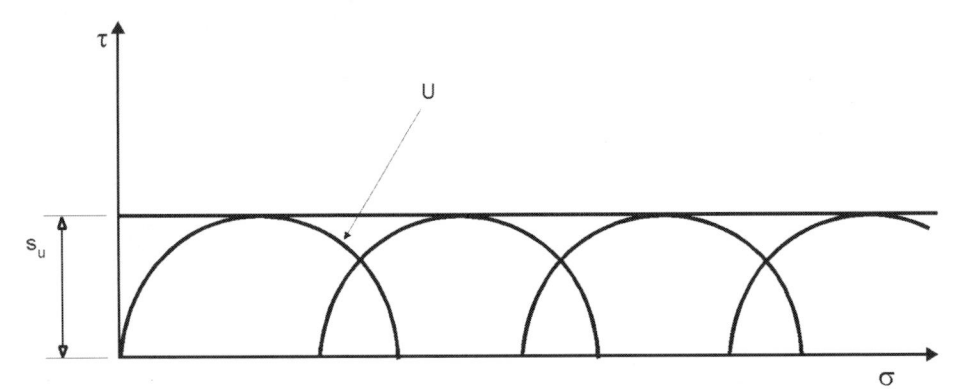

Fig. 15.3
Envoltória de resistência de argilas saturadas em ensaio UU

Resistência não drenada a partir de ensaio de compressão simples

Em ensaios de compressão não confinados, também chamados *ensaios de compressão simples*, *ensaios U*, o corpo de prova é carregado axialmente sem que se aplique um confinamento. Geralmente, esses ensaios são feitos com uma velocidade de carregamento que provoca uma ruptura em cerca de 10 a 15 minutos. Nesse tempo, não há condições de drenagem, ou seja, de dissipação das tensões neutras que o carregamento provoca.

Assim, o ensaio de compressão simples pode ser considerado um caso particular do ensaio UU, em que a pressão confinante é igual a zero. A resistência mobilizada é devida à tensão efetiva existente no corpo de prova e, consequentemente, o resultado é igual ao dos ensaios não drenados. O círculo representativo do estado de tensões na ruptura é o círculo assinalado com o símbolo U na Fig. 15.3.

O ensaio de compressão simples é a maneira mais elementar para determinar a coesão das argilas. Como será visto adiante, os resultados desses ensaios dependem de diversos fatores.

Resistência não drenada a partir do ensaio CU

Resta analisar se a resistência não drenada poderia ser estimada a partir dos resultados de ensaios do tipo CU. A resposta é afirmativa. De fato, nos ensaios CU, se faz um carregamento axial não drenado em corpos de prova que estão com tensões confinantes efetivas iguais às pressões confinantes aplicadas no início do carregamento. As resistências são diferentes, porque em cada ensaio a confinante efetiva no início do carregamento axial é diferente. Também no ensaio UU se faz um carregamento axial não drenado, mas sempre com a mesma pressão confinante efetiva, que é a tensão efetiva da amostra. É fácil concluir que o ensaio *CU*, com pressão confinante igual à tensão efetiva da amostra, é o que apresenta resultado igual ao dos ensaios UU da mesma amostra.

Assim, pode-se afirmar que cada ensaio *CU* indica a resistência não drenada para o estado de tensões efetivas correspondente à tensão confinante do ensaio. Para ensaios CU com amostras adensadas ao longo da reta virgem, as tensões desviadoras de ruptura são proporcionais às pressões confinantes, como se verificou na Aula 14. A envoltória é uma reta que passa pela origem, com se reproduz na Fig. 15.4 (a). A cada círculo de Mohr, entretanto, pode-se associar uma envoltória de resistência não drenada correspondente à confinante inicial efetiva, como mostra essa figura.

Da Fig. 15.4 (a) depreende-se que a resistência não drenada, s_u, é proporcional à tensão confinante de adensamento, expressa como σ_0'. À relação s_u/σ_0' dá-se o nome de *razão de resistência* para a situação de normalmente adensada, RR_{na}. Para solos normalmente adensados, pode-se escrever a expressão:

$$\frac{s_u}{\overline{\sigma}_0} = RR_{na} \qquad (15.1)$$

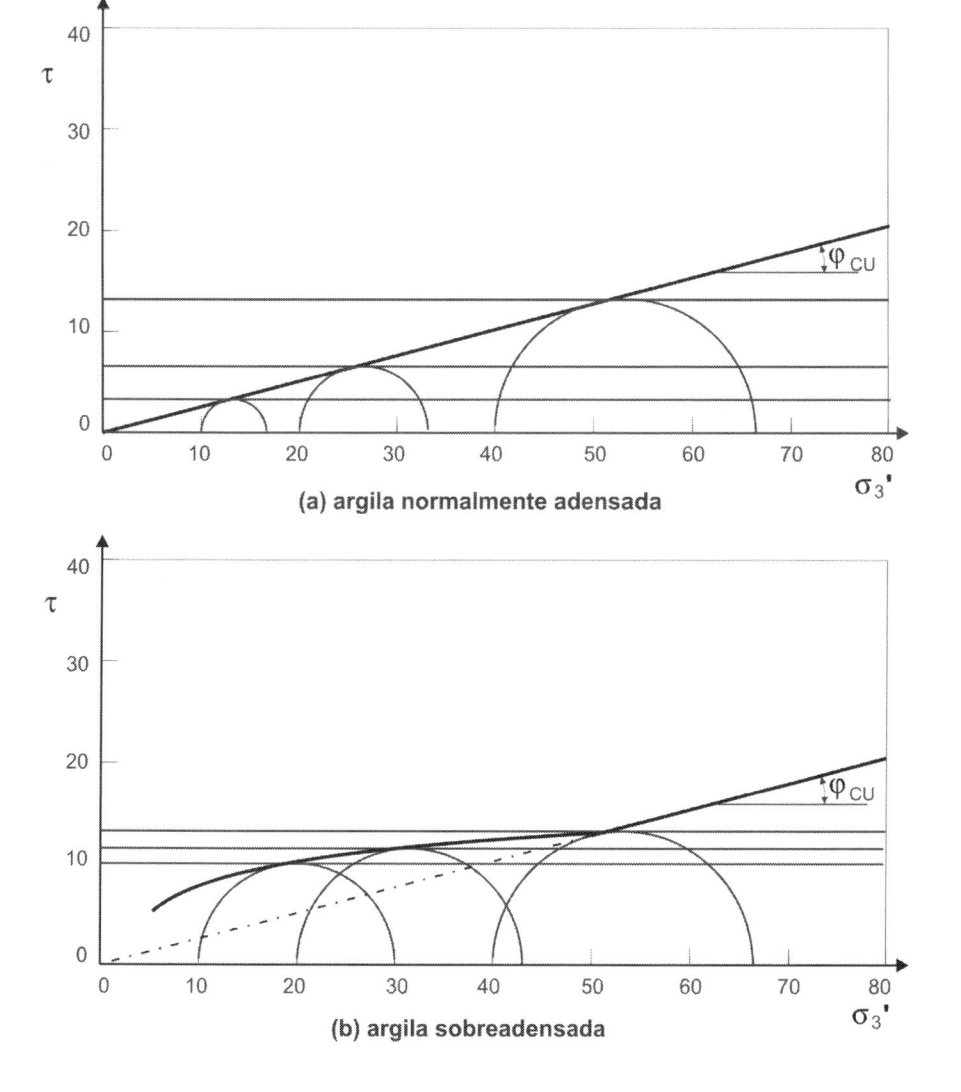

Aula 15

Resistência não drenada das argilas

323

Fig. 15.4

Obtenção da resistência não drenada a partir de ensaios CU

Para solos sobreadensados, a envoltória é curva, como visto na seção 14.5. A cada situação, porém, ainda é válido reconhecer que o ensaio CU indica a resistência não drenada para aquele estado de tensões e de pré-adensamento, como indicado na Fig. 15.4 (b). A análise de resultados feitos com inúmeras argilas mostrou que a razão de resistência para qualquer situação de sobreadensamento é constante e função da razão de resistência para a situação de normalmente adensada e da razão de sobreadensamento considerada. Tal fato empírico pode ser expresso pela expressão:

$$\left(\frac{s_u}{\sigma_0'}\right)_{s.a.} = \left(\frac{s_u}{\sigma_0'}\right)_{n.a.} \cdot (RSA)^m \qquad (15.2)$$

onde m é um expoente cujo valor é da ordem de 0,8.

Ao se relembrar o significado de $RSA = \sigma_a'/\sigma_0'$ e a definição de RR_{na}, deduz-se que:

$$\left(\frac{s_u}{\sigma_0'}\right)_{s.a.} = RR_{n.a.} \cdot \left(\frac{\sigma_a'}{\sigma_0'}\right)^m$$

$$s_u = RR_{n.a.} \cdot \sigma_0' \cdot \frac{(\sigma_a')^m}{(\sigma_0')^m}$$

o que dá origem à expressão

$$s_u = RR_{na} \cdot (\sigma_0')^{1-m} \cdot (\sigma_a')^m \qquad (15.3)$$

A expressão acima mostra como a resistência não drenada depende da tensão efetiva a que o solo está submetido e da tensão de pré-adensamento. Na realidade, a resistência não drenada depende do índice de vazios do solo, que é consequente das tensões efetivas atuantes e das tensões de pré-adensamento. Para solos diferentes, e também para solicitações diferentes, como se verá a seguir, os ensaios do tipo CU indicam os valores da razão de resistência, RR_{na}, e do expoente m.

Para a escolha entre ensaio UU, ensaio de compressão simples e ensaio CU, diversos fatores que determinam o comportamento das argilas devem ser considerados.

15.3 Fatores que afetam a resistência não drenada das argilas

Diversas considerações devem ser feitas a respeito da resistência não drenada e da sua obtenção a partir de ensaios.

Amostragem

A operação de retirada do subsolo afeta a qualidade da amostra, inicialmente pela transformação do estado anisotrópico de tensões (σ_v' diferente de σ_h') no campo para o estado isotrópico. Se apenas isso ocorresse, a amostra seria considerada perfeita; entretanto, são inevitáveis perturbações mecânicas por ocasião da penetração do amostrador, da extração da amostra do próprio amostrador e da moldagem dos corpos de prova. Elas são tanto mais importantes quanto mais sensitiva for a amostra (seção 2.4 da Aula 2). Em consequência, a resistência tende a ser menor do que a real de campo.

Estocagem

A experiência demonstra que as amostras não conservam as tensões neutras negativas, conforme calculado na seção 15.2, mesmo que não haja drenagem, no caso, absorção de água, pois a pressão neutra é negativa. A perda de pressão neutra negativa decorre de um rearranjo estrutural das partículas, vencendo-se algumas das forças transmitidas pela água adsorvida, como mostra a Fig. 12.9. Investigações de laboratório mostram que a pressão neutra negativa cai para um valor da ordem de 0 a 40% daquela que corresponderia à amostra perfeita, conforme definida anteriormente. Ao cair a pressão neutra negativa, diminui a tensão confinante efetiva e, consequentemente, a resistência. A diminuição da resistência, por efeito da queda da tensão efetiva, é bem menor do que a diminuição da própria tensão efetiva. À medida que a tensão efetiva diminui, o solo fica mais sobreadensado. Como indica a Equação (15.3), a resistência é mais dependente da tensão de pré-adensamento do que da tensão efetiva atuante, da mesma forma que o índice de vazios é mais dependente da tensão de pré-adensamento do que da tensão efetiva atuante, como se pode concluir pela análise da Fig. 14.1 (b). A Equação (15.2) é empírica e não vale, evidentemente, para σ_0' nulo ou muito próximo de zero.

Diante desse fato, tem sido sugerido que a resistência não drenada seja obtida por meio de ensaios *CU*, readensando-se os corpos de prova sob as tensões efetivas de campo, ao invés de ensaios *UU*. O readensamento pode ser feito com a tensão efetiva média, ou, preferencialmente, adensando-se os corpos de prova anisotropicamente, com tensão axial igual à vertical efetiva de campo e com pressão confinante igual à horizontal efetiva de campo.

Anisotropia

Numa situação como a ilustrada na Fig. 15.5, ao longo da hipotética curva de ruptura, o solo apresenta resistências diferentes, de acordo com a direção e o sentido do deslocamento. Reconhecem-se, em princípio, três situações: a *ativa*, abaixo da área carregada, quando ocorre um aumento de tensão na direção da tensão vertical; a de *cisalhamento simples*, em que o deslocamento é paralelo ao plano horizontal; e a *passiva*, ao lado da área carregada, quando a solicitação é maior na direção da tensão horizontal, como mostra a Fig. 15.5 (a). Pode-se fazer ensaios específicos para cada uma dessas situações, sendo eles denominados ensaios de compressão, de cisalhamento simples e de extensão, respectivamente para as três situações descritas.

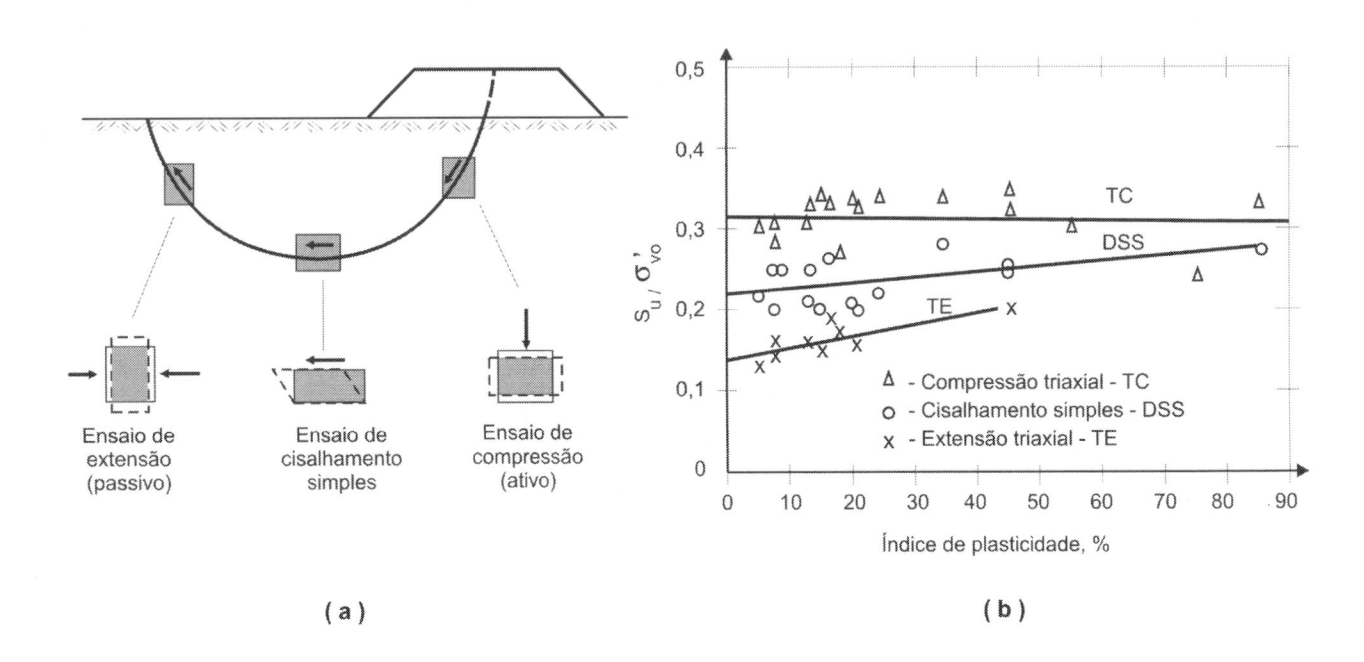

Fig. 15.5 *Solicitações no terreno por efeito de carregamento na superfície: (a) tipos de solicitação; (b) resultados típicos para cada solicitação*

Os resultados de ensaios de diversas procedências, reunidas na Fig. 15.5 (b), mostram que as resistências são sensivelmente diferentes para as três situações. Para cada uma delas, equações como a (15.2) podem ser estabelecidas. Para projeto, deve-se considerar uma média das três situações.

Tempo de solicitação

Investigações de campo e de laboratório mostraram que a resistência depende da velocidade de carregamento (ou do tempo ocorrido entre o início do carregamento e a ruptura). Na Fig. 15.6 (a) estão apresentados, esquematicamente, os resultados de compressão não drenada de uma argila com velocidades diferentes, expressas pelo tempo decorrido até a ruptura. Observa-se que, quanto mais lento o carregamento, menor a resistência não drenada.

Para entender o que se passa fisicamente, deve-se recorrer novamente ao mecanismo de resistência das argilas, ilustrado pela Fig. 12.9. As forças resistidas por atrito nos contatos não se mantêm por muito tempo, devido à mobilidade dos íons da água, ocorrendo microdeslocamentos entre partículas com redistribuição de forças e, progressivamente, novos microdeslocamentos. O fenômeno é tanto mais importante quanto mais plástico o solo, pois quanto mais plástico, maior o número de contatos entre minerais argilas.

Aula 15

Resistência não drenada das argilas

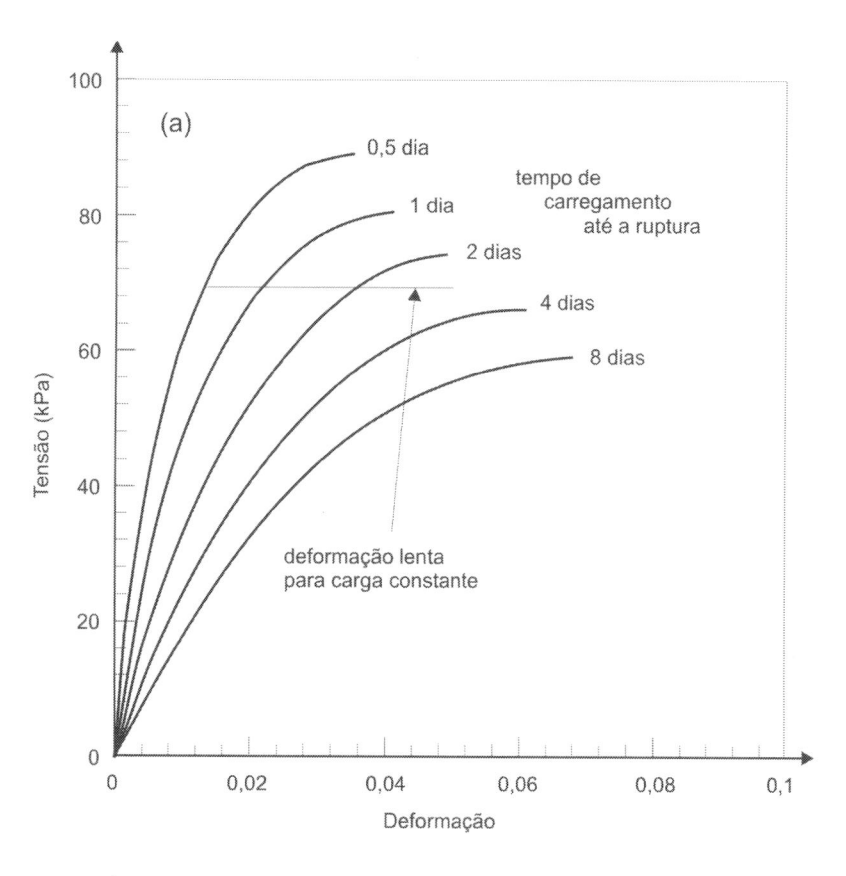

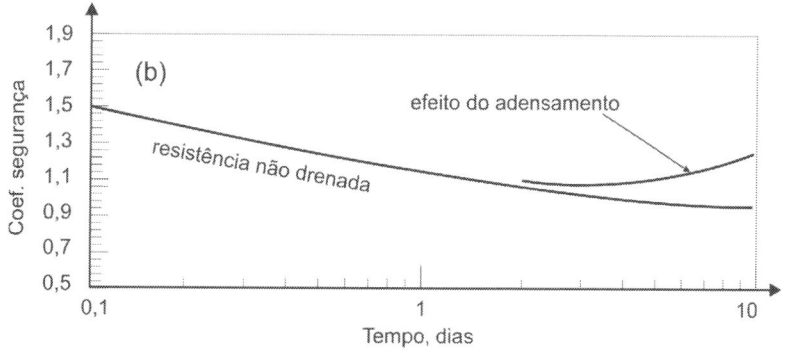

Fig. 15.6

Resultados de ensaios de compressão com diferentes velocidades e coeficientes de segurança para as respectivas resistências

O fato tem consequências surpreendentes à primeira vista. Por exemplo, mantida a condição de não drenagem, ao se construir um aterro rapidamente, a ruptura só ocorre para alturas de aterro maiores do que a altura que provoca ruptura se a construção for lenta, ou, ao se construir um aterro com uma altura definida, o coeficiente de segurança é tanto maior quanto mais rápida a construção. Isso é verdadeiro, em princípio. A parte inferior da Fig. 15.6 indica o coeficiente de segurança em função do tempo de construção para um aterro hipotético. É verdade que, se um carregamento é feito rapidamente (por exemplo, para os dados da Fig. 15.6a, um carregamento de 70 kPa em 0,5 dia, sem ruptura), passa a ocorrer uma deformação lenta, que pode levar à ruptura em data posterior, se o adensamento que se segue ao carregamento não elevar a resistência, antes que a ruptura ocorra.

Dessa forma, não é correto pensar que se o terreno suportou uma certa carga e não rompeu imediatamente após a aplicação da carga, sua estabilidade está garantida. É possível que a ruptura venha a surpreender nos dias seguintes. Após a construção, dois fatos influenciam em sentidos opostos: enquanto o efeito do adensamento ainda é pequeno, o coeficiente de segurança diminui com o tempo, em função do referido comportamento das argilas; quando o efeito do adensamento provoca redução do índice de vazios, a resistência da argila passa a aumentar, como os ensaios CU indicam, e com ela o coeficiente de segurança. A partir de um certo instante, o coeficiente de segurança só aumenta.

Crítica aos ensaios diante dos fatores que influenciam os resultados

Diante das considerações feitas, fruto de observações experimentais, pode-se concluir que os ensaios de compressão simples não são os mais indicados, pois são muito alterados pelos efeitos de amostragem e de estocagem, além do que só podem ser executados muito rapidamente (em 10 a 15 minutos) para que não ocorra drenagem, e ensaios rápidos dão resultados muito maiores do que os correspondentes às velocidades de carregamento reais (um aterro em geral leva alguns dias para ser construído). As perturbações das amostras (diminuindo a resistência) atuam em sentido contrário ao da velocidade (fornecendo resistência mais alta). Os dois aspectos podem se compensar, mas nunca se saberá a real resistência do solo.

Os ensaios do tipo UU são melhores do que os de compressão simples só pelo fato de poderem ser feitos com velocidade controlada. O fato de se aplicar um confinamento na amostra não compensa a perda de tensão efetiva natural das amostras, sobre a qual não se tem controle.

Os ensaios do tipo CU são os mais indicados, pois neles se mede a resistência não drenada do solo, recolocando-o previamente no estado de tensões em que se encontra no terreno. Também permitem determinar $(S_u/\sigma'_0)_{n.a.}$ e o expoente m da Equação 15.2, com os quais é possível estimar a resistência em outras situações. Esses ensaios também possibilitam o estudo do efeito do adensamento anisotrópico e das condições de carregamento ativo ou passivo no solo.

15.4 Resistência não drenada a partir de ensaios de campo

Diversos tipos de ensaios de campo estão disponíveis para a determinação da resistência não drenada das argilas. O mais comum é o ensaio de cisalhamento de campo por meio de palhetas, muito conhecido pelo nome original *vane test*.

O ensaio faz uso de uma palheta constituída por quatro lâminas retangulares, fixadas num eixo, formando uma cruz, como se mostra na Fig. 15.7. As palhetas têm 2 mm de espessura e 13 cm de altura, e o conjunto, após a soldagem, fica com uma largura total de 6,5 cm. Cravada no terreno, a palheta é submetida a uma rotação por meio de um torquímetro mantido na superfície, e mede-se o torque à medida que a rotação é forçada.

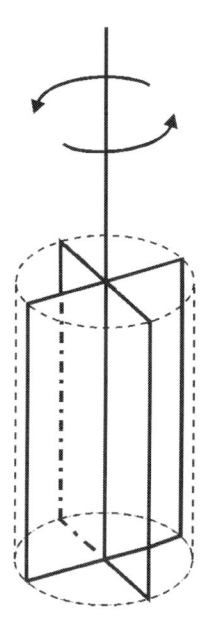

Quando a palheta gira no interior do solo, ela tende a cortá-lo segundo um cilindro definido pelas dimensões da palheta. Na superfície do cilindro, a resistência oferecida ao torque é a resistência não drenada do solo, tanto quanto na superfície de ruptura mostrada na Fig. 15.1 ou 15.5. Atingido o torque máximo, e obtida a resistência da argila, igualando-se esse valor ao momento resistente do cilindro formado. Dessa igualdade resulta o valor da resistência não drenada do solo, que, sendo a altura duas vezes o diâmetro da palheta, é expressa pela equação:

Fig. 15.7
Palheta de ensaio de cisalhamento in situ *(vane test)*

$$s_u = \frac{6T}{7\pi \cdot D^3}$$

onde T é o torque máximo, e D é o diâmetro do cilindro formado no solo.

O *vane test* é extremamente simples e usado com muita frequência, por ser muito econômico. Num período de 4 horas, é possível determinar a resistência não drenada, de meio em meio metro, num furo até 20 m de profundidade. Uma vez que só a retirada de, por exemplo, 4 amostras indeformadas do solo, até a profundidade de 20 m, requereria o trabalho de uma equipe por 3 ou 4 dias, restando ainda o transporte das amostras e os ensaios a serem feitos, verifica-se que o *vane test* é muito mais vantajoso que a realização dos ensaios de laboratório.

O *vane test*, porém, tem também os seus problemas. O principal deles é que a rotação das palhetas tem de ser feita com elevada velocidade, para evitar que as pressões neutras se dissipem, o que faria com que a resistência não fosse mais a resistência não drenada. A ruptura é atingida em menos de 5 minutos. Como se estudou, a resistência determinada dessa maneira é muito superior à resistência correspondente a carregamentos mais lentos, que interessam na prática.

Por outro lado, a resistência oferecida à rotação da palheta é principalmente aquela ao longo das geratrizes do cilindro, ou seja, a resistência na superfície vertical. A resistência depende do plano considerado, e na análise de estabilidade de um aterro, por exemplo, não é por esse plano que o solo é solicitado, como mostram as Figs. 15.1 e 15.5.

Num trabalho clássico, o Prof. Bjerrum, do Instituto Geotécnico Norueguês, ao analisar a ruptura de aterros propositadamente levados a romper, mostrou que, ao se adotar valores de resistência não drenada determinados pelo *vane test*, obtinham-se coeficientes de segurança maiores do que um. Ou seja, os valores de resistência do *vane test* são maiores do que os que efetivamente ocorrem no terreno para os carregamentos reais. A diferença é devida à anisotropia e ao fator tempo e é tanto maior quanto mais plástico o solo, pois, como foi visto, o efeito do tempo é tanto maior quanto mais argiloso o solo. Na Fig. 15.8, estão apresentados os dados do Prof. Bjerrum, bem como os valores de um fator de correção que, multiplicados aos valores de resistência do *vane test*, indicam o que se chamaria de *resistência não drenada para projeto*, a resistência que, aplicada na análise de estabilidade, acarretaria um coeficiente de segurança igual a um na ruptura.

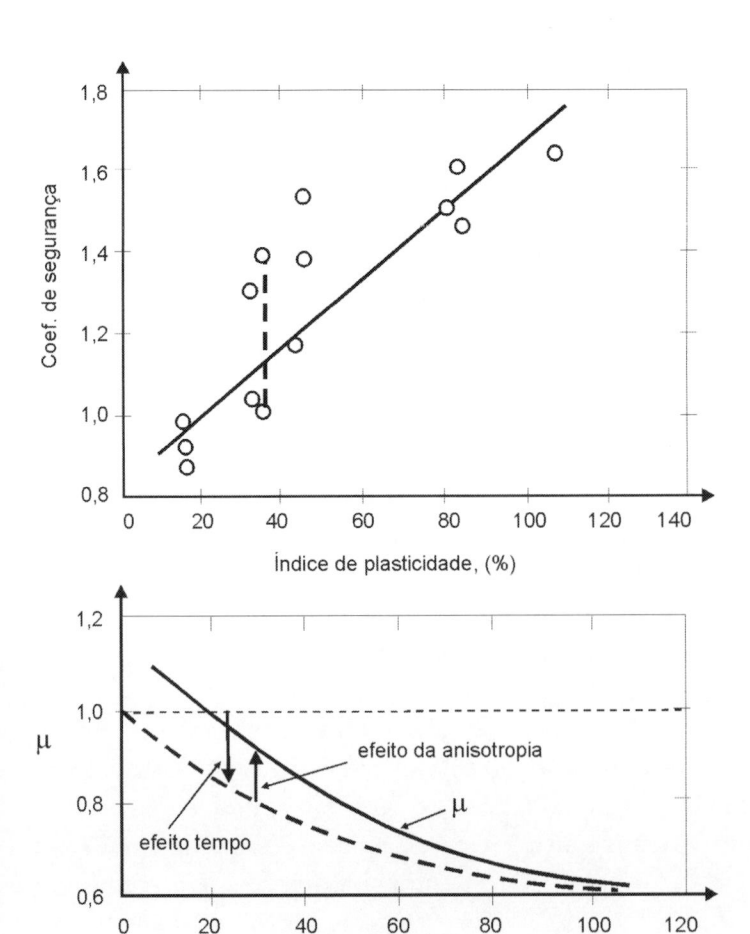

Fig. 15.8

Coeficientes de segurança obtidos em análises de ruptura de aterros com resistência não drenada de vane test e fator de correção para transformar resistência de vane em resistência para projeto

15.5 Resistência não drenada a partir de correlações

Da análise dos resultados de ensaios do tipo *CU*, constatou-se que a razão de resistência, relação entre a resistência não drenada e a tensão efetiva, para solos normalmente adensados, é constante (Equação 15.1) para cada solo. Da mesma forma, essa relação é constante para uma mesma razão de sobreadensamento (Equação 15.2), para cada solo.

O Prof. Skempton, do Imperial College de Londres, apresentou uma correlação muito divulgada, na qual apresenta valores dessa razão de resistência de diversos solos, em função do índice de plasticidade dos solos. Essa correlação é apresentada na Fig. 15.9 (a). Uma reta média pelos dados apresentados tem a seguinte equação:

$$\frac{s_u}{\overline{\sigma}_0} = 0{,}11 + 0{,}0037 \cdot \text{IP} \qquad (15.4)$$

Essa correlação refere-se a ensaios, principalmente a ensaios de *vane*, nos quais a elevada velocidade de carregamento resulta em valores de resistência muito elevados, em especial para os solos mais argilosos. A correlação é boa para comparar resultados de ensaios, mas nunca deve ser empregada para estimar resistência para projeto.

Com base em correlações semelhantes, feitas por Bjerrum (Fig. 15.9 b), e considerando o efeito do adensamento secundário, que também se correlaciona com o IP, o Prof. Mesri, da Universidade de Chicago, encontrou uma correlação entre a razão da resistência pela tensão de pré-adensamento e o IP. A esses valores aplicou o fator de correção proposto por Bjerrum para levar em consideração a anisotropia e o fator tempo de solicitação. Chegou à conclusão de que essa relação era praticamente independente do IP. Assim ficou conhecida a correlação de Mesri:

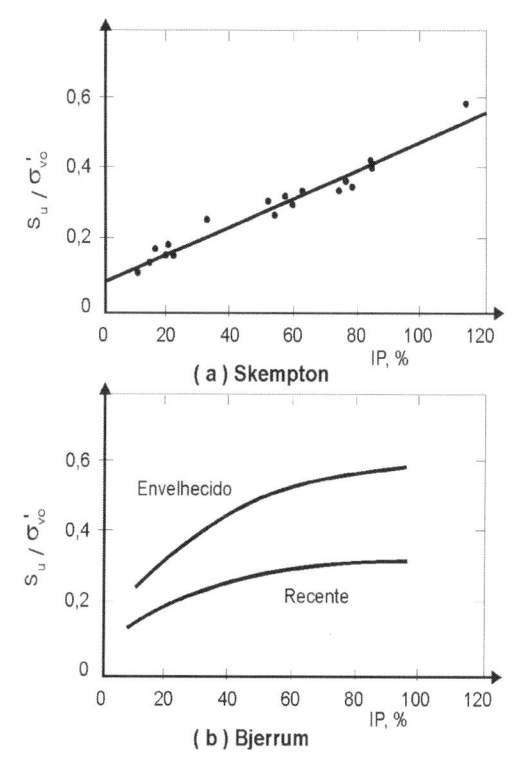

Fig. 15.9

Correlação entre razão de resistência e IP do solo

$$\frac{(s_u)_{proj}}{\overline{\sigma}_a} = 0{,}22 \qquad (15.5)$$

Nesse caso, $(s_u)_{proj}$ indica a *resistência não drenada para projeto*. Essa simples equação, que indica que a resistência não drenada é igual a 22% da tensão de pré-adensamento, está respaldada em correlações de resultados de ensaios e, mais do que isto, na retroanálise de aterros reais levados à ruptura em diversos países onde são frequentes argilas moles, como no Canadá e na Suécia.

Por outro lado, pesquisadores como o Prof. Jamiolkowski, da Univerdidade de Milão, e o Prof. Ladd, do M.I.T. de Boston, considerando que no projeto deve-se levar em conta a média das resistências à compressão, à extensão e ao cisalhamento simples, e que os resultados apresentados na Fig. 15.5 indicam que o valor médio da razão de resistência para diversos solos é da ordem de 0,23, sugerem a seguinte expressão:

$$\frac{(s_u)_{proj}}{\overline{\sigma}_0} = (0,23 \pm 0,04).(RSA)^{0,8} \qquad (15.6)$$

Note-se que essa expressão é a Equação (15.2), na qual se adotou 0,23 para RR_{na} e 0,8 para o expoente *m*.

As equações (15.5) e (15.6), embora tenham origens bem distintas, pois a Equação (15.5) baseia-se em casos reais de ruptura e a Equação (15.6) baseia-se em resultados de ensaios de laboratório, são muito semelhantes. Elas, inclusive, apresentam os mesmos valores quando RSA é igual a 1,25.

15.6 *Comparação entre os valores obtidos por diferentes fontes*

A primeira conclusão a tirar das considerações anteriores é que não existe um valor que possa representar a resistência não drenada de uma argila saturada no seu estado natural. A resistência depende de diversos fatores, como o plano em que o solo é solicitado, ou a velocidade com que a solicitação é feita. Geralmente, são citados resultados de ensaios de compressão simples ou de ensaios triaxiais do tipo *UU*, que estão sujeitos a uma série de fatores que tornam os seus resultados pouco confiáveis para aplicações em projetos de engenharia.

Os ensaios de compressão triaxial do tipo *CU*, com adensamento do corpo de prova sob tensões de campo, anisotrópica ou isotrópica para a média das tensões principais de campo, ficam isentos de muitos dos fatores que prejudicam os anteriores. Entretanto, é preciso lembrar que os ensaios de compressão fornecem resistências superiores aos dos ensaios de extensão, e que os casos reais de solicitação em obras de engenharia envolvem situações tanto de compressão como de extensão.

Se houver limitação da disponibilidade de ensaios a fazer, o ensaio para determinar a resistência dos solos deixa de ser um ensaio de resistência e passa a ser o ensaio de adensamento. Com a tensão de pré-adensamento, obtida nesse ensaio, é possível fazer uma boa estimativa da resistência não drenada a partir de correlações empíricas bastante confiáveis, uma vez que são referendadas por ensaios detalhados e por observação de obras.

O ensaio de palhetas, *vane test*, devidamente corrigido, é confiável para projeto, principalmente quando seus valores são confrontados com os fornecidos pelas correlações citadas.

15.7 *Influência da estrutura na resistência não drenada*

Nos itens anteriores, foi estudado como a resistência não drenada depende do índice de vazios do solo, que é consequente do estado de tensões presente e passado (efeito de pré-adensamento) do solo. Além desses fatores, existe a estrutura das argilas, que é o arranjo entre partículas e as forças físico-químicas que as une. É essa estrutura que justifica a resistência no estado natural superior à resistência após remoldamento, ainda que a argila se apresente com o mesmo índice de vazios, dando origem ao fenômeno de sensitividade das argilas, assunto que foi objeto da seção 2.4 da Aula 2.

O efeito da estrutura é tanto mais sensível quanto maior a umidade da argila, ou seja, o seu índice de vazios. É por essa razão que argilas no fundo do mar apresentam, na sua superfície, uma resistência não drenada da ordem de 4 a 6 kPa, ainda que as tensões efetivas sejam praticamente nulas nessa posição.

15.8 *Análise da resistência não drenada de uma argila natural*

Apresentam-se, a seguir, resultados de investigação da resistência não drenada da argila orgânica mole da formação conhecida como mangues da Baixada Santista. Num local pelo qual passa a Rodovia dos Imigrantes, a camada de argila apresenta uma espessura de cerca de 20m, com o material razoavelmente homogêneo. Em média, 60% de argila (50% abaixo de 2 μm), 30% de silte e 10% de areia, LL = 120, LP = 40. Resultados de *vane tests* realizados em três furos distantes de 30 m, e a cada 50 cm de profundidade, estão apresentados na Fig. 15.10. Nota-se que a dispersão é bastante pequena, e que a resistência pode ser expressa pela equação:

$$s_u = 6 + 1,7\,z$$

com s_u expresso em kPa e z, a profundidade, em metros.

Observa-se que a resistência aumenta com a profundidade, o que é típico dessas formações. Tal fato está perfeitamente de acordo com o que se estudou nesta aula, pois as tensões efetivas e de pré-adensamento aumentam com a profundidade.

Mecânica dos Solos

Fig. 15.10
Resistências não drenadas determinadas por vane test num local do mangue da Baixada Santista

Palheta "in situ"

$S_u = 6 + 1{,}7\,z$

Profundidade, m — S_u, kPa

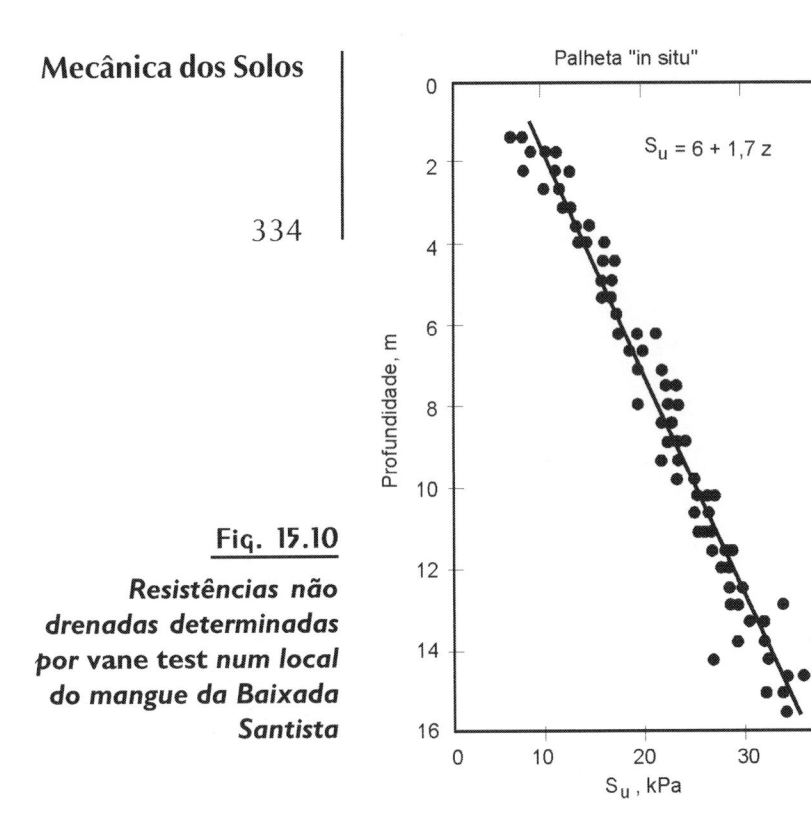

O coeficiente 1,7 indica o crescimento da coesão em virtude do adensamento provocado pelo aumento das tensões devido ao peso do solo a cada metro de profundidade. Sendo de 13,5 kN/m³ o peso específico natural, o aumento de tensão efetiva é de 3,5 kPa por metro, e a relação $\Delta s_u / \Delta \sigma_v' = 0{,}48$. Este valor é muito próximo do indicado pela correlação de Skempton, apresentada na Fig. 15.9.

Os valores determinados pelo *vane test* não podem ser empregados diretamente para um projeto, pelas razões já apontadas. Para se obter a resistência para projeto, os valores devem ser multiplicados pelo fator de correção de Bjerrum, apresentado na Fig. 15.9. Para IP = 80, esse fator é de 0,65. A resistência para projeto, a partir dos ensaios de *vane*, é, portanto, dada pela expressão:

$$(s_u)_{proj} = 3{,}9 + 1{,}1\,z$$

Outra maneira de estimar a resistência para projeto seria a partir das correlações. Ensaios de adensamento mostraram que a tensão de pré-adensamento, próximo à superfície, era de 20 kPa. Se o aumento de tensão efetiva é de 3,5 kPa por metro, e se a razão de sobreadensamento devida ao adensamento secundário for estimada em 1,5 em virtude do IP do solo (vide seção 11.5 da Aula 11), pode-se estimar que a tensão de pré-adensamento tenha um crescimento de 5,25 kPa por metro. Ao aplicar-se a correlação de Mesri (Equação 15.5), obtém-se:

$$(s_u)_{proj} = 4{,}4 + 1{,}16\,z$$

Pela proposta de Jamiolkowski e Ladd (Equação 15.6), a variação com a profundidade não é rigorosamente linear. Ajustando-se uma reta aos resultados, para as hipóteses apresentadas, obtém-se:

$$(s_u)_{proj} = 3{,}0 + 1{,}13\,z$$

As três estimativas são razoavelmente concordantes, mais até do que se pode pretender de ensaios geotécnicos, principalmente, porque poucos ensaios de adensamento estavam disponíveis.

# Exercícios resolvidos

Aula 15
Resistência não drenada das argilas

Exercício 15.1. Um depósito de argila formou-se por sedimentação no fundo de um lago. Uma amostra indeformada, retirada a 10 m de profundidade abaixo do nível do solo, apresentou um peso específico de 14 kN/m³ e, num ensaio do tipo *CD*, um ângulo de atrito interno efetivo de 22°. Determine o estado de tensões da amostra no terreno e logo após a amostragem, admitindo que o solo seja normalmente adensado, e represente a trajetória de tensões efetivas correspondente à amostragem. Qual será a pressão neutra na amostra, após a extração?

Solução: O estado de tensões da amostra no terreno é anisotrópico, com a tensão horizontal efetiva igual ao produto de K_0 pela tensão vertical efetiva, que é resultante do peso próprio do terreno. K_0 pode ser estimado pela expressão de Jaki (Equação 12.1). Tem-se, então:

$K_0 = 1 - \text{sen } \phi' = 1 - \text{sen } 22° = 0{,}625$; $\sigma'_v = 10 \times 4 = 40$ kPa; e $\sigma'_h = K_0 \cdot \sigma'_v = 0{,}625 \times 40 = 25$ kPa.

A amostra retirada está num estado isotrópico de tensão (a tensão total é nula em todas as direções). A tensão efetiva é igual à tensão octaédrica, que é igual à média das três tensões principais:

$$\sigma'_{oct} = \frac{\sigma'_1 + \sigma'_2 + \sigma'_3}{3} = \frac{40 + 25 + 25}{3} = 30 \text{ kPa}$$

Na Fig. 15.11 está representada a trajetória de tensões efetivas decorrente da amostragem. O ponto A corresponde à situação de campo e o ponto B à amostra.

Após a extração, a pressão neutra na amostra, será negativa: $u = -30$ kPa, pois a tensão total é nula e a efetiva é + 30 kPa.

Exercício 15.2 Uma amostra do terreno citado no Exercício 15.1, de menor profundidade, com tensão de pré-adensamento de 8 kPa, foi submetida a três ensaios de compressão triaxial do tipo *CU*, com os resultados indicados nas colunas (b) e (c) da Tab. 15.1. Determinar a razão de resistência do solo e estimar a tensão desviadora na ruptura de um ensaio *CU* com confinante igual a 30 kPa.

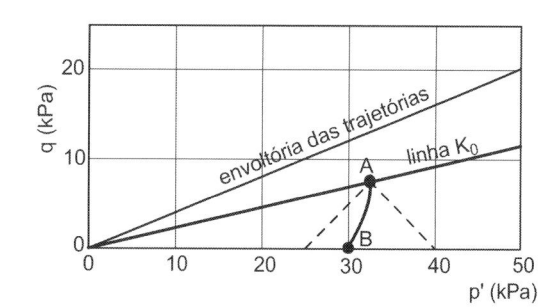

Fig. 15.11

Tab. 15.1

(a) Ensaio	(b) Pressão confinante (kPa)	(c) Tensão desviadora na ruptura (kPa)	(d) Resistência não drenada (kPa)	(d) Razão de resistência
1	10	6,5	3,25	0,325
2	20	13,0	6,5	0,325
3	40	26,0	13	0,325

Solução: Os resultados dos ensaios estão na Fig. 15.4, através dos círculos de Mohr na ruptura. Observa-se que as tensões desviadoras na ruptura são proporcionais às pressões confinantes. A razão de resistência, $RR = s_u / \sigma'_3$ é constante e vale 0,325, como se mostra nas colunas (d) e (e) da Tab. 15.1.

Num ensaio CU, com confinante de 30 kPa, a resistência não drenada será: $s_u = RR \cdot \sigma'_3 = 0,325 \times 30 = 9,75$ kPa e a tensão desviadora na ruptura será o dobro desse valor: 19,5 kPa.

Exercício 15.3 Com base nos resultados dos exercícios anteriores, quais seriam os resultados de ensaios do tipo UU, com confinantes de 50 e 75 kPa, em corpos de prova moldados a partir da amostra de 10 m de profundidade, admitindo-se que a tensão confinante efetiva de 30 kPa estabelecida logo após a amostragem tenha se mantido na amostra?

Solução: Quando se aplica uma pressão confinante de 50 kPa, sem drenagem, com o solo saturado, surge um acréscimo de pressão neutra de 50 kPa. A pressão neutra da amostra era negativa, igual a menos 30 kPa. Portanto, após a aplicação da pressão confinante, a pressão neutra fica igual a -30+50 = 20 kPa, e a tensão efetiva permanece igual a 30 kPa ($\sigma'_3 = \sigma_3 - u = 50 - 20 = 30$ kPa).

Pela mesma razão, com pressão confinante de 75 kPa, tem-se: $\Delta u = 75$; $u = -30 + 75 = 45$ kPa; e com tensão confinante efetiva de 30 kPa ($\sigma'_3 = \sigma_3 - u = 75 - 45 = 30$ kPa).

Portanto, os dois corpos de prova são carregados axialmente sem drenagem, a partir da mesma confinante efetiva, e seus comportamentos serão iguais ao de um ensaio CU com essa tensão confinante ($\sigma_3 = 30$ kPa). Como visto no Exercício 15.2, a tensão desviadora na ruptura será de 19,5 kPa.

Exercício 15.4 Que resistência deverá apresentar um corpo de prova da amostra de 10 m num ensaio de compressão simples?

Solução: Num ensaio de compressão simples a pressão confinante aplicada é nula, mas a tensão confinante efetiva é igual à da amostra (-30 kPa) e, portanto, a confinante efetiva é igual a 30 kPa. O ensaio de compressão simples corresponde a um ensaio de carregamento axial não drenado (pois é feito rapidamente para evitar drenagem) de um solo sob o efeito de uma tensão confinante de 30 kPa. Sua resistência, portanto, também será de 19,5 kPa.

Exercíco 15.5 Da mesma amostra, foram feitos dois outros ensaios do tipo *CU*, mas adensando-se previamente os corpos de prova sob a pressão confinante de 40 kPa e reduzindo-se a pressão confinante, ainda com drenagem, para 20 e 10 kPa. O carregamento axial posterior foi feito sem drenagem. Os resultados desses ensaios estão nas colunas (b), (c), (d) e (e) da Tab. 15.2. Trace a envoltória de resistência desses ensaios, determine as razões de resistência (RR) em função da razão de sobreadensamento (RSA), e estabeleça uma equação que indique a resistência em função da tensão efetiva a que o solo está submetido e da tensão de pré-adensamento.

Aula 15

Resistência não drenada das argilas

337

Tab. 15.2

(a) Ensaio	(b) Tensão de pré-adensamento (kPa)	(c) Tensão confinante efetiva após adensamento (kPa)	(d) Razão de sobreadensamento RSA	(e) Tensão desviadora na ruptura (kPa)	(f) Resistência não drenada (kPa)	(g) Razão de resistência RR
1	40	40	1	26	13,0	0,325
2	40	20	2	23	11,5	0,575
3	40	10	4	20	10,0	1,0

Solução: Os resultados desses ensaios são apresentados na Fig. 15.4 (b). Nota-se que a envoltória de resistência se situa nitidamente acima da envoltória correspondente ao estado de normalmente adensada. As resistências não drenadas e as razões de resistência estão nas colunas (f) e (g) da Tab. 15.2.

Em geral, as razões de resistência de argilas saturadas podem ser expressas por uma equação do tipo:

$$\left(\frac{S_u}{\sigma'_0}\right)_{s.a.} = \left(\frac{S_u}{\sigma'_0}\right)_{n.a.} \cdot (RSA)^m \quad \text{ou seja} \quad RR_{s.a.} = RR_{n.a.} \cdot (RSA)^m$$

Para se ajustarem dados experimentais a essa expressão, convém reapresentá-la da seguinte forma:

$\log RR_{s.a.} = \log RR_{n.a.} + m.\log (RSA)$

Os dados dispostos em escala logarítmica definem uma reta, como se mostra

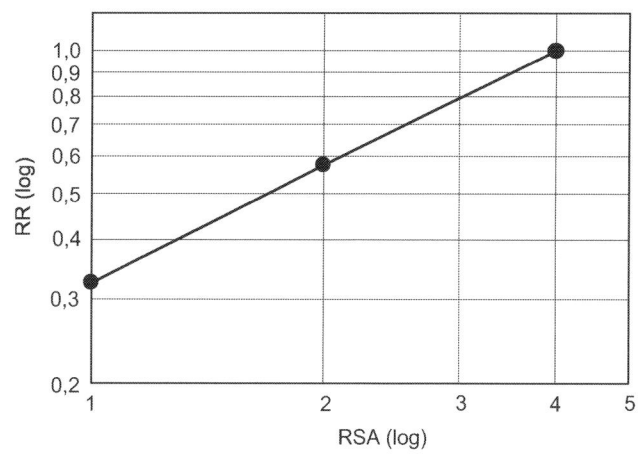

Fig. 15.12

na Fig. 15.12, cuja equação pode ser determinada por uma regressão linear. Para os dados em questão, obtém-se:

$$\log RR_{s.a.} = -0,487 + 0,81 \log (RSA)$$

da qual resulta:

$$\left(\frac{S_u}{\sigma'_0}\right)_{s.a.} = 0,326 \cdot (RSA)^{0,81}$$

Exercício 15.6 Num terreno ao lado do qual foram feitos os ensaios descritos nos exercícios anteriores, existe um solo semelhante, mas que esteve submetido anteriormente a carregamentos de diferentes valores. Numa certa profundidade, o solo está submetido a uma tensão vertical efetiva de 80 kPa, e a sua tensão de sobreadensamento é de 200 kPa. Como se poderia estimar a resistência desse solo, em ensaio de compressão UU, a partir dos dados conhecidos?

Solução: A resistência não drenada desse solo pode ser obtida diretamente da equação estabelecida no Exercício 15.5:

$$s_u = 0,326 \times 80 \times (200/80)^{0,81} = 55 \text{ kPa}.$$

Exercício 15.7 No caso anterior, não havendo dados sobre o solo da região, mas conhecendo-se $\sigma'_{vo} = 80$ kPa e $\sigma'_{vm} = 200$ kPa, e desejando-se estimar uma resistência não drenada para projeto de um aterro, como se poderia proceder? Compare a resposta com a do Exercício 15.6.

Solução: Quando não se dispõe de dados sobre o solo da região, costuma-se estimar a resistência pela fórmula empírica de Mesri (Equação 15.5)

$$\frac{(S_u)_{proj}}{\overline{\sigma}_0} = 0,22$$

ou pela fórmula empírica de Jamiolkowski et al. (Equação 15.6):

$$\frac{(S_u)_{proj}}{\overline{\sigma}_0} = (0,23 \pm 0,04) \cdot (RSA)^{0,8}$$

Obtém-se, respectivamente:

$(s_u)_{proj} = 0,22 \times 200 = 44$ kPa, pela fórmula de Mesri, e

$(s_u)_{proj} = (0,23 \pm 0,04) \times 80 \times 2,5^{0,8} = 38 \pm 6$ kPa = 32 a 44 kPa, pela fórmula de Jamiolkowski et al.

Os valores obtidos por essas correlações são inferiores ao determinado no Exercício 15.6, porque nele a resistência obtida é a resistência não drenada de ensaio de compressão triaxial, enquanto as fórmulas empíricas fornecem valores para projeto, que já levam em conta a anisotropia de resistência (resistência à compressão diferente da resistência à extensão) e a dependência da resistência ao tempo de solicitação.

Exercício 15.8 Três corpos de prova de uma argila saturada foram normalmente adensados sob a pressão confinante de 100 kPa. Posteriormente, os três corpos de prova foram submetidos a ensaios de compressão triaxial sob a pressão confinante de 200 kPa. O primeiro ensaio foi do tipo *CD*; o segundo do tipo *CU* e o terceiro do tipo *UU*. No segundo ensaio, a ruptura ocorreu com um acréscimo de tensão axial de 180 kPa, e pressão neutra, na ruptura, de 110 kPa. Admitindo que o comportamento seja sempre de argila normalmente adensada, determine, para os ensaios *CD* e *UU*, a tensão desviadora na ruptura, e a pressão neutra na ruptura. Represente, esquematicamente, as trajetórias de tensão efetiva dos três ensaios.

Solução: No segundo ensaio, a tensão confinante na ruptura era de 200 − 110 = 90 kPa. Para essa pressão confinante efetiva, a ruptura ocorreu com uma tensão desviadora de 180 kPa. Como há proporcionalidade entre a tensão desviadora na ruptura e a tensão efetiva de confinamento que está ocorrendo na ruptura, pode-se estabelecer que a relação entre essas duas tensões é de 180/90 = 2. No ensaio *CD*, tendo havido drenagem durante todo o carregamento axial, a tensão confinante na ruptura é a própria pressão confinante do ensaio: 200 kPa. Para ela, a tensão desviadora na ruptura deve ser 2 x 200 = 400 kPa.

Ao interpretar-se o ensaio CU em termos de tensões totais, verifica-se que a relação entre a tensão desviadora na ruptura e a tensão a que o solo foi inicialmente adensado é 180/200 = 0,9. Essa relação é válida para qualquer carregamento não drenado, desde que se admita que o solo seja normalmente adensado, como postulado no enunciado. No ensaio UU, a tensão confinante efetiva do corpo de prova, logo após o confinamento e antes do carregamento axial, é de 100 kPa, qualquer que seja a pressão confinante. Portanto, ele equivale a um ensaio CU com confinante de 100 kPa, para o qual a tensão desviadora na ruptura é 0,9 x 100 = 90 kPa.

No ensaio *CU* com confinante de 200 kPa, a pressão neutra desenvolvida no carregamento axial foi de 110 kPa. Num ensaio *CU* com confinante de 100 kPa, a pressão seria de 55 kPa, que é, portanto, o acréscimo de pressão neutra durante o carregamento axial nos corpos de prova dos ensaio *UU*. No caso específico, sendo 100 kPa a pressão confinante de adensamento e 200 kPa a pressão confinante de ensaio, o corpo de prova já apresentava uma pressão neutra de 200-100 = 100 kPa, antes do carregamento axial. Na ruptura, a pressão neutra deve ser de 100+55 = 155 kPa.

Com esses dados, pode-se traçar as trajetórias de tensões efetivas dos três ensaios, como se mostra na Fig. 15.13.

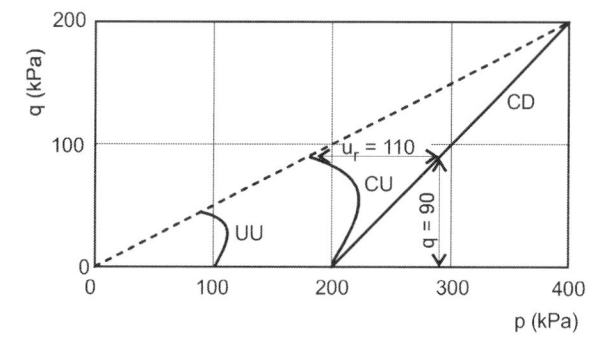

Fig. 15.13

Exercício 15.9 Três corpos de prova de uma argila saturada foram normalmente adensados sob a pressão confinante de 100 kPa. Posteriormente, os três corpos de prova foram submetidos a ensaios de compressão triaxial sob a pressão confinante de 300 kPa. O primeiro ensaio foi do tipo *CD*; o segundo, do tipo CU e o terceiro, do tipo UU. No terceiro ensaio, a ruptura ocorreu com um acréscimo de tensão axial de 60 kPa, com a pressão neutra, na ruptura, de 250 kPa. Admitindo que o comportamento seja sempre de argila normalmente adensada, determine, para os ensaios CD e CU, a tensão desviadora na ruptura, e a pressão neutra na ruptura.

Solução: Como no exercício anterior, determina-se: Ensaio CD: $(\sigma_1 - \sigma_3)_r = 360$ kPa, $u_r = 0$; Ensaio CU: $(\sigma_1 - \sigma_3)_r = 180$ kPa, $u_r = 150$ kPa.

Exercício 15.10 Uma camada de argila mole, nas várzeas de um rio, apresenta uma espessura de 5 m, com o nível d'água praticamente na superfície. Abaixo dela, existe uma camada de areia drenante. Nesse local, existiu no passado uma camada de areia, com 1 m de espessura, que, depois de muito tempo, foi erodida. Admitindo-se que o peso específico da argila é de 14 kN/m³ e o da areia, de 15 kN/m³, estime a razão de sobreadensamento, o coeficiente de empuxo em repouso e a resistência não drenada recomendável para projeto, em função da profundidade.

Solução: Na Tab. 15.3 estão indicados na coluna: (a) diversas profundidades; (b) a tensão vertical efetiva atual; (c) a tensão de pré-adensamento,

Tab. 15.3

(a) Profundidade (m)	(b) σ_{vo} (kPa)	(c) σ_{vm} (kPa)	(d) RSA	(e) K_0	(e) σ_{h0}	(g) σ_{oct}	(h) $(s_u)_{proj}$ Mesri (kPa)	(i) $(s_u)_{proj}$ Jamiolkowski (kPa)
0,5	2	17	8,5	1,4	2,8	2,5	3,7	2,5
1,5	6	21	3,5	0,99	6,0	6,0	4,6	3,8
2,5	10	25	2,5	0,87	8,7	9,1	5,5	4,8
3,5	14	29	2,1	0,81	11,3	12,2	6,4	5,8
4,5	18	33	1,8	0,76	13,7	15,1	7,3	6,6

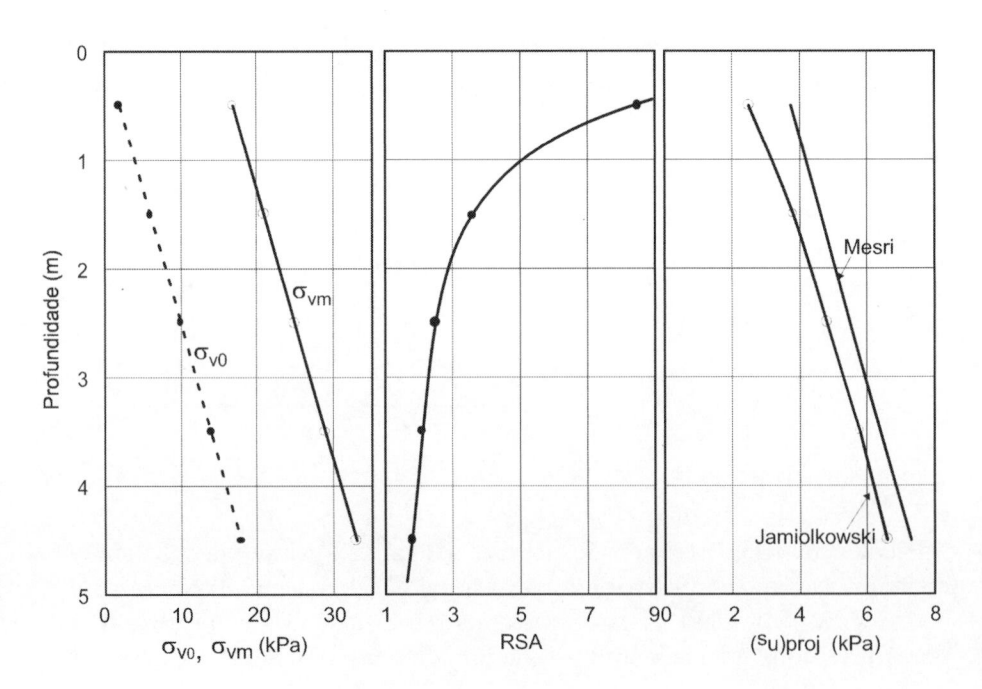

Fig. 15.14

considerando o efeito da areia erodida; (d) a razão de sobreadensamento; (e) o coeficiente de empuxo em repouso, resultante da equação de Jaki (Equação 12.2), com $\phi' = 23{,}5°$; (f) a tensão horizontal atual; (g) a tensão octaédrica atual; (h) a resistência não drenada, baseada na fórmula de Mesri (Equação 15.5); e (i) a resistência não drenada, baseada na fórmula de Jamiolkowski et al. (Equação 15.6). Esses resultados são mostrados na Fig. 15.14

Exercício 15.11 No que se diferenciam as fórmulas propostas por Mesri e por Jamiolkowski et al., segundo os princípios que as originaram?

Solução: A fórmula proposta por Mesri baseia-se na correlação entre as resistências de campo, obtidas por meio do ensaio de palheta, e o IP dos respectivos solos, corrigidos pelo coeficiente proposto por Bjerrum para levar em conta os efeitos de anisotropia e tempo de carregamento, coeficiente este estabelecido a partir de retroanálise de rupturas documentadas. A fórmula proposta por Jamiolkowski et al. baseia-se na equação do comportamento normalizado das argilas e na constatação de que a razão de resistência, levando em conta ensaios de compressão, de extensão e de cisalhamento simples, apresenta em média um valor próximo a 0,23, como mostra a Fig. 15.5. Levando-se em conta as origens bem distintas dos dois métodos, as diferenças de resultados entre as duas não são tão grandes. Quando a RSA é baixa, as duas fórmulas dão valores muito próximos (iguais se RSA = 1,25). Para RSA elevadas, como no presente caso, a fórmula de Jamiolkowski et al. é recomendável.

Exercício 15.12 Sobre o terreno referido no Exercício 15.10, foi construído um aterro arenoso de 2 m de altura com peso específico de 20 kN/m³. Estime, pela fórmula de Mesri, a resistência não drenada da argila de fundação, em função da profundidade, para as seguintes situações: (a) quando todo o recalque devido a esse aterro já tiver ocorrido; (b) quando 70% do recalque tiverem ocorrido.

Solução: (a) Quando todo o recalque já tiver ocorrido, as tensões verticais efetivas devidas ao peso próprio, apresentadas na coluna (b) da Tab. 15.4, terão sido acrescidas da tensão aplicada pelo aterro. Seus valores passarão a ser, portanto, os indicados na coluna (c) da tabela. Como se nota, essas tensões são maiores do que as respectivas tensões de pré-adensamento anteriores à construção do aterro. O solo estará, portanto, na condição de normalmente adensada. Os valores de resistência não drenada, pela fórmula de Mesri, estão na coluna (d) da Tab. 15.4 e representados na Fig. 15.15. Note-se que, para essa situação de solo normalmente adensado, as fórmulas de Jamiolkowski et al. e de Mesri dão aproximadamente os mesmos valores, pois os coeficientes são iguais a 0,23 e 0,22, respectivamente; a diferença é menos de 5%.

(b) Quando 70% dos recalques tiverem ocorrido, os acréscimos de tensão efetiva, devidos ao aterro, serão variáveis com a profundidade, pois a porcentagem de adensamento será variável com a profundidade. Para 70% de recalque, tem-se um fator tempo (T) de 0,4, como se verifica na Fig. 10.7 ou na Tab. 10.1. Para esse fator tempo de 0,4, obtém-se, na Fig. 10.5, a porcentagem de adensamento em função da profundidade. Para as profundidades consideradas na Tab. 15.4, tem-se os valores de $Z = z/H_d$ indicados na coluna (e), lembrando-se de que $H_d = 2,5$ m, pois existem duas faces de drenagem. A esses valores de Z correspondem os valores de U_z apresentados na coluna (f). Ao se multiplicar os valores de U_z pela tensão aplicada pelo aterro, têm-se os acréscimos de tensão efetiva já ocorridos, indicados na coluna (g), que, somados às tensões efetivas preexistentes (coluna b), fornecem as tensões efetivas na ocasião considerada. Esses valores, constantes da coluna (h) e representados na Fig. 15.15, indicam que, para todas as profundidades, essas tensões são superiores às tensões de pré-adensamento anteriores à construção do aterro. Ao se aplicar a fórmula de Mesri, obtêm-se os valores de s_u apresentados na coluna (i) da Tab. 15.4 e representados na Fig. 15.15. Neste caso, a variação de s_u com a profundidade não é linear.

Tab. 15.4

	100% de recalque			70% de recalque				
(a) Profundidade (m)	(b) σ_{vo} inicial (kPa)	(c) $\sigma_{vo} = \sigma_{vm}$ (kPa)	(d) $(s_u)_{proj}$ kPa	(e) $Z = z/H_d$	(f) U_z	(g) $\Delta\sigma_{vo}$ (kPa)	(h) σ_{vo} (kPa)	(i) $(s_u)_{proj}$ (kPa)
0,5	2,0	42	9,2	0,2	0,86	34,4	36,4	8,0
1,5	6,0	46	10,1	0,6	0,61	24,4	30,4	6,7
2,5	10,0	50	11,0	1,0	0,52	20,8	30,8	6,8
3,5	14,0	54	11,9	1,4	0,61	24,4	38,4	8,4
4,5	18,0	58	12,8	1,8	0,86	34,4	52,4	11,5

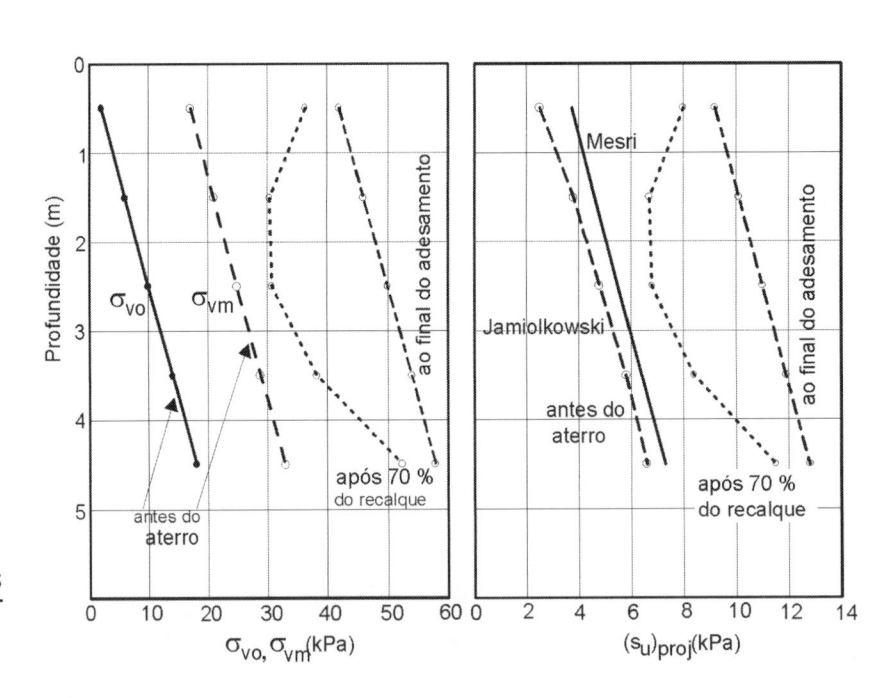

Fig. 15.15

AULA 16

COMPORTAMENTO DE ALGUNS SOLOS TÍPICOS

16.1 *A diversidade dos solos e os modelos clássicos da Mecânica dos Solos*

Este curso se iniciou chamando a atenção para a diversidade dos solos que ocorrem na crosta terrestre, o que dá à Mecânica dos Solos características bastante peculiares, em comparação com outras ciências da Engenharia. Na Mecânica dos Solos clássica, são desenvolvidos modelos de comportamento dos solos que os representam bem em determinadas condições, mas os modelos não podem representar a totalidade dos solos. De maneira geral, no caso das argilas, eles se referem a solos simplificados, como os solos sedimentares, saturados, sem estrutura. Estes foram os modelos apresentados no decorrer do Curso.

Os modelos clássicos servem de ponto de partida para o estudo dos diversos tipos de solo, incorporando-se a eles os conhecimentos peculiares de cada tipo, detectados pela observação experimental. Apresentam-se, nesta aula, de maneira simplificada, alguns casos de solos que se afastam dos modelos básicos e que são de ocorrência mais comum. Para cada um deles, existem estudos aprofundados, baseados em observações experimentais e em modelos constitutivos que procuram sintetizar os conhecimentos que se acumulam pela prática da Engenharia de Solos.

16.2 *Solos estruturados e cimentados*

O comportamento dos solos sedimentares baseia-se nas forças transmitidas pelas partículas nos seus contatos e pelo atrito mobilizado. Do escorregamento e da rolagem entre as partículas, resultam as propriedades de deformabilidade e de resistência dos solos. Existem solos, entretanto, que possuem substâncias cimentantes nos contatos intergranulares. Os deslocamentos entre as partículas, nesses casos, são resistidos inicialmente por essas ligações aglomerantes, que agem como se fossem uma cola, para depois mobilizar o atrito. Essa parcela da resistência é a coesão natural do solo. Distingue-se, fisicamente, da coesão considerada para as argilas saturadas, fruto da pressão neutra negativa, donde serem estas tratadas como coesão aparente.

Na realidade, todos os solos apresentam algum grau de cimentação. Nos solos sedimentares saturados, ela pode ser muito pequena, fruto de um arranjo entre partículas, por efeito das forças físico-químicas naturais dos minerais-argila, como referido no na seção 15.7. Em outros, a cimentação pode ter um importante papel. Solos sedimentares que, após a sua formação, ficaram acima do lençol freático, sofrem a ação de água de percolação, tanto por infiltração das águas de chuva, como pela elevação por capilaridade da água do lençol. Essas águas agridem o solo, dissolvendo alguns sais presentes e depositando-os com nova estrutura química, quando se evaporam. Esse procedimento provoca uma cimentação das partículas. As argilas variegadas (de cores muito variadas) da cidade de São Paulo são um exemplo de solos que sofreram esse tipo de evolução. Por outro mecanismo, os solos residuais apresentam cimentação resultante das próprias ligações químicas remanescentes da rocha original, em que a intensidade do efeito cimentante decorre do grau de evolução do solo.

O efeito da cimentação no comportamento mecânico dos solos pode ser observado pelos resultados de ensaios de compressão triaxial ou de compressão edométrica. Nestes, quando os resultados são apresentados em gráficos de variação do índice de vazios em função da tensão aplicada, observa-se uma alteração da curva, para um certo nível de tensão, acentuando-se a redução do índice de vazios. Esse nível de tensão, que é aquele no qual ocorre a ruptura da cimentação do solo, fica ainda mais nítido quando as tensões são expressas em escala logarítmica. Por semelhança ao comportamento das argilas saturadas, essa tensão é chamada de tensão de pré-adensamento, o que não é adequado, pois o comportamento não se deve a um carregamento prévio que o solo tenha sofrido. Por essa razão, por semelhança, alguns autores usam a expressão *pseudotensão de pré-adensamento*. A denominação *tensão de cedência*, entretanto, parece ser mais adequada e vem sendo preferida por autores modernos. Refere-se à tensão em que há uma brusca redução do índice de vazios (cedência), pelo fato de terem sido vencidas as ligações resultantes da cimentação que o solo apresentava.

O efeito da cimentação manifesta-se na resistência dos solos. Três tipos de comportamento podem ser observados, em ensaios de compressão triaxial:

(A) quando a tensão confinante é bastante baixa, perante a tensão de cedência, a tensão desviadora máxima é atingida com pequena deformação (quando a cimentação é destruída), após o quê, a tensão desviadora estabiliza-se num nível mais baixo (quando a resistência passa a ser devida ao atrito entre as partículas). A curva A, na Fig. 16.1 (a), representa essa situação;

(B) para uma tensão confinante mais alta, mas ainda abaixo da tensão de cedência, a curva tensão-deformação apresenta uma mudança de comportamento quando a cimentação é destruída, havendo, entretanto, uma resistência final com desviadora maior, devida ao atrito entre os grãos que passa a ser mobilizado. Esse caso é representado pela curva B da Fig. 16.1 (a);

(C) para tensões confinantes acima da tensão de cedência, o comportamento do material é típico de solos não cimentados, pois o próprio confinamento destruiu a cimentação. É o caso representado pela curva C da Fig. 16.1 (a).

A Fig. 16.1 apresenta as três situações: (a) indica as curvas tensão deformação, com as características descritas; (b) indica as trajetórias de tensão que definem um campo delimitado por uma *curva de cedência*, dentro do qual a cimentação é responsável pelo comportamento e fora do qual a cimentação não atua mais, e o comportamento do solo deve-se totalmente ao atrito entre as partículas.

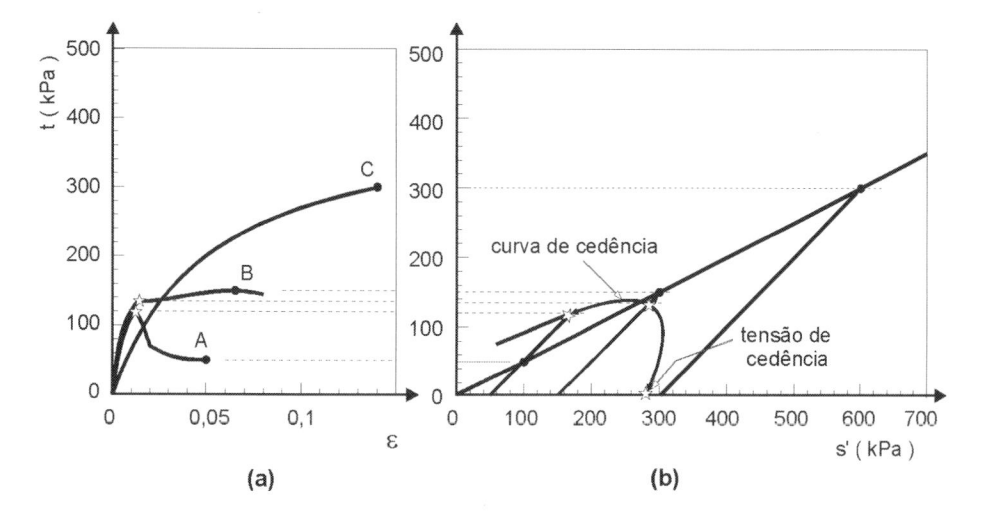

Aula 16

Comportamento de alguns solos típicos

345

Fig. 16.1

Comportamento típico de solos cimentados, em ensaios

Como visto, a envoltória de resistência, para tensões inferiores à tensão de cedência, é a curva de cedência. A natural heterogeneidade de alguns solos cimentados, como os solos residuais e os solos evoluídos pedologicamente, torna difícil a identificação dessas envoltórias. Aos resultados de ensaios de compressão triaxial associam-se, então, retas que passam a indicar a resistência ao cisalhamento. Para o solo cujos resultados de ensaios estão na Fig. 1.16, a resistência seria normalmente expressa pelas equações: $s' = 40 + \sigma'.tg\ 24°$ (em kPa), para tensões normais de até 400 kPa, e $s' = \sigma'.tg\ 30°$, para tensões superiores.

Para os solos cimentados, o ensaio de compressão simples não sofre as mesmas objeções apresentadas à sua aplicação às argilas sedimentares. Eles são muito úteis para determinar o grau de cimentação e a resistência do solo quando com baixos níveis de confinamento.

16.3 *Solos residuais*

Os solos residuais caracterizam-se, inicialmente, pela sua heterogeneidade, que reproduz a heterogeneidade da rocha-mãe. Esta peculiaridade, em certos casos, torna difícil a determinação de suas características por meio de ensaios de laboratório, pois corpos de prova moldados de uma única amostra podem apresentar características bem distintas. Ao se analisar grandes massas desses solos, entretanto, nota-se que a probabilidade de encontrar porções semelhantes a pequenas ou grandes distâncias é praticamente igual, de forma que grandes massas de solos residuais foram caracterizadas pelo Prof. Milton

Vargas, da Escola Politécnica da USP, como solos *heterogeneamente homogêneos*, ou, *homogeneamente heterogêneos*, aos quais podem ser associados parâmetros médios de comportamento, como os parâmetros de resistência, por exemplo, adequadamente obtidos por meio de retroanálises de rupturas registradas.

Outra característica marcante dos solos residuais é sua anisotropia, resultante da anisotropia da rocha-mãe.

O estado de tensões no terreno é de difícil conhecimento. Se a tensão vertical resultar do peso de terra, nada se conhece das tensões horizontais, que se devem às características da rocha-matriz. Qualquer amostragem elimina as tensões existentes no terreno, e não há como, em laboratório, simular a formação de solos residuais, razão pela qual não há como obter, por meio de ensaios de laboratório, qualquer informação sobre o coeficiente de empuxo em repouso.

Os solos residuais são frequentemente cimentados, valendo para eles as observações do item acima. Por outro lado, acima do lençol freático, os solos residuais são não saturados, seguindo, portanto, o comportamento destes, o que é objeto da próxima seção.

16.4 *Solos não saturados*

O comportamento das argilas não saturadas, também chamadas de parcialmente saturadas, difere do das argilas saturadas por dois motivos principais:

1 - Nas argilas saturadas, a água nos vazios é considerada praticamente incompressível, pois ela é muito menos compressível do que a estrutura sólida do solo. Em consequência, quando se aplica qualquer carregamento hidrostático, surge uma pressão neutra de igual valor e a tensão efetiva só aumenta se houver drenagem. Nas argilas não saturadas, os vazios estão parcialmente ocupados pelo ar, que é muito mais compressível do que a estrutura sólida do solo. Neste caso, qualquer carregamento provoca uma compressão do ar, à qual corresponde uma igual compressão da estrutura sólida do solo, que é uma indicação de que parte da pressão aplicada é suportada pelo solo; surge um aumento da tensão efetiva ainda que não tenha havido drenagem.

2 - O ar existente nos vazios do solo encontra-se com pressão, u_a, diferente da pressão da água, u_w, nos vazios, em virtude da tensão superficial da água nos meniscos capilares que se formam no interior do solo, conforme foi estudado na Aula 5. A pressão no ar é sempre superior à pressão na água, e a diferença entre as duas é chamada de *pressão de sucção, $u_a - u_w$*.

O conhecimento das tensões efetivas torna-se problemático, pois não se pode aplicar simplesmente a equação de Terzaghi, pela qual a tensão efetiva é igual à tensão total menos a pressão neutra, pois existem duas pressões diferentes nos fluidos que ocupam os vazios do solo. Em termos acadêmicos, existem procedimentos propostos pelo Prof. Bishop, do Imperial College, de Londres, e pelo Prof. Fredlund, da Universidade de Saskatchewan, no Canadá, para a consideração do efeito das duas fases, e existem técnicas para a medida das pressões no ar e na água, separadamente. Esses estudos desenvolveram-se muito, mas ainda são de difícil aplicação.

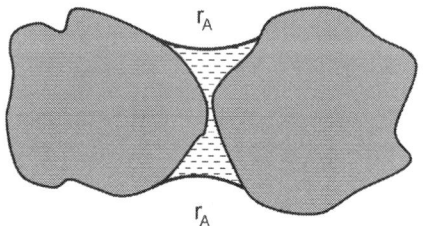

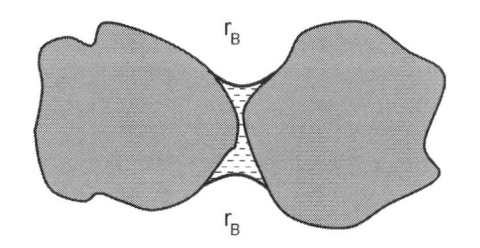

Aula 16

Comportamento de alguns solos típicos

Nos solos parcialmente saturados, os volumes ocupados pelo ar e pela água podem apresentar um dos seguintes arranjos:

a) bolhas de ar totalmente envolvidas pela água e pelas partículas sólidas. São bolhas oclusas, que não se comunicam. Isso ocorre quando o grau de saturação é elevado, acima de 85 ou 90%, razão pela qual a curva de compactação decresce quando esse grau de saturação é atingido, como se estudou na Aula 4;

b) o ar todo intercomunicado, assim como a água, formando canais que se entrelaçam no espaço;

c) o ar todo interconectado, a água se concentra nos contatos entre as partículas, além de molhá-las por delgada camada de água adsorvida. Isso ocorre quando o grau de saturação é muito baixo.

Nas situações (b) e (c), se o solo estiver exposto à atmosfera, a pressão neutra no ar será a própria pressão atmosférica (nula, porque se consideram as pressões relativas) e a pressão neutra na água será negativa, conforme se viu nos estudos da capilaridade, na Aula 5. A pressão neutra negativa da água é que provoca a tensão efetiva no solo, e seu valor, como visto na Aula 5, depende da curvatura da interface água-ar.

Num tubo capilar circular, a interface água-ar é uma calota esférica e a pressão de sucção é inversamente proporcional ao raio de curvatura da calota, como se deduziu na seção 5.4 da Aula 5. Se um tubo capilar tiver uma seção elíptica, a calota que se forma não será mais esférica, e a pressão de sucção será função dos dois raios da elipse, mas, ainda assim, será tanto maior quanto menores esses raios. No caso dos vazios do solo, a interface água-ar é uma superfície irregular, que depende do formato dos grãos e do teor de umidade, havendo em cada ponto dessa superfície uma dupla curvatura. É comum associar o formato dessa dupla curvatura ao raio de uma calota esférica que apresenta a mesma pressão de sucção. Pode-se demonstrar que o raio da calota esférica é igual à média harmônica dos raios de curvatura da superfície de dupla curvatura que apresenta a mesma pressão de sucção. Tanto na situação (b) como na situação (c) descritas anteriormente, as curvaturas de todos os meniscos capilares conduzem a uma única pressão de sucção, pois, se isso não ocorresse, haveria dissolução do ar na água ou migração, evaporação e condensação da água no ar até que o equilíbrio fosse atingido.

Quando o teor de umidade, ou o correspondente grau de saturação, diminui, os raios dos meniscos capilares também diminuem, e a pressão de sucção aumenta. A Fig. 16.2 representa um contato entre duas partículas: na situação A, a pressão de sucção está associada ao raio r_A, enquanto que na situação B, a pressão de sucção está associada ao raio r_B. Ainda que esteja

Situação A   Situação B

Fig. 16.2

Associação entre os raios dos meniscos capilares com a pressão de sucção num solo parcialmente saturado

Mecânica dos Solos

representado só um dos raios da superfície água-ar, é fácil concluir que, à medida que o teor de umidade diminui, a pressão de sucção aumenta.

A Fig. 16.3 representa uma curva típica da variação da pressão de sucção com o grau de saturação de um solo não saturado. Da mesma forma como a situação da água capilar nos solos depende do histórico de levantamento ou rebaixamento do lençol freático, como se ilustrou na Fig. 5.10 da Aula 5, a relação entre a pressão de sucção e a umidade depende do sentido da variação da umidade, umedecimento ou secagem. Curvas desse tipo são chamadas de *curvas características de umidade*, no estudo dos solos não saturados

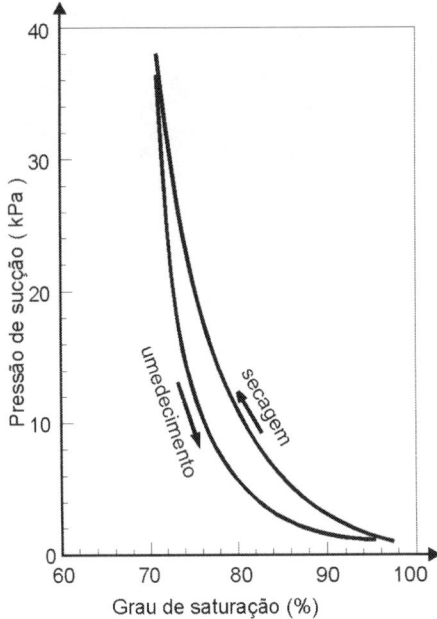

Fig. 16.3
Exemplo de curva característica de umidade de solo não saturado

Em consequência desses fatores, os ensaios convencionais em argilas não saturadas apresentam as peculiaridades descritas a seguir.

Ensaio triaxial não drenado, UU

Nos ensaios rápidos, *UU*, sobre argilas saturadas, o acréscimo de tensão axial na ruptura é o mesmo para qualquer tensão confinante, porque a tensão confinante efetiva no início do carregamento axial é sempre a mesma, qualquer que seja a confinante de ensaio, como se estudou na seção 15.2 da Aula 15.

Isso não acontece nas argilas não saturadas. Considere-se, na Fig. 16.4, a pressão neutra nos corpos de prova em função da pressão confinante aplicada. Para confinante nula, a pressão neutra negativa é a pressão neutra da amostra (situação A).

Quando se aplica uma pressão confinante (situação B), o aumento da pressão neutra corresponde só a uma parte dessa pressão; a tensão efetiva aumenta. Em consequência, a pressão efetiva confinante é maior do que seria

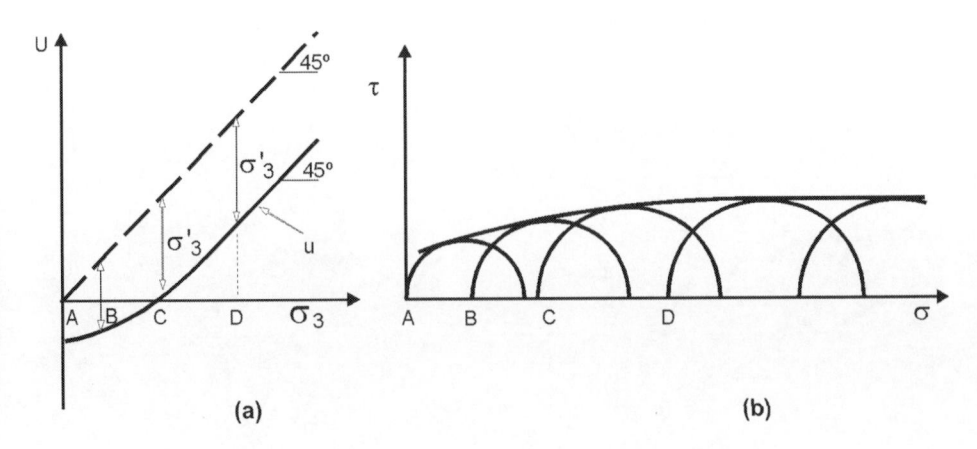

Fig. 16.4
Ensaio UU em solo não saturado: a) pressão neutra e tensão efetiva após confinamento; b) envoltória de resistência

se fosse devida somente à pressão neutra negativa da amostra. A resistência no ensaio feito com a pressão confinante indicada pelo ponto B é, portanto, maior do que a resistência no ensaio não confinado, indicada pelo ponto A.

Feito outro ensaio com confinamento maior (situação C), pela mesma razão, maior será a pressão confinante efetiva e maior a resistência.

Com o aumento da pressão, o ar se comprime acentuadamente e o grau de saturação aumenta. Adicionalmente, parte do ar se dissolve na água. O grau de saturação aumenta. Então, para acréscimos maiores de pressões confinantes, a porcentagem de acréscimo de pressão neutra é cada vez maior, até que para uma certa pressão, como indicada pelo ponto D na Fig. 16.4, o solo fica saturado; todo o ar se dissolveu na água. A partir daí, o solo se comporta como saturado.

A envoltória de resistência tem um trecho inicial curvo, indicando que a resistência não drenada cresce com a pressão confinante até uma certa pressão, correspondente à total dissolução do ar na água, a partir do qual a envoltória é uma reta horizontal, indicando que a resistência não varia mais com a pressão confinante, como é próprio das argilas saturadas.

Ensaio de compressão simples

O ensaio de compressão simples é um caso particular do ensaio UU, e seu resultado indica a resistência ao cisalhamento do solo para baixas tensões totais, considerada simplificadamente como a metade da tensão desviadora máxima. Esse ensaio corresponde à situação A da Fig. 16.4.

Essa resistência deve-se à eventual cimentação, que geralmente varia pouco com a umidade, e à sucção, $u_a - u_w$, que é função do grau de saturação, como indicado na Fig. 16.3. É natural, portanto, que a resistência diminua à medida que a umidade do solo aumente.

A Fig. 16.5 apresenta uma correlação entre a resistência à compressão simples de um solo coluvionar da Serra do Mar e o grau de saturação, determinada a partir de uma série de ensaios sobre corpos de prova colocados com diferentes teores de umidade. A menor resistência com o aumento do grau de saturação é fruto da perda de sucção com a elevação do teor de umidade. Note-se que, se um corpo de prova desse solo, com um grau de saturação de 70%, for colocado sob uma tensão de compressão de 20 kPa, ele resistirá sem romper. Se o teor de umidade for lentamente aumentado, gotejando-se água, o corpo de prova apresentará uma deformação progressiva até

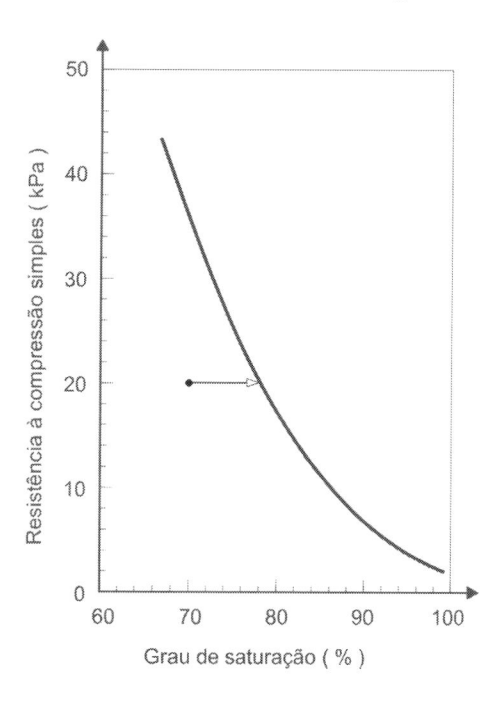

Fig. 16.5
Correlação entre a resistência à compressão simples e o grau de saturação de solos não saturados

que, quando o grau de saturação atingir cerca de 78%, ocorrerá ruptura. Esse comportamento é semelhante ao que ocorre no terreno e uma das razões pelas quais os escorregamentos de taludes das encostas são mais pronunciados nas épocas de chuvas prolongadas.

Ensaio triaxial drenado, CD

Nos ensaios drenados, o tempo de execução é bastante reduzido, pois as pressões neutras se dissipam muito mais rapidamente, não só porque são de menor valor, como também porque a permeabilidade do solo ao ar é bem maior do que a permeabilidade à água.

A dificuldade de interpretação desses ensaios reside no fato de as pressões no ar e na água serem diferentes. Ensaios drenados indicam ensaios em que as pressões neutras são dissipadas. No caso de solos saturados, a pressão neutra, que é a pressão na água, cai a zero. No caso de solos não saturados, não é possível que as pressões nas duas fases se anulem simultaneamente.

Comumente, o ensaio é feito com a drenagem através de as uma pedra porosa saturada, ligada a uma bureta. Portanto, a pressão neutra na água é a pressão atmosférica (nula por se tratar de pressão relativa), e a pressão no ar é positiva. Quando, ao se interpretar o resultado do ensaio, considera-se que a pressão neutra é nula e que a tensão efetiva é igual à tensão confinante aplicada, superestima-se a tensão efetiva. A envoltória de resistência, assim obtida, fica um pouco abaixo da envoltória que corresponderia ao solo saturado. Como esse ensaio é geralmente feito com corpos de prova com graus de saturação elevados (acima de 80%), e como a pressão de sucção é baixa para essa situação (Fig. 16.3), a diferença não é muito acentuada.

Se, no ensaio de compressão triaxial drenado, a pressão no ar ficar igual à pressão atmosférica, a pressão na água, contida pelos meniscos, será negativa. Isto confere ao solo um acréscimo de resistência, tanto maior quanto menor o grau de saturação e, portanto, quanto maior o valor da pressão de sucção ($u_a - u_w$). Na Fig. 16.6, estão representadas envoltórias de resistência, para esse tipo de solicitação, nas quais as abscissas são expressas pela tensão total menos a pressão no ar, $\sigma - u_a$, com a pressão no ar nula. Essas envoltórias mostram o efeito da pressão de sucção na resistência do solo. Quanto menos saturado for o solo, maior será a pressão de sucção e também a resistência. Como no caso da resistência não

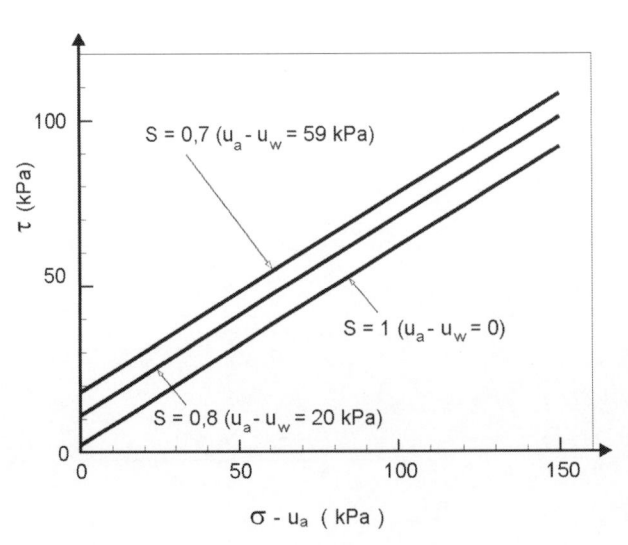

Fig. 16.6
Envoltórias de resistência em ensaios triaxiais drenados, CD, em solos não saturados

drenada, o aumento do grau de saturação provoca queda de resistência.

Ensaios podem ser feitos impondo-se ao corpo de prova pressões na água, por exemplo, pela base do corpo de prova, e pressões no ar pela extremidade oposta do corpo de prova. Nesse caso, o resultado do ensaio pode ser interpretado tanto pelo procedimento anteriormente apresentado e ilustrado pela Fig. 16.6, como pelo cálculo de uma pressão neutra equivalente, igual a uma média ponderada entre as pressões na água e no ar, descontada da tensão total para a obtenção da tensão efetiva. O fator de ponderação depende do grau de saturação, conforme a metodologia proposta por Bishop.

Ensaio triaxial adensado-rápido *CU*

Nos ensaios do tipo adensado rápido, *CU*, que indicam a resistência não drenada em função da tensão de adensamento, ocorre a mesma dificuldade de considerar se o solo está adensado quando a pressão na água ou no ar é nula. Geralmente, os ensaios são feitos com drenagem da água, valendo as considerações feitas acima para o ensaio CD.

Com o solo não saturado, as pressões neutras devidas ao carregamento axial são menores do que no caso da mesma argila saturada, pois o ar se comprime. Na Fig. 16.7, estão as trajetórias de tensões de um solo saturado, em ensaios CD e *CU*, com tensão confinante maior do que a tensão de pré-adensamento. Como visto na Aula 14, a tensão desviadora na ruptura do ensaio *CU* é menor do que a do ensaio *CD* por causa da pressão neutra que se desenvolve naquele, em virtude da não drenagem. Admitindo-se que a envoltória efetiva seja a mesma, se, para a mesma tensão confinante, o solo não estiver saturado, as pressões neutras médias que se desenvolvem são muito menores, a trajetória de tensões efetivas não se afasta tanto da trajetória de tensões efetivas do ensaio *CD* e, consequentemente, a resistência é maior.

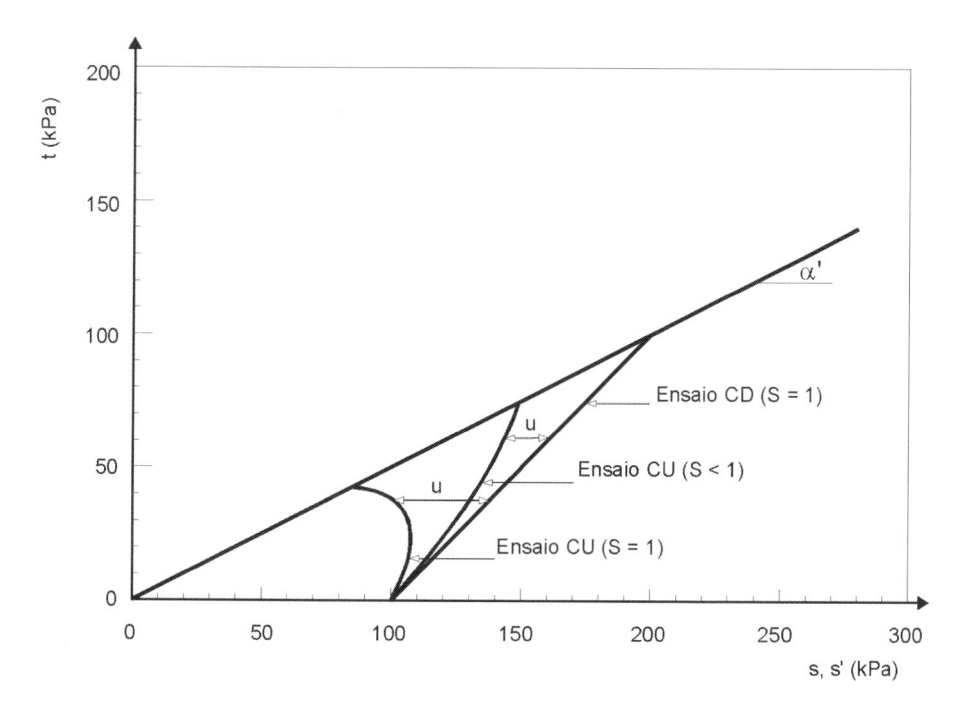

Aula 16

Comportamento de alguns solos típicos

Fig. 16.7

Comparação entre as resistências em ensaios CU de um solo normalmente adensado não saturado e do mesmo solo quando saturado

Quanto menor for o grau de saturação, menor será a pressão neutra desenvolvida durante o carregamento axial e menor também o afastamento da trajetória das tensões efetivas da trajetória do ensaio drenado, e, finalmente, maior a resistência do solo não saturado.

Para pressões confinantes em que o solo fica muito sobreadensado, quando saturado, a pressão neutra devida ao carregamento axial é negativa no ensaio *CU*. Nas mesmas condições, não estando saturado o solo, a pressão neutra negativa não é tão acentuada, e a resistência aproxima-se da resistência no ensaio drenado.

16.5 *Solos colapsíveis*

São solos não saturados que apresentam uma considerável e rápida compressão quando submetidos a um aumento de umidade sem que varie a tensão total a que estejam submetidos.

O fenômeno da colapsividade é geralmente estudado por meio de ensaios de compressão edométrica. A Fig. 16.8 apresenta, esquematicamente, os resultados de ensaios feitos com um solo colapsível. A curva A indica o resultado de um ensaio em que o corpo de prova permanece com seu teor de umidade inicial; a curva B representa o resultado de um ensaio em que o corpo de prova foi previamente saturado; e a curva C, o de um corpo de prova inicialmente com sua umidade natural e que, quando na tensão de 150 kPa, foi inundado, apresentando uma brusca redução do índice de vazios.

O valor do recalque resultante do umedecimento depende do estado de saturação em que o solo se encontra e do estado de tensões a que está submetido, como se depreende da análise da Fig. 16.8.

O colapso deve-se à destruição dos meniscos capilares, responsáveis pela tensão de sucção, ou a um amolecimento do cimento natural que mantinha as partículas e as agregações de partículas unidas. Fisicamente, o fenômeno do colapso está intimamente associado ao da perda de resistência dos solos não saturados, conforme visto na seção anterior. No

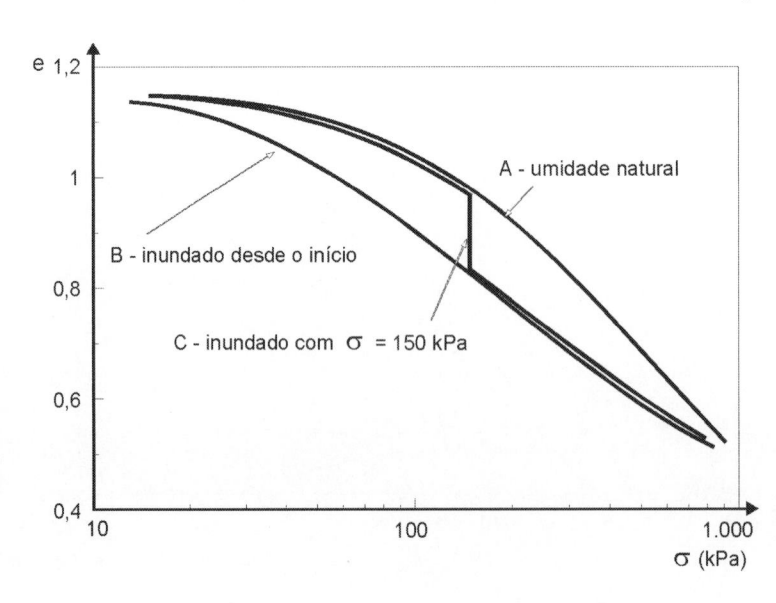

Fig. 16.8
Ensaios de compressão edométrica de um solo colapsível

carregamento axial, a inundação do solo diminui a pressão de sucção ou amolece o cimento natural, ocorrendo ruptura. No carregamento edométrico, a diminuição da pressão de sucção ou o amolecimento do cimento natural provocam microrrupturas, que se manifestam só pelo recalque, em virtude do solo estar no anel do ensaio edométrico. O mesmo ocorre no terreno: em encostas, a inundação se manifesta pelos escorregamentos dos taludes; nos terrenos planos onde se apoiam fundações, com o solo confinado, ocorrem deformações verticais acentuadas.

Solos colapsíveis são bastante frequentes no Brasil. Certos solos da cidade de São Paulo, conhecidos como argilas porosas vermelhas, típicas da Avenida Paulista, são colapsíveis. Submetidas a um encharcamento, devido, por exemplo, a uma ruptura da rede de água, podem apresentar deformações que se refletem em recalques das fundações diretas neles construídas. No Estado de São Paulo, a construção da barragem de Três Irmãos, no rio Tietê, ao criar um reservatório d'água que elevava significativamente o nível freático na cidade de Pereira Barreto, requereu uma atenção especial do órgão responsável, pois todo o subsolo da cidade era colapsível. Fundações de diversas edificações foram reforçadas, enquanto pequenas casas foram simplesmente abandonadas e substituídas por novas.

16.6 *Solos expansivos*

Ao contrário dos solos colapsíveis, certos solos não saturados, quando submetidos a saturação, apresentam expansão. Essa expansão é devida à entrada de água nas interfaces das estruturas mineralógicas das partículas argilosas, ou à liberação de pressões de sucção a que o solo estava submetido, seja por efeito de ressecamento, seja pela ação de compactação a que foi submetido. A expansibilidade é muito ligada ao tipo de mineral argila presente no solo e uma das características mais marcantes das argilas do tipo esmectita, descrito na seção 1.2 da Aula 1. Solos essencialmente siltosos e micáceos, porém, geralmente decorrentes de desagregação de gnaisse, apresentam-se expansivos quando compactados com umidade abaixo da umidade ótima.

A exemplo dos solos colapsíveis, o estudo da expansividade dos solos é geralmente feito por meio de ensaios de compressão edométrica. Inunda-se o corpo de prova quando as deformações decorrentes de uma certa pressão se estabilizaram e mede-se a expansão ocorrida. A expansão depende da pressão aplicada à amostra, sendo tanto menor quanto maior a pressão. Existe mesmo uma pressão na qual não há expansão, denominada *pressão de expansão*. Para pressões maiores do que essa, é comum ocorrer alguma contração do solo. Para determinar a pressão de expansão, diversos corpos de prova são ensaiados, cada qual inundado com uma pressão diferente, medindo-se a expansão correspondente. Obtém-se, por interpolação, a pressão para a qual não há expansão.

Quando pequenas construções são feitas em solos expansivos, o efeito da impermeabilização do terreno pela própria construção pode provocar uma elevação do teor de umidade, pois, antes da construção, ocorria evaporação da água que ascendia por capilaridade. O aumento de umidade pode provocar expansões que danificam as construções, provocando trincas ou ruínas. Cuidados semelhantes aos tomados com os solos colapsíveis afetados pelo reservatório da barragem de Três Irmãos, foram adotados para uma vila nas margens do reservatório da barragem de Itaparica, no Nordeste brasileiro, onde o solo é expansivo e o nível freático foi elevado com o enchimento do reservatório.

O fenômeno de expansão também ocorre quando solos, mesmo saturados, ao serem aliviados das pressões que atuam sobre eles, absorvem água do lençol freático e se expandem, algumas vezes perdendo muito de sua consistência. É o caso, por exemplo, de alguns taludes da rodovia Carvalho Pinto, em São Paulo, que se tornaram instáveis algum tempo após a construção, em virtude do descarregamento de tensões a que o solo foi submetido pela abertura dos cortes para a estrada.

16.7 *Solos compactados*

Os solos compactados são não saturados, aplicando-se a eles, portanto, as peculiaridades destes, descritas na seção 16.4. Como apresentado na Aula 4 (seção 4.6), os solos compactados ficam com uma estrutura que depende do processo de compactação, e, portanto, seu comportamento é afetado pelos fatores abordados em 16.1.

As propriedades dos solos compactados dependem da umidade de compactação do solo e do processo de compactação, dos quais resultam o peso específico seco, o grau de saturação e a estrutura do solo.

Uma maneira interessante de analisar a influência desses fatores nas diversas propriedades mecânicas dos solos compactados consiste em preparar diversos corpos de prova com diferentes valores de umidade e de densidade, empregando-se energias de compactação adequadas para cada situação. Esses corpos de prova, submetidos a ensaios, indicarão os resultados correspondentes a cada situação de moldagem. Num gráfico de densidade em função da umidade, representa-se a curva de compactação do ensaio de referência, geralmente do Proctor Normal, e assinala-se a posição de cada corpo de prova moldado, colocando-se ao lado o resultado do ensaio correspondente. Nesta representação, tem-se uma visão de como os parâmetros de compactação (umidade e densidade) influem em determinada característica. Pode-se, então, traçar curvas de igual valor dessa propriedade, por interpolação aos resultados. Apresenta-se, a seguir, a tendência típica de variação de diversos parâmetros representativos do comportamento dos solos compactados, obtida pela análise de dados de ensaios do solo siltoso, empregado na barragem de Paraibuna e do solo arenoargiloso da barragem de Ilha Solteira, ambos no Estado de São Paulo.

Coeficiente de permeabilidade

O efeito da estrutura nos solos compactados evidencia-se pelos resultados de ensaios de permeabilidade. Na Fig. 16.9, são apresentadas curvas de igual coeficiente de permeabilidade, em função da umidade de compactação e da densidade seca de compactação, obtidas pela interpolação de resultados de ensaios moldados em diversas situações. Os coeficientes de permeabilidade diferem bastante. Para umidade 2,5% abaixo da ótima e densidade igual a 95% da densidade máxima, por exemplo, o coeficiente de permeabilidade é cerca de 10 vezes maior do que na umidade ótima e densidade máxima.

Observa-se que, para a mesma umidade, a permeabilidade é tanto menor quanto mais compacto for o solo, o que é devido simplesmente ao seu menor índice de vazios. Para a mesma densidade, a permeabilidade diminui com o aumento de o teor de umidade, apesar do índice de vazios ser constante e os dois corpos de prova ficarem com o mesmo grau de saturação pelo efeito da própria água de percolação que aumenta a umidade do corpo de prova moldado mais seco. Essa diferença só pode ser atribuída à estrutura do solo compactado que, como indicada na Fig. 4.5, é bastante diferente nos ramos úmido e seco da curva de compactação. A estrutura floculada, que corresponde ao ramo seco, proporciona uma maior facilidade para a percolação da água do que a estrutura dispersa, característica do ramo úmido.

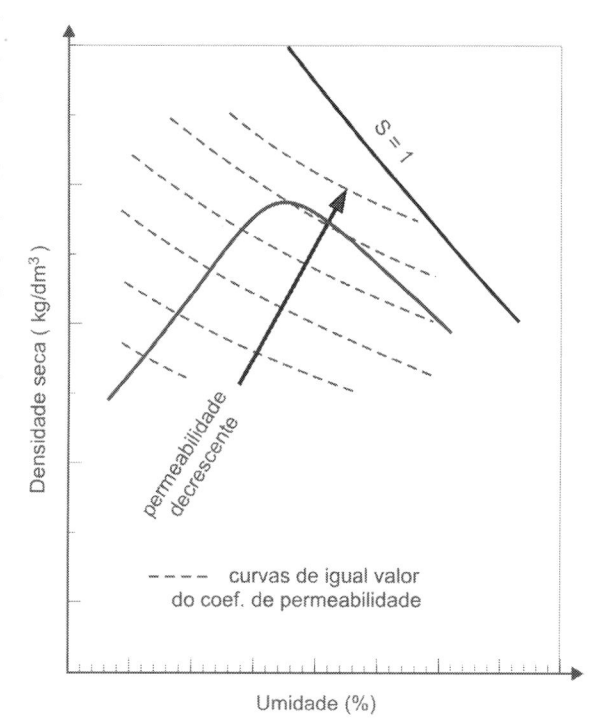

Fig. 16.9
Tendência de variação do coeficiente de permeabilidade com a umidade e a densidade de compactação

Compressibilidade em carregamento edométrico

Com relação à deformabilidade dos solos compactados, pode-se distinguir sua deformabilidade perante carregamentos que provocam especialmente uma compressão do solo, como, por exemplo, a aplicação de uma carga de fundação superficial sobre o solo e carregamentos que provocam acentuadas tensões desviadoras, como a construção de aterros rodoviários com taludes acentuados ou barragens de terra. Ao primeiro caso, correspondem os ensaios de compressão edométrica, em que as deformações laterais são impedidas.

Fig. 16.10
Tendência de variação da compressibilidade edométrica com a umidade e a densidade de compactação, com o solo na umidade de moldagem

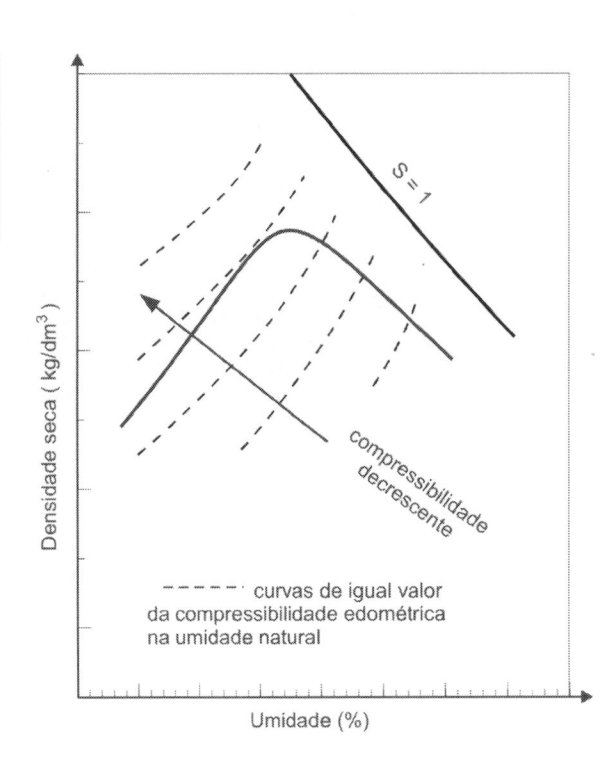

A compressibilidade dos solos compactados pode ser expressa pelo módulo edométrico, D. Na Fig. 16.10, estão apresentadas curvas de igual módulo edométrico de solos compactados em diferentes condições de umidade e densidade, ensaiados na própria umidade de moldagem. Nota-se que a compressibilidade é menor nos solos mais compactos, e nos solos com teores de umidade mais baixos. A menor compressibilidade dos solos mais secos, nessa situação, é fruto da estrutura e da própria tensão de sucção, devido à baixa saturação.

Ensaios semelhantes, mas com as amostras inundadas antes do carregamento, apresentam resultados como os da Fig. 16.11, na qual se observa que a inundação diminui as diferenças de comportamento de corpos de prova apenas com distintas umidades de compactação. Após a inundação, a compressibilidade passa a ser função principalmente da massa específica seca.

Com grau de compactação de 95%, *D* é cerca de 70% do módulo correspondente à densidade máxima. O módulo edométrico depende do nível de carregamento considerado, mas sua variação com os parâmetros de compactação apresenta sempre o aspecto mostrado na Fig. 16.11.

Os resultados justificam que, ao se fazer aterros de grandes áreas, para ocupação industrial ou residencial, seja controlado principalmente o grau de compactação. Entretanto, mantendo-se a umidade mais baixa durante a

Fig. 16.11
Tendência de variação da compressibilidade edométrica com a umidade e a densidade de compactação, com o solo inundado

compactação, desde que não prejudique a densidade a ser atingida, obtém-se menor compressibilidade do maciço compactado, principalmente se não ocorrer posterior elevação do teor de umidade.

Aula 16

Comportamento de alguns solos típicos

Deformabilidade em carregamento triaxial não drenado

O efeito dos parâmetros de compactação no módulo de elasticidade, e, em solicitação triaxial não drenada, é mostrado na Fig. 16.12, onde estão apresentados módulos de elasticidade para uma estabelecida deformação específica. A deformabilidade cresce (o módulo E decresce) sempre com o aumento do teor de umidade de compactação. Em torno da umidade ótima, ela aumenta o dobro para um aumento de umidade de 2%. Por outro lado, a deformabilidade decresce continuamente com a densidade, quando a umidade é inferior à ótima, mas, para umidades acima da ótima, ela diminui até um certo valor, passando depois a aumentar. As variações do módulo estão associadas à estrutura dos solos, sendo que, para umidades elevadas, o excesso de compactação cria uma estrutura mais dispersa, responsável pela maior deformabilidade.

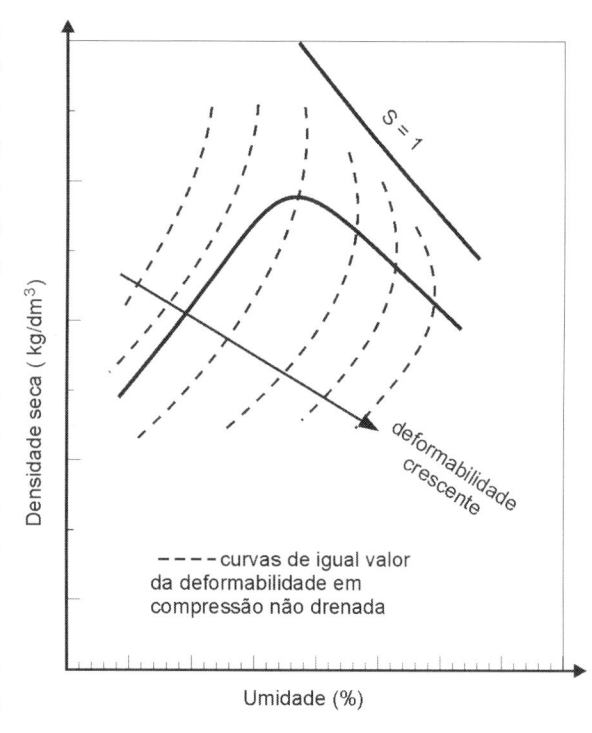

Fig. 16.12
Tendência de variação da deformabilidade em solicitação triaxial não drenada com a umidade e a densidade de compactação

Resistência em solicitação sem drenagem

A resistência em solicitação não drenada corresponde ao estado do solo compactado imediatamente após a sua construção, sem dissipação da pressão neutra provocada pela carga das camadas sucessivas que se sobrepõem.

A resistência não drenada de solos compactados, em ensaio UU, é representada por envoltória curva, como se mostra na Fig. 16.4, em virtude do solo ser não saturado. Para se comparar as condições de compactação, as resistências correspondentes à mesma pressão confinante devem ser consideradas. A variação dessa resistência para uma pressão confinante é ilustrada na Fig. 16.13. Observa-se que a resistência não drenada depende fundamentalmente da umidade de moldagem e só secundariamente da densidade atingida na compactação. Tal fato é devido ao desenvolvimento das pressões neutras e à dissolução do ar na

Fig. 16.13
Tendência de variação da resistência em ensaio triaxial não drenado, UU, com a umidade e a densidade de compactação

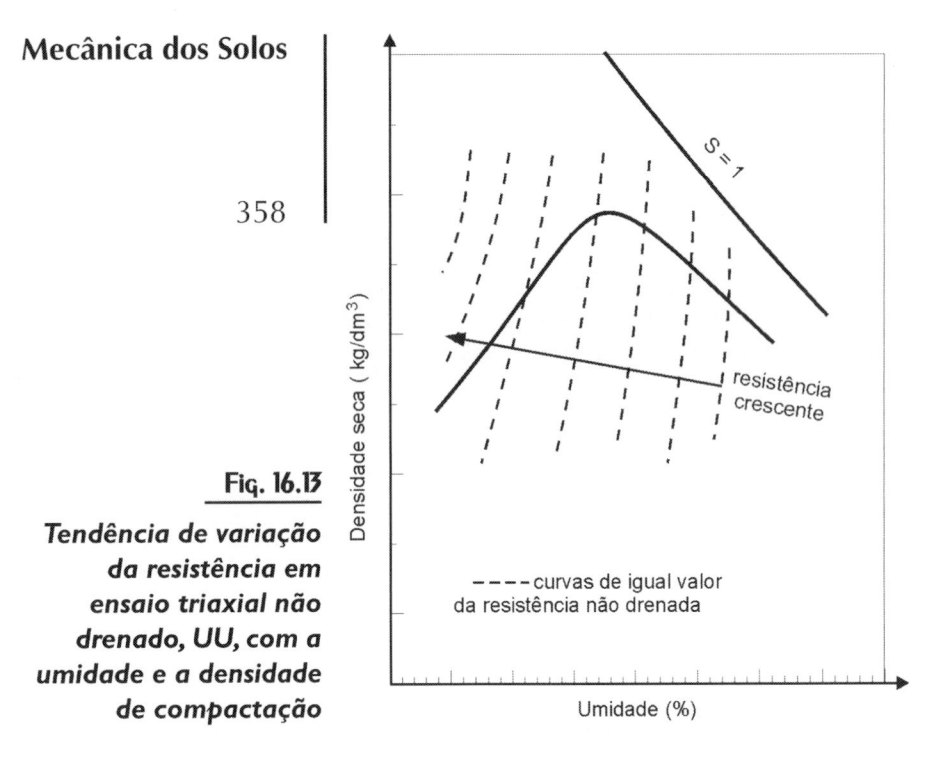

água. Em torno da umidade ótima, a relação entre as resistências pode ser da ordem de 50% para um desvio de umidade de 2%. Para pressões confinantes mais baixas do que a correspondente aos dados mostrados na Fig. 16.13, a resistência aumenta com a densidade e cai com a umidade. Para confinantes maiores, entretanto, a resistência depende quase que exclusivamente da umidade de compactação, e se o solo puder ficar com estrutura dispersa, pode apresentar uma redução de resistência para excesso de compactação.

Resistência em solicitações após adensamento

A resistência do solo compactado, após adensamento, é obtida em ensaios do tipo *CU*, se a solicitação for sem drenagem, ou em ensaios do tipo *CD*. As envoltórias de resistência, em termos de tensões efetivas, que se obtêm nesses ensaios, são ligeiramente curvas para tensões normais inferiores a um certo valor, situando-se acima da envoltória linear que passa pela origem e corresponde ao comportamento de atrito do solo não compactado. Isso ocorre porque a compactação provoca nos solos um efeito semelhante ao de um pré-adensamento, tanto maior quanto mais elevada a energia de compactação. A diferença, em função do grau de compactação, pode ser expressa pelas coesões resultantes dos ajustes às curvas. Os resultados dos ensaios, analisados como os demais, indicam que a resistência em termos de tensões efetivas depende basicamente da densidade obtida, e não da umidade em que o solo se encontrava por ocasião da compactação, como se mostra na Fig. 16.14.

Fig. 16.14
Tendência de variação da resistência em termos de tensões efetivas (ensaio CU ou CD), com a umidade e a densidade de compactação

Especificações de compactação

A análise do comportamento dos solos compactados sob os diferentes aspectos, feita até aqui, permite definir as condições de compactação a exigir de cada obra. Para aterros simples, em que não há possibilidade de rupturas de taludes e sobre os quais vão se construir pequenas edificações ou pisos industriais, a densidade é o elemento mais importante a considerar, pois é ela a responsável pela menor deformabilidade do aterro.

No caso das barragens de terra, os diversos fatores devem ser considerados e, com as tendências mostradas, o projetista pode avaliar de que maneira as condições de compactação interferem em cada detalhe do projeto.

Se, por exemplo, a preocupação maior do projetista é a estabilidade dos taludes logo após a construção, sua atenção deverá voltar-se principalmente para a umidade de compactação, pois é pequena a influência da densidade na resistência do solo solicitado sem drenagem. Se a estabilidade a longo prazo ou a condição de rebaixamento do nível do reservatório forem o objeto da atenção, deve-se considerar os parâmetros de resistência em termos de tensões efetivas. A experiência mostra que eles dependem basicamente do grau de compactação.

Os problemas de deformabilidade merecem investigação especial em cada caso. Se o vale for aberto e a fundação pouco deformável, é pouco provável a ocorrência de trincas, desde que o maciço seja homogêneo. Se as fundações forem diferencialmente deformáveis, as trincas poderão surgir se o solo compactado for muito rígido. Por outro lado, se o vale for muito fechado e a fundação for pouco deformável, as trincas poderão ser consequentes de recalques diferenciais do próprio maciço, se a deformabilidade do solo que o constitui for grande.

Sobre o gráfico de compactação do solo, pode-se então colocar as curvas correspondentes à condição limite de aceitabilidade de cada um dos aspectos a considerar na barragem, como esquematicamente representado na Fig. 16.15, para um caso hipotético. As curvas definem uma zona dentro da qual o solo compactado atenderia a todas as condições do projeto. Essa zona seria, idealmente, a especificação de compactação.

Esse tipo de gráfico ilustra, por exemplo, o efeito da umidade de compactação. Quanto menor a umidade, maior a estabilidade logo após a construção e maior também a rigidez do solo; consequentemente, maior o risco de ocorrência de trincas que podem ser fatais para a barragem. Da análise desses riscos surgem as especificações para as obras.

No caso de barragens de terra, a permeabilidade do maciço não costuma ser uma condicionante do projeto, pois a percolação de água é sempre muito baixa. No caso de camadas argilosas compactadas (*clay liners*) na interface inferior de aterros sanitários ou depósitos de resíduos industriais contaminantes, a permeabilidade é um fator determinante, assim como a deformabilidade, responsável pela capacidade da camada se ajustar aos recalques sem trincar.

Nesse caso, as informações das Figs. 16.9 e 16.12 são as mais importantes e indicam que a compactação deve ser feita com umidades elevadas.

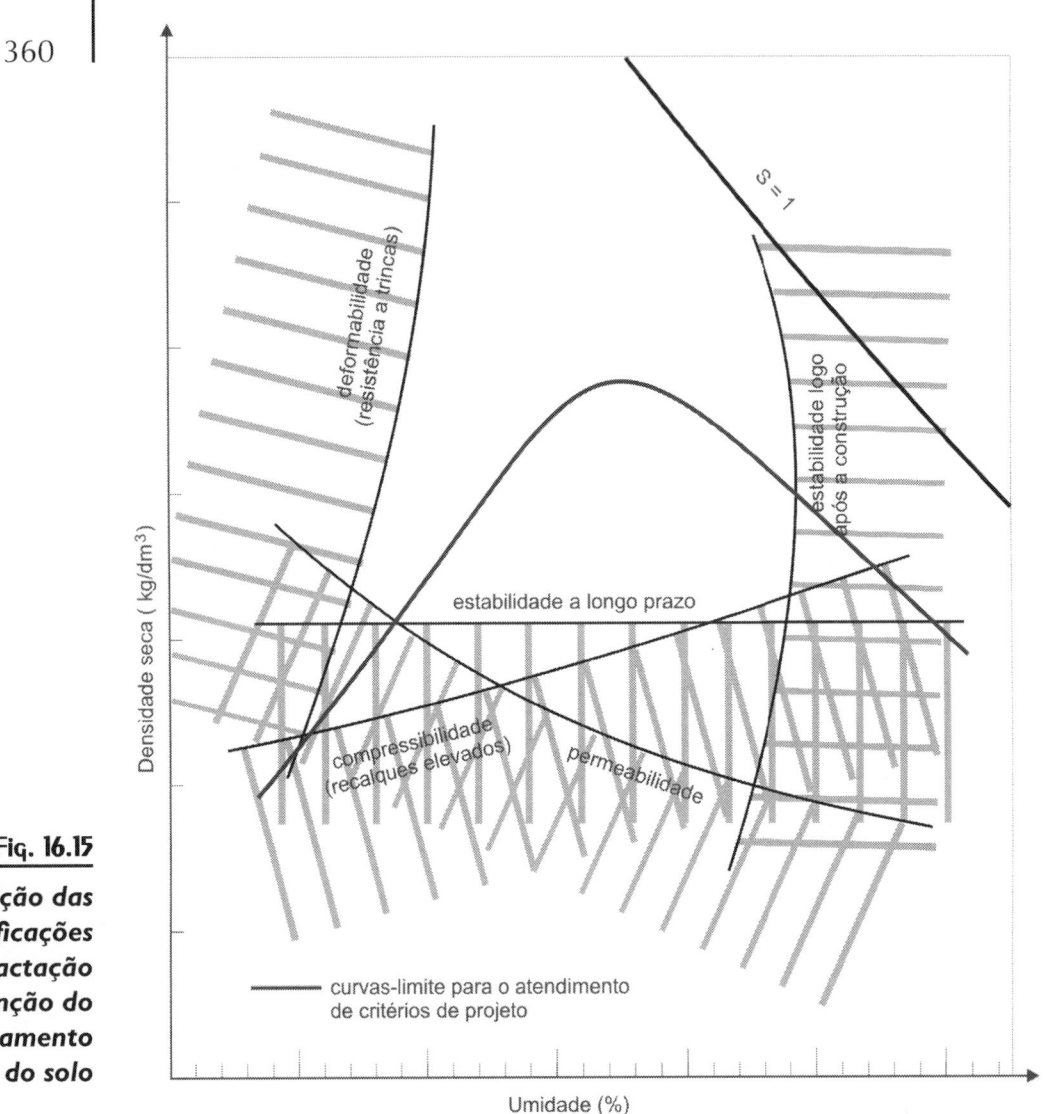

Fig. 16.15
Definição das especificações de compactação em função do comportamento do solo

Exercícios resolvidos

Exercício 16.1 Considere o solo cimentado cujos resultados de ensaios estão apresentados na Fig. 16.1. Estime o comportamento tensão axial *versus* deformação de ensaios de compressão triaxial do tipo *CD*, feitos com pressões confinantes de 100, 220 e 400 kPa.

Solução: (a) Ensaio com σ_3 = 100 kPa: ao se traçar uma trajetória de tensões inclinada de 45°, na Fig. 16.1 (b), a partir de σ' = 100 kPa, verifica-se que esse corpo de prova deve atingir uma ruptura para t = 120 kPa

($\sigma_1-\sigma_3$ = 240 kPa) (curva de cedência). A tensão de pico deve ocorrer para uma deformação de 1 a 2% (indicada na Fig. 16.1a). Após o pico, a tensão desviadora deve cair e estabilizar-se em torno de 100 kPa, correspondente à intersecção da trajetória de tensão com a envoltória das trajetórias, na Fig. 16.1 (b). A curva deve ser semelhante à curva A da Fig. 15.1 (a).

(b) Ensaio com σ_3 = 220 kPa: uma trajetória de tensões inclinada de 45° com a horizontal, a partir de s' = 220 kPa, na Fig. 16.1 (b), corta a curva de cedência para t = 95 kPa ($\sigma_1-\sigma_3$ = 190 kPa). A deformação axial até esse estágio de carregamento deve ser pequena, como sugere a Fig. 16.1 (a). Ultrapassado esse patamar, a tensão desviadora continua a crescer até ser atingida a resistência máxima, dada pela envoltória das trajetórias (t = 220 kPa; $\sigma_1-\sigma_3$ = 440 kPa). A curva tensão *versus* deformação é do tipo da curva B da Fig. 16.1 (a).

(c) Ensaio com σ_3 = 400 kPa: a pressão confinante de 400 kPa ultrapassa a tensão de cedência desse material, tendo rompido, portanto, sua cimentação. Pela trajetória de tensão, observa-se que a ruptura será atingida quando t = 400 kPa ($\sigma_1-\sigma_3$ = 800 kPa). A curva tensão *versus* deformação será semelhante à curva C da Fig. 16.1 (a).

As curvas estimadas para as três tensões consideradas estão representadas pelas letras D, E e F, respectivamente, na Fig. 16.16.

Aula 16

Comportamento de alguns solos típicos

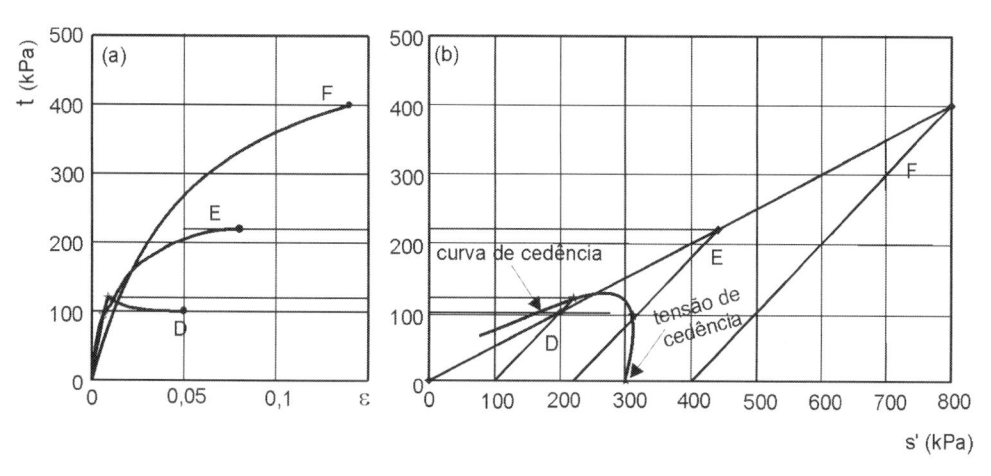

Fig. 16.16

Exercício 16.2 Corpos de prova de solo compactado foram preparados nas três condições indicadas abaixo, próximas às da densidade máxima do solo para a energia empregada:

Condição	Umidade (%)	Densidade seca (kg/dm³)
A	15,7	1,750
B	17,8	1,750
C	17,8	1,850

a) Compare a resistência que se obteria nas três condições em ensaios do tipo *UU*, com pressão confinante da ordem de 400 kPa.

b) Compare a resistência que se obteria nas três condições em ensaios triaxiais do tipo *CD*, com pressão confinante da ordem de 400 kPa.

Solução:

(a) Nos ensaios do tipo *UU*, o fator que mais intervém na resistência é a umidade de moldagem. Portanto, os corpos de prova B e C devem apresentar resistências muito semelhantes, enquanto o corpo de prova A deve apresentar resistência maior. Com menor umidade de moldagem, menos pressão neutra se desenvolve, em virtude do confinamento e do carregamento axial não drenado, sendo esta a principal causa da maior resistência.

(b) Nos ensaios do tipo *CD*, o fator que mais intervem na resistência é a densidade do solo, que reflete o entrosamento entre os grãos. Portanto, os corpos de prova A e B devem apresentar resistência muito semelhante, enquanto o corpo de prova C, mais compacto, deve apresentar resistência superior. Com ensaios drenados, as pressões neutras são mantidas nulas, donde o pequeno efeito do teor de umidade na resistência final.

Exercício 16.3 João diz que, na construção do maciço de uma barragem de terra, é melhor compactar um solo com umidade abaixo da umidade ótima. Luís discorda, pois acha que é melhor compactar com umidade um pouco acima da ótima. Qual é sua opinião?

Solução: Depende do tipo de solo, da geometria da obra e do que se tem em vista. Ao se compactar abaixo da umidade ótima, a resistência logo após a construção é maior, sendo menores as pressões neutras, mas o material fica muito rígido e mais suscetível a trincas. Por outro lado, ao se compactar acima da umidade ótima, as pressões neutras logo após a construção são mais elevadas e a resistência é menor; entretanto, o solo é mais deformável e pode se acomodar melhor a deformações do maciço ou das fundações, sem apresentar trincas.

Exercício 16.4 Deseja-se compactar uma camada de solo argiloso de maneira que apresente baixa permeabilidade, para evitar a infiltração de poluentes. Como a permeabilidade é consequente dos vazios do solo, é suficiente especificar a densidade seca a ser atingida na compactação?

Solução: Não. A permeabilidade depende dos vazios do solo e também da sua estrutura. A experiência mostra que, para o mesmo índice de vazios (mesma densidade seca), o solo é tanto mais impermeável quanto mais dispersa for sua estrutura, o que se consegue quando o solo é compactado mais úmido. Tal comportamento é mostrado na Fig. 16.9. Por outro lado, quando compactado mais úmido, o solo é mais deformável e melhor se acomoda a deformações, não ocorrendo trincas pelas quais a água possa percolar com facilidade.

BIBLIOGRAFIA COMENTADA

O caráter de curso dado a esta publicação levou a que não se registrassem as fontes de conhecimento de cada detalhe apresentado, com o que a publicação se tornaria muito pesada. Mas foi na leitura da bibliografia existente que o autor se formou e é natural que todos os engenheiros que optem pela geotecnia como seu campo de atividade tenham necessidade de recorrer aos trabalhos publicados disponíveis para desenvolver cada tópico.

É extremamente rica a bibliografia em Mecânica dos Solos e nos diversos ramos de aplicação de seus conceitos básicos: as fundações, as escavações, os aterros e barragens e as obras de geotecnia ambiental. Na conclusão do presente curso, julga-se importante apresentar uma orientação em relação a esses recursos.

Entre os livros clássicos internacionais, destacam-se:

TERZAGHI, K. *Theorectical Soil Mechanics*. New York: John Wiley & Sons, 1943.

Este foi o livro em que Terzaghi apresentou os princípios teóricos nos quais a Mecânica dos Solos se fundamenta para modelar o comportamento dos solos. Aplicações da Teoria da Plasticidade e da Teoria da Elasticidade são desenvolvidas e temas específicos da Mecânica dos Solos, como a Teoria do Adensamento e o arqueamento dos solos, são introduzidos e discutidos.

TAYLOR, D. *Fundamentals of Soil Mechanics*. New York: John Wiley & Sons, 1948.

O livro do Prof. Taylor, do M.I.T., é ainda, na opinião do autor, o mais didático e conceitualmente correto dos livros de Mecânica dos Solos. Especialmente notáveis são os capítulos a respeito de permeabilidade, capilaridade, percolação e adensamento e algumas observações relativas ao fenômeno físico da resistência ao cisalhamento. O livro apresenta, ainda, considerações importantes quanto ao comportamento dos solos em barragens de terra e em fundações.

Mecânica dos Solos

TERZAGHI, K; PECK, R. *Soil Mechanics in Engineering Practice*. New York: John Wiley & Sons, 1948.

Este livro de Terzaghi, em coautoria com o Prof. Ralph Peck, da Universidade de Illinois, é dividido em três partes: Propriedades Físicas dos Solos, Mecânica dos Solos Teórica e Problemas de Projeto e Construção. O texto é voltado especialmente a engenheiros, com 56% de suas páginas dedicadas à terceira parte, na qual são analisados problemas de obras com interpretação de diversos casos, e as outras duas ficam com 22% cada uma.

Naturalmente, houve grande desenvolvimento da Mecânica dos Solos desde a época desses livros históricos. Pelos discípulos de Taylor, foi publicado o livro:

LAMBE, T. W.; WHITMAN, R. V. *Soil Mechanics*. New York: John Wiley & Sons, 1969.

Com uma abordagem diferente, trata inicialmente dos solos secos (areias), dos solos com água mas sem fluxo ou fluxo constante (argilas em solicitações drenadas) e dos solos com água e fluxo transiente (argilas em adensamento ou não drenadas). O livro apresenta os conceitos de percolação ou de adensamento na medida em que são requeridos e segue uma linha bastante didática, tratando, para cada um dos solos, da deformabilidade, da resistência e de aplicações em fundações ou estabilidades. A obra é rica na apresentação, de maneira organizada, dos principais desenvolvimentos ocorridos nos anos anteriores à sua publicação, e constitui um repositório de referências bibliográficas importantes em Mecânica dos Solos.

O livro de Terzaghi e Peck teve uma segunda edição em 1967, com pequenas inclusões, e foi republicado em 1996, agora com a participação do Prof. Mesri, da Universidade de Illinois, como coautor:

TERZAGHI, K.; PECK, R. B.; MESRI, G. *Soil Mechanics in Engineering Practice*. New York: John Wiley & Sons, 1996.

Esta terceira edição foi muito ampliada em relação às anteriores, especialmente na sua primeira parte, que trata das Propriedades dos Solos, que passou a ocupar 42% do total de páginas, incluindo muitas referências aos trabalhos de pesquisas de diversas fontes. O livro apresenta cerca de 800 citações bibliográficas.

Diversas publicações tratam de aspectos particulares da Geotecnia. Entre estas, destacam-se:

MITCHELL, J. K. *Fundamentals of Soil Behavior*. New York: John Wiley & Sons, 1976.

Nesta obra, o autor, professor da Universidade da Califórnia, apresenta com detalhes as características das partículas formadoras dos solos, sua constituição química e mineralógica e as forças físico-químicas de suas ligações, associando esses fatores a aspectos do comportamento dos solos.

Quanto às particularidades dos solos não saturados, com uma grande bibliografia sobre o tema, que vem merecendo crescente atenção, foi publicado o livro dos professores cadanenses:

FREDLUND, D. G.; RAHARDJO, H. *Soil Mechanics for Unsaturated Soils*. New York: John Wiley & Sons, 1993.

Os ensaios de laboratório são muito importantes, tanto para identificar os solos e determinar suas propriedades mecânicas, como para a verificação dos modelos constitutivos dos solos. Especificamente sobre as técnicas de laboratório, os seguintes livros merecem citação, o primeiro por seu pioneirismo e o segundo pelo detalhamento com que os equipamentos e processos de ensaios são descritos:

LAMBE, T. W. *Soil Testing for Engineers*. New York: John Wiley & Sons, 1951.

HEAD, K. H. *Manual of Soil Laboratory Testing*. New York: John Wiley & Sons, 1986. 3 vols.

Numerosos livros sobre a Mecânica dos Solos são publicados no mundo, não sendo possível fazer referência a todos eles. Destacam-se o livro do Prof. Lancellotta, da Universidade de Turim, pela abordagem moderna dada ao assunto, e o livro do Prof. Muir Wood, da Universidade de Cambridge, em que o tema é tratado didaticamente a partir dos conceitos da Mecânica dos Solos do Estado Crítico:

LANCELLOTTA, R. *Geotechnical Engineering*. Rotterdam: A. A. Balkema, 1995.

WOOD, D. M. *Soil Behaviour and Critical State Soil Mechanics*. Cambridge: Cambridge University Press, 1990.

No Brasil, a Mecânica dos Solos foi divulgada inicialmente por textos do Prof. Milton Vargas e do eng. A.D. F. Napoles Neto, do IPT de São Paulo, no Manual do Globo, em 1955, e pelo Curso de Mecânica dos Solos e Fundações, do Prof. A. J. da Costa Nunes, da UFRJ, em 1956. Um livro de ampla divulgação, que teve várias edições e reimpressões, é o do Prof. Homero Pinto Caputo, da UFRJ e da UFF:

CAPUTO, H. P. *Mecânica dos Solos e suas Aplicações*. Porto Alegre: Livros Técnicos e Científicos, 1966. 3 vols.

O Prof. Milton Vargas apresentou um texto em que são tratados os princípios básicos da geotecnia e suas aplicações mais imediatas, como a estabilidade dos taludes, os empuxos e a capacidade de carga dos solos:

VARGAS, M. *Introdução à Mecânica dos Solos*. New York: John Wiley & Sons, 1981.

Sobre aplicações da Mecânica dos Solos a obras de engenharia, surgiram no Brasil obras de muito interesse:

CRUZ, P. T. *100 Barragens Brasileiras*. São Paulo: Oficina de Textos, 1996.

HACHICH, W. C.; FALCONI, F. F.; SAES, J. L.; FROTA, R. G. Q.; CARVALHO, C. S.; NIYAMA, S. *Fundações – Teoria e Prática*. São Paulo: Pini, 1996.

Esta obra contém 20 capítulos, escritos por 51 autores, convidados pelos editores, em nome da ABMS, Associação Brasileira de Mecânica dos Solos, e da ABEF, Associação Brasileira de Engenharia de Fundações.

VELLOSO, D. A.; LOPES, F. R. *Fundações*. Rio de Janeiro: UFRJ, 1996. vol. 1.

ALMEIDA, M. S. S. *Aterros sobre Solos Moles*. Rio de Janeiro: UFRJ, 1996.

GUSMÃO FILHO, J. A. *Fundações - do Conhecimento Geológico à Prática de Engenharia*. Recife: Editora Universitária UFPE, 1998.

Faz parte dos conhecimentos necessários para a prática da Engenharia Geotécnica o conhecimento dos maciços sob o ponto de vista geológico. Uma obra nacional sobre o assunto, realizada com a colaboração de 69 autores, sob os auspícios da ABGE, Associação Brasileira de Geologia de Engenharia, retrata o estado do conhecimento do assunto no país:

OLIVEIRA, A. M. S.; BRITO, S. N. A. *Geologia de Engenharia*. São Paulo: ABGE, 1998.

A divulgação de pesquisas e de interpretação de comportamento de obras se faz através de trabalhos publicados nos anais de congressos técnicos ou por meio de artigos em revistas especializadas.

Congressos Internacionais de Mecânica dos Solos e Engenharia Geotécnica realizam-se a cada quatro anos. Os anais desses congressos apresentam muitos artigos, ainda que bastante resumidos, e alguns trabalhos de maior envergadura, que são os relatos elaborados por especialistas convidados. Alguns destes são destacados abaixo, pela marcante contribuição que representam para o tema específico deste livro:

BJERRUM, L. "Problems of Soil Mechanics and Construction of Natural Clays", in: ICSMFE: Moscow, 1973. 8, v. 3, p. 111-158.

LADD, C. C.; FOOTT, R.; ISHIHARA, K.; SCHLOSSER, F. E.; POULOS, H. G. "Stress-Deformation and Strength Characteristics", in: ICSMFE, Tokio, 1977. 9, v. 1, p. 421-494.

JAMIOLKOWSKI, M.; LADD, C.C.; GERMAINE, J.T.; LANCELLOTTA, R. "New Developments in Field and Laboratory Testing of Soils", in: ICSMFE. San Francisco, 1985. 10, v.1, p. 57-153.

Congressos Pan-americanos de Mecânica dos Solos e Engenharia Geotécnica ocorrem também a cada quatro anos, tendo o décimo primeiro sido realizado em Foz do Iguaçu, em 1999. Também os Congressos Brasileiros de Mecânica dos Solos e Engenharia Geotécnica realizam-se a cada quatro anos, tendo ocorrido o de número XI, em 1998, na cidade de Brasília.

Congressos sobre temas específicos da Engenharia Geotécnica realizam-se com bastante frequência. Os anais desses eventos costumam ser muito interessantes, por reunir textos de especialistas que encontram oportunidade para expor seus trabalhos sem as limitações de espaço dos congressos mais amplos.

Os melhores trabalhos de investigação e desenvolvimento em Engenharia de Solos são publicados em revistas técnicas que têm um corpo de consultores para a avaliação prévia dos trabalhos. As mais conhecidas são as seguintes:

Geotechnique: publicada pela The Institution of Civil Engineers, de Londres, desde 1948, é considerada a revista internacional da Mecânica dos Solos. São publicados quatro números por ano, um dos quais reproduz uma conferência anual proferida por reconhecida autoridade especialmente convidada e que recebe o nome de Rankine Lecture.

Journal of the Geotechnical Division: publicação mensal da ASCE, American Society of Civil Engineers, que faz parte dos *Proceedings* dessa instituição, publicados desde 1884, e que foi desmembrada em publicações distintas por especialidades em 1956. Até o ano de 1968, tinha o título de Journal of the Soil Mechanics and Foundations Division.

Canadian Geotechnical Journal: publicado pela National Research Council do Canadá, desde 1963.

Soils and Foundations: de responsabilidade da Sociedade Japonesa de Mecânica dos Solos, e publicada em inglês, desde 1960.

Solos e Rochas: revista brasileira de geotecnia, criada em 1978 pela COPPE, da UFRJ, tornou-se o órgão oficial da Associação Brasileira de Mecânica dos Solos, em 1980. A partir de 1986, passou a ser também a revista da Associação Brasileira de Geologia de Engenharia e, desde 1999, tornou-se a revista latino-americana de geotecnia, por decisão das associações geotécnicas de diversos países.